高等院校信息技术规划教材

C++面向对象程序设计（第2版）

李晋江 编著

清华大学出版社
北京

内容简介

全书详细介绍了和C++相关的C语言知识、类和对象、继承、多态、模板和运算符重载，以及面向对象设计方法的概念，结合知识点简要地讨论了几种常用的设计模式；针对重要概念精心设计了大量实例，涉及很多技巧和经验。

本书不仅可以作为高等院校C++面向对象程序设计的教材，也是希望了解C++语言和面向对象程序设计知识的专业人员的参考书。

本书封面贴有清华大学出版社防伪标签，无标签者不得销售。

版权所有，侵权必究。举报：010-62782989，beiqinquan@tup.tsinghua.edu.cn。

图书在版编目（CIP）数据

C++面向对象程序设计/李晋江编著. —2版. —北京：清华大学出版社，2016（2022.1重印）
高等院校信息技术规划教材
ISBN 978-7-302-42205-1

Ⅰ. ①C… Ⅱ. ①李… Ⅲ. ①C语言—程序设计—高等学校—教材 Ⅳ. ①TP312

中国版本图书馆CIP数据核字(2015)第279038号

责任编辑：白立军 战晓雷
封面设计：常雪影
责任校对：白 蕾
责任印制：朱雨萌

出版发行：清华大学出版社
网 址：http://www.tup.com.cn，http://www.wqbook.com
地 址：北京清华大学学研大厦A座 **邮 编**：100084
社 总 机：010-62770175 **邮 购**：010-62786544
投稿与读者服务：010-62776969，c-service@tup.tsinghua.edu.cn
质量反馈：010-62772015，zhiliang@tup.tsinghua.edu.cn
课件下载：http://www.tup.com.cn,010-62795954
印 装 者：三河市龙大印装有限公司
经 销：全国新华书店
开 本：185mm×260mm **印 张**：34 **字 数**：784千字
版 次：2012年7月第1版 2016年1月第2版 **印 次**：2022年1月第6次印刷
定 价：69.00元

产品编号：066651-02

前言 Foreword

C++是一门非常重要的语言，有着许多不同语言的特性，它甚至可以上升到思想的高度，其思想被很多其他语言借鉴和沿袭。掌握了C++，学习其他语言就非常容易了。

本书内容覆盖基本概念和方法，基本数据结构和面向对象的概念、方法和技巧。全书分为9章。第1章介绍面向对象程序设计的思想和基本概念。第2章介绍有关C++的一些知识，让读者们轻松地从C语言转到C++。第3章介绍C++的一些基本知识，如名字空间、输入输出等。第4～6章介绍面向对象的三大主要特性：封装、继承和多态。第7章介绍操作符重载，通过示例对常见的操作符重载进行分析。第8章介绍面向对象编程体系中的思想精髓——面向接口编程。第9章介绍模板相关知识。

本书全面而又系统地介绍了C++编程的基本知识，包括C++基本数据类型、基本语法和面向对象编程的基础知识和技巧。无论是刚开始编程还是已有一些编程经验，都会发现本书的精心安排使得学习C++变得快捷又轻松。

大多数教材都是按各部分内容逻辑上的先后顺序进行组织的，各知识点比较孤立，跨度较大，容易使学生产生"只见树木，不见森林"的感觉。针对这一问题，本书将知识点进一步细化分级，突出重点、难点，缩小台阶，达到深入浅出、循序渐进的目的。

本书针对已有C程序设计基础，要学习C++面向对象程序设计的读者。本书可作为高等学校C++面向对象程序设计课程的教材，也可作为工程技术人员的参考书。

本书具有以下特色：

(1) 内容整合。C、C++相融合。本书针对已有C语言基础的学生，帮助其从C语言顺利过渡到C++语言，涵盖了C++语言的主要特征，使初学者能很快学习掌握C++。

(2) 知识体系完整，教学内容由浅入深，从易到难，循序渐进，层次分明，对每个C++的理论方法从需求到应用做了详细的描述。

(3) 本书在内容组织上采用案例教学的思想，对C++中容易出错的地方都用实例进行了讲解。

(4) 本书配有电子课件、程序源代码、习题参考答案。

本书中包含大量的示例代码，其中大部分是完整程序，如无特殊声明，该程序编译和运行环境为 Visual C++ 2012、32 位 Windows 7 系统。

这里，特别感谢恩师范辉教授一直以来给予的关怀、教诲和启迪。在初稿完成后，范辉教授仔细审阅后提出了很多宝贵意见，使本书更加完善。同时，对所有曾经鼓励和帮助过我的领导、同事、专家、朋友表示诚挚的谢意。

由于时间仓促及作者水平有限，本书肯定有疏漏甚至错误之处，望专家和广大读者不吝指正。

作者

2015 年 10 月

目录 Contents

第1章 chapter 1

绪　论

程序设计语言是人们为了描述计算过程而设计的一种具有语法、语义描述的记号。对计算机工作人员而言，程序设计语言是除计算机本身之外的所有工具中最重要的工具，是其他所有工具的基础。由于程序设计语言的这种重要性，从计算机问世至今的半个世纪中，人们一直在为研制更新更好的程序设计语言而努力着。

1.1　程序设计语言

程序设计语言，通常简称为编程语言，是用于书写计算机程序的语言，是一组用来定义计算机程序的语法规则，是一种被标准化的交流技巧，用来向计算机发出指令。一种计算机语言让程序员能够准确地定义计算机所需要使用的数据，并精确地定义在不同情况下所应当采取的行动。语言的基础是一组记号和一组规则。根据规则由记号构成的记号串的总体就是语言。在程序设计语言中，这些记号串就是程序。

程序设计语言有3个方面的因素，即语法、语义和语用。

(1) 语法表示程序的结构或形式，亦即表示构成语言的各个记号之间的组合规律，但不涉及这些记号的特含义，也不涉及使用者。

(2) 语义表示程序的含义，亦即表示按照各种方法所表示的各个记号的特定含义，但不涉及使用者。

(3) 语用表示程序与使用者的关系。

语言的种类千差万别，一般说来主要部分有以下4种：

① 数据成分，用以描述程序中所涉及的数据；

② 运算成分，用以描述程序中所包含的运算；

③ 控制成分，用以表达程序中的控制构造；

④ 传输成分，用以表达程序中数据的传输。

在过去的几十年间，大量的程序设计语言被发明、被取代、被修改或组合在一起。尽管人们多次试图创造一种通用的程序设计语言，却没有一次尝试是成功的。之所以有那么多种不同的编程语言存在的原因是，编写程序的初衷其实也各不相同；还有，不同程序之间的运行成本(runtime cost)各不相同。有许多语言只用于特殊用途。

程序设计语言可以从不同角度分类。

(1) 按语言级别，有低级语言和高级语言之分。

低级语言包括字位码、机器语言和汇编语言。其中，字位码是计算机唯一可直接理解的语言，但由于它是一连串的字位，复杂、烦琐、冗长，几乎无人直接使用。机器语言是直接用二进制代码指令表达的计算机语言，指令是用0和1组成的一串代码。汇编语言是机器语言中地址部分符号化的结果，即用符号代替机器语言的二进制码，于是汇编语言亦称为符号语言。这些语言的特点是与特定的机器有关，功效高，但使用复杂、烦琐、费时、易出差错。

高级程序设计语言（也称高级语言）的出现使得计算机程序设计语言不再过度地依赖某种特定的机器或环境。这是因为高级语言在不同的平台上会被编译成不同的机器语言，而不是直接被机器执行。最早出现的编程语言之一FORTRAN的一个主要目标就是实现平台独立。

与机器语言和汇编语言相比较，高级语言与具体计算机无关，是一种能方便描述算法过程的计算机程序设计语言。用高级语言编写的程序称为"源程序"。计算机不能直接运行源程序，通常有解释执行和编译执行两种方式在计算机上执行源程序。

① 解释执行，即让计算机运行解释程序，解释程序逐句取出源程序中的语句，对它作解释执行，输入数据，产生结果。BASIC是典型的解释执行的语言：编写源程序(.bas)→逐行/逐语句提交给解释器→解释器逐语句翻译成机器代码→执行器逐语句执行翻译的机器代码。解释执行方式调试方便，但执行速度慢。

② 编译执行，即先运行编译程序，从源程序一次翻译产生计算机可直接执行的二进制程序（称为目标程序）；然后让计算机执行目标程序，输入数据，产生结果。C语言是典型的编译执行语言：编写源程序(.c)→交给编译器编译(tcc.exe)→得到目标代码/机器代码(.obj)→交给连接器(link.exe/tlink.exe)将目标代码联编成可执行程序(.exe/.com)→提交给操作系统执行。编译执行的优点是执行速度快，独立执行，不需要其他应用程序支持；缺点是不利于调试，有一定的机器依赖性。

(2) 按照用户要求，有过程式语言和非过程式语言之分。

过程式语言的主要特征是，用户可以指明一列可顺序执行的运算，以表示相应的计算过程。例如，FORTRAN、COBOL、ALGOL60等都是过程式语言，这些语言编程的结构可分为顺序结构、分支结构和循环结构。

目前已被人们研究或应用的非过程式语言范型主要有函数式语言、逻辑式语言、面向对象式语言等几种。典型的函数式语言有LISP、APL与ML等，函数式语言也叫作用式语言，纯函数式语言中不使用赋值语句，其语法形式很类似于数学上的函数，故得名。逻辑式语言也叫说明式语言、基于规则式语言，以逻辑程序设计思想为理论基础，其主要核心是事实、规则与推理机制，最有代表性的逻辑式语言是PROLOG。面向对象式语言简称对象式语言，它与传统过程性语言的主要区别在于：在传统过程性语言中把数据以及处理它们的子程序当作互不相关的成分分别处理，而在对象式语言中则把这两者统一作为对象封装在一起进行处理。典型的面向对象程序设计语言有C++，C++是在C的基础上扩充而成的，是C的超集，它在C的基础上扩充了类、对象、继承、运算符重载等面向对象的概念。

非过程式语言的含义是相对的,用户描述问题时不必指明解决问题的顺序。凡是用户无法指明表示计算过程的可顺序执行的语言,都是非过程式语言。但这只是一个相对的概念,也就是说随着近代程序设计技术的改进,需要用户提供的描述解决问题顺序的内容越来越少,即越来越非过程化。

(3) 按照应用范围,有通用语言和专用语言之分。目标非单一的语言称为通用语言,如FORTRAN、C、Java等都是通用语言。C语言是目前流行的通用程序设计语言,是许多计算机专业人员和计算机的爱好者学习程序设计语言的首选。目标单一的语言称为专用语言,如APT(Automatically Programmed Tool,自动编程工具)等。为了解决数控加工中的程序编制问题,20世纪50年代MIT设计了一种专门用于机械零件数控加工程序编制的语言APT,可用来描述零件图纸上的几何形状及刀具相对零件运动的轨迹、顺序和其他工艺参数。

(4) 按照使用方式,有交互式语言和非交互式语言之分。具有反映人-机交互作用的语言成分的称为交互式语言,如BASIC语言就是交互式语言。语言成分不反映人-机交互作用的称非交互式语言,如FORTRAN、COBOL、PASCAL、C语言等都是非交互式语言。

(5) 按照并发程度,可分为顺序语言、并发语言和分布语言之分。只含顺序成分的语言称为顺序语言,大部分过程语言如FORTRAN、COBOL等都属顺序语言。含有并发成分的语言称为并发语言,如并发ADA等都属并发语言。并发是理论计算机科学研究的热点之一,人们提出了各种并发计算模型,如CSP、CCS、Petri网、π-演算和进程代数等。并发程序的执行与顺序程序的执行差别在于并发程序的执行结果取决于时间和程序执行推进速度,因此如何实现进程间相互作用控制,如对共享资源存取的同步控制及通信控制,成为一个关键问题。考虑到分布计算要求的语言称为分布语言,人们对分布并行语言的研究已有较长的历史,如今比较有代表性的语言系统有DC++(Distributed C++),它以支持并行计算为首要任务。DC++是一种面向对象的分布式程序设计语言,在DC++语言中增加了一系列关于分布式程序设计的语言设施,以便于程序员灵活应用,编写出高质量的分布运行的程序。它以活动对象——进程作为分布单位,采用汇合机制实现进程间的同步和通信,并且支持进程的动态创建和撤销,同时提供了丰富的进程通信控制机制。进程组概念的引入,提供了一组进程中的各个成员与外部世界的统一接口,增强了对系统的控制,是DC++语言的一大特色。分布式计算机系统的发展向程序设计语言提出了新的要求,它要求程序设计语言不仅能为基于共享变元的并行处理提供支持,而且还应该能对具有通信功能的分布处理提供支持。

面向对象程序设计以及数据抽象在现代程序设计思想中占有很重要的地位,未来的语言将不再是一种单纯的语言标准,而是向完全面向对象,更易表达现实世界,更易编写的方向发展。

计算机语言的未来发展趋势如下:

(1) 简单性。提供最基本的方法来完成指定的任务,只需理解一些基本的概念,就可以用它编写出适合各种情况的应用程序。

(2) 面向对象。提供简单的类机制以及动态的接口模型。

(3) 安全性。用于网络、分布环境时有安全机制保证。

(4) 平台无关性。与平台无关的特性使程序可以方便地被移植到网络上的不同机器、不同平台。

1.2 C++ 的发展历史

C 语言是使用最广泛的语言之一,可以说 C 语言的诞生是现代程序语言革命的起点,是程序设计语言发展史中的一个里程碑。自 C 语言出现后,以 C 语言为根基的C++、Java 和 C# 等面向对象语言相继诞生,并在各自领域大获成功。

下面介绍从结构化程序的 C 语言发展到面向对象的 C++ 的几位非常有影响的人物:Niklaus Wirth、Dennis M Ritchie、Bjarne Stroustrup 和 Grady Booth。

1. 结构化程序设计的首创者 Wirth

Niklaus Wirth(1934 年 2 月 15 日—)有一句在计算机领域人尽皆知的名言:

"程序 = 算法 + 数据结构"(Programs = Algorithm + Data Structures)

Niklaus Wirth 凭借这一句话获得图灵奖,这个公式对计算机科学的影响程度堪比物理学中爱因斯坦的 $E=MC^2$,一个公式展示出了程序的本质。

"结构化程序设计"(structure programming)概念的要点是:不要求一步就编制成可执行的程序,而是分若干步进行,逐步求精。第一步编出的程序抽象度最高,第二步编出的程序抽象度有所降低……最后一步编出的程序即为可执行的程序。用这种方法编程看似复杂,实际上优点很多,可使程序易读、易写、易调试、易维护、易保证其正确性及验证其正确性。结构化程序设计方法又称为"自顶向下"或"逐步求精"法,在程序设计领域引发了一场革命,成为程序开发的一个标准方法,尤其是在后来发展起来的软件工程中获得广泛应用。有人评价说 Wirth 的结构化程序设计概念"完全改变了人们对程序设计的思维方式",这是一点也不夸张的。

2. C 语言之父和 UNIX 之父 Dennis M Ritchie

Dennis M Ritchie(1941 年 2 月 15 日—2011 年 10 月 12 日)是著名的美国计算机科学家,对 C 语言和其他编程语言、Multics 和 UNIX 等操作系统的发展做出了巨大贡献,被称为 C 语言之父、UNIX 之父。

1978 年 Brian W. Kernighan 和 Dennis M. Ritchie 出版了名著《C 程序设计语言》(*The C Programming Language*),现在此书已翻译成多种语言,成为 C 语言方面最权威的教材之一。作为一门伟大的语言,C 语言的发展颇为有趣,C 语言是借助 UNIX 操作系统的翅膀而起飞的,UNIX 操作系统也由于 C 而得以快速移植落地生根,两者相辅相成,成就了软件史上最精彩的一幕。1983 年他与肯 · 汤普逊一起获得了图灵奖,理由是他们"研究发展了通用的操作系统理论,尤其是实现了 UNIX 操作系统"。1999 年两人因发展 C 语言和 UNIX 操作系统的贡献而共同获得了美国国家技术奖章。

3. C++ 之父 Bjarne Stroustrup

从贝尔实验室大规模编程(Large-scale Programming)研究部门设立至 2002 年晚些时候,Bjarne Stroustrup(1950 年 12 月 30 日—)一直担任那里的负责人。

1979 年,Bjarne Stroustrup 开始开发一种语言,当时称为"C with Class",后来演化为 C++。1998 年,ANSI/ISO C++ 标准建立,C++ 的标准化标志着 Bjarne Stroustrup 倾注 20 年心血的伟大构想终于实现。他还写了一本《C++ 程序设计语言》(*The C++ Programming Language*),它被许多人认为是 C++ 的范本。

4. OO(Object-Oriented)教父 Grady Booch

Grady Booch(1955 年 2 月 27 日—)是美国 Rational 软件工程公司的首席科学家和 Booch 方法的主创人。与 Rational 公司的 Ivar Jacobson、Jim Rumbauth 共同创建了一种可视化地说明和建造软件系统的工业标准语言——统一建模语言(Unified Modeling Language,UML)。世界公认这 3 个人对开发对象技术做出了许多重大的贡献。UML 在 1997 年被对象管理组织(OMG)正式确定为国际标准。Grady Booth 认为,我们能够通过不断地提升抽象级别来解决复杂问题。

C++ 的发展历史可浓缩为图 1.1。

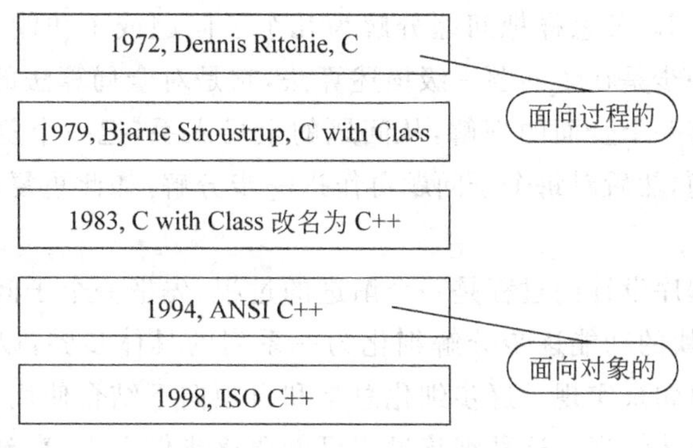

图 1.1 C++ 的发展历史

1.3 面向过程程序设计语言

所谓面向过程,就是指从要解决的问题出发,围绕问题的解决过程分析问题。面向过程分析方法考虑的是问题的具体解决步骤(解决方法)以及解决问题所需要的数据(数据的表示),所以在面向过程程序设计中,重点是设计算法(解决问题的方法)和数据结构(数据的表示和存储)。面向过程的程序有明显的开始、明显的中间过程、明显的结束,程序的编制以这个预定好的过程为中心,设计好开始子程序、中间子程序、结尾子程序,然后按顺序把这些子程序连接起来,一旦程序编制好,这个过程就确定了,程序按顺序执行。

结构化程序设计方法(Structured Programming,SP)的着眼点是“面向过程”,解决好过程,找到过程之间的联系是解决问题的关键,结构化程序设计是进行以模块功能和处理过程设计为主的详细设计的基本原则。其概念最早由E. W. Dijkstra在1965年提出的,是软件发展的一个重要的里程碑。它的主要观点是采用自顶向下、逐步细化的程序设计方法;使用3种基本控制结构构造程序,任何程序都可由顺序、选择、循环3种基本控制结构构造(见图1.2)。结构化程序设计的特点是将程序中的数据与处理数据的方法分离。

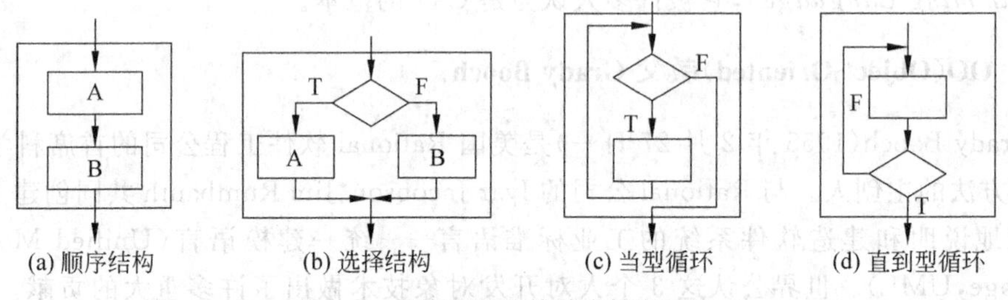

(a) 顺序结构　(b) 选择结构　(c) 当型循环　(d) 直到型循环

图1.2　结构化程序的基本控制结构

结构化程序设计采用自顶向下、逐步求精和模块化的分析方法。按自顶向下的方法,不是从一开始就力图触及到问题解法的细节,而应当从问题的全局出发,宏观进行需求分析,确定“做什么”以及怎样把问题分解为几个子问题或子功能,并画出层次结构图及执行流程图。下一步是在子问题一级描述算法,它是对全局算法的细化。自顶向下是指对设计的系统要有一个全面的理解,从问题的全局入手,把一个复杂问题分解成若干个相互独立的子问题,然后对每个子问题再作进一步分解,如此重复,直到每个问题都容易解决为止。

逐步细化是指程序设计的过程是一个渐进的过程,先把一个子问题用一个程序模块来描述,再把每个模块的功能逐步分解细化为一系列的具体步骤,以致能用某种程序设计语言的基本控制语句来实现。逐步细化总是和自顶向下结合使用,一般把逐步细化看作自顶向下设计的具体体现。这种细化过程可能要逐步做下去,直到细化的模块能知道具体“怎么做了”,即能写出相应的程序为止。逐步细化的基本思想是把一个复杂问题的求解过程分阶段进行,让每个阶段处理的问题都控制在人们容易解决的范围内,在进行下一层的细化前,对本阶段的正确性进行检查,及时修改存在的问题是十分必要的。图1.3是计算并打印n个数平均值的细化后的层次图。

模块化是结构化程序的重要原则。所谓模块化就是把大程序按照功能分为较小的程序。模块是在问题细化过程中划分的,要符合人类解决问题的自然习惯,一般以按功能划分为宜,其功能应尽量单一。另外,问题细化时要注意利用已有的模块来提高编程效率。还有,为了提高程序的易读、易改、易维护性,模块划分有两点是必须考虑的:其一是耦合,即模块间相互联系的紧密程度;其二是内聚性,即模块内部成分间相互联系的紧密和相关程度。好的模块应该有松散的耦合和很强的内聚性。图1.4为工资管理系统模块划分示意图。

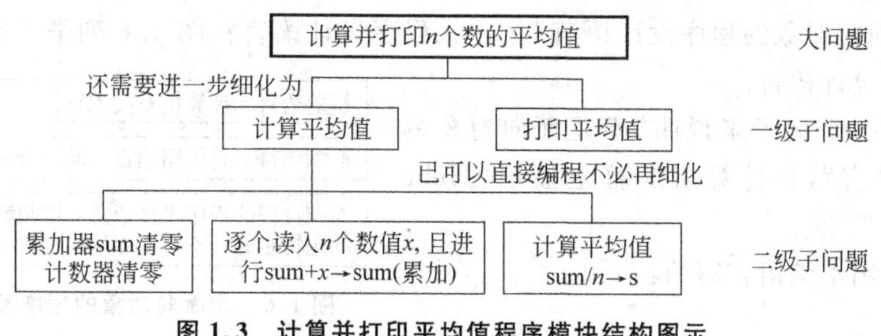

图 1.3 计算并打印平均值程序模块结构图示

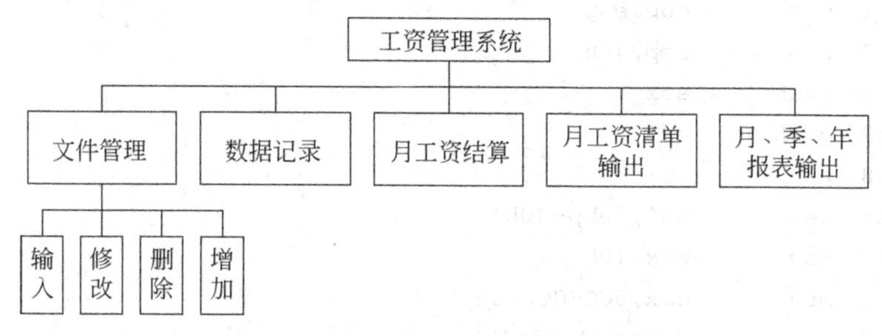

图 1.4 工资管理系统程序模块结构图示

1.4 面向对象程序设计语言

面向对象的程序设计方法(Object Oriented Programmiing,OOP)是一次程序设计方法的革命,它把设计方法从复杂烦琐的编写程序代码的工作中解放了出来,符合人的思维方式和现实世界。面向对象思想把整个世界看做是由具有行为的各种对象组成的,任何对象都具有某种特征和行为。面向对象程序设计可用于设计和维护越来越庞大和越来越复杂的软件,能满足对软件的可维护、可移植、可扩充、可重用的多项要求。

面向对象程序设计是当今众多的计算机语言中最具有特色且别具一格的一种程序设计范型,它与其他计算机语言的程序设计风格迥然不同。面向对象是一种程序设计方法学,它把软件开发过程中所处理的实体都视为对象(见图 1.5)。这些对象可组成不同类的集合,类用来刻画软件系统中所有作为基础数据的行为。出自每一类的各对象用调用该类的各方法(method)来加以处理,即发送消息(message)给这些对象,这些消息表示在该对象集合上所要采取的各种动作。对象通过消息传递与其他对象发生相互作用。面向对象语言必须具有封装性、抽象性、多态性和继承性 4 个特性。

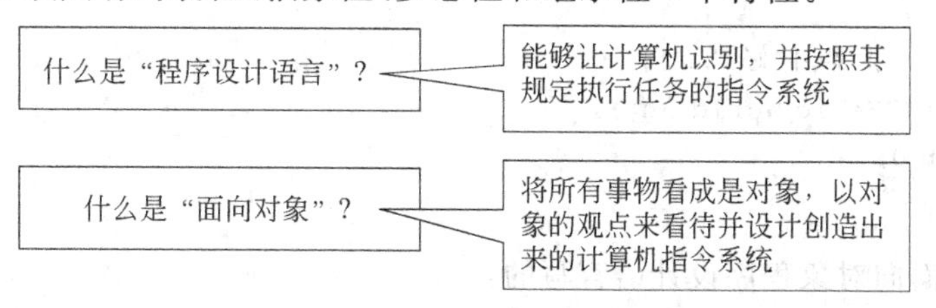

图 1.5 面向对象程序设计方法学

“不是面向对象的程序设计语言”是什么程序设计语言？图 1.6 列举了常见的非面向对象程序设计语言。

现在用一个例子来说明“不是面向对象的程序设计语言”，在计算机屏幕上显示“Hello Word!”

机器语言：计算机直接识别

汇编语言：将机器语言用助记符表示

面向过程的程序设计语言：按照解决某一个问题特定的，不可变更的过程执行

图 1.6　非面向对象的程序设计语言

以下是用汇编语言写的：

```
00401010  push      ebp
00401011  mov       ebp,esp
00401013  sub       esp,40h
00401016  push      ebx
00401017  push      esi
00401018  push      edi
00401019  lea       edi,[ebp-40h]
0040101C  mov       ecx,10h
00401021  mov       eax,0CCCCCCCCh
00401026  rep stos  dword ptr [edi]
00401028  push      offset string "Hello World!\n" (0042001c)
0040102D  call      printf (00401060)
00401032  add       esp,4
00401035  xor       eax,eax
```

以下是用面向过程程序设计语言写的：

```
int main(int argc, char* argv[])
{
    printf("Hello World!\n");
    return 0;
}
```

现在再用一个例子来说明面向过程语言和面向对象语言的不同，根据来自不同国家的人，计算机屏幕上分别显示：

(1)“世界，你好！”；

(2)“Hello World!”

以下是用面向过程程序设计语言写的：

```
int main(int argc, char* argv[])
{
    printf("世界,你好!\n");
    printf("Hello World!\n");
    return 0;
}
```

以下是用面向对象程序设计语言写的：

```
Class CChinese
```

```
{
public:
    Say()
    {
        cout<<" 世界,你好!";
    }
}
Class CAmerican
{
public:
    Say()
    {
        cout<<" Hello World!";
    }
}
int main(int argc, char* argv[])
{
    CChinese *pCN=new CChinese();
    pCN->Say();
    CAmerican *pUSA=new CAmerican();
    pUSA->Say();
    return 0;
}
```

面向过程语言根据功能需求,直接在屏幕上输出“世界,你好!”和“Hello World!”。面向对象语言不是直接去实现需求,而是分析由哪些“对象”来完成这些功能,要设计和实现这些对象,再通过它们去实现需求。

与结构化程序设计语言相比,面向对象应用的项目一般比较大、复杂,面向过程的相对要小、简单。面向对象的思维的粒度较粗,面向过程粒度较细。在面向对象设计中包含着面向过程的设计思想,如对象某个具体方法的实现。

例如,要设计一个打字速度测试程序,面向过程和面向对象的程序设计思路是不一样的,见表1.1。

表1.1 面向对象和面向过程对比

面向过程	面向对象
(1) 分析计时与键盘输入的关系,是先接收一个键盘输入还是先进行计时,最后决定先键盘输入 (2) 接收键盘输入后,判断正确与否,计数 (3) 计时 (4) 计算输入速度	(1) 问题由两部分组成,一个是计时部分,另一个是接收键盘输入部分 • 计时部分:每秒计时,使用内部计时函数 • 键盘输入部分:接收键盘输入,并判断正确与否,并对正确的字符计数 (2) 在计算速度时,需要获取键盘部分的正确个数以及计时部分的时间,然后反馈结果

面向过程就是分析出解决问题所需要的步骤,然后用函数把这些步骤一步一步实

现,使用的时候一个一个依次调用就可以了。面向对象是把所要问题分解成各个对象,建立对象的目的不是为了完成一个步骤,而是为了描述某个事物在整个解决问题的步骤中的行为。

如果编程是造汽车的话,面向过程就是用铁矿石自己生产每一个零件,然后再拼装,并且每一辆汽车都要重新来做;而面向对象则是用若干零件拼装汽车,可利用模具来提高生产效率。编写面向对象程序最重要的是:试着将程序考虑为一组由类和对象表示的相互作用的概念,而不是一堆数据结构和一些处理数据结构中二进制值的函数。

面向对象程序设计语言的好处有以下几条:

(1) 编写程序不再是从计算机的角度考虑问题了,而是站在人类思维的角度。

(2) 程序的可扩展性要比非面向对象的程序设计语言好。

(3) 能最大限度保护已有程序代码。

1.5 类与抽象数据类型

在一个不和谐的课堂里,老师叹气说:"要是坐在后排聊天的同学能像中间打牌的同学那么安静的话,就不会影响到前排睡觉的同学了。"这虽然是个笑话,但如果不想让坏事传开,就应该把坏事隐藏起来,俗话说"好事不出门,坏事传千里","家丑不可外扬"就是这个道理。"信息隐藏"这种设计理念产生了C++类的封装性。封装性是面向对象程序设计语言的主要特征,其核心是通过方法对数据的保护,屏蔽与使用者无关的实现细节,用户无法直接操纵数据,而是通过提供的方法与对象进行交互。封装性实现了模块化和信息的隐藏,有利于程序的移植性和信息的隐蔽。

C++与C区别最大的是把函数放进了结构(struct)中,为了关键词有所区别,在C++中引入了一个新的关键词class(类)。类把数据和函数捆绑在一起,通过关键词public、private和protected来声明哪些数据和函数是可以公开访问的,哪些不能访问,这样就达到了信息隐藏的目的。

把共性的部分提取出来,也就是抽象;组成一个类,就是封装;以后使用的时候重用,就是继承。共性越通用,类越抽象。抽象是有选择的忽略,例如要学习驾驶一辆汽车,若要搞清楚汽车每一组成部分是如何运行的,然后再去学驾驶技术,这对每一个非专业人士来说都是非常困难。与此类似,编程也可依赖于一种选择,选择忽略什么和何时忽略。编程可以通过建立抽象来忽略那些我们并不关心的问题,C++使我们更容易将程序看作抽象的集合,同时也隐藏了那些用户不必关心被抽象的工作细节。

1.6 继承与多态

继承与多态是一对彼此相关的概念,可以说多态是一种特殊的继承关系,它们都是面向对象方法中的重要概念和技术,是在编程技巧中常常会用到的技术。继承提供了一种明确表述共性的方法,是一个新类从现有的类中派生的过程。继承机制允许在保持原有类特性的基础上进行扩展，增加功能。这样产生的新类称为“派生类”。继承呈现了面向对象程序设计的层次结构，体现了人类对现实世界由简单到复杂的认识过程。

多态是指在一棵继承树的类中可以有多个同名但不同实现或不同形参的方法。多态性包括静态的多态和动态的多态。前者亦称编译时的多态性，包括函数重载和运算符重载。多态体现了类推和比喻的思想方法。

重载也体现了人类的思维方式，人类语言中也有类似的现象，在日常生活中，人们常用相同的词表达多种不同的含义。在我们说“洗车”和“洗胃”时，表达的“洗”是完全不同的动作，但却用同样的一个字，而没有去区分是哪种洗，这是由于听众根本不需要对执行的行动进行明确的区分，而根据动作的对象就可以判断出是哪种洗了。人类的大多数语言都具有很强的冗余性，所以即使漏掉了几个词，依然可以推断出含义。所以映射到程序就有重载的情况出现。

在 C++ 中，只有虚函数才是动态联编的。可以通过定义类的虚函数和创建派生类，然后在派生类中重新实现虚函数，这样便实现了具有运行时的多态性。基类中声明的虚函数在很大程度上扮演了说明一般类行为和规定接口的角色。派生类对虚函数的重定义指明了函数(算法)执行的实际操作。

封装可以使得代码模块化，继承可以扩展已存在的代码，它们的目的都是为了代码重用。而多态的目的则是为了接口重用。也就是说，不论传递过来的究竟是哪个类的对象，函数都能够通过同一个接口调用适应各自对象的实现方法。

1.7 接口与组件

面向组件技术建立在对象技术之上，它是对象技术的进一步发展，类这个概念仍然是组件技术中一个基础的概念，但是组件技术更核心的概念是接口(interface)。接口用来定义一种程序的协定。实现接口的类或者结构要与接口的定义严格一致。有了这个协定，就可以抛开编程语言的限制(理论上)。接口可以从多个基接口继承，而类或结构可以实现多个接口。接口可以包含方法、属性、事件和索引器。接口本身不提供它所定义的成员的实现，只指定实现该接口的类或接口必须提供的成员。

组件技术的主要目标是复用——粗粒度的复用，这不是类的复用，而是组件的复用，如一个 DLL、一个中间件，甚至一个框架。一个组件可以由一个类或多个类及其他元素(枚举等)组成，但是组件有一个很明显的特征，就是它是一个独立的物理单元，经常以非源码的形式(如二进制)存在。一个完整的组件中一般有一个主类，而其他的类和元素都是为了支持该主类的功能实现而存在的。为了支持这种物理独立性和粗粒度的复用，组件需要更高级的概念支撑，其中最基本的就是属性和事件。在面向对象的技术中曾一度困扰我们的类之间的相互依赖问题/消息传递问题，最好的解决方案就是事件。要理解组件的思想，首先要理解事件的思想和机制。

接口描述了组件对外提供的服务。在组件和组件之间、组件和客户之间都通过接口进行交互。因此组件一旦发布，它只能通过预先定义的接口来提供合理的、一致的服务。这种接口定义之间的稳定性使客户及应用开发者能够构造出坚固的应用。一个组件可以实现多个组件接口，而一个特定的组件接口也可以被多个组件实现。

一个组件的外形/外貌应该是简单、清晰的，没有冗余的东西，也没有无关紧要的东西，这个外貌通过接口来描述，接口中可以发布事件、属性和方法。这3种元素就足以描述一个组件外貌的所有特征。在设计一个组件的时候，需要做很多的权衡，哪些需要通过接口暴露出来，哪些应当作为私有实现。有时会处于两难的境地，因为让组件更容易使用，所以需要给出很多默认的参数，但为了使该组件更通用，又需要暴露更多的属性可以让人设定，暴露更多的方法和事件满足更复杂的功能，这需要抉择和权衡。难怪有人会说，软件的设计更像是艺术，因为艺术的美在于恰当的抉择和平衡。

组件化程序设计方法继承并发展了面向对象的程序设计方法。它把对象技术应用于系统设计，对面向对象的程序设计的实现过程做了进一步的抽象。可以把组件化程序设计方法用作构造系统的体系结构层次的方法，并且可以使用面向对象的方法很方便地实现组件。

组件化程序设计强调真正的软件可重用性和高度的互操作性。它侧重于组件的产生和装配，这两方面一起构成了组件化程序设计的核心。组件的产生不仅是应用系统的需求，组件市场本身也推动了组件的发展，促进了软件厂商的交流与合作。组件的装配使得软件产品可以采用类似于搭积木的方法快速地建立起来，不仅可以缩短软件产品的开发周期，同时也提高了系统的稳定性和可靠性。

组件程序设计的方法有以下几个方面的特点：

(1) 编程语言和开发环境的独立性。

(2) 组件位置的透明性。

(3) 组件的进程透明性。

(4) 可扩充性。

(5) 可重用性。

(6) 具有强有力的基础设施。

(7) 系统级的公共服务。

组件应该具有与编程语言无关的特性，组件模型是一种规范，不管采用何种程序语言设计组件，都必须遵守这一规范。例如组装计算机，只要各个厂商提供的配件规格、接口符合统一的标准，这些配件组合起来就能协同工作，组件编程也是如此。

习 题

1. 面向对象程序设计与面向过程程序设计相比有什么优点？

2. 简述C++语言程序的特点。

3. C++与C语言的关系如何？它们的本质区别是什么？

4. 组件编程有哪些优点？

第2章 chapter 2

从C到C++

本章介绍和C++有关的一些知识,以便读者"浅入深出",轻松地由C过渡到C++。

2.1 自定义数据类型

C++提供了许多种基本的数据类型(如int、float、double、char等)供用户使用。此外,用户还可以声明自己的数据类型,如结构体(structure)类型、共用体(union)类型、枚举(enumeration)类型、类(class)类型等,这些统称为用户自定义类型(User-Defined Type,UDT)。

2.1.1 结构体

1. 结构体的定义

结构体用于标识一种新的数据类型,即结构体类型,它是复合数据类型。

一个对象的属性往往由不同类型的数据描述,例如职工的属性包括姓名(字符串)、编号(长整型)、工资(浮点型)、地址(字符串)和电话(长整型),若存放一个单位的职工信息采用多个类型不同、长度相同的数组,会给处理带来麻烦。为把不同类型的数据组合在一起,C++提供了结构体。

定义职工的结构数据类型:

```
struct employee
{
    string name;          //C++字符串
    long code;
    float salary;
    char address[50];     //C字符串
    char phone[11];
};
```

结构体是不同类型数据定义的集合,用于描述一个"记录"。一个结构体由若干个数据项组成,每个数据项都属于一种已定义类型,称为结构体的成员或域。

定义结构体变量方法有下面几种。

(1) 在定义结构体类型的同时，直接给出结构体变量：

```
struct 结构体名
{
    结构体成员变量的定义;
    …
}变量名 1,变量名 2,…,变量名 n;
```

```
struct student
{
    char name[10];
    int num;
}s1, s2, …, sn;
```

(2) 无结构体名：

```
struct
{
    结构体成员变量的定义;
    …
}变量名 1,变量名 2,…,变量名 n;
```

```
struct
{
    char name[10];
    int num;
}s1, s2, …, sn;
```

(3) 先给出结构体类型的定义，再定义结构体变量：

```
struct 结构体名
{
    结构体成员变量的定义;
    …
};
struct 结构体名 变量名 1,变量名 2,…,变量名 n;
```

```
struct student
{
    char name[10];
    int num;
};
struct student s1, s2,…, sn;
```

另外，还可以通过 typedef 来简化定义：

```
typedef struct 结构体名
{
    结构体成员变量的定义;
    …
}类型名;
类型名 变量名 1,变量名 2,…,变量名 n;
```

```
typedef struct student
{
    char name[10];
    int num;
} STU;
STU s1, s2,…, sn;
```

结构体成员变量与普通变量的定义一样，它还可以是结构体变量：

```
struct date
{
    int month;
    int day;
    int year;
};
```

```
struct student
{
    char name[10];
    int num;
    struct date birthday;
};
```

2. 结构体变量的初始化

在C语言中，使用变量前需要对变量进行定义并初始化。初始化是在定义变量的同时给其一个初始值。结构体变量的初始化遵循相同的规律。

简单变量的初始化形式如下：

```
数据类型 变量名=初始化值;
```

例如：

```
int x=123;
```

数组的初始化，需要通过一个常量数据列表对其数组元素分别进行初始化，形式如下：

```
数据类型 数组名称[数组长度]={初始化值 1,初始化值 2,…, 初始化值 n};
```

例如：

```
int a[5]={20,21,0,3,4};
```

结构体变量的初始化方式与数组类似，分别给结构体的成员变量赋初始值，而结构体成员变量的初始化遵循简单变量或数组的初始化方法。具体的形式如下：

```
struct 结构体标识符
{
    成员变量列表;
    …
};
struct 结构体标识符 变量名={初始化值 1,初始化值 2,…, 初始化值 n };
```

例 2.1

```
struct student
{
    int num;
    char name[20];
    char sex;
    int age;
    char addr[30];
};
int main()
{
    struct student s1={20110923,"Li xiaolong",'M',21,"191 BinHai Road Yantai,
    China"};
    printf("No.:%ld\n name:%s\n sex:%c\n age:%d\n address:%s\n",\
        s1.num,s1.name,s1.sex,s1.age,s1.addr);
    return 0;
}
```

程序执行结果：

```
No.: 20110923
```

```
name: Li xiaolong
sex: M
age: 21
address: 191 BinHai Road Yantai, China
```

另外，通常不能像下面这样在结构体中直接进行初始化：

```
struct A
{
    int x=1;  //error C2864: "A::x",只有静态常量整型数据成员才可以在类中初始化
    int y=2;  //error C2864: "A::y",只有静态常量整型数据成员才可以在类中初始化
};
```

注意，两个结构体总是不同类型，即使它们有着相同的成员。

例 2.2

```
struct A
{
    int x;
};
struct B
{
    int x;
};

int main()
{
    A a={100};
    B b=a;  //error C2440: "初始化",无法从 A 转换为 B
    return 0;
}
```

3. 结构体变量的引用

不能将一个结构体变量作为一个整体进行输入输出（引用），而只能对结构体变量中的各个成员分别进行输入输出（引用）。

```
int main()
{
    struct student s1={20110923,"Li xiaolong",'M',21,"191 BinHai Road Yantai,
    China"};
    printf("No.:%ld\n name:%s\n sex:%c\n age:%d\n address:%s\n", s1);
    return 0;
}
```

上面的程序能够编译通过，但运行时会报错，如图 2.1 所示。

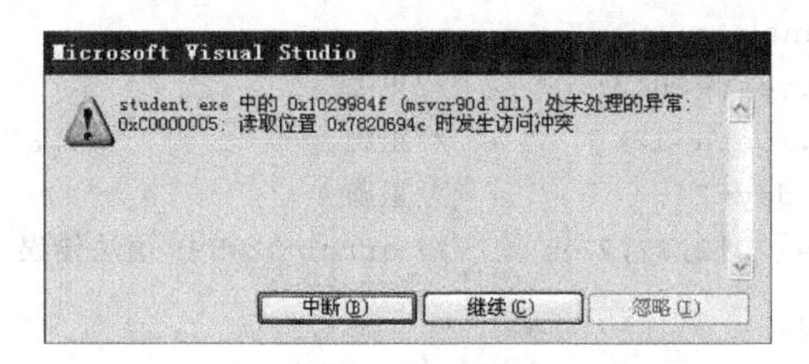

图 2.1 程序在运行时的报错信息

结构体类型变量的引用是通过结构体的成员的引用实现的，成员的引用方法为：

```
结构体变量名.成员名
```

成员变量可以像一般的变量一样进行各种运算，只是在运算时要加上“.”运算符。例如：

```
struct student s1;
s1.age=21;
```

“.”是成员(又叫分量)运算符。它的优先级最高。例如：

```
s1.age=21;
```

age 左右有两个运算符，根据优先级，age 应先和“.”左边的 s1 结合，即将 stu1.age 看成一个整体，也可以这样理解：age 是 s1 的 age。

对结构体变量成员可以像普通变量一样进行各种运算。例如：

```
s1.age++
```

可以引用结构体变量成员的地址。例如：

```
scanf("%d", &s1. age);         //输入一个整数给结构体成员 s1. age
printf("%o",&s1);              //输出结构体变量的首地址
```

如果成员本身又是一个结构体类型，则要用若干个成员运算符，一级一级地找到最低一级的成员。只能对最低的成员进行赋值或存取以及运算。例如，结构体 date 是结构体 student 的成员：

```
struct date
{
    int month;
    int day;
    int year;
};
```

```
struct student
{
    char name[10];
    int num;
    struct date birthday;
};
```

以下代码将产生错误：

```
int main()
{
```

```
    struct student s1;
    s1.birthday.year=2012;          //正确
    s1.birthday.month=12;           //正确
    s1.birthday.day=21;             //正确
    s1.birthday={2012,12,21};       // error C2059: 语法错误 : "{"
    return 0;
}
```

4. 结构体数组

单个的结构体类型变量在解决实际问题时作用不大，一般是以结构体类型数组的形式出现。结构体类型数组的定义示例如下：

```
struct student
{
    char name[20];
    char sex;
    int num;
    float score[3];                 //三科考试成绩
};
```

定义结构体类型数组 stud：

```
struct student stud[3];
```

该数组有 3 个结构体类型元素，其数组元素各成员的引用形式为

```
stud[0].name,stud[0].sex,stud[0].score[i];     //i=0,1,2
stud[1].name,stud[1].sex,stud[1].score[i];     //i=0,1,2
stud[2].name,stud[2].sex,stud[2].score[i];     //i=0,1,2
```

与其他类型数组一样，可对结构体数组初始化：

```
struct student
{
    char name[20];
    char sex;
    int num;
    float score[3];              //三科考试成绩
}stud[3]={
    {"Li xiaolong",'M',001,{100,100,100}},
    {"cheng long",'M',002,{99,99,99}},
    {"Li lianjie",'M',003,{98,98,98}}
};
```

也可以这样进行初始化，例如：

```
struct student
```

```
{
    char name[20];
    char sex;
    int num;
    float score[3];                    //三科考试成绩
}stud[3]={
    "Li xiaolong",'M',001,100,100,100,
    "cheng long",'M',002,99,99,99,
    "Li lianjie",'M',003,98,98,98
};
```

其结构如图 2.2 所示。

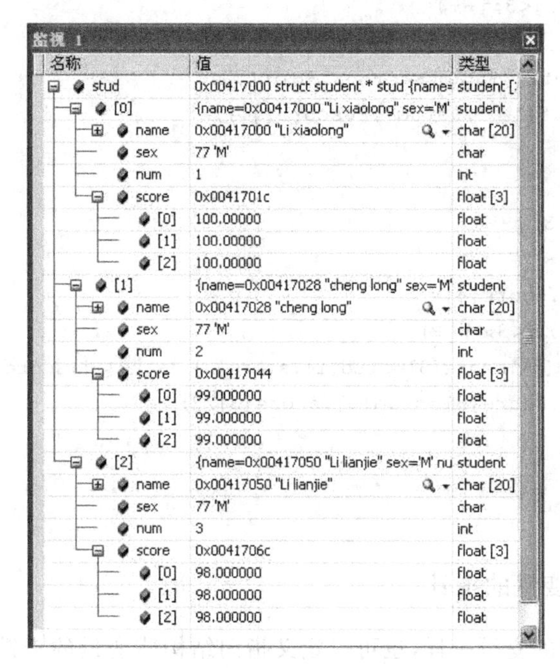

图 2.2 结构体数组 student 的结构

例 2.3 有 3 个学生，每人要记录如下信息：姓名、性别、学号、三科成绩，求解出每个人的三科平均成绩。

```
struct student
{
    char name[20];
    char sex;
    int num;
    float score[4];                    //三科考试成绩和平均成绩
}stud[3];

int main()
```

```
{
    int i, j;
    for(i=0;i <3; i++)
    {
        printf("input name\n");
        scanf("%s",&stud[i].name);
        fflush(stdin);                      //清除输入缓存流
        printf("input sex\n");
        stud[i].sex=getchar();
        printf("input num\n");
        scanf("%d",&stud[i].num);
        for(j=0;j<3;j++)
        {
            printf("input score of %d \n",j);
            scanf("%d",&stud[i].score[j]);
        };
    }
    for(i=0;i <3; i++)
    {
        stud[i].score[3]=0;
        for(j=0; j<3; j++)
            stud[i].score[3]=stud[i].score[3] +stud[i].score[j]; //计算三科总和
        stud[i].score[3]=stud[i].score[3]/3;                     //计算三科平均
    }
    return 0;
}
```

5. 指向结构体变量的指针

和基本数据类型的变量一样,也可以定义指向结构体变量的指针。一个结构体变量的指针就是该变量在内存中的起始地址。因此可通过一个指针变量来指向一个结构体变量,指针变量的值就是结构体变量的起始地址。例如,有以下结构体定义:

```
struct student
{
    char name[20];
    char sex;
    int num;
    float score;
};
```

定义指针变量 sp 指向该结构体变量:

```
struct strdent stu1, * sp;
sp=&stu1;
```

sp 的示意图如图 2.3 所示。

结构体成员的引用方法如下：

(1) 用结构体变量名引用结构体成员。例如：

```
stu1.name,stu1.sex,stu1.num,stu1.score
```

(2) 用结构体指针变量引用结构体变量。例如：

```
(*sp).name,(*sp).sex,(*sp).num,(*sp).score
```

或

```
sp->name,sp->sex,sp->num,sp->score
```

sp →
201101007
"Li Ming"
'M'
89.5

图 2.3 指向结构体变量的指针

想一想，为什么要在 * sp 上加上小括弧？不加行吗？在指针变量 sp 标识符左右两边有两个运算符“ * ”和“.”，按优先级的关系是结构成员运算符“.”的优先级高于指针运算符“ * ”的优先级。如果不加小括弧，变成“ * sp. 成员名”，等价于“ * (sp. 成员名)”，显然和(* sp)指向结构体变量不一致，因此小括弧不能省略。

例 2.4

```
int main()
{
    struct student stu1={"Li xiaolong",'M',001,100};
    student *sp;
    sp=&stu1;
    printf("name:%s\nsex:%c\nnum:%d\nscore:%f\n",
        stu1.name,stu1.sex,stu1.num,stu1.score);
    printf("name:%s\nsex:%c\nnum:%d\nscore:%f\n",
        (*sp).name,(*sp).sex,(*sp).num,(*sp).score);
    printf("name:%s\nsex:%c\nnum:%d\nscore:%f\n",
        sp->name, sp->sex, sp->num, sp->score);
    return 0;
}
```

程序执行结果：

```
name: Li xiaolong
sex: M
num:1
score:100.000000
name: Li xiaolong
sex: M
num:1
score:100.000000
name: Li xiaolong
sex: M
num:1
score:100.000000
```

结构体数组及其元素也可以用指针来指向，对于简单类型数组：

```
int array[5], * ip;
ip=array;
```

注意，执行 ip＋＋或 ip－－后指针向上或向下移动的是一个数组单位，而不是移动一个字节。

例 2.5

```
int main()
{
    int array[5], * ip;
    ip=array;
    for(int i=0; i<5; i++)
    {
        printf("address of array[%d]:%d\n", i, (int)ip);
        ip++;
    }
    return 0;
}
```

程序执行结果：

```
address of array[0]: 2621200
address of array[1]: 2621204
address of array[2]: 2621208
address of array[3]: 2621212
address of array[4]: 2621216
```

可以看出，执行 ip＋＋后指针向上移动了 4 字节，即一个数组单位大小(int 型数据)。对于一个结构体指针变量来说，该变量加 1，即指针移动一个数组单位大小。

例 2.6

```
struct student
{
    char name[20];
    char sex;
    int num;
    float score;
}stud[3]={
    {"Li xiaolong",'M',001,100},
    {"Cheng long",'M',002,99},
    {"Li lianjie",'M',003,98}
};

int main()
```

```
{
    struct student * sp;
    for(sp=stud; sp<stud +3; sp++)
    {
        printf("name:%s\nsex:%c\nnum:%d\nscore:%f\n",
            sp->name, sp->sex, sp->num, sp->score);
    }
    return 0;
}
```

程序执行结果：

```
name: Li xiaolong
sex: M
num: 1
score: 100.000000
name: Cheng long
sex: M
num: 2
score: 99.000000
name: Li lianjie
sex: M
num: 3
score: 98.000000
```

如果 sp 的初值为 stud,即指向第一个元素 stud[0],在第一次循环中输出 stud [0] 的各个成员值。执行 sp++后,sp 就指向下一个元素 stud[1]的起始地址,在第二次循环中输出 stud [1] 的各成员值。再执行 sp++后,sp 的值等于 stud+2,sp 就指向第三个元素 stud[2]的起始地址,在第三次循环中输出 stud[2]的各成员值。再执行 sp++后,sp 的值变为 stud+3,不再执行循环(见图 2.4)。

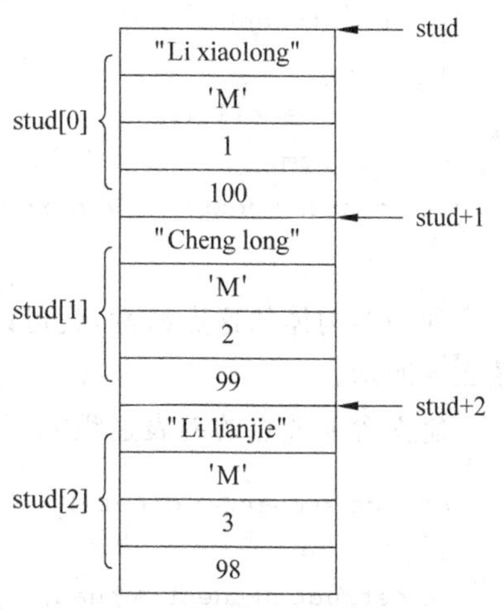

图 2.4 循环执行过程

6. 结构体的嵌套

结构体也是一种递归定义,结构体的成员可以是某种数据类型,而结构体本身也是一种数据类型。也就是说,结构体的成员可以是另一个结构体,即结构体可以嵌套定义。例如定义复平面上的线段：

```
struct complex
{
    double real;
    double image;
};
struct segment
{
```

```
    struct complex star;
    struct complex end;
};
```

可以这样来对嵌套结构体进行初始化：

```
struct segment s1={{1.0,1.0},{2.0,2.0}};
struct segment s2={1.0,1.0,2.0,2.0};
```

访问嵌套结构体的成员要用到多个“.”运算符。

例 2.7

```
int main(void)
{
    segment s;
    s.star.real=1.0;
    s.star.image=1.0;
    s.end.real=5.0;
    s.end.image=5.0;
    return 0;
}
```

结构体不允许嵌套自己，但可以包含自身类型的指针。

```
struct student
{
    char name[10];
    int num;
    student * next;
}; //正确

struct student
{
    char name[10];
    int num;
    student next;      //error C2460: "student::next": 使用正在定义的"student"
};
```

利用结构体的这点特性，就可以生成一个环环相套的链表结构，一个指向另一个，如图 2.5 所示。

建立含 n 节点的链表过程如下：

```
struct student * creat()
{
    struct student * head, * p1, * p2;
    n=0;
    head=NULL;
```

```
    p1=p2=(struct student *)(malloc(sizeof(struct student)));
    scanf("%ld,%f",&p1->num,&p1->score);
    while(p1->num!=0)
    {
        n=n+1;
        if(n==1)
            head=p1;
        else
            p2->next=p1;
        p2=p1;
        p1=(struct student *)(malloc(sizeof(struct student)));
        scanf("%ld,%f",&p1->num,&p1->score);
    }
    p2->next=NULL;
    return(head);
}
```

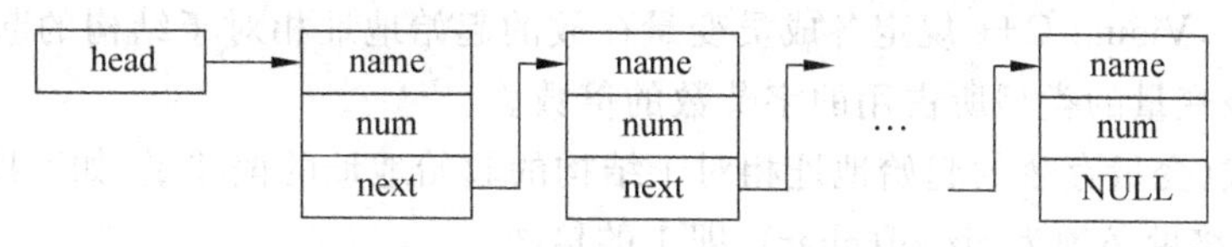

图 2.5 用指针生成结构体的链表

7. 结构体所占存储空间

结构体所占存储空间的大小为各成员变量所占存储单元字节数之和。例如，前面在介绍结构体变量的引用时用到两个结构体变量 date 和 student，其中 date 的大小为 12。

```
int main()
{
    date d;
    student s;
    int x=sizeof(d);
    int y=sizeof(s);
    return 0;
}
```

运行上面的程序，会发现 x 为 12，y 为 28。student 的 3 个成员：char name[10]大小为 10 个字节，int num 为 4 字节，struct date birthday 为 12 字节。为什么 student 变量的大小变成了 28?

这涉及字节对齐问题！

计算机中内存空间都是按照字节划分的，似乎对任何类型的变量的访问可以从任何地址开始，但实际需要各种类型数据按照一定的规则在空间上排列，而不是按顺序一个接一个地排放，这就是对齐。各个硬件平台对存储空间的处理有很大的不同，大多数平台每次读都是从偶地址开始，如果一个 int 型数据(假设为 32 位系统)存放在偶地址开始的地方，那么一个读周期就可以读出这 32b；而如果存放在奇地址开始的地方，就需要 2 个读周期，并对两次读出的结果的高低字节进行拼凑才能得到该 32b 数据，显然在读取效率上要低很多，如图 2.6 所示。

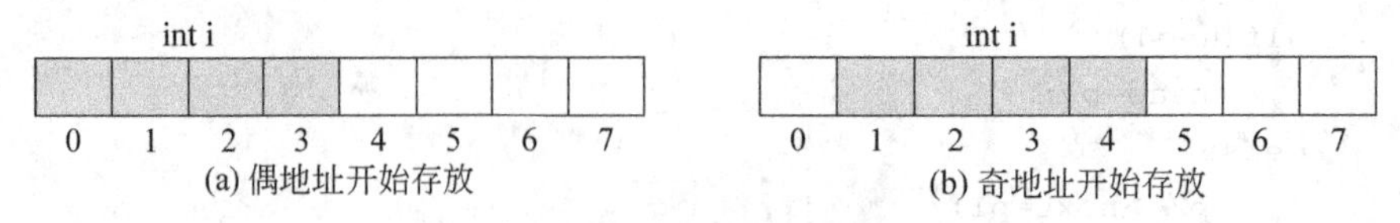

图 2.6　字节对齐问题

如图 2.6 所示，若 int 型数据存放在偶地址开始的地方，则只需 1 个读周期就可读出地址 0～3 的 4B 数据；若 int 型数据存放在奇地址开始的地方，则需 2 个读周期，第一个读周期读出 0～3 的 4 字节数据，第 2 个读周期读出 4～7 的 4 字节数据，然后分别将第 1 个读周期读出的第 1～3、第 2 个读周期读出的第 4 字节拼凑成 4 字节的 int 型数据。

为了提高 CPU 的存储速度，Visual C++ 对一些变量的起始地址做了“对齐”处理。在默认情况下，Visual C++ 规定各成员变量存放的起始地址相对于结构的起始地址的偏移量必须为该变量的类型所占用的字节数的倍数。

对齐方式(变量存放的起始地址相对于结构的起始地址的偏移量)如下所示。

char：偏移量必须为 sizeof(char)，即 1 的倍数。

int：偏移量必须为 sizeof(int)，即 4 的倍数。

float：偏移量必须为 sizeof(float)，即 4 的倍数。

double：偏移量必须为 sizeof(double)，即 8 的倍数。

short：偏移量必须为 sizeof(short)，即 2 的倍数。

例 2.8

```
struct A
{
    int a;
    char b;
    short c;
};
struct B
{
    char b;
    int a;
    short c;
};
struct Student
{
    int num;
    char name[20];
    char sex;
```

```
    int age;
    float score;
    char addr[30];
};
#pragma pack(4)                    //设定为4字节对齐
struct C
{
    char a;
    int b;
};
#pragma pack (pop)                 //恢复对齐状态
#pragma pack(1)                    //设定为1字节对齐
struct D
{
    char a;
    int b;
};
#pragma pack(pop)                  //恢复对齐状态

int main()
{
    A a;
    printf("size of A: %d\n",sizeof(a));
    B b;
    printf("size of B: %d\n",sizeof(b));
    C c;
    printf("size of C: %d\n",sizeof(c));
    D d;
    printf("size of D: %d\n",sizeof(d));
    Student s;
    printf("size of S: %d\n",sizeof(s));
    return 0;
}
```

程序执行结果：

```
size of A: 8
size of B: 12
size of C: 8
size of D: 5
size of S: 68
```

上例中结构体变量 A、B 的存储结构如图 2.7 所示。

Visual C++ 中提供了＃pragma pack(*n*)来设定变量以 *n* 字节对齐方式。*n* 字节对齐就是说变量存放的起始地址的偏移量有两种情况：

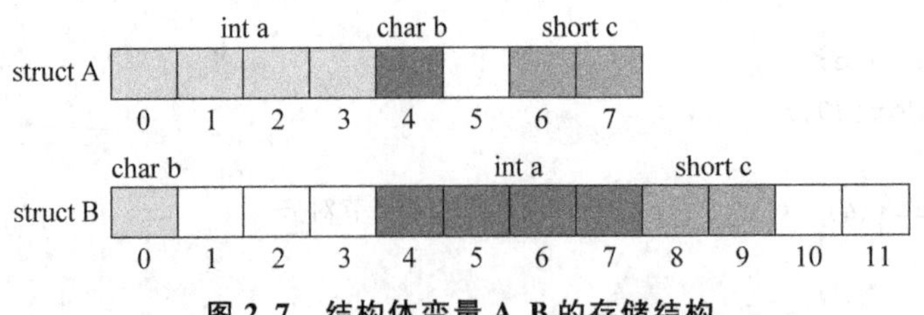

图 2.7　结构体变量 A、B 的存储结构

(1) 如果 n 大于等于该变量所占用的字节数，那么偏移量必须满足默认的对齐方式；

(2) 如果 n 小于该变量的类型所占用的字节数，那么偏移量为 n 的倍数，不用满足默认的对齐方式。

上例中结构体变量 C、D 的存储结构如图 2.8 所示。

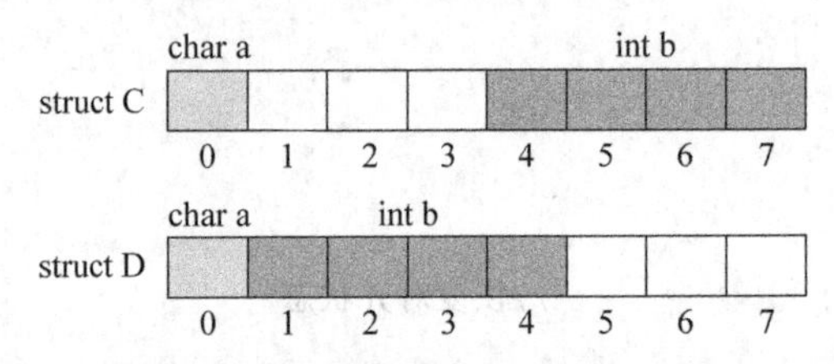

图 2.8　结构体变量 C、D 的存储结构

结构的总大小也有一个约束条件，分下面两种情况：如果 n 大于所有成员变量类型所占用的字节数，那么结构的总大小必须为占用空间最大的变量所占用的空间的倍数；否则必须为 n 的倍数。

2.1.2　共用体

信息在计算机系统的存储形式均是二进制数据 0 和 1 的编码组合。因此从计算机信息存储角度来看，所有类型的数据在二进制层次上相互兼容。在 C 语言中，不同类型数据间可以进行进行转换。例如：

```
int a=10;
float d;
d=a;
```

可以用具有存储空间比较大的变量来存储占用空间较小的变量，而不会发生数据丢失现象。如用 float 类型变量存储 int 类型数据，并不造成数据的丢失。是否可以定义一种通用数据类型方便地存储 char、int、float 和 double 等任意类型的数据呢？

通过结构体，用户可以方便地定义新的数据类型，但是结构体的每一个成员变量均需要占用一定的存储空间。有时候希望不同类型数据共享同一存储空间，为此 C 语言引入了共用体(union)，它很像结构体类型，有自己的成员变量，但是所有的成员变量占用同一段内存空间。对于共用体变量，在某一时间点上，只能存储其某一成员的信息，而不是几种同时存在。也就是说在每一瞬间只有一个成员起作用，其他的成员不起作用。

共用体是有别于以前任何一种数据类型的特殊数据类型，它是多个成员的一个组合体,但与结构体不同,共用体的成员被分配在同一段内存空间中,它们的开始地址相同,使得同一段内存由不同的变量共享。共同使用这段内存的变量既可以具有相同的数据类型,也可以具有不同的数据类型。

定义一个共用体的语法形式为

```
union 共用体标识符
{
    成员变量列表;
};
```

共用体的类型说明和变量的定义方式与结构体的类型说明及变量定义方式完全相同,不同的是:结构体变量中的成员各自有独占的存储空间,而共用体变量中的所有成员占有同一个存储空间。例如:

```
struct sA {int x; float y;};
union uA {int x; float y;};
```

sizeof(sA)为8,sizeof(uA)为4。结构体中的每个成员分别占有独立的存储空间,因此结构体变量所占内存字节数是其成员所占字节数的总和。而共用体变量中的所有成员共享一段公共存储区,所以共用体变量所占内存字节数与其成员中占字节数最多的那个成员相等。

和结构体相似,共用体变量的定义也可以采用以下几种方式:

```
union student
{
    int a;
    float b;
}s1;

union
{
    int a;
    float b;
}s1;

union student
{
    int a;
    float b;
};
union student s1;

typedef union
{
```

```
    int a;
    float b;
}AA;
AA s1;
```

例 2.9

```
#include "stdio.h"
union
{
    long i;
    int k;
    char m;
    char s[4];
}part;
int main ()
{
    part.i=0x12345678;
    printf("part.i=%lx\n",part.i);
    printf("part.k=%x\n",part.k);
    printf("part.m=%x\n",part.m);
    printf("part.s[0]=%x\t part.s[1]=%x\n",part.s[0],part.s[1]);
    printf("part.s[2]=%x\t part.s[3]=%x\n",part.s[2],part.s[3]);
    return 0;
}
```

程序执行结果：

```
part.i=12345678
part.k=12345678
part.m=78
part.s[0]=78  part.s[1]=56
part.s[2]=34  part.s[3]=12
```

不同的 CPU 有不同的字节序类型，字节序是指整数在内存中保存的顺序，最常见的有两种：

(1)Little endian：将低位字节存储在起始地址(低位字节存储在内存中的低位地址)符合思维逻辑。

(2)Big endian：将高位字节存储在起始地址(高位字节存储在内存中的低位地址)看起来直观。

在图 2.9 中，共用体 part 的内存地址为 0x004944C0，可以看出 part 的低位字节存储在内存中的低位地址，可知运行程序的机器是 Little endian 类型的。

由于共用体变量中的所有成员共享存储空间，因此变量中的所有成员的首地址相同，而且变量的地址也就是该共用体变量的地址。

```
内存 1
地址: 0x004944C0
0x004944C0  78 56 34 12 00 00 00 00 01 00  xV4.......
0x004944CA  00 00 00 00 00 00 00 00 00 00  ..........
0x004944D4  00 00 00 00 00 00 00 00 05 00  ..........
0x004944DE  00 00 50 29 03 00 00 00 00 00  ..P)......
0x004944E8  00 00 00 00 11 a5 ac 6d 00 00  .......m..
0x004944F2  00 00 00 00 00 00 ce b4 42 00  ........B.
0x004944FC  00 00 00 00 00 00 00 00 01 00  ..........
0x00494506  00 00 90 41 03 00 00 00 00 00  ...A......
0x00494510  10 42 03 00 10 42 03 00 00 00  .B...B....
0x0049451A  00 00 00 00 00 00 48 45 49 00        HEI
```

图 2.9 共用体 part 在内存中的存储情况

例 2.10

```
#include "stdio.h"
union uA
{
    int x;
    float y;
} a;
int main()
{
    int adr_a=(int)&a;
    int adr_x=(int)&a.x;
    int adr_y=(int)&a.y;
    printf("adr_a=%d \n", adr_a);
    printf("adr_x=%d \n", adr_x);
    printf("adr_y=%d \n", adr_y);
    return 0;
}
```

程序执行结果：

```
adr_a=5013024
adr_x=5013024
adr_y=5013024
```

从该例可看出，共用体所有成员的首地址相同，该地址也是共用体变量的地址。注意，该程序每次运行得到的结果不一定是5013024，因为程序每次运行时操作系统分配给共用体变量的内存空间是不确定的。

例 2.11 记录教师和学生的信息数据。如果是学生，数据包括编号、姓名、性别、班级；如果是教师，包括编号、姓名、性别、职务。

最简单的方法是用两个结构体存放分别记录教师和学生的信息：

```
struct
{
    int num;
```

```
struct
{
    int num;
```

```
    char name[10];                  char name[10];
    char sex;                       char sex;
    int class;                      char position[10];
}                               }
```

若用共用体,可将教师和学生存放在同一结构体中:

```
struct
{
    int num;
    char name[10];
    char sex;
    union
    {
        int class;
        char position[10];
    }category;
}person[2];
```

共用体变量中起作用的成员是最后一次存放的成员,在存入一个新的成员后,原有的成员就失去作用。因此在引用共用体变量时,应该十分注意当前存取的究竟是共用体变量中的哪一个成员。可通过 person[0]. category. class 访问学生的班级信息,通过 person[1]. category. position 访问教师的职务信息。

例 2.12　不能对共用体变量名赋值,也不能通过引用变量名得到一个值。

```
union student
{
    int a;
    float b;
}s1;

int main()
{
    s1=1;          //error C2679: 二进制"=": 没有找到接受 int 类型的右操作数的运算符
                   //(或没有可接受的转换)
    int x=s1;      //error C2440: "初始化": 无法从 student 转换为 int
    return 0;
}
```

不能在定义共用体变量时对它初始化,例如:

```
union student
{
    int a;
    float b;
}s1=1;            //error C2440: "初始化": 无法从 int 转换为 student
```

2.1.3 位域

1. 位域的定义

有些信息在存储时并不需要占用一个完整的字节，而只需占一个或几个二进制位。例如在存储一个开关量时，只有 0 和 1 两种状态，用一位二进位即可。为了节省存储空间，并使处理简便，C 语言又提供了一种数据结构，称为"位域"或"位段"，这是一种特殊的结构成员或联合成员，只能用在结构体或联合体中，用于指定该成员在内存存储时所占用的位数，从而可以更紧凑地表示数据。每个位域都有一个位域名，允许在程序中按域名进行操作。这样就可以把几个不同的对象用一个字节的二进制位域来表示。

位域的定义和位域变量的说明与结构和共用体定义相仿：

```
struct 位域结构名
{
    类型说明符 位域名：位域长度；
};
```

或

```
union 共用体标识符
{
    成员变量列表；
};
```

例如：

```
struct bs
{
    int a : 2;
    int b : 2;
    int c : 4;
};
```

定义位域变量的方法与定义结构变量相同。

位域还提供一种叫"匿名"位域的语法，它常用来"填缺补漏"，由于是"匿名"，所以不能像上面那样去访问它。例如：

```
struct bs
{
    int a : 2;
    int   : 2;
    int c : 4;
};
```

在bs的成员a和c之间有一个2b的匿名位域。

如一个字节所剩空间不够存放另一位域时，应从下一单元起存放该位域。也可以有意使某位域从下一单元开始。例如：

```
struct bs
{
    int a : 2;
    int   : 0;
    int c : 4;
}
```

在这个位域定义中，a占第一字节的2位，后6位填0表示不使用，c从第二字节开始，占用4位。位域最好不要跨字存放，各位域的分配位数加起来要在一个字以内，若大于一个字，则最好空出剩余的位域，从下一个字开始分配位域，这样可提高位域的存取效率。

在一个包含位域的结构体或联合体中也可以同时包含普通成员（非位域成员），例如：

```
struct st
{
    unsigned a:7;
    unsigned b:4;
    unsigned c:5;
    int i;                  //i是普通成员,这会被存放在下一个字,即字对齐
};
```

C99规定int、unsigned int和bool可以作为位域类型。但编译器几乎都对此做了扩展，允许其他类型的存在，但不允许有double型的位域。位域的长度不能大于该位域类型的长度，也不能大于int类型所占用的字位数，若int占用32位，则如下位域说明是错误的。

```
struct bs
{
    int a:33;               //error C2034: "bs::a": 位域类型对位数太小
    double b:33;            //error C2150: "bs::b": 位域必须是 int、signed int 或
                            //unsigned int 类型
                            //error C2034: "bs::b": 位域类型对位数太小
    char c:9;               //error C2034: "bs::c": 位域类型对位数太小
};
```

2. 位域变量的引用

位域的使用和结构成员的使用相同：

位域变量名.位域名

例 2.13

```
struct bs
{
    unsigned int a : 2;
    unsigned int b : 2;
    unsigned int c : 4;
}b1, * pb1;

int main()
{
    b1.a=2;
    b1.b=3;
    b1.c=8;
    printf("%d,%d,%d\n",b1.a,b1.b,b1.c);
    pb1=&b1;
    pb1->a=0;
    pb1->b&=2;     //11 & 10
    pb1->c|=1;     //1000 | 0001
    printf("%d,%d,%d\n",pb1->a,pb1->b,pb1->c);
    return 0;
}
```

程序执行结果：

```
2,3,8
0,2,9
```

若在位域中定义了共用体和结构体,可以通过两种方式来访问。

例 2.14

```
typedef unsigned short Uint16;
union                       //共用体类型定义
{
    Uint16 all;             //定义 all 为 16 位无符号整型变量
    struct                  //结构体类型定义
    {
        Uint16 Bit1:1;      //0 位,Bit1 取寄存器最低位 0 位,以下顺序取 1 位直到最高位
        Uint16 Bit2:1;      //1
        Uint16 Bit3:1;      //2
        Uint16 Bit4:1;      //3
        Uint16 Bit5:1;      //4
        Uint16 Bit6:1;      //5
        Uint16 Bit7:1;      //6
        Uint16 Bit8:1;      //7
        Uint16 Bit9:1;      //8
```

```
        Uint16 Bit10:1;  //9
        Uint16 Bit11:1;  //10
        Uint16 Bit12:1;  //11
        Uint16 Bit13:1;  //12
        Uint16 Bit14:1;  //13
        Uint16 Bit15:1;  //14
        Uint16 Bit16:1;  //15
    }bit;                //bit为具有所定义的结构体类型的变量
}CtrlBit;
```

有了上面的定义之后，要访问某个位或某些位就很容易了。比如要置Bit4、Bit8、Bit12及Bit16为1，可用两种方法进行：

方法一：

```
CtrlBit.bit.Bit4=1;
CtrlBit.bit.Bit8=1;
CtrlBit.bit.Bit12=1;
CtrlBit.bit.Bit16=1;
```

方法二：

```
CtrlBit.all=0x8888;
```

例 2.15

```
union bu
{
    struct
    {
        short a1;
        short a2;
    }x;
    struct
    {
        char b1:4;
        char b2:4;
        short b3:12;
        short b4:4;
    }y;
};

int main(void)
{
    bu bit;
    bit.x.a1=0xabcd;
    bit.x.a2=0x1234;
```

```
    printf("bit.x.a1 is 0x%x\n",bit.x.a1);
    printf("bit.x.a2 is 0x%x\n",bit.x.a2);
    printf("bit.y.b1 is 0x%x\n",bit.y.b1);
    printf("bit.y.b2 is 0x%x\n",bit.y.b2);
    printf("bit.y.b3 is 0x%x\n",bit.y.b3);
    printf("bit.y.b4 is 0x%x\n",bit.y.b4);
    return 0;
}
```

程序执行结果：

```
bit.x.a1 is 0xffffabcd
bit.x.a2 is 0x1234
bit.y.b1 is 0xfffffffd
bit.y.b2 is 0xfffffffc
bit.y.b3 is 0x234
bit.y.b4 is 0x1
```

其内存结构如图 2.10 所示。

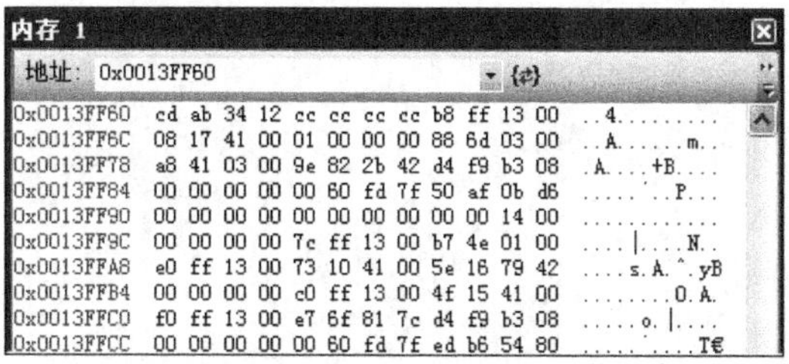

```
内存 1
地址: 0x0013FF60
0x0013FF60  cd ab 34 12 cc cc cc cc b8 ff 13 00  ..4.........
0x0013FF6C  08 17 41 00 01 00 00 00 88 6d 03 00  ..A......m..
0x0013FF78  a8 41 03 00 9e 82 2b 42 d4 f9 b3 08  .A....+B....
0x0013FF84  00 00 00 00 00 60 fd 7f 50 af 0b d6  .....`..P...
0x0013FF90  00 00 00 00 00 00 00 00 00 00 14 00  ............
0x0013FF9C  00 00 00 00 7c ff 13 00 b7 4e 01 00  ....|....N..
0x0013FFA8  e0 ff 13 00 73 10 41 00 5e 16 79 42  ....s.A.^.yB
0x0013FFB4  00 00 00 00 c0 ff 13 00 4f 15 41 00  ........O.A.
0x0013FFC0  f0 ff 13 00 e7 6f 81 7c d4 f9 b3 08  .....o.|....
0x0013FFCC  00 00 00 00 00 60 fd 7f ed b6 54 80  .....`....T€
```

图 2.10 共用体 bit 在内存中的存储情况

注意：运行程序的机器字节序是 Little endian。

位域的位置不能访问，因此不能对位域使用地址运算符 &，而对非位域成员则可以使用该运算符。

例 2.16

```
struct bs
{
    int a:7;
    int b:1;
    int i;
};

int main()
{
    bs b1;
    int *p;
```

```
    p=&b1.a;    //error C2104:位域上的"&"被忽略
    p=&b1.i;    //正确
    return 0;
}
```

3. 位域的存储结构

使用位域的主要目的是压缩存储，其大致规则如下：

(1) 如果相邻位域字段的类型相同，且其位宽之和小于类型的 sizeof 大小，则后面的字段将紧邻前一个字段存储，直到不能容纳为止。

(2) 如果相邻位域字段的类型相同，但其位宽之和大于类型的 sizeof 大小，则后面的字段将从新的存储单元开始，其偏移量为其类型大小的整数倍。

(3) 如果相邻的位域字段的类型不同，则各编译器的具体实现有差异，Visual C++ 采取不压缩方式，Dev-C++ 采取压缩方式。

(4) 如果位域字段之间穿插着非位域字段，则不进行压缩。

(5) 整个结构体的总大小为最宽基本类型成员大小的整数倍。

例 2.17

```
struct bs
{
    char a : 2;
    char b : 3;
    char c : 4;
};
```

其内存布局如图 2.11 所示。

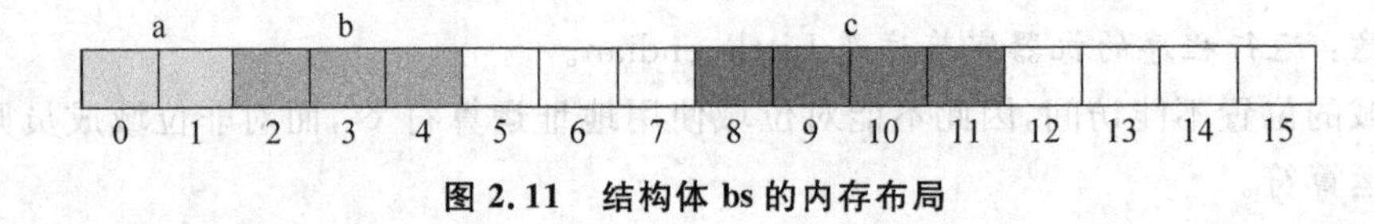

图 2.11　结构体 bs 的内存布局

位域类型为 char，第 1 个字节仅能容纳下 a 和 b，所以 c 被存储到下一个字节中。

例 2.18

```
struct bs
{
    char a : 2;
    short b : 3;
    char c : 4;
};
```

由于相邻位域类型不同，在 Visual C++ 中其 sizeof 为 6，在 Dev-C++ 中为 2。在 Visual C++ 中不进行压缩存储，第 1 个字节存储 a，第 3 个字节存储 b，第 5 个字节存储 c，总大小为 short 类型(2 字节)的整数倍。在 Dev-C++ 中，存储结构和图 2.11 一样。

例 2.19

```
struct bs
{
    char a : 2;
    char b;
    char c : 4;
};
```

位域字段 a 和 c 之间有非位域字段 b，则不进行压缩存储，第 1 个字节存储 a，第 2 个字节存储 b，第 3 个字节存储 c。

尽管使用位域可以节省内存空间，但增加了处理时间，在访问各个位域成员时需要把位域从它所在的字中分解出来，或反过来把某个值压缩存储到位域所在的字位中。由于位域的实现会因编译程序的不同而不同，因此使用位域会影响程序的可移植性，在不是非要使用位域不可时，最好不要使用位域。

2.1.4 枚举

1. 枚举的标记和类型

常常需要为某个对象关联一组可选(alternative)属性，如学生的成绩分 A、B、C、D 等，天气分 sunny、cloudy、rainy 等。

假设能以 3 种方式打开一个文件：input、output 和 append。典型做法是，为每一个状态定义一个常数：

```
const int input=1;
const int output=2;
const int append=3;
```

然后，打开文件的函数可以写成：

```
bool open_file(string file_name, int open_mode);
```

比如：

```
open_file("abc.txt", append);
```

这种做法比较简单，但存在许多缺点，主要的一点就是无法限制传递给 open_file 函数的第二个参数的取值范围，只要传递 int 类型的值都是合法的。当然，对于这种情况的应对措施就是在 open_file 函数内部判断第二个参数的取值，只有在 1、2、3 范围内才处理。

```
bool open_file(string file_name, int open_mode);
{
    if(open_mode<1 || open_mode>3)
        return false;
```

```
    ...
}
```

使用枚举能在一定程度上避免这种尴尬。

如果一个变量需要几种可能存在的值,那么就可以被定义为枚举类型(enumeration)。之所以叫枚举,就是说将变量(对象)可能存在的情况(也可以说是可能的值)一一列举出来。

枚举在C/C++中,是一个被命名的整型常数的集合,枚举在日常生活中很常见。如表示星期的SUNDAY、MONDAY、TUESDAY、WEDNESDAY、THURSDAY、FRIDAY、SATURDAY就是一个枚举。

枚举的定义与结构和联合相似,其形式为

```
enum 枚举名{ 标识符[=整型常数], 标识符[=整型常数], … }
```

例如,可以定义一个open_modes枚举:

```
enum open_modes {input=1, output, append};
```

这样,就可以重新写一个open_file函数:

```
bool open_file(string file_name, open_modes om);
```

在open_modes枚举中,input、output、append称为枚举子(enumerator),它们限定了open_modes所定义对象的取值范围。这个时候,如果传递给open_file的第二个参数不是open_modes枚举类型值,那么编译器就会识别出错误;即使该参数取介于枚举范围中的某个数值,也一样会有错。例如:

```
open_file("abc.txt ", 1);     //error C2664: "open_file": 不能将参数 2 从"int"
                              //转换为"open_modes"
```

正确的用法应该是

```
open_file("abc.txt ", input);     //第 2 个参数应是 input、output、append 中的一个
```

比如一个铅笔盒中有一支笔,但在没有打开之前并不知道它是什么笔,可能是铅笔也可能是钢笔,这里有两种可能,那么就可以定义一个枚举类型来表示它:

```
enum box{pencil, pen};
```

这里定义了一个枚举类型的变量叫box,这个枚举变量内含有两个元素(也称枚举元素)pencil和pen,分别表示铅笔和钢笔。

枚举变量定义也有两种方式:一种是先声明,后定义;另一种是在声明的时候同时定义。例如:

```
enum box b     //或者简写成 box b
enum {pencil, pen}box, box2
```

2. 枚举作为整数

对于枚举变量中的枚举元素，系统是按照常量来处理的，故叫枚举常量，它们是不能进行普通的算术赋值的。例如，以下的写法是错误的：

```
pencil=1;    //error C2440: "=": 无法从 int 转换为<unnamed-type-box>
```

但是，可以在声明的时候进行赋值操作：

```
enum box{pencil=1, pen=2};
```

这里要特别注意的一点是，如果不进行元素赋值操作，那么元素将会被系统自动从0开始进行递增赋值操作。如果只给第一个元素进行了赋值，那么第二个元素的值就是第一个元素的值再加1，以此类推。例如：

```
enum box{pencil=3, pen};
```

这时pen就是4，系统将自动进行pen=4的定义赋值操作。

初始化时可以赋负数，以后的元素仍然是依次加1。

```
enum box{pencil=-3, pen};
```

这时pen就是−2。

再如：

```
enum day{Sun=7, Mon=0, Tues, Wed, Thur, Fri, Sat};
```

则day各枚举常量的值依次为7,0,1,2,3,4,5,6。

同一枚举中枚举子的取值不需要唯一，这主要用于分类：

```
enum some_big_cities
{
    Guangzhou=1,
    Shenzhen=1,
    Hongkong=1,
    Shanghai=2,
    Beijing=3,
    Tianjin=3
};
```

以上将5个城市按照华南(1)、华东(2)、华北(3)进行了分类。

一个枚举类型变量的取值范围为0(或-2^n-1)～2^n-1。如果某个枚举中所有枚举子的值均非负，该枚举的表示范围就是0～2^n-1，其中2^n是能使所有枚举子都位于此范围内的最小的2的幂；如果存在负的枚举值，该枚举的取值范围就是-2^n-1～2^n-1。

例如：

```
enum e1{dark, light};              //range 0~1(0~2^1-1)
enum e2{a=3, b=9};                 //range 0~15(0~2^4-1)
```

```
enum e3{min=-10, max=10000000 }       //range -1048576~1048575(-2^20 -1~2^20 -1)
```

整型值只能显式地转换成一个枚举值，但是，如果转换的结果位于该枚举取值范围之外，则结果是无定义的。

```
e2 VAR1=e1(20);                       //无定义
e2 VAR2=e1(5);                        //正确
```

因为大部分整型值在特定的枚举里没有对应的表示，所以不允许隐式地从整型转换到枚举。但是，枚举可以当作特定的整型数来用。

一个枚举类型的 sizeof 就是某个能够容纳其范围的整型的 sizeof，而且不会大于 sizeof(int)，除非某个枚举子的值不能用 int 或者 unsigned int 来表示。在 32 位机器中，sizeof(int)一般等于 4。

3. 作用域

C++ 中的枚举类型继承于 C 语言，就像其他从 C 语言继承过来的很多特性一样，C++ 枚举也有缺点，其中最显著的莫过于作用域问题，在枚举类型中定义的常量，属于定义枚举的作用域，而不属于这个枚举类型。

例 2.20

```
int main()
{
    enum box1{pencil, pen};
    box1 b;
    b=pencil;          //OK
    b=box1::pencil;    //VC6.0: error C2039: 'pencil' : is not a member of 'box1'
                       //VC2010: warning C4482: 使用了非标准扩展: 限定名中使用了枚举
                       //"main::box1"
    enum box2{pencil, pen};      //error C2365: "pencil": 重定义;以前的定义是"枚举数"
                                 //error C2365: "pen": 重定义;以前的定义是"枚举数"
    return 0;
}
```

这个特点对于习惯面向对象和作用域概念的人来说是不可接受的，box1::pencil 显然更加符合程序员的直觉。在最新的 C++ 标准草案中有关于枚举作用域问题的提案，但最终的解决方案会是怎样还未知。在 Visual C++ 6.0 下，上面代码提示的编译错误为：'pencil'不是一个'box1'的成员。在 Visual C++ 2010 下，这不再是一个编译错误，但会有一个警告(warning)。但对于 enum box2{pencil, pen}都会有一个“重定义”错误。由此可知，pencil 和 pen 的作用域和 box1 的作用域是相同的。

2.1.5 typedef 声明类型

1. typedef 定义

typedef 使用最多的地方是创建易于记忆的类型名，用它来归档程序员的意图。C 语言不仅提供了丰富的数据类型,而且允许由用户自己定义类型说明符,也就是说允许由用户为数据类型取“别名”。类型定义符 typedef 即可用来完成此功能。例如,定义整型变量:

```
int x;
```

其中 int 是整型变量的类型说明符。int 的完整写法为 integer,为了增加程序的可读性,可把整型说明符用 typedef 定义为 typedef int INTEGER,之后就可用 INTEGER 来代替 int 作整型变量的类型说明了。例如:

```
INTEGER x;     //相当于 int x;
```

用 typedef 定义数组、指针、结构等类型将带来很大的方便,不仅使程序书写简单,而且使意义更为明确,因而增强了可读性。例如:

```
typedef char NAME[20];
```

可用 NAME 来表示字符数组类型,数组长度为 20。此后可以用 NAME 说明变量,例如:

```
NAME a1,a2;     //相当于 char a1[20],a2[20];
```

又如:

```
typedef struct stu
{
    char name[20];
    int age;
    char sex;
}STU;
```

定义 STU 表示 stu 的结构类型,然后可用 STU 来说明结构变量:

```
STU body1,body2;
```

typedef 定义的一般形式为

```
typedef 原类型名 新类型名
```

其中,原类型名中含有定义部分,新类型名一般用大写表示,以便于区别。

2. 提高程序可移植性

既然已经有了某个类型名称,为什么还要再取一个新的名称呢?这主要是为了提高程序的可移植性。比如:

```
typedef int INT32;
```

这样类型 INT32 就可用于类型声明,它和类型 int 完全相同。

若某种微处理器的 int 类型为 16 位,long 类型为 32 位,如果要将该机器上的程序移植到另一种体系结构的微处理器(新处理器的 int 类型为 32 位,long 类型为 64 位,而只有 short 类型才是 16 位的),必须将程序中的 int 全部替换为 short,long 全部替换为 int,这样修改势必工作量巨大且容易出错。如果给这些数据类型取一个新的名称,然后在程序中全部新用新取的名称,那么移植时只需要重新修改定义这些新名称即可。也就是说,只需要将以前的

```
typedef int INT16;
typedef long INT32;
```

替换成

```
typedef short INT16;
typedef int INT32;
```

3. 简化早期代码

在早期的 C 代码中,声明 struct 变量时,必须要带上 struct,即形式为

struct 结构名 变量名

例如:

```
struct tagPOINT
{
    int x;
    int y;
};
struct tagPOINT pt;
```

而在 C++ 中,则可以直接写:

结构名 变量名

即:

```
tagPOINT pt;
```

对于早期的 C 代码,多写一个 struct 太麻烦了,可以通过 typedef 进行简化。

```
typedef struct tagPOINT
{
    int x;
    int y;
}POINT;
POINT pt;
```

这样就比原来的方式少写了一个 struct,比较省事,尤其在大量使用的时候。

4. 简化复杂声明

typedef 可为复杂的声明定义一个新的简单的别名。方法是:在原来的声明里逐步

用别名替换一部分复杂声明，如此循环，把带变量名的部分留到最后替换，得到的就是原声明的最简化版。理解复杂声明可用的“右左法则”是：从变量名看起，先往右，再往左，碰到一个圆括号就调转阅读的方向；括号内分析完就跳出括号，还是按先右后左的顺序，如此循环，直到整个声明分析完。例如：

```
int * (* a[5])(int *);
```

a 右边是一个[]运算符，说明 a 是具有 5 个元素的数组；a 的左边有一个 *，说明 a 的元素是指针（注意这里的 * 不是修饰 a，而是修饰 a[5]的，原因是[]运算符优先级比 * 高，a 先跟[]结合）。跳出这个括号，看右边，又遇到圆括号，说明 a 数组的元素是函数类型的指针，它指向的函数具有 int * 类型的形参，返回值类型为 int *。该声明定义可通过 typedef 来简化，变量名为 a，直接用一个新别名 pFunc 替换 a 就可以了：

```
typedef int * (* pFunc)(int *);
```

原声明的最简化版为

```
pFunc a[5];
```

5. typedef 和 define

typedef 行为有点像 #define 宏，用其实际类型替代同义字。有时也可用宏定义来代替 typedef 的功能，但是宏定义是由预处理完成的，而 typedef 则是在编译时完成的，能让编译器来应付超越预处理器能力的文本替换，后者更为灵活方便。

例如：

```
typedef char* ptr_to_char;          //声明 ptr_to_char 为指向 char 的指针类型
ptr_to_char pch;                    //声明 pch 是一个指向字符的指针
```

也许你会产生一个这样的疑问，为什么不使用 #define 创建新的类型名？

比如：

```
#define ptr_to_char char*
ptr_to_char pch;
```

由于有了 #define ptr_to_char char *，因此 ptr_to_char pch 可以展开为

```
char *pch;
```

但是，若用 ptr_to_char 声明多个字符指针：

```
ptr_to_char pch1, pch;
```

用 typedef 定义的 ptr_to_char，pch1、pch2 都是指针，就相当于

```
char *pch1;
char *pch2;
```

用 define 定义的 ptr_to_char 就相当于

```
char * pch1, pch2;
```

pch1 是指针，而 pch2 为 char 型变量。对于 # define 来说，仅在编译前对源代码进行了字符串替换处理；而对于 typedef 来说，它建立了一个新的数据类型别名。因此 # define 只是将 pch1 定义为指针变量，却并没有将 pch2 定义为 char 型变量。

typedef 是定义一种类型的新别名，不同于宏，它不是简单的字符串替换。

假设有一个函数的原型为

```
int mystrcmp(const char *, const char *)
```

通过 typedef 定义：

```
typedef char* PSTR;
```

然后有

```
int mystrcmp(const PSTR, const PSTR);
```

const PSTR 实际上相当于 const char *（指向常量 char 的指针）吗？不是，它实际上相当于 char * const（一个指向 char 的常量指针）。原因在于 const 给予了整个指针本身以常量性，也就是形成了常量指针 char * const。简单来说，要记住，当 const 和 typedef 一起出现时，typedef 不会是简单的字符串替换。

要想通过 typedef 得到 const char *，应该这样定义：

```
typedef const char * CPSTR;
int mystrcmp(CPSTR, CPSTR);          //现在是正确的
```

2.2 函　　数

本节介绍 C++ 中的一些常用函数的相关知识。

2.2.1 引用

1. 引用的概念

引用就是某一变量（目标）的一个别名，对引用操作与对变量直接操作完全一样。引用的声明方法如下：

```
类型标识符 & 引用名=目标变量名;
```

假如有一个变量 a，想给它起一个别名 b，可以这样写：

```
int a;                     //定义 a 是整型变量
int &b=a;                  //声明 b 是 a 的引用
```

以上语句声明了 b 是 a 的引用，即 b 是 a 的别名。在上述声明中，& 是引用声明符，并不代表地址。不要理解为“把 a 的值赋给 b 的地址”。经过这样的声明后，a 或 b 的作

用相同，都代表同一变量。b相当于a的别名（绰号），对b的任何操作就是对a的操作。b既不是a的副本，也不是指向a的指针，其实b就是a它自己。

引用以&(ampersand)标记，为存储（某个变量）提供别名(alternative name)。一个引用表示的是对象的代用名，所以它不能独立存在，必然要关联于某个已定义的名字，它们对应同一个对象。

声明变量b为引用类型，并不需要另外开辟内存单元来存放b的值。b和a占用内存中的同一个存储单元，它们具有同一地址。声明b是a的引用，可以理解为使变量b具有变量a的地址。如图2.12所示，如果a的值是20，则b的值也是20。

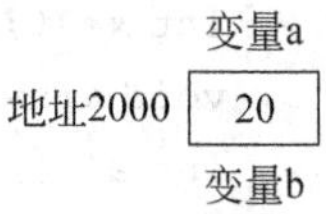

变量a

地址2000 | 20 |

变量b

图2.12 b是a的引用

例2.21

```
int main()
{
    int x=0;
    int& ref=x;
    ref++;                  //等价于 x++;
    int * pp=&ref;          //pp==&x; *pp==x;
    return 0;
}
```

2. 引用的一些规则

引用的一些规则如下：

(1) 引用被创建的同时必须被初始化，指针则可以在任何时候被初始化。

(2) 不能有NULL引用，引用必须与合法的存储单元关联，指针则可以是NULL。在使用引用之前不需要测试它的合法性。相反，指针则应该总是被测试，防止其为空。

(3) 一旦引用被初始化，就不能改变引用的关系，指针可以被重新赋值以指向另一个不同的对象。

例2.22

```
int main()
{
    int a1;
    int &ra;         //error C2530: "ra": 必须初始化引用
    return 0;
}
```

例2.23

```
int main()
{
    int a1, a2;
    int &ra=a1;
```

```
    int &ra=a2;    //error C2374: "ra": 重定义;多次初始化
    return 0;
}
```

企图使b又变成a2的引用(别名)是不行的。

例 2.24

```
int main()
{
    int x=10;
    void &rx=x;      //error C2182: "rx": 非法使用 void 类型
    int a[5];
    int &ra[5]=a;    //error C2234: "ra": 引用数组是非法的
                     //error C2440: "初始化": 无法从 int [5]转换为 int * [5]
    return 0;
}
```

上例中的两处错误说明：void 修饰是不能声明引用的，引用是不能声明数组的，即不能声明引用数组。

在任何情况下都不能使用指向空值的引用。一个引用必须总是指向某个对象。因此如果使用一个变量并让它指向一个对象，但是该变量在某些时候也可能不指向任何对象，这时应该把变量声明为指针，因为这样可以赋予空值给该变量。相反，如果变量肯定指向一个对象，且不允许变量为空，这时就可以把变量声明为引用。不存在指向空值的引用这个事实意味着使用引用的代码效率比使用指针要高。

3. 引用之间的赋值

例 2.25

```
int main()
{
    int a=1;
    int b=2;
    printf("a=%d\n",a);
    printf("b=%d\n",b);
    printf("a address is: %x\n",&a);
    printf("b address is: %x\n",&b);
    printf("give reference for a and b\n");
    int &ra=a;
    int &rb=b;
    printf("ra=%x\n",ra);
    printf("rb=%x\n",rb);
    printf("ra address is: %x\n",&ra);
    printf("rb address is: %x\n",&rb);
    printf("let ra=rb\n");
```

```
    ra=rb;
    printf("a=%x\n",a);
    printf("b=%x\n",b);
    printf("ra=%x\n",ra);
    printf("rb=%x\n",rb);
    printf("a address is: %x\n",&a);
    printf("b address is: %x\n",&b);
    printf("ra address is: %x\n",&ra);
    printf("rb address is: %x\n",&rb);
    return 0;
}
```

程序执行结果：

```
a=1
b=2
a address is: 0031f870
b address is: 0031f864
give reference for a and b
ra=1
rb=2
ra address is: 0031f870
rb address is: 0031f864
let ra=rb
a=2
b=2
ra=2
rb=2
a address is: 0031f870
b address is: 0031f864
ra address is: 0031f870
rb address is: 0031f864
```

从上例可知，虽然引用被初始化后，便不能改变引用的关系；但是，可以用其他引用给其赋值(ra = rb)。引用之间赋值并不改变引用和被引用变量的地址，只改变了引用对象值，如图 2.13 所示。

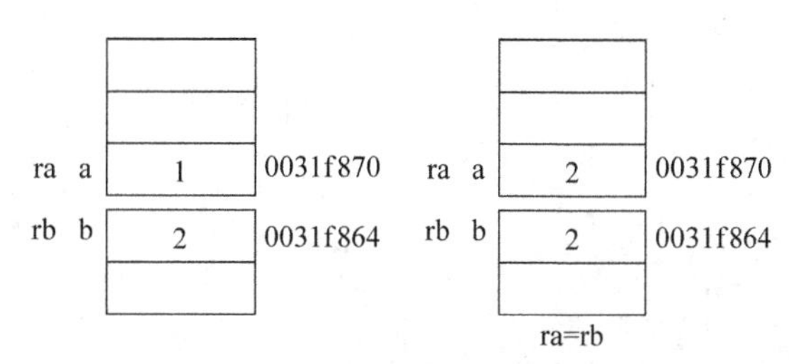

图 2.13　引用之间赋值

4. 指针的引用

指针的引用就是某一指针的一个别名，对引用的操作与对指针直接操作完全一样。指针引用的声明方法如下：

类型标识符 *&引用名=目标变量名;

通常，*(取内容)和&(取地址)是含义相反的两个操作，把它们放在一起有什么意义呢？在某种程度上，指针的引用类似于二级指针(指针的指针)。

例 2.26

```
int main()
{
    int x=10;
    int *px=&x;              //x 的指针
    int *&rpx=px;            //x 的指针的引用
    int y=20;
    int *py=&y;              //y 的指针
    int *&rpy=py;            //y 的指针的引用
    printf("x: %d \n", x);
    printf("px: %x \n", px);
    printf("rpx: %x \n", rpx);
    printf("y: %d \n", y);
    printf("py: %x \n", py);
    printf("rpy: %x \n", rpy);
    printf("--------------------\n");
    *rpx=*rpy;
    printf("x: %d \n", x);
    printf("px: %x \n", px);
    printf("rpx: %x \n", rpx);
    printf("y: %d \n", y);
    printf("py: %x \n", py);
    printf("rpy: %x \n", rpy);
    return 0;
}
```

程序执行结果：

```
x:10
px:0013FF60
rpx:0013FF60
y:20
py:0013FF3C
rpy:0013FF3C
--------------------
x:20
```

```
px:0013FF60
rpx:0013FF60
y:20
py:0013FF3C
rpy:0013FF3C
```

输出说明 * rpx= * rpy 之间的赋值并未改变指针引用的值，即地址的值，而是改变了引用对象的值，如图 2.14 所示。

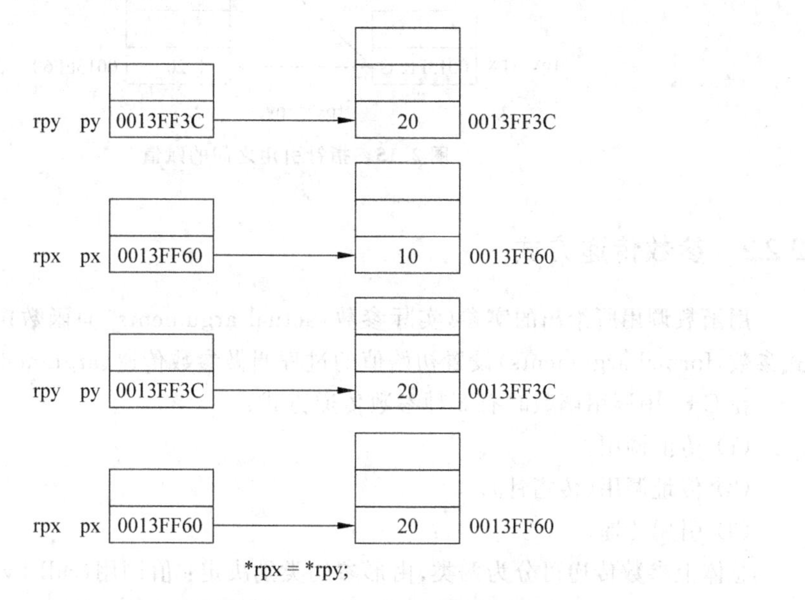

图 2.14 指针间的赋值只改变引用对象的值

若将上例中 * rpx= * rpy;改为

```
rpx=rpy;
```

程序执行结果：

```
x:10
px:0013FF60
rpx:0013FF60
y:20
py:0013FF3C
rpy:0013FF3C
-------------------
x:10
px: 0013FF3C
rpx: 0013FF3C
y:20
py:0013FF3C
rpy:0013FF3C
```

输出说明指针引用之间的赋值只改变指针的值,引用对象的值没有改变,如图 2.15 所示。

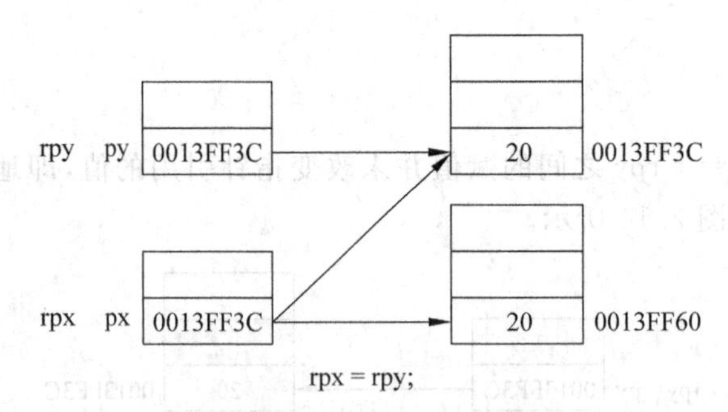

图 2.15 指针引用之间的赋值

2.2.2 参数传递方式

用函数调用所给出的实参(实际参数,actual arguments)向函数定义给出的形参(形式参数,formal arguments)设置初始值的过程叫做参数传递(argument passing)。

在 C++ 中调用函数时有 3 种参数传递方式:

(1) 传值调用。

(2) 传址调用(传指针)。

(3) 引用传递。

总体上参数传递可分为两类,由形参的类别决定:值调用(call by value)和引用调用(call by reference)。除了定义为引用类型的形参外,其他类型的形参都是值调用。指针传递也是值传递,只不过传递的值是地址。

1. 值传递

按值传递方式进行参数传递时,实参被复制了一份,函数体内修改参数变量时修改的是实参的一份副本,而实参本身是没有改变的,所以如果想在调用的函数中修改实参的值,使用值传递是不能成功的,使用指针(实参的地址)或引用可以达到目的。

例 2.27

```
int main()
{
    void swap(int,int);      //函数声明
    int i=3,j=5;
    swap(i,j);               //调用函数 swap
    printf("i=%d, j=%d \n", i,j);
    return 0;
}

void swap(int a,int b)       //企图通过形参 a 和 b 的值互换,实现实参 i 和 j 的值互换
```

```
{
    int temp;
    temp=a;                        //以下 3 行用来实现 a 和 b 的值互换
    a=b;
    b=temp;
}
```

在 main 函数中调用 swap(int a,int b)后,i 和 j 值实际上并没有交换(见图 2.16),如果想要交换,只能使用指针传递或引用传递,例如:

```
void swap(int* pa, int* pb);
```

或

```
void swap(int& ra, int& rb);
```

用指针类型作为形参的值调用方式,可以用参数带回修改后的值。

例 2.28

```
int main()
{
    void swap(int *,int *);
    int i=3,j=5;
    swap(&i,&j);                   //实参是变量的地址
    printf("i=%d, j=%d \n", i,j);
    return 0;
}

void swap(int *p1,int *p2)         //形参是指针变量
{
    int temp;
    temp= *p1;                     //以下 3 行用来实现 i 和 j 的值互换
    *p1= *p2;
    *p2=temp;
}
```

指针类型作为形参的 swap 交换如图 2.17 所示。

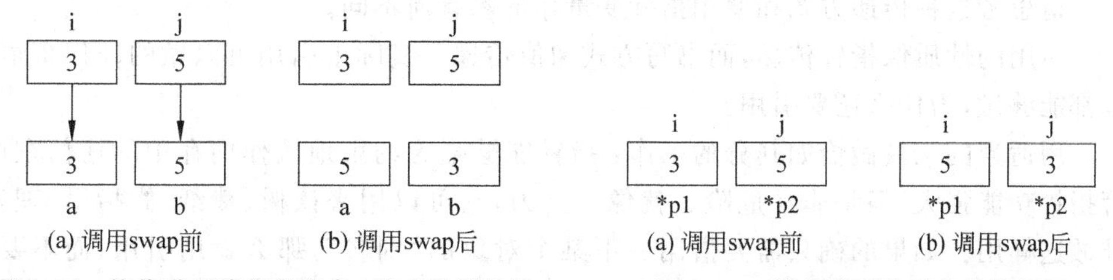

图 2.16 值传递不能实现实参 i 和 j 的值互换　　**图 2.17 指针类型作形参的值调用**

从函数调用的效率看,swap(int a,int b)和 swap(int *p1,int *p2)不能一概而论。

对于基本数据类型 int、char、short、long、float 等 4 字节或以下的数据类型而言，实际上传递时也只需要传递 1～4 字节，而传递指针时在 32 位系统中传递的是 32 位的指针，也是 4 字节，这种情况下值传递和指针传递的效率是一样的，而传递 double、long long 等 8 字节的数据时，在 32 位系统中，其传值效率比传递指针要低，因为 8 字节需要两次取完。

值传递很简单。唯一要注意的就是当值传递的输入参数是用户自定义类型时，最好用引用传递代替，并加上 const 关键字。因为引用传递省去了临时对象的构造和析构（详见第 4 章）。

2. 引用传递

按引用传递，形参副本是一个引用变量，该副本与实参共享存储区，而不是进行参数复制。引用类型的形参与相应的实参占用相同的内存空间，改变引用类型形参的值，相应实参的值也会随着变化。

例 2.29

```
int main()
{
    void swap(int &,int &);
    int i=3,j=5;
    swap(i,j);
    printf("i=%d, j=%d \n", i,j);
    return 0;
}

void swap(int &a,int &b)          //形参是引用类型
{
    int temp;
    temp=a;
    a=b;
    b=temp;
}
```

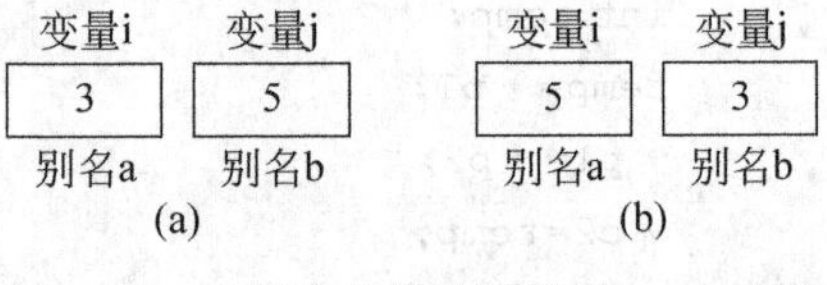

变量i 变量j 变量i 变量j
3 5 5 3
别名a 别名b 别名a 别名b
(a) (b)

图 2.18 引用类型作为形参的 swap 交换

引用类型作为形参的 swap 交换如图 2.18 所示。

请思考这种传递方式和使用指针变量作形参有何不同。

引用的性质像指针传递，而书写方式像值传递。实际上引用可以做的任何事情指针也都能够做，为什么还要引用？

用适当的工具做恰如其分的工作：指针能够毫无约束地操作内存中的任何东西，尽管指针功能强大，但是非常危险。就像一把刀，它可以用来砍树、裁纸、修指甲、理发等，谁敢这样用？如果的确只需要借用一下某个对象的“别名”，那么就用引用，而不要用指针，以免发生意外。比如，某人需要一份证明，本来在文件上盖上公章就行了，如果把取公章的钥匙交给他，那么他就获得了不该有的权利。引用变量主要用作函数参数，它可

以提高效率,而且保持程序良好的可读性。

一个健壮的函数总会对传递来的参数进行检查,保证输入数据的合法性,以防止对数据的破坏,并且更好地控制程序按期望的方向运行。使用值传递比使用指针传递要安全得多,因为不可能传一个不存在的值给值参数或引用参数,而使用指针就可能,很可能传来的是一个非法的地址(没有初始化,或指向已经 delete 的指针等)。值传递与引用传递在参数传递过程中都执行强类型检查,而指针传递的类型检查较弱,特别地,如果参数被声明为 void *,那么它基本上没有类型检查,只要是指针,编译器就认为是合法的,所以这给错误的产生制造了机会,使程序的健壮性稍差。如果没有必要,就使用值传递和引用传递,最好不用指针传递,更好地利用编译器的类型检查,会减少出错的情况,所以使用值传递和引用传递会使代码更健壮。

具体是使用值传递还是引用传递,最简单的一个原则就是看传递的是不是基本数据类型,对基本数据类型优先使用值传递,而对于自定义的数据类型,特别是传递较大的对象,那么请使用引用传递。

例 2.30 通过值传递(指针)的方式调用一个函数去申请动态内存。

```
#include <string.h>
#include <stdlib.h>

void GetMemory(char *p, int num)
{
    p=(char *)malloc(sizeof(char) * num);
}
int main()
{
    char *str=NULL;
    GetMemory(str, 100);
    strcpy(str, "hello");
    printf("%s", str);
    return 0;
}
```

程序运行时会有错误,会弹出内存访问错误消息框。在调用 GetMemory(str, 100);后,指针 str 的值仍然是 NULL。

GetMemory 函数代码经过编译器解析后成为

```
void GetMemory(char* p, int num)
{
    char* _p;
    _p=p;
    _p=(char *)malloc(sizeof(char) * num);
}
```

在进行函数调用时,编译器要为函数的每个参数构造临时副本,指针参数 p 的副本

是 _p，编译器使 _p = p。此时_p 与 p 所指向的地址是一样的，_p 通过 malloc 方法申请了新的内存，那么此时_p 所指的内存地址就发生了改变，但是 p 的地址却丝毫未变，所以函数 GetMemory 并不能输出任何东西。因此，如果函数的参数是一个指针，不要指望用该指针去申请动态内存。

例 2.31 通过值传递(指向指针的指针)的方式调用一个函数去申请动态内存。

```
#include <string.h>
#include <stdlib.h>

void GetMemory2(char * * p, int num)
{
    * p=(char * )malloc(sizeof(char) * num);
}
int main()
{
    char * str=NULL;
    GetMemory2(&str, 100);
    strcpy(str, "hello");
    printf("%s", str);
    free(str);
    return 0;
}
```

这时程序能正确执行并输出 hello，编译器解析后，GetMemory 函数代码为

```
void GetMemory(char * * p, int num)
{
    char* * _p;
    _p=p;
    * _p=(char * )malloc(sizeof(char) * num);
}
```

其内存分配示意图如图 2.19 所示。

例 2.32 通过引用传递的方式调用一个函数去申请动态内存。

```
#include <string.h>
#include <stdlib.h>

void GetMemory(char * &p, int num)
{
    p=(char * )malloc(sizeof(char) * num);
}
int main()
{
    char * str=NULL;
```

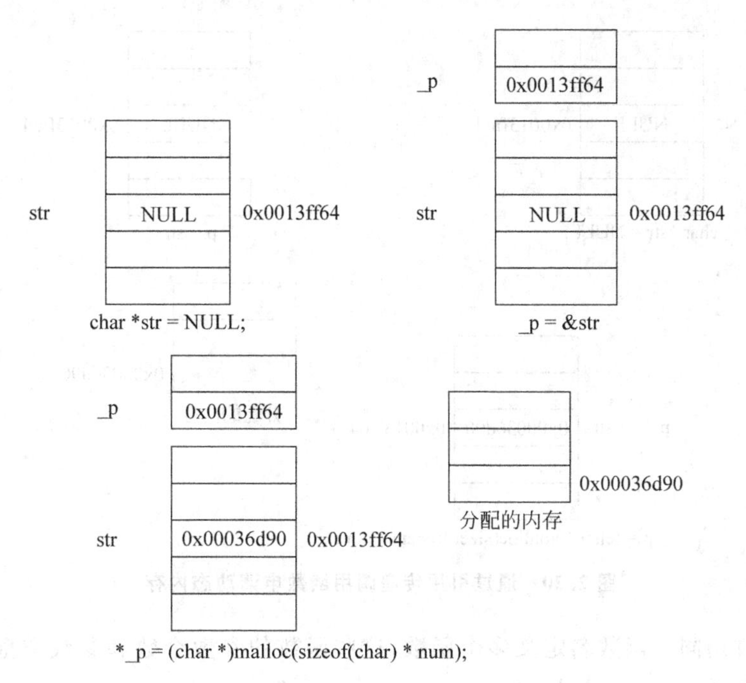

图 2.19 通过值传递调用函数申请动态内存

```
    GetMemory(str, 100);
    strcpy(str, "hello");
    printf("%s", str);
    free(str);
    return 0;
}
```

程序能正确执行并输出 hello。

其内存分配示意图如图 2.20 所示。

GetMemory(char * &p, int num)函数中 char * &p 是声明了一个指针的引用。

2.2.3 函数的重载

有时候需要几个函数来处理一些操作,而这些操作是相似的,如果不用重载就必须编写多个不同名称的函数。在管理一个大项目时,这些函数和其他函数混合在一起,可以让人眩晕。

例如,希望从 3 个数中找出其中的最大者,而每次求最大数时数据的类型不同,可能是 3 个整数、3 个双精度数或 3 个长整数。可以分别设计出 3 个不同名的函数,其函数原型为

```
int max1(int a,int b, int c);
double max2(double a,double b,double c);
long max3(long a,long b,long c);
```

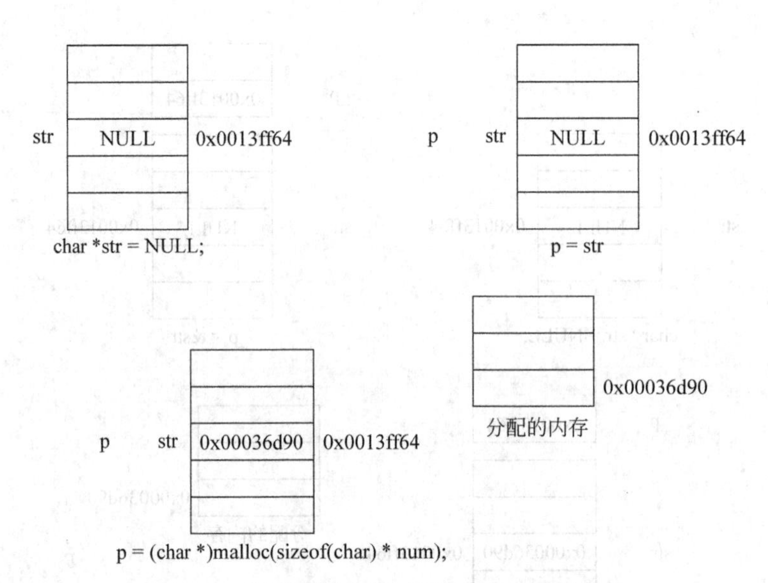

图 2.20　通过引用传递调用函数申请动态内存

C++ 允许用同一函数名定义多个函数，这些函数的参数个数和参数类型不同，这就是函数的重载(function overloading)。

例 2.33

```
int main()
{
    int max(int a,int b,int c);                    //函数声明
    int max(int a,int b);                          //函数声明
    int a=8,b=-12,c=27;
    printf("max(a,b,c)=%d \n", max(a,b,c));
    printf("max(a,b)=%d \n ", max(a,b));
    return 0;
}

int max(int a,int b,int c)                         //求 3 个整数中的最大者
{
    if(b>a) a=b;
    if(c>a) a=c;
    return a;
}
int max(int a,int b)                               //求两个整数中的最大者
{
    if(a>b) return a;
    else return b;
}
```

对于重载，参数的个数和类型可以都不同，但不能仅仅是函数的类型不同而参数的

个数和类型相同。例如：

```
int main()
{
    int func(int);
    long func(int);   //error C2556: "long func(int)": 重载函数与 int func(int)
                      //只是在返回类型上不同
    void func(int);   //error C2556: "void func(int)": 重载函数与 int func(int)
                      //只是在返回类型上不同
    return 0;
}
```

为什么不能通过返回值进行重载呢？如果编译器能从程序上下文中根据返回值确定调用哪一个函数，例如 int x=func(10)，这当然没有问题。然而，调用一个函数往往忽略它的返回值，这时编译器不能确定调用哪个函数，所以在 C++ 中禁止这样做。

下面介绍重载中的二义性问题。

如果两个不同宽度的数据类型进行运算时，编译器会尽可能地在不丢失数据的情况下将它们的类型统一。若 float 型和 double 型运算时，如果不显式地指定为 float 型，会自动转换成 double 型进行计算。一个 int 型和一个 float 型运算时，如果不显式地指定为 int 型，C++ 会先将整数转换成浮点数。

例 2.34

```
int main()
{
    float x=2.1f;
    float y=2.1;       //warning C4305: "初始化": 从 double 到 float 截断
    return 0;
}
```

在语句 float y=2.1;中，等号右边的 2.1 看起来是一个 float 型，但是编译器却认为它是一个 double 型（因为小数默认是 double 型），所以要给出上面的警告，一般要定义 float 型，则应写成 2.1f。

如果使用重载，编译器按返回类型、参数类型和参数数量区分调用哪个重载函数，但是有时候数据类型自动转换机制和重载机制会使编译器走入死胡同。看下面的例子：

例 2.35

```
float func(float a);
double func(double a);

int main()
{
    float x;
    x=func(5.1);
    x=func(5);     //error C2668: "func": 对重载函数的调用不明确
```

```
    return 0;
}
```

x=func(5.1);能够正确调用,重载机制将参数 5.1 看作 double 型,这样数据比较安全,会调用 double 型的重载函数。

x=func(5);不能正确调用,编译时会出错,因为编译器不知道要将整数转换成 float 型还是 double 型。

2.2.4 有默认参数的函数

一般情况下,在函数调用时形参从实参那里取得值,因此实参的个数应与形参相同。C++ 允许在定义函数时给其中的某个或某些形参指定默认值。这样当发生函数调用时,如果省略了对应位置上的实参的值,则在执行被调函数时,其值为该形参的默认值。有时多次调用同一函数时用同样的实参,给形参一个默认值,这样形参就不必从实参取值了。例如有一个函数声明为

```
float area(float r=6.5);
area();                                   //相当于 area(6.5);
```

如果不想使形参取此默认值,可通过实参另行给出:

```
area(7.5);                                //形参得到的值为 7.5,而不是 6.5
```

如果有多个形参,可以使每个形参都有一个默认值,也可以只对一部分形参指定默认值,另一部分形参不指定默认值。

```
float volume(float h,float r=12.5);//只对形参 r 指定默认值 12.5
```

函数调用可以采用以下形式:

```
volume(45.6);                             //相当于 volume(45.6,12.5);
volume(34.2,10.4)                         //h 的值为 34.2,r 的值为 10.4
```

实参与形参的结合是从左至右顺序进行的,因此指定默认值的参数必须放在形参表列中的最右端,否则出错。例如:

```
void func1(float a, int b=0, int c, char d='a');    //不正确
void func2(float a, int c, int b=0, char d='a');    //正确
```

如果调用上面的 func2 函数,可以采取下面的形式:

```
func2(3.5, 5, 3, 'x')                    //形参的值全部从实参得到
func2(3.5, 5, 3)                         //最后一个形参的值取默认值'a'
func2(3.5, 5)                            //最后两个形参的值取默认值,b=0,d='a'
```

在使用带有默认参数的函数时有两点要注意:

(1) 如果函数的定义在函数调用之前,则应在函数定义中给出默认值。如果函数的定义在函数调用之后,则在函数调用之前需要有函数声明,此时必须在函数声明中给出

默认值,在函数定义时不用给出默认值。

(2) 一个函数不能既作为重载函数,又作为有默认参数的函数。因为当调用函数时如果少写一个参数,系统无法判定是调用重载函数还是调用有默认参数的函数,会出现二义性,系统无法执行。例如:

```
void func(int);                          //重载函数之一
void func(int, int=2);                   //重载函数之二,带有默认参数
void func(int=1, int=2);                 //重载函数之三,带有默认参数
func(3);                                 //error: 到底调用3个重载函数中的哪个
func(4,5)                                //error: 到底调用后面两个重载函数的哪个
```

默认参数一般在函数声明中提供。如果程序中既有函数的声明又有函数的定义时,则定义函数时不允许再定义参数的默认值。

例 2.36

```
void func(int x=0,int y=0);
int main(){ return 0; }
void func(int x=0, int y=0){}  //error C2572: "func": 重定义默认参数 : 参数 2
                               //error C2572: "func": 重定义默认参数 : 参数 1
```

默认值可以是全局变量、全局常量,甚至是一个函数。例如:

```
int a=1;
int func(int x=a){return 1;}
int test(int x=func()){return 1;}     //正确,允许默认值为函数
```

但是,默认值不可以是局部变量,因为有默认参数的函数调用是在编译时确定的,而局部变量的位置与值在编译时均无法确定。

例 2.37

```
int main()
{
    int i;
    void func(int x=i);         //error C2587: "i": 非法将局部变量作为默认参数
    return 0;
}
```

此外,若虚函数有默认参数,需要特别注意(详见6.3.8节)。

2.2.5 内联函数

内联函数的功能和预处理宏的功能相似,在介绍内联函数之前,先介绍一下预处理宏。宏是简单字符替换,最常见的用法是:定义了一个代表某个值的全局符号,定义可调用带参数的宏。作为一种约定,习惯上总是用大写字母来定义宏,宏还可以替代字符常量。我们会经常定义一些宏,例如:

```
#define ADD(a,b) a+b
```

这个宏实现了两个数的相加。它也可以通过函数调用来实现，为什么要使用宏呢？调用函数时需要一定的时间和空间的开销。因为函数的调用必须要将程序执行的顺序转移到函数存放在内存中的某个地址，将函数执行完后，再返回到执行该函数前的地方，如图 2.21 所示。这种转换操作要求在转去执行函数前，要保存现场并记录当前执行的地址；函数调用返回后要恢复现场，并按原来保存地址继续执行（详见 2.2.6 节）。因此，函数调用要有一定的时间和空间方面的开销，会影响运行效率。而宏只是在预处理的地方把代码展开，不需要额外的空间和时间方面的开销，所以使用宏比调用一个函数更有效率。

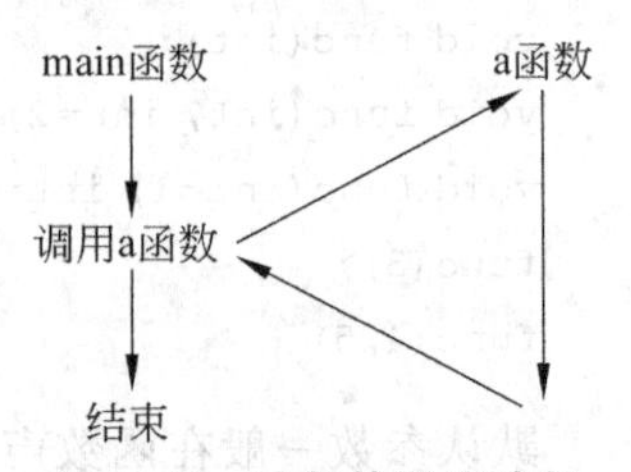

图 2.21　函数的调用过程

但是宏也有很多的不尽如人意的地方，所以 C++ 中用内联函数来代替宏。

(1) 宏不能访问对象的私有成员。类的私有成员只能通过类的成员函数或友元函数来访问。

(2) 宏不进行类型检查。例如上面定义的 ADD 宏，要注意传入实参的类型，如果传入的参数不是 char、int、float、double，而是其他类型，可能就会出错。

(3)宏很容易产生二意性。

下面举个例子：

```
#define MULTI(x) (x*x)
```

用一个数字去调用它，MULTI(10)，这样看上去没有什么错误，结果返回 100，是正确的；但是如果用 MULTI(10＋10)去调用，期望的结果是 400，而宏的调用是(10＋10＊10＋10)，结果是 120，显然不对。为避免这种错误，可给宏的参数都加上括号。

```
#define MULTI(x) ((x)*(x))
```

这样可以确保 MULTI(10＋10)不会出错，但是若使用 MULTI(a＋＋)调用它，本意是希望得到(a＋1)＊(a＋1)的结果，但是宏的展开结果是(a＋＋)＊(a＋＋)，如果 a 的值是 2，得到的结果是 2＊3＝6。而我们期望的结果是 3＊3＝9。

可以看到，宏有一些难以避免的问题，怎么解决呢？通过内联函数可以得到宏的替换效果和所有可预见的状态，还能有常规函数的类型检查，因此可以使用内联函数来取代宏。

C++ 提供了一种提高效率的方法，即在编译时将所调用函数的代码直接嵌入主调函数中，而不是将流程转出去。这种被嵌入主调函数中的函数称为内联函数（inline function），又称内置函数，在有些书中把它译成内嵌函数。把函数指定为内联，编译器会在每一个调用该函数的地方展开一个函数的副本。在函数调用处插入执行代码，消除了函数调用的开销，执行速度快。

指定内联函数的方法很简单，只需在函数首行的左端加一个关键字 inline 即可。

例 2.38

```
inline int max(int,int, int);                    //声明函数,注意左端有 inline 关键字
int main()
{
    int i=10,j=20,k=30,m;
    m=max(i,j,k);
    printf("max=d%\n", m);
    return 0;
}

inline int max(int a,int b,int c)                //定义 max 为内置函数
{
    if(b>a) a=b;                                 //求 a、b、c 中的最大者
    if(c>a) a=c;
    return a;
}
```

由于在定义函数时指定 max 为内联函数,因此编译器在遇到函数调用 max(i,j,k);时,就用 max 函数体的代码代替 max(i,j,k);,同时用实参代替形参。

这样,程序代码 m=max(i,j,k);就被置换成

```
if (j>i) i=j;
if(k>i) i=k;
m=i;
```

下面通过反汇编代码来分析内联函数的优化效果。在 Visual C++ 2010 中打开项目的属性页,配置为 Release,选择“配置属性”→C/C++→“优化”,将“优化”设置为“已禁用(/Od)”,将“内联函数扩展”设置为“只适用于__inline(Ob1)”。

如果上例中 max 函数没有声明为内联函数,它的汇编代码为

```
m=max(i,j,k);
00B4101B  mov   eax, dword ptr [k]
00B4101E  push eax                               //参数 k 入栈
00B4101F  mov   ecx, dword ptr [j]
00B41022  push ecx                               //参数 j 入栈
00B41023  mov   edx, dword ptr [i]
00B41026  push edx                               //参数 i 入栈
00B41027  call max (0B41070h)                    //调用 max 函数
00B4102C  add  esp, 0Ch
00B4102F  mov  dword ptr [m], eax                //从 eax 中取回返回值
int max(int a,int b,int c)
{
    00B41070  push   ebp
    00B41071  mov    ebp,esp
```

```
    if(b>a) a=b;
    00B41073  mov   eax, dword ptr [b]
    00B41076  cmp   eax, dword ptr [a]
    00B41079  jle   max+11h (0B41081h)
    00B4107B  mov   ecx, dword ptr [b]
    00B4107E  mov   dword ptr [a], ecx
    if(c>a) a=c;
    00B41081  mov   edx, dword ptr [c]
    00B41084  cmp   edx, dword ptr [a]
    00B41087  jle   max+1Fh (0B4108Fh)
    00B41089  mov   eax, dword ptr [c]
    00B4108C  mov   dword ptr [a], eax
    return a;
    00B4108F  mov   eax, dword ptr [a]         //返回值保存在 eax 中
}
```

如果将 max 函数声明为内联函数，它的汇编代码为

```
m=max(i,j,k);
  00C5101B  mov  eax, dword ptr [i]
  00C5101E  mov  dword ptr [ebp-14h], eax
  00C51021  mov  ecx, dword ptr [j]
  00C51024  cmp  ecx, dword ptr [ebp-14h]
  00C51027  jle  main+2Fh (0C5102Fh)
  00C51029  mov  edx, dword ptr [j]
  00C5102C  mov  dword ptr [ebp-14h], edx
  00C5102F  mov  eax, dword ptr [k]
  00C51032  cmp  eax, dword ptr [ebp-14h]
  00C51035  jle  main+3Dh (0C5103Dh)
  00C51037  mov  ecx, dword ptr [k]
  00C5103A  mov  dword ptr [ebp-14h], ecx
  00C5103D  mov  edx, dword ptr [ebp-14h]
  00C51040  mov  dword ptr [m], edx
```

可以看出，调用没有声明为内联函数的 max 函数，会先将参数入栈，再跳转(call)到 max 函数处(00B41070)去执行。而声明 max 为内联函数后，就没有调用函数的跳转过程，而是进行了“代码代替”，替换后的汇编代码和 max 函数主体部分非常相似。

使用内联函数可以节省运行时间，但增加了目标程序的长度。因此一般只将规模很小(一般不超过 5 条语句)且使用频繁的函数声明为内联函数。

C++的内联函数是这样工作：对于任何内联函数，编译器在符号表里放入函数的声明(包括名字、参数类型、返回值类型)。如果编译器没有发现内联函数存在错误，那么该函数的代码也被放入符号表里。在调用一个内联函数时，编译器首先要检查调用是否正确(进行类型安全检查，或者进行自动类型转换，当然对所有的函数都一样)。如果正确，内联函数的代码就会直接替换函数调用，这样便省去了函数调用的开销。这个过程与预

处理有显著的不同，因为预处理器不能进行类型安全检查或者进行自动类型转换。假如内联函数是成员函数，对象的地址(this)会被放在合适的地方，这也是预处理器办不到的。

内联函数必须和函数体在一起才有效。如下风格的函数不能成为内联函数：

```
inline void func(int x, int y);             //inline 仅与函数声明放在一起
void func(int x, int y) {...}
```

而如下风格的函数 func 为内联函数：

```
void func(int x, int y);
inline void func(int x, int y) {...}        //inline 与函数定义体放在一起
```

因此，inline 是一种"用于实现的关键字"，而不是一种"用于声明的关键字"。

内联能提高函数的执行效率，为什么不把所有的函数都定义成内联函数？如果所有的函数都是内联函数，还用得着 inline 这个关键字吗？

内联函数是以代码膨胀(复制)为代价的，这省去了函数调用的开销，从而提高了函数的执行效率。另一方面，每一处内联函数的调用都要复制代码，将使程序的总代码量增大，消耗更多的内存空间。以下情况不宜使用内联函数：

(1)如果函数体内的代码比较长，使用内联函数将导致内存消耗代价较高。

(2)内联函数中不能包括复杂的控制语句，如循环语句和 switch 语句。如果函数体内出现循环，那么执行函数体内代码的时间要比函数调用的开销大。

现在的大多数编译器会自动决定是否对函数进行内联优化操作，而不是根据函数前面加不加 inline。inline 关键字对编译器只是一种提示，并非一个强制指令，也就是说，编译器可能会忽略某些 inline 关键字，如果它被忽略，内联函数将被当作普通的函数调用，编译器一般会忽略一些复杂的内联函数，如函数体中有复杂语句，包括循环语句、递归调用等。所以，内联函数的函数体要简单，否则在效率上会得不偿失。若内联函数的函数体过大，编译器会放弃内联方式，而采用普通的方式调用函数。这样，内联函数就和普通函数执行效率一样了。

2.2.6 函数调用栈结构

当调用(call)一个函数时，主调函数将声明中的参数表以逆序压栈，然后将当前的代码执行指针压栈，跳转到被调函数的入口点。进入被调函数时，函数将 esp(栈指针，也就是栈顶指针)减去相应字节数获取局部变量存储空间。被调函数返回(ret)时，将 esp 加上相应字节数，归还栈空间，弹出主调函数压在栈中的代码执行指针，跳回主调函数。再由主调函数恢复调用前的栈结构。

具体过程如下：

(1) 将函数参数入栈，第一个参数在栈顶，最后一个参数在栈底。

(2) 执行 call 指令，调用该函数，进入该函数代码空间。

① 执行 call 指令，将 call 指令下一行代码的地址入栈。

② 进入函数代码空间后，将基址指针 EBP 入栈，然后让基址指针 EBP 指向当前堆栈栈顶，并通过它访问存在堆栈中的函数输入参数及堆栈中的其他数据。

③ 堆栈指针 ESP 减少一个值，向上移动一个距离，留出一些空间给该函数作为临时存储区。之后函数正式被执行：

```
{
    ⅰ. 将其他指针或寄存器中的值入栈，以便在函数中使用这些寄存器。
    ⅱ. 执行代码。
    ⅲ. 执行 return()返回执行结果，将要返回的值存入 EAX 中。
    ⅳ. 第ⅰ步中入栈的指针出栈。
}
```

④ 将 EBP 的值传给堆栈指针 ESP，使 ESP 恢复原值。此时进入函数时 EBP 的值在栈顶。

⑤ 基址指针 EBP 出栈，使之恢复原值。

⑥ 执行 ret 指令，“调用函数”的地址出栈，返回到 call 指令的下一行。

(3) 函数返回到 call 指令下一行，将堆栈指针加一个数值，以使堆栈指针恢复到步骤(1)执行之前的值。该数值是步骤(1)入栈参数的总长度。

例 2.39

```
int function(int a, int b, int c)
{
    return 0;
}

int main()
{
    function(1,2,3);
    return 0;
}
```

反汇编后为

```
int function(int a, int b, int c)
{
00401000  push     ebp                  //基址指针 EBP 入栈
00401001  mov      ebp,esp              //基址指针 EBP 指向当前堆栈栈顶
00401003  sub      esp,0C0h             //留出一些空间作为临时存储区
00401009  push     ebx                  //其他指针或寄存器中的值入栈
0040100A  push     esi
0040100B  push     edi
0040100C  lea      edi,[ebp-0C0h]       //执行代码
00401012  mov      ecx,30h
00401017  mov      eax,0CCCCCCCCh
0040101C  rep stos dword ptr es:[edi]
```

```
return 0;
0040101E  xor       eax,eax                //返回的值存入 EAX 中
}
00401020  pop       edi                    //入栈的指针出栈
00401021  pop       esi
00401022  pop       ebx
00401023  mov       esp,ebp                //ESP 恢复原值
00401025  pop       ebp                    //基址指针 EBP 出栈
00401026  ret                              //函数返回到调用函数 function 的下一行

int main()
{
00401030  push      ebp
00401031  mov       ebp,esp
00401033  sub       esp,0C0h
00401039  push      ebx
0040103A  push      esi
0040103B  push      edi
0040103C  lea       edi,[ebp-0C0h]
00401042  mov       ecx,30h
00401047  mov       eax,0CCCCCCCCh
0040104C  rep stos  dword ptr es:[edi]
function(1,2,3);
0040104E  push      3                      //第 3 个参数压栈
00401050  push      2                      //第 2 个参数压栈
00401052  push      1                      //第 1 个参数压栈
00401054  call      function (401000h) //调用函数 function,下一行地址 00401059 入栈
00401059  add       esp,0Ch                //堆栈指针 ESP 加一个数值
return 0;
0040105C  xor       eax,eax
}
0040105E  pop       edi
0040105F  pop       esi
00401060  pop       ebx
00401061  add       esp,0C0h
00401067  cmp       ebp,esp
00401069  call      _RTC_CheckEsp (4010D0h)
0040106E  mov       esp,ebp
00401070  pop       ebp
00401071  ret
```

为了访问函数局部变量,必须有方法定位每一个变量。变量相对于栈顶 ESP 的位置在进入函数体时就已确定,但是由于 ESP 会在函数执行期变动,所以将 ESP 的值保存在 EBP 中,并事先将原 EBP 的值压栈保存,以声明中的顺序(即压栈的相反顺序)来确定偏

移量。

函数调用后，栈的结构如图 2.22 所示。

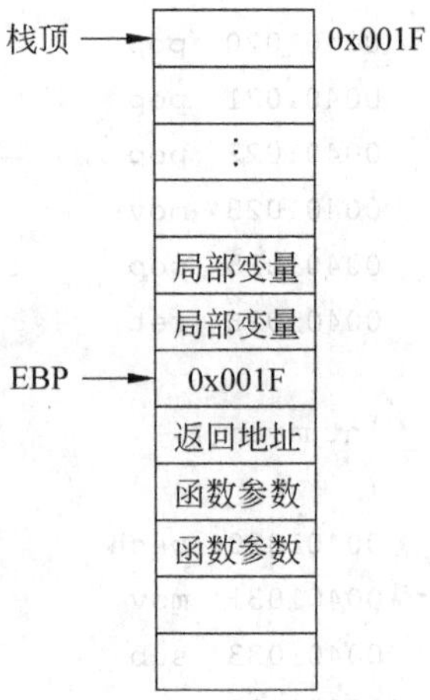

例 2.40

```
void func(int x, int y, int z)
{
    printf("x=%d at address: %x\n", x, &x);
    printf("y=%d at address: %x\n", y, &y);
    printf("z=%d at address: %x\n", z, &z);
}
int main(int argc, char * argv[])
{
    func(1, 2, 3);
    return 0;
}
```


图 2.22　函数调用栈结构

程序执行结果：

```
x=1 at address: 32f858
y=2 at address: 32f85c
z=3 at address: 32f860
```

C 程序栈顶为低地址，栈底为高地址，z 的地址最大，x 的地址最小，因此从此例可以看出函数参数入栈顺序的确是从右至左的。需注意参数入栈顺序是和具体编译器实现相关的，有的编译器参数是从左到右入栈的，如 Pascal 语言。参数入栈顺序（从右至左）的好处就是可以支持可变参数的函数，C 语言中常用的 printf 就是这样的函数。

例 2.41

```
#include <string.h>
void func(char * pStr)
{
    char buffer[5];
    strcpy(buffer, pStr);
};

int main(void)
{
    char str[50];
    int i;
    for(i=0;i<50;++i)
        str[i]='E';
    func(str);
    return 0;
}
```

上面代码存在典型的缓冲区溢出问题，编译后运行，会弹出内存访问错误消息框，如

图 2.23 所示。

图 2.23　内存访问错误消息框

在上面的代码中向 buffer 写入一个长字符串，由于 strcpy 函数没有越界检查，它会一直工作，直到遇见 NULL 字符。函数调用栈中保存的 ebp 值会被覆盖，同样函数返回地址 ret 也被改写。'E'的 ASCII 码是 0x45，ret 的值此时变为 0x45454545，这已经超出该进程的寻址范围内了。

2.2.7　函数返回值

函数可以有返回值，也可以没有返回值，没有返回值的函数，其功能只是完成一些操作。没有返回值的函数通常其类型为 void，return 返回语句不是必需的，隐式的 return 发生在函数的最后一个语句完成时。在返回类型是 void 的函数中也可使用 return 语句，其作用是使函数强制结束，这种 return 的用法类似于循环结构中的 break 的作用。例如下面的 swap 函数，若 x 与 y 相同时，就没必要执行后面的交换代码，可立即返回。

```
void swap(int &x, int &y)
{
    if (x==y)
        return;
    int tmp=y;
    y=x;
    x=tmp;
}
```

C++ 里函数返回值是复制出去的，而对于一些大的"数据"(如结构体、对象等)，复制的代价很高。有些"数据"是不能复制的，或是编译器不知道如何复制(如数组)。于是有了这样的一些函数，用一个参数来代替返回值：

```
void getObj(ObjType& obj);
void copyInfo(const char* src, char* dest);
```

函数的返回值可以是任何合法的数据类型，但是，当函数的返回值是指针或引用类型时，有其特殊性。

1. 返回指针

永远不要从函数中返回局部自动变量的地址。

例 2.42

```
#include <stdio.h>
#include<stdlib.h>
int sz_g[]={1,2,3};
int addNum(int x, int y)
{
    return x+y;
}
typedef int (*pFun)(int, int);

int* func1(void)
{
    return sz_g;
}
int* func2(void)
{
    int sz[]={4,5,6};
    int *p=sz;
    return p;
}
int* func3(void)
{
    static int sz[]={7,8,9};
    int *p=sz;
    return p;
}
int* func4(void)
{
    int *p=(int *)malloc(3*sizeof(int));
    p[0]=10;
    p[1]=11;
    p[2]=12;
    return p;
}
pFun func5(void)
{
    pFun p;
    p=addNum;
    return p;
```

```
}
int main()
{
    int *p;
    int i;
    p=func1();
    for(i=0;i<3;i++) {  printf("%d ", *p);  p++; }
    printf("\n");
    p=func2();
    for(i=0;i<3;i++) {  printf("%d ", *p);  p++; }
    printf("\n");
    p=func3();
    for(i=0;i<3;i++) {  printf("%d ", *p);  p++; }
    printf("\n");
    p=func4();
    for(i=0;i<3;i++) {  printf("%d ", *p);  p++; }
    printf("\n");
    p=p-3;     //使指针重新指向 malloc 函数在堆上分配的空间
    free(p);  //释放内存
    pFun pf=func5();
    printf("result of add: %d \n", pf(1, 2));
    return 0;
}
```

程序执行结果：

```
1 2 3
4 1360506733 -2
7 8 9
10 11 12
result of add: 3
```

不同编译器对函数返回指针的处理可能是不一样的，但为了安全起见，应该避免函数返回局部指针。调用函数 func2 时，构建了栈空间，在栈上存放了 sz 等局部数据，当该函数运行结束并返回后，所分配栈空间会被释放，因此调用 func2 后的输出是错误的。而 func1 可以使用全局数组，全局变量是在程序结束时才释放，所以它返回的地址是有效的。func3 函数返回的是静态数组的地址，静态变量的存储方式和全局变量一样，都是静态存储，这种存储方式是在整个程序执行期间都存在的。func4 函数中通过 malloc 在堆上分配了 3 个 int 类型大小的空间，当函数返回后 p 所指向的内存空间并没有被销毁(需要用 free 才能释放，否则会造成内存泄露)，所以这里返回的 p 是有效的。func5 返回的是一个函数指针，指向 addNum 函数，该函数编译后位于程序代码区，func5 结束后栈的消失不会对代码区有影响。

函数返回的指针通常应该是：

(1) 指向全局变量；

（2）指向静态（static）变量；

（3）指向堆上分配的空间（如用 malloc 或 new 方式）；

（4）指向常量区（如指向字符串"hello"）；

（5）指向程序代码区（如函数指针）。

2. 返回引用

例 2.43

```
int c;
int add(int a,int b)
{
    c=a+b;
    return c;
}
int main()
{
    int x=add(1,2);
    printf("%d",x);
    return 0;
}
```

上例中，add 函数将相加的结果保存在全局变量 c 中并返回，下面对汇编代码进行分析：

```
    return c;
003D3369 mov eax, dword ptr ds:[003DF598h]     //将 c 的值保存在 EAX 中

    int x=add(1,2);
003D3DAE  push  2                              //参数入栈
003D3DB0  push  1                              //参数入栈
003D3DB2  call  add (03D1483h)
003D3DB7  add   esp, 8                         //释放参数空间
003D3DBA  mov   dword ptr [x], eax             //将返回值保存到 x 中
```

add 函数返回时，将 c 的值（dword ptr ds:[003DF598h]）保存在 eax 寄存器中，函数返回后再将 eax 中的值保存 x 中。

如果将 add 函数改为返回引用：int & add(int a,int b)，情况又如何呢？

```
    c=a+b;
002A335E  mov   eax, dword ptr [a]
002A3361  add   eax, dword ptr [b]
002A3364  mov   dword ptr ds:[0040F598h], eax     //将计算结果保存 c 中
    return c;
00403369  mov   eax, 40F598h             //将 c 的地址保存在 EAX 中
```

```
    int x=add(1,2);
00403DAE  push   2                        //参数入栈
00403DB0  push   1                        //参数入栈
00403DB2  call   add (0401488h)
00403DB7  add    esp, 8                   //释放参数空间
00403DBA  mov    eax, dword ptr [eax]     //将 EAX 中地址所指向的值保存在 EAX 中
00403DBC  mov    dword ptr [x], eax       //将 EAX 中的值保存 x 中
```

当 add 函数返回的是引用时，先将 c 的地址(0040F598h)保存在 EAX 寄存器中，返回后再将 EAX 中地址所指向的值(即 c 的值)保存 EAX 中，之后再将 EAX 的值保存 x 中。

引用类型作为函数返回值时，应尽量避免返回值是一个局部变量。

例 2.44

```
int & add(int a,int b)
{
    int c;
    c=a+b;
    return c;       //warning C4172: 返回局部变量或临时变量的地址
}
int main()
{
    int & x=add(1,2);
    printf("c goes out of existence\n");
    printf("%d\n",x);
    return 0;
}
```

程序执行结果：

```
c goes out of existence
-815052929
```

add 函数返回后，栈空间就会消失，局部变量 c 就不存在了。

引用返回的一个优点是返回引用的函数可以用于赋值语句的左侧。下面看一个返回引用的函数作为左值参与计算的例子。

例 2.45

```
int c;
int & add(int a,int b)
{
    c=a+b;
    return c;
}
int main()
{
```

```
    int & x=add(1,2);
    printf("%d\n",x);
    add(10,20)=100;          //把函数作为左值进行计算
    printf("%d\n",x);
    printf("%d\n",c);
    return 0;
}
```

程序执行结果：

```
3
100
100
```

通常来说函数是不能作为左值的，因为引用可以作为左值，所以返回引用的函数自然也就可以作为左值来计算了。在上面的代码中：

```
int & x=add(1,2);
```

执行完上面这句代码后，x已经是c的引用了。接下再执行

```
add(10,20)=100;
```

这是把函数作为左值进行计算，这里由于add返回引用的函数，其引用x被赋值为100，自然c的值就被修改成了100。

3. 返回结构体

下面来分析函数返回自定义的数据类型，以结构体为例进行说明。

例2.46

```
struct S
{
    int value;
};
S s_g;
S setS(int i)
{
    s_g.value=i;
    return s_g;
}

int main()
{
    S s_1=setS(5);
    return 0;
}
```

先进行反汇编：

```
    s_g.value=i;
0110290E  mov  eax, dword ptr [i]
01102911  mov  dword ptr ds:[0110F218h], eax
    return s_g;
01102916  mov  eax, dword ptr ds:[0110F218h]  //返回值保存 EAX 中

    S s_l=setS(5);
011043FE  push 5                              //参数入栈
01104400  call setS (011010B4h)
01104405  add  esp, 4                         //释放参数空间
01104408  mov  dword ptr [ebp-0D4h], eax      //将返回值保存 EBP-0D4h 地址空间
0110440E  mov  eax, dword ptr [ebp-0D4h]      //从 EBP-0D4h 地址空间取出值保存到 EAX
01104414  mov  dword ptr [s_l], eax           //EAX 中的值保存 s_l 中
```

s_g 是通过 EAX 来返回的，因为它的大小可以放进 EAX 寄存器中。返回值 s_g 不是直接保存 s_l 中，而是先保存一块临时空间中(EBP-0D4h)，然后再从这块临时空间转存到 EAX，最后再从 EAX 保存 s_l 中。

从上例可看出，函数返回的并不是 s_g，而是在内存栈空间内自动产生了一个临时变量 temp，它是返回值的一个副本，首先返回值 s_g 给这个临时变量 temp 赋值(见图 2.24①)，之后函数在 return 时返回的是这个临时产生的副本(见图 2.24②)。

上例中结构体只有一个 int 型的数据，可以放进 EAX 寄存器中来返回的。如果结构体比较大，情况又会如何呢？

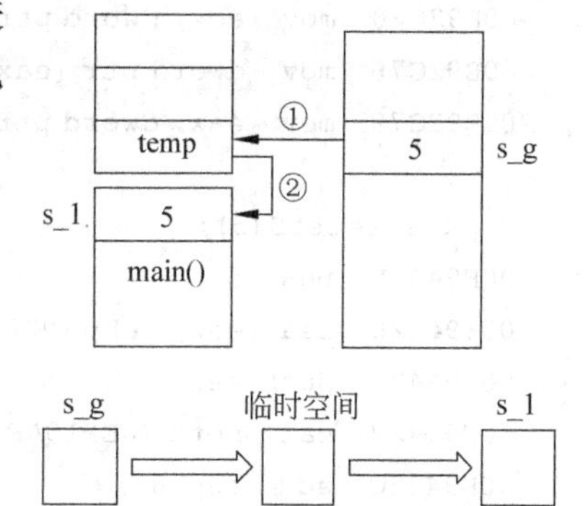

图 2.24 通过临时变量返回值

例 2.47

```
struct S
{
    int value1;
    int value2;
    int value3;
};
S s_g;
S setS(int i)
{
    s_g.value1=i;
    s_g.value2=i +1;
    s_g.value3=i +2;
    return s_g;
}

int main()
{
```

```
    S s_l=setS(5);
    return 0;
}
```

反汇编后的代码如下：

```
    s_g.value1=i;
00E92C3E  mov   eax, dword ptr [i]
00E92C41  mov   dword ptr ds:[00E9F588h], eax   //保存 i 的值到[00E9F588h]
    s_g.value2=i +1;
00E92C46  mov   eax, dword ptr [i]
00E92C49  add   eax, 1
00E92C4C  mov   dword ptr ds:[00E9F58Ch], eax   //保存 i+1 的值到[00E9F58Ch]
    s_g.value3=i +2;
00E92C51  mov   eax, dword ptr [i]
00E92C54  add   eax, 2
00E92C57  mov   dword ptr ds:[00E9F590h], eax   //保存 i+2 的值到[00E9F590h]
    return s_g;
00E92C5C  mov   eax, dword ptr [ebp+8]          //取出第一个参数的值保存到 EAX
00E92C5F  mov   ecx, dword ptr ds:[0E9F588h]    //存取 value1
00E92C65  mov   dword ptr [eax], ecx            //将 value1 保存 EAX 地址空间中
00E92C67  mov   edx, dword ptr ds:[0E9F58Ch]    //存取 value2
00E92C6D  mov   dword ptr [eax+4], edx          //将 value2 保存 EAX+4 地址空间中
00E92C70  mov   ecx, dword ptr ds:[0E9F590h]    //存取 value3
00E92C76  mov   dword ptr [eax+8], ecx          //将 value3 保存 EAX+8 地址空间中
00E92C79  mov   eax, dword ptr [ebp+8]          //将第一个参数作为返回值

    S s_l=setS(5);
00E9441E  push 5                          //参数入栈(第 2 个参数入栈)
00E94420  lea  eax, [ebp-0F8h]            //取临时空间的地址
00E94426  push eax                        //临时空间的地址入栈(第 1 个参数入栈)
00E94427  call setS (0E910AFh)
00E9442C  add  esp,8                      //释放参数空间
//接下来的 6 条指令是将返回的结构体 s_g([EBP-0F8h])复制到另一块临时空间([EBP-0E4h])中
00E9442F  mov   ecx, dword ptr [eax]
00E94431  mov   dword ptr [ebp-0E4h], ecx
00E94437  mov   edx,dword ptr [eax+4]
00E9443A  mov   dword ptr [ebp-0E0h], edx
00E94440  mov   eax,dword ptr [eax+8]
00E94443  mov   dword ptr [ebp-0DCh], eax
//接下来的 6 条指令将临时空间([EBP-0E4h])中的数据复制到局部变量 s_l 中
00E94449  mov   ecx, dword ptr [ebp-0E4h]
00E9444F  mov   dword ptr [s_l], ecx
00E94452  mov   edx, dword ptr [ebp-0E0h]
00E94458  mov   dword ptr [ebp-0Ch],edx
```

```
00E9445B  mov   eax, dword ptr [ebp-0DCh]
00E94461  mov   dword ptr [ebp-8], eax
```

上例中，调用函数 setS 是进行了两次 push 操作(在例 2.46 中只进行了一次 push 操作)，setS(int i)函数明明只有一个参数，为何要进行两次参数入栈呢。实际上 setS 除了 i 这个显式定义的参数之外，还有一个隐含的参数，该参数是一个指向一块内存空间([EBP-0F8h])的地址，setS 函数将要返回的 struct 变量 s_g 保存到这块地址空间中，然后再通过 EAX 返回这块临时空间的地址(若返回的结构体比较小，则可通过 EAX 直接返回；否则，就需要另外的空间来存放返回值，用 EAX 来返回该空间的地址)。setS 函数返回后，将返回的结构体 s_g([EBP-0F8h])复制另一块临时空间([EBP-0E4h])中，最后再将临时空间([EBP-0E4h])中的数据复制局部变量 s_l 中。

下面再看一下返回结构体引用的情况，将上例中的代码作如下修改：

S setS(int i)　　改为　　S & setS(int i)

这样一来，setS 函数返回的就是一个引用了。这里再来分析它的汇编代码：

```
   return s_g;
00CC2C5C  mov   eax, 0CCF588h      //将 s_g 的地址保存在 eax 中

   S s_l=setS(5);
00CC441E  push 5                   //参数入栈
00CC4420  call setS (0CC1424h)
00CC4425  add   esp, 4             //释放参数空间
//接下来的 6 条指令将 s_g([0CCF588h])中的数据复制局部变量 s_l 中
00CC4428  mov   ecx, dword ptr [eax]
00CC442A  mov   dword ptr [s_l], ecx
00CC442D  mov   edx, dword ptr [eax+4]
00CC4430  mov   dword ptr [ebp-0Ch], edx
00CC4433  mov   eax, dword ptr [eax+8]
00CC4436  mov   dword ptr [ebp-8], eax
```

可以看出，如果函数返回的是引用，就不通过临时空间进行转存，而是直接进行数据传递。因为这种方式不产生临时变量，是直接进行赋值，可以节省内存空间，减少内存访问次数，提高了效率。它在内存中的情况如图 2.25 所示。

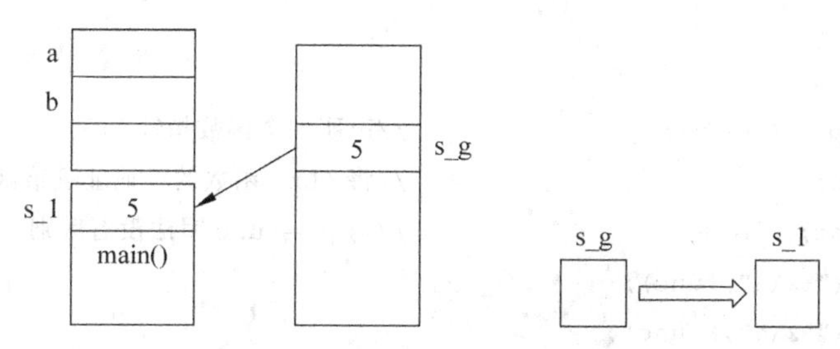

图 2.25　返回值在内存中的情况

在4.4.2节中，例4.29中有两个函数，一个函数返回的是一个对象，另外一个函数返回的是对象的引用。返回引用时，没有生成临时对象，所以没有调用复制构造函数。

2.2.8 函数指针和指针函数

1. 函数指针

函数指针是指向函数的指针变量，因而函数指针本身首先应是指针变量，正如用指针变量可指向整型变量、字符型、数组一样，函数指针只不过是指向函数的指针。程序在编译时，每一个函数都有一个入口地址，该入口地址就是函数指针所指向的地址。有了指向函数的指针变量后，可用该指针变量调用函数，就如同用指针变量可引用其他类型的变量一样，在这些概念上是一致的。函数指针有两个用途：调用函数和作函数的参数。

函数指针定义格式如下：

```
函数类型 (*指针变量名)(形参列表);
```

“函数类型”为函数的返回类型，由于()的优先级高于*，所以指针变量名外的括号必不可少，后面的“形参列表”表示指针变量指向的函数所带的参数列表。

例如：

```
int (*pf)(int x);
```

若写成

```
int *pf(int x);
```

因为按照结合性和优先级来看就是pf先和()结合，它就变成了一个返回整型指针的函数而不是函数指针了。

函数名和数组名一样，实际上是一个地址，函数名代表了函数代码的首地址，因此在赋值时，直接将函数指针指向函数名就行了。

例2.48

```
int func(int x){ return 0; };          //定义一个函数
int main()
{
    int (*pf) (int x);                  //声明一个函数指针
    pf=func;                            //将 func 函数的首地址赋给函数指针 pf
    pf=&func;                           //与 pf=func 写法没有区别
    printf("%x\n",func);
    printf("%x\n",&func);
    return 0;
}
```

程序执行结果：

```
11611ef
11611ef
```

可见，函数名 func 与 &func 都是一样的，都是 func 函数的首地址。

对于初学者来说，函数指针之所以令人畏惧，最主要的原因是它的括号太多了，某些函数指针往往会让人陷在括号堆中出不来，用 typedef 方法可以有效地减少括号的数量，以及理清层次。因此，有经验的程序员一般都会建议使用 typedef 定义函数指针的类型，就像自定义数据类型一样，也可以先定义一个函数指针类型，然后再用这个类型声明函数指针变量。例如：

```
typedef int(* PF)(int x);  //定义一个函数指针类型
PF pf;                     //用 PF 类型声明 pf 变量，和上面的 int (*pf) (int x)一样
pf=func;                   //将 func 函数的首地址赋给函数指针 pf
```

首先，在 int(* PF)(int x)前加了一个 typedef，这样只是定义一个名为 PF 的函数指针类型，而不是一个 PF 变量，可以很方便地用 PF 类型声明多个同类型的函数指针变量了。

注意：赋值时函数 func 不带括号，也不带参数，由于 func 代表函数的首地址，因此经过赋值以后，指针 pf 就指向函数 func(x)的代码的首地址。若写成

```
pf=func();          //error C2660: "func": 函数不接受 0 个参数
pf=func(int x);     //error C2144: 语法错误: int 的前面应有)
                    //error C2660: "func": 函数不接受 0 个参数
```

编译器会将上面两行代码当成函数的调用来处理。

函数指针绝对不能指向不同类型或者带不同形参的函数，在定义函数指针的时候很容易犯如下的错误：

```
int main()
{
    int func1(int x);
    double func2(double x);
    int func3(int x, int y);
    int(* pf)(int x);
    pf=func1;       //正确
    pf=func2;       //error C2440: "=": 无法从 double(__cdecl *)(double)
                    //转换为 int(__cdecl *)(int)
    pf=func3;       //error C2440: "=": 无法从 int(__cdecl *)(int,int)
                    //转换为 int(__cdecl *)(int)
    return 0;
}
```

下面看一个通过函数指针调用函数的具体例子。

例 2.49 任意输入两个数，找出其中最大的数，并且输出最大数值。

```
int max(int x, int y)
{
    int z;
    z=(x>y)?x:y;
    return z;
}
int main()
{
    int m,a,b;
    int(*p)(int,int);                       //定义函数指针
    scanf("%d",&a);
    scanf("%d", &b);
    p=max;                                  //给函数指针p赋值,使它指向函数max
    m=(*p)(a, b);                           //通过指针p调用函数max
    printf("The Max Number is:%d", m);
    return 0;
}
```

程序执行时输入

```
89↙
45↙
```

程序执行结果：

```
The Max Number is: 89
```

前面讲了函数指针除了用于调用函数外,还有一个用途是作函数的参数,既然函数指针变量是一个变量,当然也可以作为某个函数的参数来使用的。其基本用法如下：

```
void caller(void(*ptr)())
{
    ptr();                         //调用ptr指向的函数
}
void func(){};
int main()
{
    void(*p)();
    p=func;
    caller(p);                     //传递函数地址到调用者
    return 0;
}
```

其中,p是一个函数指针,它作为参数传递给了另一个函数(调用者)caller,在调用者函数中通过传递进来的函数指针来调用它所指向的函数func。如果赋了不同的值给p(不同函数地址),那么调用者将可以调用不同地址的函数。赋值可以发生在运行时,这

样便能实现动态绑定,虚函数的动态联编就是这样实现的(详见6.3节)。

下面通过数值积分的例子来演示函数指针作为函数的参数这一用途。

例2.50

```
#include "math.h"
double Romb(double(*func)(double),double a,double b,double eps)
                              //func就是一个函数指针参数,在Romb函数里用到了这个指针
{
    double y[9],h,p,q,ep,s,l;
    int m,n,k,i;
    h=b-a;
    y[0]=h*((*func)(a)+(*func)(b))/2;    //用函数指针求出被积函数在a和b点处的值。
    m=1;
    n=1;
    ep=eps+1;
    while(ep>=eps&&m<=9)
    {
        p=0;
        for(i=0;i<n;i++)
        {
            l=a+(i+0.5)*h;
            p+=(*func)(l);
        }
        p=(y[0]+h*p)/2;
        s=1;
        for(k=1;k<=m;k++)
        {
            s*=4;
            q=(s*p-y[k-1])/(s-1);
            y[k-1]=p;
            p=q;
        }
        ep=fabs(q-y[m-1]);
        m++;
        y[m-1]=q;
        n*=2;
        h/=2;
    }
    return q;
}

double fx(double x)                               //被积函数
{
    return sin(x);
```

```
}

int main()
{
    printf("%f\n", Romb(fx,0,3.14159265,0.0001));    //被积函数作为参数
    return 0;
}
```

程序执行结果：

```
2.000006
```

Romb是一个积分函数，而这个函数又是对另一个函数fx（被积函数）进行积分，这时被积函数就作为积分函数的参数，也就是函数作为参数，即函数指针。函数指针的实质是函数在内存中的地址，通过这个地址调用函数和通过函数名调用是等效的。使用函数指针非常灵活，通过传入不同的被积函数可以求出任何函数的积分，若要对cos(x)进行积分，则只需修改被积函数为

```
double fx(double x)
{
    return cos(x);
}
```

操作系统中经常会使用回调(CallBack)函数，实际上所谓回调函数，本质就是函数指针。回调函数就是一个通过函数指针调用的函数。假如把函数的指针（地址）作为参数传递给另一个函数，当这个指针被用为调用它所指向的函数时，这就是回调函数。使用回调函数实际上就是在调用某个函数（通常是API函数）时，将自己的一个函数（这个函数为回调函数）的地址作为参数传递给所调用的那个函数。

C++标准模板库里有一个sort排序函数：

```
template void sort(
    RandomAccessIterator _First,      //需排序数据的第一个元素位置
    RandomAccessIterator _Last,       //需排序数据的最后一个元素位置(不参与排序)
    BinaryPredicate _Comp             //排序使用的比较算法
);
```

其中，template是声明模板的关键词（详见第9章）。sort函数第3个参数可以是函数指针、仿函数等，若该参数是函数指针，它可以指向自己写的一个排序比较函数，sort函数通过传递给它的第3个参数来调用这个排序比较函数，这便是所谓的“回调”。

例2.51

```
#include <algorithm>
#include <iostream>
bool less(int a, int b)
{
    return a <b;
```

```
}
bool great(int a, int b)
{
    return a >b;
}
int main()
{
    int n[5]={8,4,3,7,2};
    std::sort(n, n+5, less);
    for(int i=0; i<5; i++)
        printf("%d ",n[i]);
    printf("\n");
    std::sort(n, n+5, great);
    for(int i=0; i<5; i++)
        printf("%d ",n[i]);
    return 0;
}
```

程序执行结果：

```
2 3 4 7 8
8 7 4 3 2
```

上例中，less 和 great 是两个供 sort 回调的排序比较函数，假如想进行升序排序（小元素在前），传给 sort 函数的第 3 个参数就为 less 函数，这里是按值传递的方式给形参赋值为 less 函数的首地址，所以该参数就是一个函数指针。若想进行降序排序（大元素在先），就只需修改回调函数的代码，或使用另一个回调函数 great，这样程序编写起来灵活性就比较大了。要想使用 sort 函数，需要 include 头文件<algorithm>，由于 sort 属于标准模板库（STL），必须使用标准命名空间 std，还需 include 头文件< iostream >。在头文件后面加上一句：

```
using namespace std;
```

这样，sort 函数前就不用加“std::”，在第 3 章将会介绍名字空间（namespace）的用法。

2. 指针函数

指针函数是指返回值是指针的函数，其本质上是一个函数。函数都有返回类型（如果不返回值，则为无值型），只不过指针函数返回类型是某一类型的指针。

其定义格式如下所示：

```
返回类型 * 函数名称(形式参数表);
```

例如：

```
int * func(int x, int y);
```

定义了一个函数，返回一个指向整型数的指针。其中函数名之前加了 * 号表明这是一个指针型函数，即返回值是一个指针。类型说明符表示返回的指针值所指向的数据类型。

指针函数返回的是一个地址值，经常应用于返回数组的某一元素地址。

例 2.52 将阿拉伯数字表示的月份转换为对应的英文名称。

```
char * month[]=
{
    "Illegal Month",
    "January",
    "February",
    "March",
    "April",
    "May",
    "June",
    "July",
    "August",
    "September",
    "October",
    "November",
    "December"
};
char * trans(int m)
{
    char *p;
    if(m>=1 && m<=12)            //判断是否合法
        p=month[m];
    else
        p=month[0];
    return p;
}
int main()
{
    int i;
    printf("输入月份数字:");
    scanf("%d",&i);              //输入月份
    printf("%d月份->英文名:%s\n",i, trans(i));
    return 0;
}
```

在上例中，month 为一个指针数组，数组中的每个指针指向一个字符串常量。trans 函数需要一个整型变量作为实参，返回一个字符型指针。然后，判断实参 m 是否合法，若不合法则将第一个元素赋值给字符指针变量 p，这样，指针变量 p 中的值就与指针数组中第一个元素中的值相同，即指向字符串常量"Illegal Month"。当函数参数 month 为 1～12 之间的一个值时，即可使字符指针指向对应的字符串常量，变量 p 中保存的值是一个

地址，函数返回时将该变量返回。

注意：指针函数不能将在它内部说明的、具有局部作用域的数据地址作为返回值。

例 2.53

```
int* func()                          //指针函数
{
    int value=1;
    return &value;                   //warning C4172: 返回局部变量或临时变量的地址
}

int main()
{
    int* pret=func();                //赋值取自返回的指针值
    printf("%s", * pret);
    return 0;
}
```

程序能够通过编译，但会有运行时错误，如图 2.26 所示。

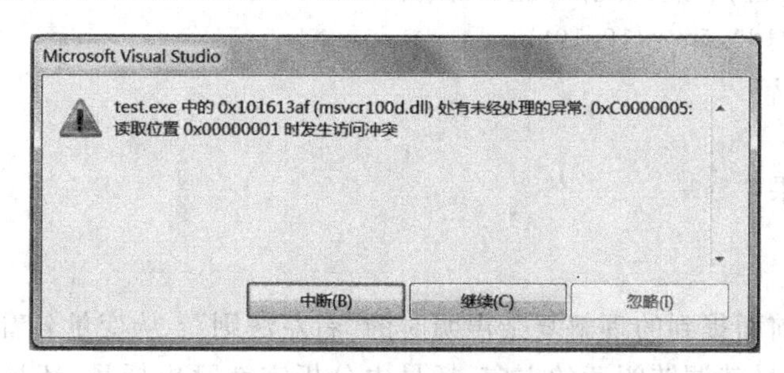

图 2.26　运行时错误提示

上例中的 func 函数返回一个局部作用域变量的地址是不妥的。因为 func 函数结束时，其栈中的变量 value 随之消失。在 Visual C++ 编译器中将给出“返回局部变量或临时变量的地址”的警告。在 main 函数中，指针 pret 得到一个栈中的变量 value 的地址，但此时 func 函数调用已经结束，栈已经被撤销，因此在执行代码 printf("%s", * pret)时，pret 所指的内存已经不能访问了。指针函数可以返回堆地址，可以返回全局或静态变量的地址，但不要返回局部变量的地址。

3. 返回函数指针的函数

例如要声明一个函数，它带一个 int 参数，然后返回一个函数指针，指针类型为

```
int (*)(int, int);
```

这个函数的名字叫 func，如何写呢？应写成

```
int (*func(int))(int, int);
```

如果不用 typedef，的确有点麻烦，用 typedef 定义返回的函数类型，会更符合阅读

习惯：

```
typedef int (* RetFunPtr)(int, int);
RetFunPtr func(int);
```

例 2.54

```
int add(int x,int y)
{
    int i=x +y;
    return i;
}
int(* FuncPtr())(int,int)
{
    return add;
}
int main()
{
    int(* fptr)(int,int)=FuncPtr();
    printf("%d",fptr(10,10));
    return 0;
}
```

程序执行结果：

```
20
```

再回顾一下前面提到的理解复杂声明时的“右左法则”：从变量名看起，先往右，再往左，碰到一个圆括号就调转阅读的方向；括号内分析完就跳出括号，还是按先右后左的顺序，如此循环，直到整个声明分析完。

上例中，第二个函数 FuncPtr 是函数名称，里面的括号()是它本身的参数括号符，即该函数没有参数。而它前面的 * 表示返回的是一个指针，后面的()表示这是一个函数指针，并且该函数指针所指向的函数有两个 int 类型的参数，最前面的 int 表示该函数指针所指向的函数返回值为 int 型的。在 main 函数中定义一个函数指针变量 fptr 来接收 FuncPtr 返回的函数指针值，之后通过 fptr 调用 add 函数。

可用 typedef 进行简化：

```
typedef int(* RetFuncPtr)(int, int);
…
RetFuncPtr fptr=FuncPtr();
```

4. 函数指针实现函数重载

所谓重载，简单来说就是一个函数名可以实现不同的功能，或者输入参数不同，或者参数个数不同。例如函数 add()，在 C++ 中可以轻易实现 int，double 等不同类型参数的相加功能，而在 C 语言中却不能这样实现。C 语言中可以通过函数指针的方式实现重载功能,或者准确来说是类似重载的功能。

下面这个例子通过函数指针来实现函数重载,用到了上面介绍的函数指针和指针函数方面的知识。

例 2.55

```
typedef struct int_param
{
    int param1;
    int param2;
}INT_PARAM;
typedef struct double_param
{
    double param1;
    double param2;
}DOUBLE_PARAM;
typedef void* (*ADDFUNC)(void*);
void* int_add_func(void* wParam)
{
    INT_PARAM* lParam=(INT_PARAM*)wParam;
    int* res=new int;
    *res=lParam->param1+lParam->param2;
    return(void*)res;
}
void* double_add_func(void* wParam)
{
    DOUBLE_PARAM* lParam=(DOUBLE_PARAM*)wParam;
    double* res=new double;
    *res=lParam->param1+lParam->param2;
    return(void*)res;
}
void* add_func(ADDFUNC f, void* wParam)
{
    return f(wParam);
}
int main()
{
    INT_PARAM val1={2, 2};
    DOUBLE_PARAM val2={3.3, 3.3};
    void* res1=add_func(int_add_func, &val1);
    int result1=*((int*)res1);
    printf("add int Param: %d\n",result1);
    void* res2=add_func(double_add_func, &val2);
    double result2=*((double*)res2);
    printf("add double Param: %f\n",result2);
```

```
    delete res1;
    delete res2;
    return 0;
}
```

程序执行结果：

```
add int Param: 4
add double Param: 6.600000
```

上例中，调用 add_func 函数时，根据不同的实参调用了不同的求和函数，这从形式上看和函数重载很相似。下面来分析这个程序。

结构体 int_param 中有两个 int 型数据，结构体 double_param 中有两个 double 型数据，程序要对这两个结构体变量 val1 和 val2 中的两个数求和。

先看以下语句：

```
typedef void* (*ADDFUNC)(void*);
ADDFUNC f
```

通过 ADDFUNC 定义了一个函数指针 f。

```
void* add_func(ADDFUNC f, void* wParam)
```

add_func 是一个返回指针的函数，它有两个参数，第一个是一个函数指针，第二个是一个 void * 参数。调用 add_func 时，f 指向了一个参数和返回值都为 void * 的函数。在 add_func 中通过 f 来调用 int_add_func 和 double_add_func。

```
void* int_add_func(void* wParam)
void* double_add_func(void* wParam)
```

这两个函数传进来的参数分别为 int_param 和 double_param 结构体变量的指针，对传进来的参数求和后保存在堆上创建的指针 res 中，之后函数将 res 返回。在 main 函数中，res1 和 res2 用来接收 int_add_func 和 double_add_func 返回的指针。在程序结束时，通过 delete 将堆上分配的内存释放。

2.2.9 const 修饰符

1. const 变量

const 可用于修饰变量，该变量的值是不可以改变的，以下两种定义形式在本质上是一样的。

```
int const x=100;
const int x=100;
```

const 修饰的只读变量如果不是 extern，必须在定义的同时初始化，否则会报错：

```
int const x;     //error C2734: "x": 如果不是外部的，则必须初始化常量对象
```

对于编译器来说，用于初始化 const 变量的值在编译期就能被确定，即通过类型检查后用这个值代替这个对象本身(这一点和宏定义类似，但 const 更安全)，编译时 const 变量就能确定，对于运行期而言相当于不存在。

const 修饰指针时有两种含义：一种指的是不能修改指针本身；另一种指的是不能修改指针指向的内容。

指针本身是常量，不可变：

```
int* const ptr;
```

指针所指向的内容是常量，不可变：

```
const int *ptr;
int const *ptr;
```

指针本身和它所指向的内容两者都不可变：

```
const int* const ptr;
```

如果 const 位于 * 的左侧，则 const 是用来修饰指针所指向的变量，即指针指向的内容为常量；如果 const 位于 * 的右侧，const 就是修饰指针本身，即指针本身是常量。

例 2.56

```
int main()
{
    int x=0;
    int y=0;
    int * const p1=&x;
    p1=&y;          //error C3892: "p1": 不能给常量赋值
    *p1=1;          //OK
    const int * p2;
    p2=&x;
    p2=&y;          //OK
    *p2=1;          //error C3892: "p2": 不能给常量赋值
    int const * p3;
    p3=&x;
    p3=&y;          //OK
    *p3=1;          //error C3892: "p3": 不能给常量赋值
    const int* const p4=&x;
    *p4=1;          //error C3892: "p4": 不能给常量赋值
    p4=&y;          //error C3892: "p4": 不能给常量赋值
    return 0;
}
```

上例中 int * const p1 = &x;和 const int* const p4 = &x;需要初始化，否则会报错：

```
int * const p1;    //error C2734: "p1": 如果不是外部的，则必须初始化常量对象
```

在编译时就要确定p1的值，初始化使它指向x后，就不能再改变它的值，即不能再指向其他变量。

2. const_cast

使用const修饰的变量，不能修改它的值，但是有时确实需要修改其内容时怎么办？可以使用const_cast运算符来移除变量的const限定。

例 2.57

```
int main()
{
    const int x=0;
    const int* const_px=&x;
    int* px=const_cast<int*>(const_px);
    *px=1;
    printf("x: %d \n", x);
    printf("*const_px: %d \n", *const_px);
    printf("*px: %d \n", *px);
    printf("x's address: %x \n", &x);
    printf("const_px's address: %x\n", const_px);
    printf("px's address: %x \n", px);
    return 0;
}
```

程序执行结果：

```
x: 0
*const_px: 1
*px: 1
x's address: 0034FC68
const_px's address: 0034FC68
px's address: 0034FC68
```

指针px是不能直接指向x的：

```
int *px=&x;     //error C2440: "初始化": 无法从 const int *转换为 int *
```

const_px是一个常指针，它可以指向x，通过const_cast去掉const限定，将px初始化为const_px的值，这样px也就指向了x。不能通过const_px修改x的值，“可以”通过px修改x的值，但真的可以修改吗？从程序执行结果看，x没有被修改，但const_px和px所指向的内容被修改了。x、const_px、px指针的地址都一样，为什么会这样呢？

看下面的一段代码：

```
    const int x=1;
003A139E  mov  dword ptr [x], 1
    int y=2;
```

```
003A13A5  mov  dword ptr [y], 2
    int z=0;
003A13AC  mov  dword ptr [z], 0
    z=x+5;
003A13B3  mov  dword ptr [z], 6
    z=y+5;
003A13BA  mov  eax, dword ptr [y]        //把 y 保存 EAX 中
003A13BD  add  eax, 5                    //相当于 EAX=EAX+5
003A13C0  mov  dword ptr [z], eax        //把计算结果保存 z 中
```

通常 C++ 编译器会将 const 优化，与宏定义 define 类似，出现 const 变量的地方在编译时就已经替换其值了。程序中所有用到 const 变量值的地方，编译时就已经替换成固定值了。对于代码 z=x+5，从反汇编可看出，编译优化后的计算结果直接保存 z 中；而对于 z=y+5，则要通过 add 指令来完成相加。

因此，在例 2.57 中，代码 const int x=0 定义了一个常量 x，其实说 x 是一个用 const 修饰的变量更合适。所谓变量，就是说其代表内存中所存的内容会变，而 x 与一般变量的不同就是被 const 修饰了。在编译器里进行语法分析的时候，将常量表达式计算求值，并用求得的值来替换表达式，放入常量表。简单地说就是，当编译器处理 const 的时候，编译器会将其变成一个立即数。这种优化出现在预编译阶段，在运行阶段，它的内存里的内容是可以改变的。因此，代码 printf("x: %d \n", x);在编译时就确定了 x 的值；x、const_px、px 的地址都是一样的，可以通过 px 来修改“变量 x”的值。

从 C89 开始已经有 const 了，但 C 与 C++ 对常量表达式的定义是不同的。在 C 中，常量表达式必须是编译期常量，不能是运行期的，而 C++ 对此没有限定。这会带来如下的问题。

在 C 中，这样定义数组是错误的：

```
const int i=20;
int a[i];
```

但在 C++ 中是正确的。

3. const 参数

在函数参数中如果有 const 修饰符，意思是该参数不能更改，即在函数体中不能对这个参数做修改。函数参数是按值传递的，这对函数调用者来说，即使在函数内部参数被改变，也不会引起实参值的改变。通常 const 用来限制函数的参数类型是指针、引用和数组；而对于一般形式的参数而言，因为形参和实参本来就不在同一内存空间，所以对形参的修改不会影响实参，因此也没有必要限制函数体不能对参数进行修改。

如果函数参数是指针或引用，且仅作输入用，则必须在参数类型前面加上 const，以用来防止该指针在函数体内被意外修改。对于非内部数据类型的输入参数，应该将“值传递”的方式改为“const 引用传递”，目的是提高效率（这样可避免临时对象的创建，详见 4.4.2 节）。

const 指针可以接受 const 和非 const 地址，但是非 const 指针只能接受非 const 地址。所以 const 指针的能力更强一些，所以尽量多用 const 指针，这是一种习惯。

例 2.58

```
void print1(char * str)
{
    printf("%s\n", str);
}
void print2(const char * str)
{
    printf("%s\n", str);
}
int main()
{
    const char * str1="hello";
    char * str2="world";
    print1(str1);  //error C2664:"print1":不能将参数 1 从 const char * 转换为 char *
    print2(str1);  //正确
    print1(str2);  //正确
    print2(str2);  //正确
    return 0;
}
```

当函数参数是 char * 时不能接受 const char * 类型的参数，而当参数类型是 const char * 时，则可以接受 char *、const char *，也就是放宽了代码参数的可接受范围。

4. const 返回值

函数返回值为 const，只有在函数返回为指针或引用的情况时才使用。

如果给返回指针的函数加 const 修饰，那么函数返回值（即指针）的内容不能被修改，且该返回值只能被赋给加 const 修饰的同类型指针。

例 2.59

```
int sum=0;
const int * addNum(int x, int y)
{
    sum=x +y;
    return &sum;
}

int main()
{
    int * p=addNum(1, 2);
                        //error C2440: "初始化": 无法从 const int * 转换为 int *
    const int * pc=addNum(1, 2);
```

```
    *pc=3;                    //error C3892: "pc": 不能给常量赋值
    printf("add result is: %d \n", *pc);
    return 0;
}
```

在2.2.7节中介绍过,返回引用的函数可以用于赋值语句的左侧,若使用const进行修饰,则表示不能将函数调用表达式作为左值使用。

例 2.60

```
#include "stdio.h"
int & get_val(int * sz, int pos)
{
    return sz[pos];
}
int main()
{
    int a[5]={1, 2, 3, 4, 5};
    get_val(a,1)=1;
    for(int i=0; i <5; i++)
        printf("%d ", get_val(a,i));
    return 0;
}
```

程序执行结果:

```
1 1 3 4 5
```

get_val函数返回的是一个引用,可作为左值使用,如果将该函数改为

```
const int & get_val(int * sz, int pos)
```

则编译时会有错:

```
get_val(a,1)=1;           //error C3892: "get_val": 不能给常量赋值
```

5. const 引用

常引用声明方式如下:

```
const 类型标识符 &引用名=目标变量名;
```

用这种方式声明的引用,不能通过引用对目标变量的值进行修改,从而使引用的目标成为const,达到了引用的安全性。

例 2.61

```
int main()
{
    int a;
```

```
    const int &ra=a;
    ra=1;          //error C3892: "ra": 不能给常量赋值
    a=1;           //正确
    return 0;
}
```

在C++面向对象程序设计中，经常用常指针和常引用作函数参数，这样既能保证数据不被随意修改，在调用函数时又不必建立实参的副本（创建临时对象）。

6. const 和 define

const和define两者都可以用来定义常量，define只是简单的文本替换，而const定义了常量的类型，所以更精确一些。编译器可以对const进行类型安全检查，而对define只进行字符替换，没有类型安全检查。缺乏类型检测机制就会存在错误隐患（在2.1.5节和2.2.5节中曾提到过）。

例 2.62

```
#define TOPBASE 10
#define BOTTOMBASE 20
#define HEIGHT 15
#define SUMBASES TOPBASE +BOTTOMBASE
const double C_TOPBASE=10;
const double C_BOTTOMBASE=20;
const double C_HEIGHT=15;
const double C_SUMBASES=TOPBASE +BOTTOMBASE;

int main()
{
    double area1=SUMBASES * HEIGHT/2;
    double area2=C_SUMBASES * C_HEIGHT/2;
    return 0;
}
```

area1为160，area2是正确的，为225。表达式 area1 = SUMBASES * HEIGHT/2 被转换为

```
double area1=TOPBASE +BOTTOMBASE * HEIGHT / 2;   //area1=10+20 * 15/2
```

既然define有这样那样的劣势，是否可将define全部用const取代？抛弃#define的日子还很远，#ifdef/#ifndef在控制编译的过程中还扮演着重要角色。跨平台的C语言代码常有这样的片段：

```
#ifdef LINUX_KERNEL
    #include <unistd.h>          //Linux下的系统头文件
#endif
#ifdef WIN32
```

```
    #include <io.h>                //Windows 下的系统头文件
#endif
```

如果在 Windows 上编译程序，则可以在程序的开始加上

```
#define WIN32
```

通常源程序中所有的代码行都参加编译，但有时希望对其中一部分内容只在满足特定条件才进行编译，即“条件编译”，也就是对一部分代码指定编译条件。条件编译命令最常见的形式为

```
#ifdef 标识符
    程序段 1
#else
    程序段 2
#endif
```

其作用是当标识符已经被定义过(通常是用＃define 来定义)，则对程序段 1 进行编译，否则对程序段 2 进行编译。

如果将 ifdef 改为 ifndef，它的作用是：若标识符未被定义，则编译程序段 1，否则编译程序段 2。

例 2.63

```
#define UPPERCASE
int main()
{
    char str[20]="Hello World";
    int i=0;
    char ch;
    while((ch=str[i])!='\0')
    {
        i++;
    #ifdef UPPERCASE
        if(ch>='a' && ch<='z') ch=ch -32;
    #else
        if(ch>='A' && ch<='Z') ch=ch +32;
    #endif
        printf("%c",ch);
    }
    return 0;
}
```

程序执行结果：

```
HELLO WORLD
```

若没有定义 UPPERCASE，则输出

```
hello world
```

#ifndef 还常用于头文件中，防止重复引用。如果一个头文件（假设为 stu.h，包含结构体 student 的定义）被别的很多文件引用，此时如果在别的文件头都加上 #include <stu.h>，编译就可能会出错，提示 student 被多次重新定义（error C2011："student"："struct"类型重定义），利用 #ifndef 就可以防止这种情况，在 stu.h 文件的文件头加上如下定义就可以防止该错误：

```
#ifndef _STU_H_
#define _STU_H_
struct student
{
    int num;
    int age;
    ⋮
};
#endif
```

这样当这个头文件多次被包含（多文件编译，相互包含时），只插入和编译一次。其作用和 #pragma once 一样，避免同一个文件被包含多次。

另外，还有一点值得提出，即用 const 定义的常量是不能被重定义的，而用 define 则可以。

如用 const 进行重定义，会报错：

```
const double MAX=100;
const double MAX=10;      //error C2370: "MAX": 重定义;不同的存储类
```

可以用 #undef 标示符终止 define 宏的定义，然后再重新进行定义。

例 2.64

```
void func1();
void func2();
int main()
{
    func1();
    func2();
    return 0;
}

#define MAXSIZE 20
void func1()
{
    char str[MAXSIZE]="My heart will go on";
    printf("%s \n", str);
}
```

```
#undef MAXSIZE
#define MAXSIZE 40
void func2()
{
    char str[MAXSIZE]="To be or not to be that is a question";
    printf("%s \n", str);
}
```

func1 函数中字符数组最大长度为 20，通过 # undef MAXSIZE 后，可以重新定义 MAXSIZE，func2 中的字符数组最大长度改为 40。

2.3 函数和结构体

2.3.1 有函数的结构体

在 C 中，如果想写一个结构体，希望每个结构体变量都有自己的函数域，通过各自的结构体变量实现不同的操作，可以通过函数指针实现。

例 2.65

```
#include <iostream>
using namespace std;
#define NAME_MAX_SIZE 20
struct person
{
    char name[NAME_MAX_SIZE];
    int age;
    void(*set_name)(struct person *,char *);
    void(*set_age)(struct person *,int );
    char * (*get_name)(struct person *);
    int(*get_age)(struct person *);
};
struct student
{
    int score;
    struct person my_person;
    void(*set_score)(struct student *,int);
    int(*get_score)(struct student *);
};
void set_name(struct person *,char *);
void set_age(struct person *,int );
char *get_name(struct person *);
int get_age(struct person *);
void set_score(struct student *,int);
```

```
int get_score(struct student * );
static struct student my_student=
{
    0,
    {
        "",
        0,
        set_name,
        set_age,
        get_name,
        get_age,
    },
    set_score,
    get_score,
};
void set_name(struct person * my_person,char * name)
{
    sprintf(my_person->name,"%s",name);
}
void set_age(struct person * my_person,int age)
{
    my_person->age=age;
}
char * get_name(struct person * my_person)
{
    return my_person->name;
}
int get_age(struct person * my_person)
{
    return my_person->age;
}
void set_score(struct student * my_student,int score)
{
    my_student->score=score;
}
int get_score(struct student * my_student)
{
    return my_student->score;
}
int main(void)
{
    my_student.my_person.set_name(&my_student.my_person,"Li xiaolong");
    my_student.my_person.set_age(&my_student.my_person,21);
    my_student.set_score(&my_student,100);
```

```
    printf("name is : %s\n",my_student.my_person.get_name(&my_student.my_
    person));
    printf("age is : %d\n",my_student.my_person.get_age(&my_student.my_
    person));
    printf("score is : %d\n",my_student.get_score(&my_student));
    return 0;
}
```

程序执行结果：

```
name is : Li xiaolong
age is : 21
score is : 100
```

C++ 中的结构体可看作是 C 语言中结构体的修改版，在 C++ 中结构体是可以有函数的，最早的类就是从结构体中创立出来的。只不过后来为了记忆方便，又造出了一个 class 关键字。从这个角度来说，用 struct 声明的结构体若包含函数其实就是类。只不过 struct 中默认是 public 型，而 class 中默认是 private 型。

例 2.66

```
struct A
{
    int x;
    void setX(int i)
    {
        x=i;
    }
    void printX()
    {
        printf("x=%d \n", x);
    }
private:
    int y;
    void setY(int i)
    {
        y=i;
    }
    void printY()
    {
        printf("y=%d \n", y);
    }
};
int main()
{
    A a;
```

```
    a.setX(10);
    a.printX();
    return 0;
}
```

程序执行结果:

```
x=10
```

struct A 中 x 和 setX 没有指明可见性,默认是公有的,因此在结构体外可以访问。若将 setX 和 printX 换为

```
a.setY(10);        //error C2248: "A::setY": 无法访问 private 成员(在 A 类中声明)
a.printY();        //error C2039: "printY": 不是 A 的成员
```

可知,在结构体外是不能访问结构体的私有成员的。

和 class 一样,结构体可以有构造函数(函数名和结构体名相同的函数,通常是用来初始化结构体数据成员的)。

例 2.67

```
struct A
{
    int x;
    A()
    {
        x=0;
    }
    void setX(int i)
    {
        x=i;
    }
    void printX()
    {
        printf("x=%d \n", x);
    }
};
int main()
{
    A a;
    a.printX();
    a.setX(10);
    a.printX();
    return 0;
}
```

程序执行结果:

```
x=0
x=10
```

结构体也可以像类一样有继承和派生关系，结构体默认继承方式是 public(公有)继承，而类默认是 private(私有)继承。

例 2.68

```
struct Base
{
    int x;
    void setX(int i)
    {
        x=i;
    }
    void printX()
    {
        printf("x=%d \n", x);
    }
};
struct Derived : Base
{
    int y;
    void setY(int i)
    {
        y=i;
    }
    void printY()
    {
        printf("y=%d \n", y);
    }
};
int main()
{
    Base b;
    b.setX(10);
    b.printX();
    Derived d;
    d.setX(20);
    d.printX();
    return 0;
}
```

程序执行结果：

```
x=10
```

```
y=20
```

结构体若满足类多态要求的3个条件(①基类声明有虚函数；②有继承派生关系；③基类指针或引用指向派生类对象)，结构体也能表现出多态。

例2.69

```
struct Base
{
    int x;
    virtual void setX(int i)
    {
        x=i;
    }
    void printX()
    {
        printf("x=%d \n", x);
    }
};
struct Derived : Base
{
    void setX(int i)
    {
        x=2 * i;
    }
};
int main()
{
    Derived d;
    Base * pb;
    pb=&d;
    pb->setX(10); //Derived:: setX(int i)
    pb->printX();
    return 0;
}
```

程序执行结果：

```
x=20
```

其中，基结构体Base中声明了setX为虚函数，pb为基结构体指针，指向了一个派生结构体对象d，这时通过pb调用setX将调用Derived的setX。

2.3.2 若干实例

本节介绍若干将C的结构体程序转换成C++中结构体带有函数的“面向对象”例子。

例 2.70 定义一个复数结构体 complex,实现复数运算。

方法一:C的结构体程序实现。

```
#include "stdio.h"
struct complex
{
    float rp;
    float ip;
};
complex input_complex();                              //输入一个复数
complex sum_complex(complex x, complex y);            //计算两个复数之和
void print_complex(complex x);                        //输出一个复数
complex product_complex(complex x, complex y);        //计算两个复数之积
int main()
{
    complex x, y, sum, product;
    printf("intp complex x:");
    x=input_complex();
    printf("intp complex y:");
    y=input_complex();
    printf("result of sum:\n");
    sum=sum_complex(x, y);
    print_complex(sum);
    printf("result of product:\n");
    product=product_complex(x, y);
    print_complex(product);
    return 0;
}
complex input_complex()
{
    complex x;
    scanf("%f%f",&x.rp, &x.ip);
    return x;
}
void print_complex(complex x)
{
    printf("rp=%f, ip=%f \n",x.rp, x.ip);
}
complex sum_complex(complex x, complex y)
{
    complex sum;
    sum.rp=x.rp +y.rp;
    sum.ip=x.ip +y.ip;
    return sum;
```

```
}
complex product_complex(complex x, complex y)
{
    complex product;
    product.rp=x.rp*y.rp -x.ip*y.ip;
    product.ip=x.rp*y.ip +x.ip*y.rp;
    return product;
}
```

方法二：结构体带有函数的实现。

```
#include "stdio.h"
struct complex
{
    float rp;
    float ip;
    complex input_complex()
    {
        complex x;
        scanf("%f%f",&x.rp, &x.ip);
        return x;
    }
    void print_complex(complex x)
    {
        printf("rp=%f, ip=%f \n",x.rp, x.ip);
    }
    complex sum_complex(complex x, complex y)
    {
        complex sum;
        sum.rp=x.rp +y.rp;
        sum.ip=x.ip +y.ip;
        return sum;
    }
    complex product_complex(complex x, complex y)
    {
        complex product;
        product.rp=x.rp*y.rp -x.ip*y.ip;
        product.ip=x.rp*y.ip +x.ip*y.rp;
        return product;
    }
};
int main()
{
    complex x, y, sum, product;
    printf("intp complex x:");
```

```
    x=x.input_complex();
    printf("intp complex y:");
    y=y.input_complex();
    printf("result of sum:\n");
    sum=x.sum_complex(x, y);
    sum.print_complex(sum);
    printf("result of product:\n");
    product=x.product_complex(x, y);
    product.print_complex(product);
    return 0;
}
```

将函数放入 complex 结构体中后，方法一在 main 函数中调用这些函数的语句需要改写，如 x=input_complex()；、sum=sum_complex(x, y)；、product=product_complex(x, y)；等。因为方法一中的这些函数是全局函数，在方法二中成为了 complex 结构体的成员，因此要通过结构体变量来调用它们。即改成 x=x. input_complex()；。但是若改成 x=y. input_complex()；、x=sum. input_complex()；、x=product. input_complex()；、x=squre. input_complex()；都不会影响程序的执行结果。sum_complex、print_complex 等其他函数也是一样的，通过不同的 complex 结构体变量调用，都不会影响程序执行结果。

注意到，函数放到结构体中后，它们就是结构体的成员，就能访问 complex 的数据成员 rp 和 ip，因为这些函数和数据都是在同一"作用域"下。这样可将 input_complex 函数改为

```
void input_complex()
{
    scanf("%f%f",&rp, &ip);
}
```

则 x=x. input_complex()；就改为 x. input_complex()；，这表示对结构体变量 x 的 rp 和 ip 进行输入。

print_complex(complex x)函数就不需要参数了，即改为

```
void print_complex()
{
    printf("rp=%f, ip=%f \n",rp, ip);
}
```

同样，sum_complex(complex x, complex y)函数也就不需要两个参数了，即改为

```
void sum_complex(complex x)
{
    rp=rp +x.rp;
    ip=ip +x.ip;
}
```

则修改后的方法二的实现如下：

```
#include "stdio.h"
struct complex
{
    float rp;
    float ip;
    void input_complex()
    {
        scanf("%f%f",&rp, &ip);
    }
    void print_complex()
    {
        printf("rp=%f, ip=%f \n",rp, ip);
    }
    void sum_complex(complex x)
    {
        rp=rp+x.rp;
        ip=ip+x.ip;
    }
    void product_complex(complex x)
    {
        double temp;
        temp=rp*x.rp-ip*x.ip;
        ip=rp*x.ip+ip*x.rp;
        rp=temp;
    }
};
int main()
{
    complex x, y;
    printf("intp complex x:");
    x.input_complex();              //输入 x
    printf("intp complex y:");
    y.input_complex();              //输入 y
    printf("result of sum:\n");
    x.sum_complex(y);               //x=x+y
    x.print_complex();
    printf("result of product:\n");
    x.product_complex(y);           //x=x*y
    x.print_complex();
    return 0;
}
```

例 2.71 定义一个日期结构体 Datetime,实现:①给出年月日,求天数(即求出该天是这一年的第几天);②给出年份和天数,求日期(即求出这是该年的几月几日)。

方法一:C 的结构体程序实现。

```
#include <stdio.h>
int day_num[13]={0,31,28,31,30,31,30,31,31,30,31,30,31};
struct Datetime
{
    int year;
    int month;
    int day;
};
int getdaysofYear();                                //给出年月日,求天数
int getDate();                                      //给出年份和天数,求日期
bool isleapyear(int year);                          //判断是否是闰年
int getDaysofmonth(int year,int month);             //获得某月的天数
bool isvalidDate(int year,int month,int day);       //判断输入的年、月、日是否合法

Datetime d;
int main()
{
    int chose;
    printf("请选择:(1.由年份和日期求天数;2.由年份和天数求日期):");
    scanf("%d",&chose);
    switch(chose)
    {
    case 1:
        getdaysofYear(); break;
    case 2:
        getDate(); break;
    }
    return 0;
}
int getdaysofYear()
{
    printf("请输入年份和日期:");
    scanf("%d %d %d",&d.year ,&d.month ,&d.day);
    if(!isvalidDate(d.year, d.month,d.day))
    {
        printf("输入日期不合法!");
        return -1;
    }
    int i;
```

```
    int n=0;
    for(i=0;i <d.month;i++)
    {
        n+=day_num[i];
    }
    n=n+d.day;
    if(isleapyear(d.year))
    {
        if(d.month >2)
        {
            n+=1;
        }
    }
    printf("天数: %d",n);
    return 0;
}
int getDate()
{
    int n;
    int i;
    printf("请输入年份和天数: ");
    scanf("%d %d",&d.year ,&n);
    if(isleapyear(d.year))
    {
        day_num[2] +=1;
    }
    for(i=0;i <=12;i++)
    {
        if(n -day_num[i] >0)
        {
            n=n -day_num[i];
            d.day=n;
            d.month=i +1;
        }
    }
    if(!isvalidDate(d.year, d.month,d.day))
    {
        printf("输入日期不合法!");
        return -1;
    }
    printf("日期: %d月%d日",d.month ,d.day);
    return 0;
}
```

```
bool isleapyear(int year)
{
    if(((year %4==0) &&(year %100 !=0)) ||(year %400==0))
        return true;
    return false;
}

int getDaysofmonth(int year,int month)
{
    if(month!=2)
        return day_num[month];
    else
        return(isleapyear(year)?29:28);
}
bool isvalidDate(int year,int month,int day)
{
    if(year<=0||month<1||month>12||day<1||day>getDaysofmonth(year,month))
        return false;
    return true;
}
```

方法二：结构体带有函数的实现。

方法一中的 main 函数比较简单，根据输入选择调用 getdaysofYear()或 getDate()函数来实现相应的功能。此外还有另外 3 个全局函数：isleapyear(int year)、getDaysofmonth(int year,int month)、isvalidDate(int year,int month,int day)，getdaysofYear()和 getDate()函数会用到这几个函数。试着将这些函数放入到结构体中。

```
#include <stdio.h>
int day_num[13]={0,31,28,31,30,31,30,31,31,30,31,30,31};
struct Datetime
{
private:
    int year;
    int month;
    int day;
    bool isleapyear(int year)
    {
        if(((year %4==0) &&(year %100 !=0)) ||(year %400==0))
            return true;
        return false;
    }
    int getDaysofmonth(int year,int month)
    {
        if(month!=2)
```

```
            return day_num[month];
        else
            return(isleapyear(year)?29:28);
    }
    bool isvalidDate(int year,int month,int day)
    {
        if(year<=0||month<1||month>12||day<1||day>getDaysofmonth(year,
        month))
            return false;
        return true;
    }
public:
    int getdaysofYear()
    {
        printf("请输入年份和日期：");
        scanf("%d %d %d",&year ,&month ,&day);
        if(!isvalidDate(year, month, day))
        {
            printf("输入日期不合法！");
            return -1;
        }
        int i;
        int n=0;
        for(i=0;i <month;i++)
        {
            n+=day_num[i];
        }
        n=n+day;
        if(isleapyear(year))
        {
            if(month >2)
            {
                n+=1;
            }
        }
        printf("天数：%d",n);
        return 0;
    }
    int getDate()
    {
        int days;
        int i;
        printf("请输入年份和天数：");
        scanf("%d %d",&year ,&days);
```

```
        if(isleapyear(year))
        {
            day_num[2] +=1;
        }
        for(i=0;i <=12;i++)
        {
            if(days -day_num[i] >0)
            {
                days=days -day_num[i];
                day=days;
                month=i +1;
            }
        }
        if(!isvalidDate(year, month, day))
        {
            printf("输入日期不合法!");
            return -1;
        }
        printf("日期: %d月%d日",month, day);
        return 0;
    }
};
Datetime d;
int main()
{
    int chose;
    printf("请选择:(1.由年份和日期求天数;2.由年份和天数求日期): ");
    scanf("%d",&chose);
    switch(chose)
    {
    case 1:
        d.getdaysofYear(); break;
    case 2:
        d.getDate(); break;
    }
    return 0;
}
```

函数放入结构体后,Datetime就是能够实现一些“功能”的结构体,这些“功能”是通过结构体中的函数来实现的。注意到getdaysofYear()和getDate()声明为public,而其他函数被声明为private。对于此例来说,结构体Datetime的使用者仅仅需要getdaysofYear()和getDate()这两个函数的功能,不需要其他函数,使用者甚至都没必要知道存在这些函数。isleapyear()等函数被声明为private后,就不能通过结构体变量来访问它。

```
d.isleapyear(2015);     //error C2248: "Datetime::isleapyear": 无法访问
                        //private 成员（在 Datetime 类中声明）
```

经过“封装”后的 Datetime 结构体，对于使用该结构体的程序员来说，仅需要关注 Datetime 的 public 部分，这些 public（公有）部分就是该结构体的“接口”。

习　题

1. 结构与联合有何区别？
2. struct 和 class 有何区别？
3. 什么是内联函数？内联函数的优点是什么？举例说明。
4. 什么是函数重载？编译系统如何区分同名函数的不同版本？
5. 什么是“引用”？声明和使用“引用”要注意哪些问题？
6. 简述将“引用”作为函数返回值类型的格式、好处和需要遵守的规则。
7. 阐述 C++ 中函数 3 种调用方式的实现机制、特点及其实参、形参的格式，最好用代码说明。
8. 已知两个链表 head1 和 head2 各自有序，请把它们合并成一个链表并且依然有序。
9. 写出下面程序的输出。

```
union
{
    int i;
    char x[2];
}a;
int main()
{
    a.x[0]=10;
    a.x[1]=1;
    printf("%d",a.i);
    return 0;
}
```

10. 写出下面程序的输出。

```
struct A
{
    char t:4;
    char k:4;
    unsigned short i:8;
    unsigned long m;
};
main()
```

```
{
    struct A a;
    a.t='b';
    printf("%x",a.t);
}
```

11. 编写程序,其中包含3个重载的display()函数。第一个函数输出一个double值,前面用字符串“A double”引导;第二个函数输出一个int值,前面用字符串“A int”引导;第三个函数输出一个char字符,前面用字符串“A char”引导。在主函数中,分别用double、float、int、char和short型变量调用display()函数,并写出程序的运行结果,同时对结果做简要说明。

第3章 chapter 3

C++ 语言初步

本章将介绍 C++ 的一些基础知识,如名字空间、输入输出等。初步掌握 C++ 程序设计的概念和基本方法,了解 C++ 语言的特点。

3.1 一个简单的 C++ 程序

首先,简单介绍经典的“Hello world!”。

例 3.1

```
#include <iostream>
using namespace std;
int main()
{
    cout<<"Hello world!"<<endl;
    int i;
    cin>>i;
    cout<<"i=" <<i<<endl;
    return 0;
}
```

程序执行结果:

```
Hello world!
```

其中,第一行是一个#include 预编译指令,包含文件。#include 有两种写法。一种是尖括号的方式,表示包含的内容是 C++ 的标准库,告诉编译器要从标准库中去找头文件。另一种写法是#include "***.h",表示包含项目中自定义的 C++ 头文件。在 C++ 中,要使用函数或类(不管是标准库里的还是自己编写的),编译器就需要定义和实现。定义是在头文件里,而实现通常写在.c 或.cpp 文件中,也可以是编译好的二进制文件(.lib 等)。iostream 就是一个头文件。名字中,i 表示 input(输入);o 表示 output(输出),结合 stream(流),就是指这个头文件中声明了大量和输入输出流有关的功能。cout、<<、endl 就在这个“输入输出流”头文件中。

包含一个头文件,只是增加了"声明"内容。并不会真正把"定义"的内容"包含"进来。C++ 的头文件还可以包含其他头文件,层层引用,必然造成编译速度的降低,因此"真用,才引用"。

using namespace std;是指定包含名字空间 std。名字空间是 C++ 的一个工具,用于避免在大型项目中标识符重名。而 C++ 的标准库的东西都包含在了 std 命名空间里。所以不管是 iostream、string 还是 STL,都需要这句话。若不加这行代码,这个程序也可以这样写:

```
std::cout<<"Hello world!"<<endl;
std::cout<<"i=" <<i<<endl;
```

cout 是 C++ 库中一个对象,它代表标准输出设备,对于一台 PC,标准输出通常就是它的屏幕。对于控制台程序,标准输出又特指当前的控制台窗口。cout<<"Hello world!"<<endl;输出内容到控制台用 cout,cout 不是一个方法而是一个类,cout 不是一个函数,下面的写法是会报错的:

```
cout("Helloworld");      //error C2064: 项不会计算为接受 1 个参数的函数
```

<<是一个操作符号,可以读成"流输出符",或者简称为"输出符"。流输出符(<<)也是一个二元操作符,它实现的操作是,将右边的东西输出(打印)到左边的东西上。通常,左边的东西必须是一个"流"。cout<<的实质是对<<运算符的实现,相同的情况还有 cin>>。使用 cin 给 i 赋值,这里如果用户任意输入一个字母而非数字的值,也会得到一个值,但是不是用户想要的值。cout 后面的 endl 用来输出一个换行并刷新缓冲区('\n'也可换行,但这里推荐 endl)。endl 在 C++ 标准库中被定义为一个函数,它负责在屏幕上输出一个换行。

另外,可能会在某些代码中看到 void main()或者 main()这种写法,但这是不符合 C 标准和 C++ 标准的。标准规定的 main 函数只有两种:

```
int main(void)                          //void 可不写
int main(int argc,char * [])            //需要命令行参数的时候会用到
```

若 main 函数不写 int,也没有 void 等其他返回值类型,有些编译器会报错:

```
main()          //error C4430: 缺少类型说明符,假定为 int。注意: C++不支持默认 int
{
    ...
}
```

3.2 名字空间

C++ 名字空间是一种描述逻辑分组的机制。也就是说,如果有一些声明按照某种准则在逻辑上属于同一个模块,就可以将它们放在同一个名字空间,以表明这个事实。名字空间对于模块化的程序设计有重要作用。

名字空间更多是用来避免命名冲突的，这在小的项目中可能看不出来，因为头文件和源文件比较少，命名冲突的概率比较小，但当遇到一个很大的工程项目时，就会认识到名字空间的使用还是很有必要的。C++ 中采用的是单一的全局变量名字空间。在这单一的空间中，如果有两个变量或函数的名字完全相同，就会出现冲突。当然，也可以使用不同的名字，但有时我们并不知道另一个变量也使用完全相同的名字；有时为了方便阅读程序，必须使用同一名字。比如定义了一个变量，有可能在调用的某个库文件或另外的程序代码中也定义了相同名字的变量，这就会出现冲突。名字空间就是为解决 C++ 中的变量、函数的命名冲突而服务的。

namespace 是为了解决 C++ 中的名字冲突而引入的。什么是名字冲突呢？比如，在文件 x. h 中有个类 CHello，在文件 y. h 中也有个类 CHello，而在文件 z. cpp 中要同时引用 x. h 和 y. h 文件。显然，按通常的方法是行不通的，那怎么办呢？引入 namespace 即可。

例 3.2

```
//x.h
namespace MyNamespace1
{
    class CHello
    {
    public:
        int x;
        void print() {}
    };
};
//y.h
namespace MyNamespace2
{
    class CHello
    {
    public:
        int x;
        void print() {}
    };
};
//z.cpp
#include"x.h"
#include"y.h"

int main()
{
    MyNamespace1:: CHello h1;        //声明文件 x.h 中类 CHello 的实例 h1
    MyNamespace2:: CHello h2;        //声明文件 y.h 中类 CHello 的实例 h2
```

```
    h1.print();                          //调用文件 x.h 中的函数 print
    h2.print();                          //调用文件 y.h 中的函数 print
    return 0;
}
```

从上面可以看出，在名字空间中可以定义变量、函数和类等自定义数据类型，它们具有相同的作用范围。对于不同的名字空间，可以定义相同的变量名、函数名、类名等，在使用的时候，只要在成员前区分开不同的名字空间就可以了。名字空间实质上是一个作用域，上例中通过引入名字空间解决了名字冲突。就好像张家有台电视机，李家也有台同样型号的电视机，但我们能区分清楚，就是因为它们分属不同的家庭。

3.2.1 名字空间的定义

namespace 是名字空间，可以防止多个文件有重复定义成员（变量、函数、类等）。

名字空间是一个作用域，其形式以关键字 namespace 开始，后接名字空间的名字，然后一对大括号内写上名字空间的内容。

例 3.3

```
//point.h
namespace spacepoint
{
    struct point
    {
        int x;
        int y;
    };
    void set(point& p, int i, int j)
    {
        p.x=i;
        p.y=j;
    }
}
//point.cpp
using namespace spacepoint;
int main()
{
    point p;
    set(p,1,2);
    return 0;
}
```

在头文件 point.h 中定义了一个名字空间 spacepoint，在 point.cpp 文件中若要访问 spacepoint 中的成员，就必须加上 using namespace spacepoint，表示要使用名字空间 spacepoint，若没加这句代码，则会有编译错误：

```
//point.cpp
int main()
{
    point p;          //error C2065: "point": 未声明的标识符
    set(p,1,2);       //error C3861: "set": 找不到标识符
    return 0;
}
```

名字空间的成员是在名字空间定义中的花括号内声明了的名称。可以在名字空间的定义内定义名字空间的成员(内部定义)。也可以只在名字空间的定义内声明成员,而在名字空间的定义之外定义名字空间的成员(外部定义)。命名空间成员的外部定义格式为

名字空间名::成员名 …

例如:

```
//space.h
namespace Outer                        //名字空间 Outer 的定义
{
    int i;                             //名字空间 Outer 的成员 i 的内部定义
    namespace Inner                    //子名字空间 Inner 的内部定义
    {
        void f() { i++; }   //名字空间 Inner 的成员 f()的内部定义,其中的 i 为 Outer::i
        int i;
        void g() { i++; }   //名字空间 Inner 的成员 g()的内部定义,其中的 i 为 Inner::i
        void h() {};                   //名字空间 Inner 的成员 h()的声明
    }
    void f() {};                       //名字空间 Outer 的成员 f()的声明
}
void Outer::f() {i--;}                 //名字空间 Outer 的成员 f()的外部定义
void Outer::Inner::h() {i--;}          //名字空间 Inner 的成员 h()的外部定义
```

3.2.2 域操作符::

::是作用域操作符,首先要有名字空间的概念,名字空间成员名由该名字空间名进行限定修饰。名字空间成员的声明被隐藏在其名字空间中,除非编译器指定查找,否则编译器将在当前域及嵌套包含当前域的域中查找该名字的声明。

例 3.4

```
#include "space.h"
#include <iostream>
int main()
{
    Outer::i=0;
```

```
    Outer::f();                   //Outer::i=-1;
    Outer::Inner::f();            //Outer::i=0;
    Outer::Inner::i=0;
    Outer::Inner::g();            //Inner::i=1;
    Outer::Inner::h();            //Inner::i=0;
    std::cout <<"Hello, World!" <<std::endl;
    std::cout <<"Outer::i=" <<Outer::i <<", Inner::i=" <<Outer::Inner::i<<
   std::endl;
}
```

上例中 Outer::及 Outer::Inner::都是为编译器指定了要查找的名字空间。名字空间 Outer 中的函数 void f() { i++; },其中的 i 为其域中的 Outer::i。对于函数 Outer::Inner::g(){ i++; },其中的 i 为当前域中的 Outer::Inner::i。因为名字空间就是作用域,所以普通的作用域规则也对名字空间成立。因此,如果一个名字先前已在空间或者外围作用域里声明过,就可以直接使用。

C++ 标准程序库中的所有标识符都被定义于一个名为 std 的 namespace 中。由于有了 namespace 的概念,使用 C++ 标准程序库的任何标识符时,可以有 3 种选择:

(1) 直接指定标识符,例如 std::cout 而不是 cout。完整语句如下:

```
#include <iostream>
std::cout <<"hello!!"<<std::endl;
```

(2) 使用 using 关键字进行声明。

显然,当某个名字在它自己的名字空间之外频繁使用时,在反复写它时都要加上名字空间来作限定词,是一件令人厌烦的事情,可以通过一个使用声明来进行简化。例如:

```
#include <iostream>
using std::cout;
using std::endl;
```

此后在使用 cout 和 endl 时,都无须再加上名字空间了:

```
cout <<"hello!!"<<endl;
```

(3) 最方便的就是使用指令 using。

一个 using 指令能把来自另一个名字空间的所有名字都变成在当前名字空间内可用,就像这些名字就在当前名字空间中一样。例如:

```
#include <iostream>
using namespace std;
```

这样名字空间 std 内定义的所有标识符都可直接使用,就好像它们被声明为全局变量一样。那么以上语句可以写为

```
cout <<"hello!!"<<endl;
```

3.2.3 无名的名字空间

在C++中可以用未命名的名字空间(unnamed namespace)声明一个局部作用域，未命名的名字空间以关键字 namespace 开头，但该名字空间是没有名字的，在关键字 namespace 后面使用花括号包含声明块。在一些情况下，无名的名字空间的作用仅仅是为了保持代码的局部性。

假设在 A. cpp 中有如下定义：

```
//A.cpp
namespace
{
    void show(){ cout <<"hello!" <<endl; }
}
```

这就像后面跟着 using 指令一样，即在该名字空间声明的名称的作用域为从声明开始到该声明所在作用域的末尾。这里 show()函数在 A. cpp 中相当于全局函数，若还有 show()函数的定义会出错。

例 3.5

```
#include <iostream>
using namespace std;
void show() { cout <<"hello!" <<endl; }
namespace
{
    void show() { cout <<"hello!!" <<endl; }
}
int main()
{
    show();     //error C2668: "show": 对重载函数的调用不明确
    return 0;
}
```

同一个文件中可以有多个未命名的名字空间，但名字空间中不能有相同的成员。

例 3.6

```
#include <iostream>
using namespace std;
namespace
{
    void show(){ cout <<"hello!!" <<endl; }
}
namespace
{          //error C2084: 函数"void 'anonymous-namespace'::show(void)"已有主体
    void show(){ cout <<"hello!!!" <<endl; }
```

```
}
int main()
{
    show();     //error C3861: "show": 找不到标识符
    return 0;
}
```

同一个文件中的多个未命名的名字空间若位于不同的作用域,在这些名字空间中可以有相同的成员。下例中的两个无名名字空间中有相同的函数,但它们位于不同的作用域。若访问位于A名字空间中的show函数,就需要加上作用域:A::show()。

例 3.7

```
#include <iostream>
using namespace std;

namespace                 //全局作用域下无名字的名字空间
{
    void show()
    {
        cout << "hello!!" << endl;
    }
}
namespace A
{
    namespace             //A作用域下无名字的名字空间
    {
        void show()
        {
            cout << "hello!!!" << endl;
        }
    }
}
int main()
{
    show();
    A::show();
    return 0;
}
```

3.2.4 名字空间的别名

名字空间的别名一般是为了方便使用。如果用户给名字空间的名字起得太短,不同名字空间也可能引起冲突;而名字空间太长可能又变得不很实用。这时,可以给名字空间提供一个别名来改善情况。取别名的语法格式如下：

```
namespace 别名=原空间名;
```

能使用别名来访问原命名空间里的成员，但不能为原命名空间引入新的成员。例如：

```
#include <iostream>
namespace mystd=std;
mystd::cout <<"hello!!" <<mystd::endl;
```

在 namespace mystd＝std 之后，可以用 mystd 来代表名字空间 std。

3.2.5 组合和选择

我们常常需要从现有的界面出发组合出新的界面，方法是在新界面中用使用 using 指令引入已有的界面。

例 3.8

```
namespace A
{
    int i;
    void func1(){}
    void func2(){}
}
namespace B
{
    int j;
    void func3(){}
    void func4(){}
}
namespace C
{
    using namespace A;
    using namespace B;
    void func5(int m,int n){}
}
using namespace C;
int main()
{
    func1();
    func3();
    func5(i,j);
    return 0;
}
```

在名字空间C中，通过using组合了名字空间A和B，形成了新的界面。这样，使用using namespace C后，不用using namespace A、using namespace B，就可以直接访问func1()、func3()。

有时只是想从一个名字空间里选用几个名字，通过使用声明来做。

例 3.9

```
namespace A
{
    int i;
    void func1(){}
    void func2(){}
}
namespace myA
{
    using A::i;
    using A::func1;
    void func3(int a){}
}
using namespace myA;
int main()
{
    func1();
    func3(i);
    return 0;
}
```

在上例中，名字空间myA中通过使用声明选择了A中的变量i和函数func1。

将组合和选择结合起来能产生更大的灵活性，这些也都是真实世界的例子所需要的。依靠这种方式，既能提供许多机制的访问，又能消解由于组合而产生的名字冲突或者歧义性。

3.2.6 名字空间和重载

如果从多个名字空间里引入同名而不同参的函数，且它们满足重载的条件，则构成重载。

例 3.10

```
#include <iostream>
using namespace std;
namespace A
{
    void func(char c) { cout<<"char is "<<c<<endl; }
}
namespace B
```

```
{
    void func(int i) { cout<<"int is "<<i<<endl; }
}
int main()
{
    using A::func;
    using B::func;
    func('a');              //A::func(char)
    func(10);               //B::func(int)
    return 0;
}
```

一般而言，名字空间内部的函数匹配按以下方式进行：

(1) 找到候选函数集合。

(2) 从候选集合中选择可行函数。

(3) 从可行集合中选择一个最佳匹配。

3.2.7 名字查找

一个取T类型参数的函数常常与T类型本身定义在同一个名字空间里。因此，如果在使用一个函数的环境中无法找到它，就去查看它的参数所在的名字空间。

例 3.11

```
#include <iostream>
using namespace std;
namespace A
{
    class Date{};
    void func1(Date&);
}
namespace B
{
    class Time{};
    void f(A::Date d,int i)
    {
        func1(d);        //正确
        func1(i);        //error C3861: "func1": 找不到标识符
    }
    void func2(Time t){}
}
int main()
{
    B::Time t1;
    func2(t1);
```

```
    return 0;
}
```

上例中，在名字空间B中调用func1(d)，函数func1不是在B中定义的，参数类型为Date，因此在Date所在的域A中进行查找，找到了void func1(Date&)。但是调用func1(i)时，在A作用域里没有找到void format(int)型函数。

与显式地使用限定相比，这个查找规则能使程序员节省许多输入，而且又不会像using指令那样"污染"名字空间。这个规则对于运算符的运算对象和模板参数特别有用，因为对它们使用显式限定是非常麻烦的。

3.2.8 名字空间是开放的

名字空间是开放的，即可以随时把新的成员名称加入到已有的名字空间中去。方法是，多次声明和定义同一名字空间，在每次声明中添加新成员和名称。例如：

```
namespace A
{
    int i;
    void func1();
}       //现在 A 有成员 i 和 func1()
namespace A
{
    int j;
    void func2();
}       //现在 A 有成员 i、func1()、j 和 func2()
```

3.3 输入和输出

C++程序可以采用几种不同的方式来进行输入和输出，下面介绍最常用的一种方式——流。输入输出是一种数据传送操作，可以看作是字符序列在主机和外设之间的流动。C++中将数据从一个对象到另一个数据对象的流动抽象为流。流具有方向性：既可以表示数据从内存中传送到某个设备，即与输出设备相联系的流称为输出流；也可以表示数据从某个设备传送给内存中的变量，即与输入设备相联系的流称为输入流。这些流的定义在头文件iostream中。流通过重载运算符＞＞和＜＜执行输入输出操作。输入操作是从流中获取数据，因此＞＞称为提取运算符。输出操作是向流中插入数据，因此＜＜称为插入运算符。cin和cout是预定义的标准流对象。cin是标准输入，即键盘输入；cout是标准输出，即屏幕输出。iostream为内置类型对象提供了输入输出支持，同时也支持文件的输入输出，类的设计者可以通过对iostream库的扩展，即重载＞＞和＜＜来支持自定义类型的输入输出操作(详见第7章)。

当程序需要在屏幕上显示输出时，可以使用插入操作符＜＜向cout输出流中插入字符。例如：

```
cout<<"Hello world."<<endl;
```

当程序需要执行键盘输入时，可以使用提取操作符>>从 cin 输入流中提取字符。例如：

```
int myAge;
cin>>myAge;
```

不管把什么基本数据类型传给流，它都能够解析。

3.3.1 cout 输出

cout 是与标准输出设备相连接的预定义的 ostream 类流对象，称为汇。当程序需要在屏幕上显示输出时，可以使用插入运算符<<向 cout 流中插入各种不同类型的数据。插入运算符可以向同一个输出流中插入多个数据项。例如：

```
cout<<"My name is Li"<<endl <<"My ID is"<<123 <<endl;
```

输出为：

```
My name is Li
My ID is 123
```

C 语言提供了格式化输入输出的方法，C++ 也同样，但是 C++ 的控制符使用起来更为简单方便。cin/cout 是 STL 库提供的一个 iostream 实例，拥有 ios_base 基类的全部函数和成员数据。进行格式化操作可以直接利用 setf/unsetf 函数和 flags 函数。cin/cout 维护一个当前的格式状态，setf/unsetf 函数是在当前的格式状态上追加或删除指定的格式，而 flags 则是将当前格式状态全部替换为指定的格式。cin/cout 为这两个函数提供了如表 3.1 所示的参数(可选格式)。

表 3.1　I/O 流常用控制符

ios::dec	以十进制表示整数
ios::hex	以十六进制表示整数
ios::oct	以八进制表示整数
ios::showbase	添加一个表示其进制的前缀
ios::internal	在符号位和数值的中间插入需要数量的填充字符以使串两端对齐
ios::left	在串的末尾插入填充字符以使串居左对齐
ios::right	在串的前面插入填充字符以使串居右对齐
ios::boolalpha	将 bool 类型的值以 true 或 false 表示，而不是 1 或 0
ios::fixed	将浮点数按照普通定点格式处理(非科学计数法)
ios_base::floatfield	设置输出时按浮点格式，小数点后有 6 位数字

续表

ios::scientific	将浮点数按照科学计数法处理(带指数域)
ios::showpoint	在浮点数表示的小数中强制插入小数点(默认情况是浮点数表示的整数不显示小数点)
ios::showpos	强制在正数前添加+号
ios::skipws	忽略前导的空格(主要用于输入流,如 cin)
ios::unitbuf	在插入(每次输出)操作后清空缓存
ios::uppercase	强制大写字母

每种控制符格式都占用独立的一位,因此可以用"|"(位或)运算符组合使用。调用 setf/unsetf 或 flags 设置格式一般按如下方式进行:

```
cout.setf(ios::right | ios::hex);                //设置十六进制右对齐
```

setf 可接受一个或两个参数,一个参数的版本为设置指定的格式,两个参数的版本中,后一个参数指定了删除的格式:

```
cout.setf(ios::right, ios::adjustfield);    //取消其他对齐,设置为右对齐
```

或者使用 flags:

```
cout.flags(ios::right);                          //把当前状态全部替换为右对齐
```

在 C++ 下有两种方法控制格式化输入输出:(1)使用流对象的成员函数;(2)使用 C++ 输入输出控制符,控制符是在头文件 iomanip 中定义的,与成员函数有一样的效果,控制符不必像成员函数那样单独调用,它可以直接插入流中使用。

1. 以成员函数的方式控制输出的精度

例 3.12

```
#include <iostream>
using namespace std;
int main()
{
    float pi=3.14159f;
    cout<<pi<<endl;
    cout.precision(2);
    cout<<pi<<endl;
    return 0;
}
```

程序执行结果:

```
3.14159
3.1
```

2. 以控制符的方式控制输出的精度

例 3.13

```
#include <iostream>
#include <iomanip>
using namespace std;
int main()
{
    float pi=3.14159f;
    cout<<pi<<endl;
    cout<<setprecision(2);
    cout<<pi<<endl;
    return 0;
}
```

程序执行结果同上例。

例 3.14 流常用控制符。

```
#include <iostream>
#include <iomanip>
using namespace std;
int main()
{
    cout.flags(ios::left);                              //左对齐
    cout<<setw(10)<<-123.45<<"End"<<endl;
    cout.flags(ios::internal);                          //两端对齐
    cout<<setw(10)<<-123.45<<"End"<<endl;
    cout.flags(ios::right);                             //右对齐
    cout<<setw(10)<<-123.45<<"End"<<endl;
    cout<<setfill('*')<<setw(10)<<-123.45<<"End"<<endl;
    cout <<showbase<<setw(4)<<hex<<12<<setw(4)<<dec<<12<<setw(4)<<oct<<12
        <<endl;                                         //添加一个表示其进制的前缀
    cout.setf(ios::fixed);
    cout<<setprecision(0)<<12.34<<endl;
    cout<<setprecision(1)<<12.34<<endl;
    cout<<setprecision(2)<<12.34<<endl;
    cout<<setprecision(3)<<12.34<<endl;
    cout.setf(ios::scientific, ios::floatfield);
    cout<<setprecision(0)<<12.34<<endl;
    cout<<setprecision(1)<<12.34<<endl;
    cout<<setprecision(2)<<12.34<<endl;
    cout<<setprecision(3)<<12.34<<endl;
    return 0;
}
```

程序执行结果：

```
-123.45   End
-   123.45End
  -123.45 End
***-123.45 End
***C
*+12
**14
***c
**12
**14
*0xc**12*014
12
12.3
12.34
12.340
1.234000e+001
1.2e+001
1.23e+001
1.234e+001
```

其中，setw 函数会用当前的填充字符控制对齐位置，默认的填充字符是空格。可以通过 setfill 来设置填充字符。

例 3.15

```
#include <iostream>
#include <windows.h>
using namespace std;
int main()
{
    char* pbuffer=new char[1024];
    setbuf(stdout,pbuffer);
    cout<<"hello world ";
    Sleep(1000);
    cout<<"hello world ";
    Sleep(1000);
    cout<<"hello world"<<flush;
    delete pbuffer;
    return 0;
}
```

该程序运行后，在停顿 2 秒后一起输出 3 个 "hello world"，而不是 3 个字符串之间间隔 1 秒输出。

在执行输出操作之后，数据并非立刻传到输出设备，而是先进入一个缓冲区，等适宜

的时机再由缓冲区传入,也可以通过操纵符 flush 进行强制刷新:

```
cout<<"Hello, World!"<<"Flush the screen now!!!"<<flush;
```

这样当程序执行到 operator<<(flash)之前,有可能前面的字符串数据还在缓冲区中而不是显示在屏幕上,但执行 operator <<(flash)之后,会强制把缓冲区的数据全部搬运到输出设备并将其清空。而操纵符 endl 相当于<<"\n"<<flush 的简写版本,它先输出一个换行符,再实现缓冲区的刷新。

3.3.2 cin 输入

cin 是与标准输入设备相连接的预定义 istream 类的流对象,称为源。当程序需要执行键盘输入时,可以使用提取运算符>>从 cin 输入流中提取不同类型的数据。提取运算符可以从同一个输入流中提取多个数据项给其后的多个变量赋值,要求输入流的数据项用空格进行分隔。

插入运算符 cin 可以和 cout 一样,可向同一个输出流中插入多个数据项,它自动识别变量位置和类型。例如:

```
int i;float f;long l;
cin >>i >>f >>l;
```

cin 能够知道提取的变量的类型,它将对 i、f、l 分别给出一个整型、浮点型和长整型数。

下面介绍 cin. get()、cin. getline()、cin. clear()和 cin. sync()的用法。

cin. get()是一个读取单个字符的方法。

例 3.16

```
#include <iostream>
using namespace std;
int main()
{
    char c;
    c=cin.get();                        //读取单个字符,也相当于 cin.get(cstr);
    cout<<c<<endl;                      //输出刚刚载入的单个字符
    return 0;
}
```

程序执行结果:

```
abc
a
```

可见,当输入不只一个字符时,仅仅输出了第一个字符。

cin. getline()则是获取一整行文本,以下是 cin. getline()的原形:

```
getline(char * line,int size,char='\n')
```

其中,第 1 个参数是字符指针,第 2 个参数是字符长度,第 3 个参数是一行的结束标识符。例如:

例 3.17

```
#include <iostream>
using namespace std;
int main()
{
    char c;
    char cz[20];
    c=cin.get();                    //读取单个字符,也相当于 cin.get(cstr);
    cout<<c<<endl;                  //输出刚刚载入的单个字符
    cin.getline(cz,20);             //第三个参数不输入,默认回车为结束标识符
    cout<<cz<<endl;
    cin.getline(cz,20,'h');         //'h'为结束标识符
    cout<<cz<<endl;
    return 0;
}
```

程序的输入和执行结果:

```
abcdefghijklmn↙
a
abcdefghijklmn↙
abcdefghijklmn
abcdefghijklmn↙
abcdefg
```

假如要输入的变量类型是整型,却输入了英文字母或者汉字,就会发生错误,可以通过 cin.rdstate()来检测这个错误。例如:

例 3.18

```
#include <iostream>
using namespace std;

int main()
{
    int a;
    cin>>a;
    cout<<cin.rdstate()<<endl;
    if(cin.rdstate()==ios::goodbit)
        cout<<"输入数据的类型正确,无错误!"<<endl;
    else
        cout<<"输入数据的类型错误"<<endl;
    cin>>a;                 //不被执行
    cout<<a<<endl;
```

```
    cin.clear();           //清除错误标位
    cin.sync();            //清空流
    cin>>a;
    cout<<a<<endl;
    return 0;
}
```

程序执行结果：

```
w↙
2
输入数据的类型错误
-858993460
100
100
```

当 cin.rdstate()返回 0(即 ios::goodbit)时表示无错误，可以继续输入或者操作，若返回 ios::failbit 则发生非致命错误，不能继续输入或操作。ios 类定义了 4 个常量 badbit、eofbit、failbit、goodbit，即输入的 4 种异常情况。以上 4 个常量的定义为

```
static const _Iostate goodbit=(_Iostate)0x0;
static const _Iostate eofbit=(_Iostate)0x1;
static const _Iostate failbit=(_Iostate)0x2;
static const _Iostate badbit=(_Iostate)0x4;
```

其实这 4 个常量就是取对应标志位的掩码：

```
ios::goodbit   000    流状态完全正常，各异常标志位都为 0
ios::badbit    001    输入(输出)流出现致命错误，不可挽回
ios::eofbit    010    已经到达文件尾
ios::failbit   100    输入(输出)流出现非致命错误，可挽回
```

badbit 是一些系统底层错误或者硬件出错，比如文件系统错误、磁盘错误、网络错误等。failbit 就是其他软件错误，如试图从不能解析为整数的字符串里读一个整数等。出错之后(不管是可挽回还是不可挽回)的结果是，不执行之后的 I/O 操作，如上例中第 2 次进行 cin>>a 时将不被执行。因为这些操作都会有一个 if 语句先判断这些错误位，如果被置位就直接返回了。出错后可以用 clear 方法清除这些错误位，然后继续执行 I/O 操作。如果错误没有排除，那么结果就是相应的位又被置位了。用 cin.clear 让错误标识改回为 0，再通过 cin.sync()清空流数据后即可继续输入。在第 1 次进行 cin>>a 时输入了字符，因为类型不符合，就不会从输入流中提取数据，也就是说，输入流中上一次输入的字符仍然存在，因此需要 cin.sync()来清空流。

例 3.19

```
#include <iostream>
using namespace std;
int main()
```

```
{
    char name[20];
    char ID[20];
    cout<<"Enter your name:"<<endl;
    cin>>name;
    cout<<"Enter your ID:"<<endl;
    cin>>ID;
    cout<<"Your name is "<<name<<" and your ID is "<<ID<<endl;
    return 0;
}
```

程序执行结果：

```
Enter your name:
Li↙
Enter your ID:
123↙
Your name is Li and your ID is 123
```

但是，若按下面的方式输入：

```
Enter your name:
Li 123↙
Enter your ID:
Your name is Li and your ID is
```

会发现 cin>>ID 没有执行。这是因为 cin 是 C++ 的一个流处理对象，它处理的原理是：有一个流处理缓冲区，调用一个 cin 就是从缓冲区里面读一次，而每次结束的标识是遇到空格，上面输入“Li 123”的时候输入了一个空格，那么就不会再执行 cin>>ID，而是直接读取流缓冲区里面的内容。可用 getline 面向输入行的函数来解决这种问题，这个函数是根据有无换行符来判断是否一次输入的。也可以通过 get 函数来进行过滤，即通过 cin>>name;cin.get();cin>>ID;方法来过滤掉第一次输入空格后面的内容，但是这种方法不是很方便，如果有更多空格，那么一个空格就是一个 cin.get()，将是一个非常麻烦的事情。

3.4 string 类型

1. string 的初始化

首先，为了在程序中使用 string 类型，必须包含头文件<string>。如下：

```
#include <string>
```

注意这里不是 string.h，string.h 是 C 字符串头文件。

string 类是一个模板类，位于名字空间 std 中，通常为方便使用还需要增加

```
using namespace std;
```

声明一个字符串变量很简单:

```
string str;
```

这样就声明了一个字符串变量 str,但既然是一个类,就有构造函数和析构函数。上面的声明没有传入参数,所以就直接使用了 string 的默认的构造函数,这个函数所作的就是把 str 初始化为一个空字符串。下例介绍 string 类的多种构造方法。

例 3.20

```
#include <iostream>
#include <string>
using namespace std;
int main()
{
    string str;              //定义了一个空字符串 str
    str="Hello world";       //给 str 赋值为"Hello world"
    char cstr[]="abcde";     //定义了一个 C 字符串
    string s1(str);          //调用复制构造函数生成 s1,s1 为 str 的复制品
    cout<<s1<<endl;
    string s2(str,6);        //将 str 内开始于位置 6 的部分当作 s2 的初值
    cout<<s2<<endl;
    string s3(str,6,3);      //将 str 内开始于 6 且长度最多为 3 的部分作为 s3 的初值
    cout<<s3<<endl;
    string s4(cstr);         //将 C 字符串作为 s4 的初值
    cout<<s4<<endl;
    string s5(cstr,3);       //将 C 字符串前 3 个字符作为字符串 s5 的初值
    cout<<s5<<endl;
    string s6(5,'A');        //生成一个字符串,包含 5 个'A'字符
    cout<<s6<<endl;
    string s7(str.begin(),str.begin()+5);  //区间 str.begin()和 str.begin()+
                                           //5 内的字符作为初值
    cout<<s7<<endl;
    return 0;
}
```

程序执行结果:

```
Hello world
world
wor
abcde
abc
AAAAA
Hello
```

类中不提供以字符和整数为参数的构造函数。以下为错误的初始化方法：

```
string error1='c';          //error C2440
string error2('u');         //error C2664
string error3=22;           //error C2440
string error4(8);           //error C2664
```

可以将字符赋值给 string 对象：

```
string str;
str='A';
```

注意，上面是先定义 str 对象，然后再令 str='A'，这是赋值，而不是初始化，下面是进行初始化：

```
string str='A';
//error C2440: "初始化": 无法从 char 转换为 std::basic_string<_Elem,_Traits,_Ax>
```

2. string 的比较等操作

可以用==、>、<、>=、<=和!=比较字符串，可以用+或者+=操作符连接两个字符串，还可以用[]获取特定的字符。

例 3.21

```
#include <iostream>
#include <string>
using namespace std;
int main()
{
    string str;
    cout<<"Please input your name:"<<endl;
    cin >>str;
    if( str=="Li" )                    //字符串相等比较
        cout<<"you are Li!"<<endl;
    else if( str !="Wang" )            //字符串不等比较
        cout<<"you are not Wang!"<<endl;
    else if( str <"Li")                //字符串小于比较,>、>=、<=类似
        cout<<"your name should be ahead of Li"<<endl;
    else
        cout<<"your name should be after of Li"<<endl;
    str +=", Welcome!";                //字符串+=
    cout<<str<<endl;
    for(int i=0; i <str.size(); i ++)
        cout<<str[i];                  //类似数组,通过[]获取特定的字符
    return 0;
}
```

程序执行结果：

```
Please input your name:
Zhang↙
you are not Wang!
Zhang, Welcome!
Zhang, Welcome!
```

上例中，cout<<str[i]；可改为

```
cout<<str.at(i);
```

其中，at函数返回当前字符串中第i个位置的字符。与下标运算符[]相比，at函数提供范围检查，当越界时会抛出out_of_range异常，[]不提供检查。

实现字符串的比较还可以用compare()函数，它支持多参数处理，支持用索引值和长度定位子串来进行比较。它返回一个整数来表示比较结果，返回值意义如下：0为相等，大于0表示大于，小于0表示小于。

上例中的for循环可用下面的迭代操作代替：

```
for(string::iterator it=str.begin(); it !=str.end(); it++)
    cout<< *it;
```

string类提供了向前和向后遍历的迭代器iterator，迭代器提供了访问各个字符的语法，类似于指针操作，迭代器不检查范围。begin返回string的起始位置，end返回string的最后一个字符后面的位置。还有rbegin和rend用于从后向前的迭代访问，通过设置迭代器string::reverse_iterator实现。例如，上例for循环改为

```
for(string::reverse_iterator it=str.rbegin(); it !=str.rend(); it++)
    cout<< *it;
```

则程序输出为

```
!emocleW, gnahZ
```

3. string特性描述

可用下列函数来获得string的一些特性：

int capacity()const;：返回当前容量（即string中不必增加内存即可存放的元素个数）。

int max_size()const;：返回string对象中可存放的最大字符串的长度。

int size()const;：返回当前字符串的大小。

int length()const;：返回当前字符串的长度。

bool empty()const;：当前字符串是否为空。

void resize(int len,char c);：把字符串当前大小置为len，多去少补，不足的部分以字符c填充。

例 3.22

```
#include <iostream>
#include <string>
using namespace std;
int main()
{
    string str;
    if(str.empty())
        cout<<"str is NULL."<<endl;
    else
        cout<<"str is not NULL."<<endl;
    str=str +"abcdefg";
    cout<<"str is "<<str<<endl;
    cout<<"str's size is "<<str.size()<<endl;
    cout<<"str's capacity is "<<str.capacity()<<endl;
    cout<<"str's max size is "<<str.max_size()<<endl;
    cout<<"str's length is "<<str.length()<<endl;
    str.resize(10,'c');
    cout<<"str is "<<str<<endl;
    str.resize(5);
    cout<<"str is "<<str<<endl;
    return 0;
}
```

程序执行结果：

```
str is NULL.
str is abcdefg
str's size is 7
str's capacity is 15
str's max size is 4294967294
str's length is 7
str is abcdefgccc
str is abcde
```

4. string 的查找

由于查找是使用最为频繁的功能之一，string 提供了非常丰富的查找函数。

size_type find(const basic_string &str, size_type index);:返回 str 在字符串中第一次出现的位置(从 index 开始查找)，如果没找到则返回 string::npos。

size_type find(const char * str, size_type index);:同上。

size_type find(const char * str, size_type index, size_type length);:返回 str 在字符串中第一次出现的位置(从 index 开始查找，长度为 length)，如果没找到就返回

string::npos。

size_type find(char ch, size_type index);：返回字符 ch 在字符串中第一次出现的位置（从 index 开始查找），如果没找到就返回 string::npos。

例 3.23

```
#include <iostream>
#include <string>
using namespace std;
int main()
{
    string str1("hello world!");
    unsigned int loc=str1.find("world", 0);
    if(loc !=string::npos)
        cout<<"Find world at "<<loc<<endl;
    else
        cout<<"Didn't find world"<<endl;
    return 0;
}
```

除了 find()函数外，还有下列查找函数（没有写出它们的重载形式）：

size_type rfind(const basic_string &str, size_type index);：查找最后一个与 str 中的某个字符匹配的字符，返回它的位置，从 index 开始查找。如果没找到就返回 string::npos。

size_type find_first_of(const basic_string &str, size_type index=0);：查找在字符串中第一个与 str 中的某个字符匹配的字符，返回它的位置，搜索从 index 开始，如果没找到就返回 string::npos。

size_type find_first_not_of(const basic_string &str, size_type index=0);：在字符串中查找第一个与 str 中的字符都不匹配的字符，返回它的位置，搜索从 index 开始，如果没找到就返回 string::nops。

find_last_of、find_last_not_of 与 find_first_of 和 find_first_not_of 相似，只不过是从后向前查找。

例 3.24

```
#include <iostream>
#include <string>
using namespace std;
int main()
{
    int loc;
    string s="Study hard and make progress every day! every day!!";
    loc=s.rfind( "make", 10);
    cout<<"The word make is at index "<<loc<<endl;
    loc=s.rfind( "make", 40);
    cout<<"The word is at index "<<loc<<endl;
```

```
    loc=s.find_first_of("day");
    cout<<"The word day(first) is at index "<<loc<<endl;
    loc=s.find_first_not_of("Study");
    cout<<"The first word not of Study is at index "<<loc<<endl;
    loc=s.find_last_of("day");
    cout<<"The last word of day is at index "<<loc<<endl;
    return 0;
}
```

程序执行结果：

```
The word make is at index -1
The word is at index 15
The word day(first) is at index 3
The first word not of Study is at index 5
The last word of day is at index 48
```

5. 其他常用函数

string &insert(int p,const string &s);：在 p 位置插入字符串 s。

string &replace(int p, int n,const char * s);：删除从 p 开始的 n 个字符，然后在 p 处插入串 s。

string &erase(int p, int n);：删除 p 开始的 n 个字符，返回修改后的字符串。

string substr(int pos = 0,int n = npos) const;：返回 pos 开始的 n 个字符组成的字符串。

void swap(string &s2);：交换当前字符串与 s2 的值。

string &append(const char * s);：把字符串 s 连接到当前字符串结尾。

void push_back(char c);：当前字符串尾部加一个字符 c。

const char * data()const;：返回一个非 null 终止的 c 字符数组。

const char * c_str()const;：返回一个以 null 终止的 c 字符串。

以上函数大都有不同的重载形式，下面通过例子来说明。

例 3.25

```
#include <iostream>
#include <string>
using namespace std;
int main()
{
    string str1="abc123defg";
    string str2="swap!";
    cout<<str1<<endl;
    cout<<str1.erase(3,3)<<endl;     //删除从索引 3 开始的 3 个字符，即删除了"123"
    cout<<str1.insert(0,"123")<<endl;     //在头部插入
```

```
    cout<<str1.append("123")<<endl;          //append()方法可以添加字符串
    str1.push_back('A');                     //push_back()方法只能添加一个字符
    cout<<str1<<endl;
    cout<<str1.replace(0,3,"hello")<<endl;   //将从索引0开始的3个字符替换成"hello"
    cout<<str1.substr(5,7)<<endl;            //从索引5开始7个字节
    str1.swap(str2);
    cout<<str1<<endl;
    const char* p=str1.c_str();
    printf("%s\n",p);
    return 0;
}
```

程序执行结果：

```
abc123defg
abcdefg
123abcdefg
123abcdefg123
123abcdefg123A
helloabcdefg123A
abcdefg
swap!
swap!
```

3.5 new 和 delete

1. new 和 delete 基本用法

程序开发中内存的动态分配与管理永远是一个让C++开发者头痛的问题，在C中，一般是通过malloc和free来进行内存分配和回收的。在C++中，new和delete已经完全包含malloc和free的功能，并且更强大、方便、安全。

new一般用法如下：

```
new 类型 [初值]
```

用new分配数组空间时不能指定初值。

delete一般用法如下：

```
delete [] 指针变量
```

上面的[]部分是可选的，当释放数组所占内存时必须加[]。当对一个指针使用delete，delete知道是否有数组信息的唯一方法就是由用户来告诉它。如果在使用的delete中加入了方括号，delete就假设那个指针指向的是一个数组；否则，就假设指向一个单一的对象。

```
int * i=new int;                //没有初始值
int * j=new int(100);           //初始值为 100
int * iArr=new int[3];          //分配具有 3 个元素的数组
delete i;                       //释放单个变量所占用的内存
delete j;
delete []iArr;                  //释放数组所占用的内存
```

一般人们常说的内存泄漏是指堆内存的泄漏。堆内存是指程序从堆中分配的，大小任意的，使用完后必须显式释放的内存。应用程序一般使用 malloc、realloc、new 等函数从堆中分配到一块内存，使用完后，程序必须负责调用相应的 free 或 delete 释放该内存块，否则，这块内存就不能被再次使用，即内存泄漏了。

2. new/delete 和 malloc/free 的区别

对于非内部数据类型的对象而言，仅用 maloc/free 无法满足动态对象的要求。对象在创建的同时要自动执行构造函数，对象在消亡之前要自动执行析构函数。由于 malloc/free 是库函数而不是运算符，不在编译器控制权限之内，不能够把执行构造函数和析构函数的任务强加于 malloc/free。因此 C++ 语言需要一个能完成动态内存分配和初始化工作的运算符 new，以及一个能完成清理与释放内存工作的运算符 delete。new 产生的指针是直接带类型信息的。而 malloc 返回的都是 void 指针。

例 3.26

```
#include <iostream>
#include <malloc.h>
using namespace std;
class Myclass
{
public:
    Myclass()
    {
        i=1;
    }
    void func()
    {
        cout<<"i="<<i<<endl;
    }
private:
    int i;
};
int main()
{
    Myclass * p=new Myclass;
    Myclass * q=(Myclass * )malloc(sizeof(Myclass));
    p->func();
```

```
    q->func();
    delete p;
    free(q);
    return 0;
}
```

程序执行结果：

```
i=1
i=-842150451
```

从上例可看出，new 调用了类 Myclass 的构造函数，而 malloc 只是分配了空间，并没有调用构造函数，因此会出现调用 q－＞func()函数时，输出的结果具有随机性。

如果用 free 释放“new 创建的动态对象”，那么该对象因无法执行析构函数而可能导致程序出错。如果用 delete 释放“malloc 申请的动态内存”，理论上讲程序不会出错，但是该程序的可读性很差。所以 new/delete 必须配对使用，malloc/free 也一样。

例 3.27

```
#include <iostream>
using namespace std;
class Myclass
{
public:
    ~Myclass()
    {
        cout<<"Goodbye"<<endl;
    }
};
int main()
{
    Myclass *p=new Myclass;
    free(p);
    return 0;
}
```

上例中，～Myclass()为类的析构函数，对象消亡的时候会调用。指针 p 指向了一个堆上创建的 Myclass 对象，若用 free 来释放内存，则不会调用析构函数，所以上面的程序没有输出。如将 free(p)改为

```
delete p
```

程序执行时将会调用到 Myclass 类的析构函数，输出结果为

```
Goodbye
```

3. new 和多维数组

当使用 new 运算符定义一个多维数组变量或数组对象时，它产生一个指向数组第一

个元素的指针,返回的类型保持了除最左边维数外的所有维数。例如:

```
int *p1=new int[10];
```

返回的是一个指向 int 的指针 int* 。

```
int(*p2)[10]=new int[3][10];
```

new 定义了一个二维数组,去掉最左边的那一维[3],剩下 int[10],所以返回的是一个指向一维数组 int[10]类型的指针 int (*)[10]。

```
int (*p3)[3][10]=new int[5][3][10];
```

new 定义了一个三维数组,去掉最左边的那一维[5],还有 int[3][10],所以返回的是一个指向二维数组 int[3][10]类型的指针 int (*)[3][10]。

4. 内存分配时的出错处理

当使用 malloc/calloc 等分配内存的函数时,一定要检查其返回值是否为"空指针",即检查分配内存的操作是否成功,这是良好的编程习惯,也是编写可靠程序所必需的。但是,如果简单地把这一招应用到 new 上,那可就不一定正确了。例如:

```
int* p=new int[SIZE];
if(p==0)          //检查 p 是否空指针
    return -1;
```

其实,这里的 if(p==0)完全是没有意义的。在 C++ 中,如果 new 分配内存失败,默认是抛出异常的。所以,如果分配成功,p==0 就绝对不会成立;而如果分配失败了,也不会执行 if(p==0),因为分配失败时,new 就会抛出异常跳过后面的代码。如果想检查 new 是否成功,应该捕捉异常:

```
try
{
    int* p=new int[SIZE];
}
catch( const bad_alloc& e )
{
    return -1;
}
```

事实上,C++ 中并非只有抛出异常的 new,也有不抛出异常的 new,即通常所说的 nothrow new。可以这样使用它:

```
T* p=new(nothrow) T(MAX_SIZE);
```

其中,nothrow 是头文件<new>中定义的一个类型为 std::nothrow_t 的常量。这时,如果内存分配失败,p 的值将为空(0),且不会有异常抛出,就跟 malloc 很像了。

例 3.28

```
#include <iostream>
#include <new>
using namespace std;
int main()
{
    //异常出错处理
    try {
        double * p=new double[100000];
        delete []p;
    } catch(bad_alloc xa) {
        cout<<"内存分配出错!"<<endl;
        return 1;
    }
    //强制例外时不抛出异常,这时必须要判断指针
    double * ptr=new(nothrow) double[100000];
    if(!ptr) {
        cout<<"内存分配出错!"<<endl;
        return 1;
    }
    delete []ptr;

    cout<<"内存分配成功!"<<endl;
    return 0;
}
```

5. 内存分配的"栈"和"堆"

栈,就是那些由编译器在需要的时候分配,在不需要的时候自动清除的变量的存储区。栈中的变量通常是局部变量、函数参数等。

堆,就是那些由 new 或 malloc 分配的内存块,它们的释放编译器不去管,由应用程序去控制,一般一个 new 就要对应一个 delete。如果程序员没有释放内存,那么在程序结束后,操作系统会将其自动回收。

下面通过汇编代码来了解栈和堆内存的分配:

```
int main()
{
    int * p=new int;
    return 0;
}
```

其中,"int * p=new int;"对应汇编代码为:

```
0041358E  push   4                    //分配一个 int 型数据大小内存(4个字节)
```

```
                                                 //相当于 call operator new 前,参数入栈
00413590  call  operator new(4111D6h)
00413595  add   esp, 4                           //call operator new 后,恢复栈结构
00413598  mov   dword ptr [ebp-0D4h], eax //EAX 值给 call operator new 返回的
                                           //结果生成一个临时变量
0041359E  mov   eax, dword ptr [ebp-0D4h] //临时变量的值赋给寄存器 EAX
004135A4  mov   dword ptr [p], eax         //寄存器 EAX 值赋给栈上指针 p
```

上面这句代码就涉及了内存分配的堆和栈,给指针 p 分配的是一块栈内存,new 分配了一块堆内存,这句代码的意思就是:在栈内存中存放了一个指向一块堆内存的指针 p。程序会先确定在堆中分配内存的大小,然后调用 operator new 分配内存,调用结束后返回值存入 EAX 中,再将内存的首地址放入栈中(为 p 赋值),如图 3.1 所示。

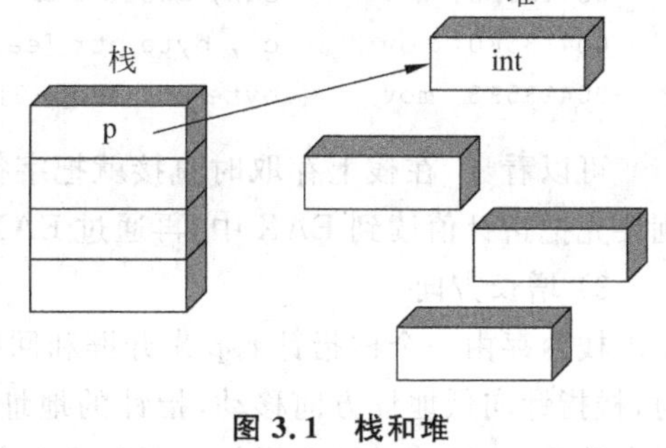

图 3.1 栈和堆

堆和栈的区别可以用如下的情形来类比:使用栈就像人们去饭馆里吃饭,只管点菜(发出申请)、付钱和吃(使用),吃饱了就走,不必理会切菜、洗菜等准备工作和洗碗、刷锅等扫尾工作,它的好处是快捷,但是自由度小。使用堆就像是自己动手做喜欢吃的菜肴,比较麻烦,但是比较符合自己的口味,而且自由度大。

堆和栈主要的区别有以下几点。

1) 管理方式和碎片问题

栈由编译器自动管理,无须人工控制;堆的释放工作由程序员控制,容易产生内存碎片。频繁的 new/delete 势必会造成内存空间的不连续,从而造成大量的碎片,使程序效率降低。栈则不会存在这个问题,因为栈是先进后出的队列,不可能有一个非栈顶的内存块从栈中间弹出,在它弹出之前,它上面的后进栈的内容已经被弹出,因此不会出现不连续的碎片。

2) 分配效率

栈是系统提供的数据结构,计算机会在底层对栈提供支持,分配专门的寄存器存放栈的地址,压栈出栈都有专门的指令执行,这就决定了栈的效率比较高。堆则是 C/C++ 提供的,它的机制相对复杂。例如,为了分配一块内存,会按照一定的算法(具体可参考操作系统中的内存分配算法)在堆内存中搜索可用的足够大小的空间,如果没有足够大小的空间(可能是由于内存碎片太多),就有可能调用系统功能去增加程序数据段的内存空间,这样就有机会分到足够大小的内存,然后进行返回。显然,堆的效率比栈要低得多。下面通过汇编代码分析栈和堆内存存取的效率。

```
int main()
{
    char a=1;
    char c[]="1234567890";
    char* p=(char *)malloc(10);
```

```
    strcpy(p, c);
    a=c[1];
    a=p[1];
    return 0;
}
```

程序中对堆和栈存取的汇编代码为

```
    a=c[1];
004135E7  mov      al, byte ptr [ebp-1Fh]
004135EA  mov      byte ptr [ebp-9], al
    a=p[1];
004135ED  mov      eax, dword ptr [ebp-2Ch]
004135F0  mov      cl, byte ptr [eax+1]
004135F3  mov      byte ptr [ebp-9], cl
```

可以看出，在栈上存取时直接就把字符串中的元素读到寄存器 al 中，在堆上存取时则要先把指针值读到 EAX 中，再通过 EAX 读取字符，显然慢了。

3）增长方向

栈内存由一个栈指针 esp 来开辟和回收，栈内存是从高地址向低地址增长的。增长时，栈指针向低地址方向移动，指针的地址值也就相应地减小；回收时，栈指针向高地址方向移动，地址值也就会增加。所以栈内存的开辟和回收都只是指针的加减。

对于堆来讲，增长方向是向上的，也就是向着内存高地址方向移动；回收时，指针向低地址方向移动，地址值也就减小。

4）空间大小

一般来讲在 32 位系统下，堆内存可以达到 4GB 的空间，从这个角度来看，堆内存几乎是没有什么限制的。但是对于栈来讲，一般空间大小都是有限的。无论是堆还是栈，都要防止越界现象的发生，因为越界的结果要么是程序崩溃，要么是摧毁程序的堆、栈结构，产生意想不到的结果。

3.6 异常处理

程序中常见的错误有两大类：语法错误和运行错误。在编译时，编译系统能发现程序中的语法错误。

在设计程序时，应当事先分析程序运行时可能出现的各种意外的情况，并且分别制订出相应的处理方法，这就是程序的异常处理的机制。

在运行没有异常处理的程序时，如果运行过程中出现异常，由于程序本身不能处理，程序只能终止运行。如果在程序中设置了异常处理机制，则在出现异常时，程序的流程就转到异常处理代码段。

异常（exception）是运行时（run-time）的错误，通常是非正常条件下引起的，例如，下标（index）越界、new 操作不能正常分配所需内存。

C语言中,异常通常是通过被调用函数返回一个数值作为标记的。

C++采取的办法是:如果在执行一个函数的过程中出现异常,可以不在本函数中立即处理,而是发出一个信息,传给它的上一级(即调用它的函数),它的上一级函数捕捉到这个信息后进行处理。如果上一级函数也不能处理,就再传给其上一级,以此类推。如此逐级上传,如果到最高一级还无法处理,最后只好终止程序的执行。

C++中,函数可以识别标记为异常的条件,然后通告发生了异常。这种通告异常的机制称为抛出异常(throwing an exception)。

C++中,try与catch用于实现异常的处理。

C++处理异常的机制是由3个部分组成的,即检查(try)、抛出(throw)和捕捉(catch)。

把需要检查的语句放在try块中,当出现异常时用throw发出一个异常信息,而catch则用来捕捉异常信息,如果捕捉到了异常信息,就处理它,如图3.2所示。

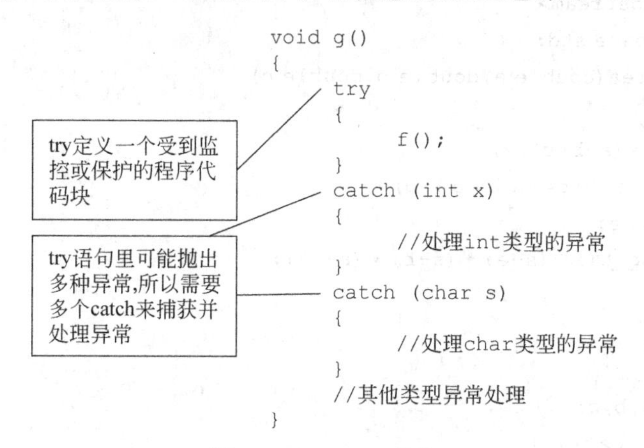

图3.2 try-catch结构

catch块的排列顺序可以是任意的。一个关键要求是catch必须定义在try块之后,在try块中可能会有异常被抛出(发生)。异常与catch是以类型来进行匹配的。

例3.29 给出三角形的三边a、b、c,求三角形的面积。只有a+b>c、b+c>a、c+a>b时才能构成三角形。设置异常处理,对不符合三角形条件的输出警告信息,不予计算。

先看没有异常处理时的程序:

```
#include <iostream>
using namespace std;
double triArea(double a, double b, double c)
{
    double area;
    double s=(a+b+c)/2;
    area=sqrt(s*(s-a)*(s-b)*(s-c));
    return area;
}
```

```
int main()
{
    double a,b,c;
    cin>>a>>b>>c;
    while(a>0 && b>0 && c>0)
    {
        cout<<triArea(a,b,c)<<endl;
        cin>>a>>b>>c;
    }
    return 0;
}
```

有异常处理的程序如下：

```
#include <iostream>
using namespace std;
double triArea(double a,double b,double c)
{
    double s=(a+b+c)/2;
    if(a+b<=c||b+c<=a||c+a<=b)
        throw a;
    return sqrt(s*(s-a)*(s-b)*(s-c));
}
int main()
{
    double a,b,c;
    cin>>a>>b>>c;
    try
    {
        while(a>0 && b>0 && c>0)
        {
            cout<<triArea(a,b,c)<<endl;
            cin>>a>>b>>c;
        }
    }
    catch(double)
    {
        cout<<"a="<<a<<", b="<<b<<", c="<<c<<", that is not a triangle! "<<endl;
    }
    cout<<"end "<<endl;
    return 0;
}
```

通常，如果一个函数抛出了一个异常，但没有对应的catch处理它，则系统通过调用函数unexpected函数去处理它。实际上，unexpected是没有被程序员处理的异常的默认处理者。

下面介绍异常处理需要注意的几点：

(1) 首先把可能出现异常的、需要检查的语句或程序段放在 try 后面的花括号中。被检测的函数必须放在 try 块中，否则不起作用。

(2) try 块和 catch 块作为一个整体出现，catch 块是 try-catch 结构中的一部分，必须紧跟在 try 块之后，不能单独使用，在二者之间也不能插入其他语句。但是在一个 try-catch 结构中，可以只有 try 块而无 catch 块。

程序开始运行后，按正常的顺序执行到 try 块，开始执行 try 块中花括号内的语句。如果在执行 try 块内的语句过程中没有发生异常，则 catch 子句不起作用，流程转到 catch 子句后面的语句继续执行。一个 try-catch 结构中只能有一个 try 块，但可以有多个 catch 块，以便与不同的异常信息匹配。

(3) try 和 catch 块中必须是用花括号括起来的复合语句，即使花括号内只有一个语句，也不能省略花括号。

(4) 如果在执行 try 块内的语句(包括其所调用的函数)过程中发生异常，则 throw 运算符抛出一个异常信息。throw 抛出什么样的数据由程序设计者自定，可以是任何类型的数据。

try-catch 结构可以与 throw 出现在同一个函数中，也可以不在同一个函数中。当 throw 抛出异常信息后，首先在本函数中寻找与之匹配的 catch，如果在本函数中无 try-catch 结构或找不到与之匹配的 catch，就转到离开出现异常最近的 try-catch 结构去处理，即把该异常传递给上一级的函数来解决，上一级解决不了，再传给其上一级。这样便使得异常引发和处理机制分离，底层函数只需要解决实际的任务，而不必过多考虑对异常的处理，而把异常处理的任务交给上一层函数去处理。

(5) 异常信息提供给 try-catch 结构后，系统会寻找与之匹配的 catch 子句。

(6) 在进行异常处理后，程序并不会自动终止，而是继续执行 catch 子句后面的语句。

由于 catch 子句是用来处理异常信息的，往往被称为 catch 异常处理块或 catch 异常处理器。

(7) catch 只检查所捕获异常信息的类型，而不检查它们的值。因此如果需要检测多个不同的异常信息，应当由 throw 抛出不同类型的异常信息。异常信息可以是 C++ 系统预定义的标准类型，也可以是用户自定义的类型(如结构体或类等)。

(8) 如果在 catch 子句中没有指定异常信息的类型，而用了删节号“...”，则表示它可以捕捉任何类型的异常信息，例如：

```
catch(...)
{
    cout<<"OK"<<endl;
}
```

(9) 如果 throw 抛出的异常信息找不到与之匹配的 catch 块，那么系统就会调用一个系统函数 terminate，使程序终止运行。

例 3.30

```
#include <iostream>
using namespace std;
struct A {};
struct B:A {};
A a;
B b;
double Div(int x,int y)
{
    if(y==0)
        throw a;                    //抛出异常
    return x/y;
}
double Div(double x, double y)
{
    if(y==0)
        throw b;                    //抛出异常
    return x/y;
}
int main()
{
    int x1=3, y1=0;
    double x2=3.5, y2=0.0;
    try
    {
        cout<<x1<<"/"<<y1<<"="<<Div(x1, y1)<<endl;
        cout<<x2<<"/"<<y2<<"="<<Div(x2, y2)<<endl;
    }
    catch(A)                        //异常类型 A
    {
        cout<<"错误：除数为 0!"<<endl;
    }
    catch(B)                        //异常类型 B
    {
        cout<<"错误：除数为 0.0!"<<endl;
    }
    return 0;
}
```

程序执行结果：

```
错误：除数为 0!
```

只有第一个整数除法抛出了异常并进行了异常处理，第二个双精度类型的除法根本没有被执行过。以上程序的执行过程为：调用第一个 Div(x,y)函数时发生异常，由函数

Div中的语句throw a抛出异常，并不再往下执行return x/y，接着catch捕获a类型的异常并进行处理，最后执行return 0。

如果把上例中的语句int x1＝3, y1＝0；改为int x1 ＝ 3, y1＝5；，这样第一个Div(x,y)函数就不会有异常抛出，第二个Div(x,y)函数会抛出异常b，main函数会捕获这个异常并进行处理，程序执行结果为

```
错误：除数为0!
```

为什么会是这样呢？抛出的异常类型是B，但匹配的异常类型是A！throw可抛出任何类型的数据，这里的数据类型是两个结构体A和B，B是从A派生的，也就是说B是A的子类。类的继承一般要满足这样的逻辑关系："一个派生类对象也是一个父类对象"，该逻辑关系同样适用于结构体。这样，派生结构体B的实例b同样也可以看作一个父结构体A的实例(关于继承的内容详见第5章)。在异常处理进行查找匹配期间，捕获的不必是与异常最匹配的那个catch，它将会选中第一个找到的可以处理该异常的catch子句。因此，在catch子句列表中，最特殊的catch类型必须最先出现，否则没有执行的机会。此例中因为catch(A)在catch(B)前面，抛出的B类型被当成一个A类型处理了，没有去执行那个最匹配的catch语句。

为了加强程序的可读性，使函数的使用者能够方便地知道该函数会抛出哪些异常，可以在函数的声明中列出这个函数可能抛出的所有异常类型，例如：

```
void func() throw(A, B, C, D);
```

这表明函数func()可能抛出A、B、C、D类型的异常。

一个不抛出任何类型异常的函数可以进行如下形式的声明：

```
void func() throw();
```

若不按此规定抛出了函数的声明之外的异常，有些编译器不会认为代码存在错误，编译可以通过的，但是如果该异常未被处理，会引发运行时的错误。如在Visual C++ 2010中编译下面的函数会给出注释中的警告：

```
void func(int x) throw()
{
    throw x;     //warning C4297: "func": 假定函数不引发异常,但确实发生了
}
```

例3.31 在函数嵌套的情况下进行异常处理。

```
#include <iostream>
using namespace std;
void f1();
void f2();
void f3();
void f4();
int main()
```

```
{
    try
    {
        f1();
    }
    catch(double)
    {
        cout<<"OK0! "<<endl;
    }
    cout<<"end0"<<endl;
    return 0;
}
void f1()
{
    try
    {
        f2();
    }
    catch(char)
    {
        cout<<"OK1!"<<endl;
    }
    cout<<"end1"<<endl;
}
void f2()
{
    try
    {
        f3();
    }
    catch(int)
    {
        cout<<"Ok2! "<<endl;
    }
    cout<<"end2"<<endl;
}
void f3()
{
    double a=0;
    try
    {
        throw a;
    }
    catch(float)
```

```
    {
        cout<<"OK3! "<<endl;
    }
    cout<<"end3"<<endl;
}
```

其异常处理如图 3.3 所示。

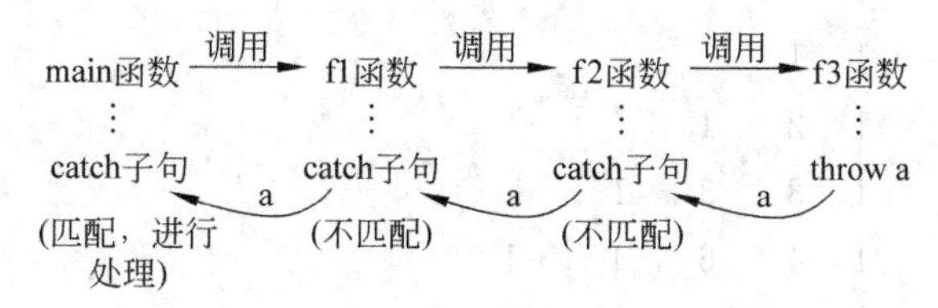

图 3.3 异常处理

程序运行结果如下：

```
OK0!  (在主函数中捕获异常)
end0  (执行主函数中最后一个语句时的输出)
```

如果将 f3 函数中的 catch 子句改为 catch(double)，而程序中其他部分不变，则程序运行结果如下：

```
OK3!    (在 f3 函数中捕获异常)
end3    (执行 f3 函数中最后一个语句时的输出)
end2    (执行 f2 函数中最后一个语句时的输出)
end1    (执行 f1 函数中最后一个语句时的输出)
end0    (执行主函数中最后一个语句时的输出)
```

如果在此基础上再将 f3 函数中的 catch 块改为

```
catch(double)
{
    cout<<"OK3!"<<endl;
    throw;
}
```

程序运行结果如下：

```
OK3!    (在 f3 函数中捕获异常)
OK0!    (在主函数中捕获异常)
end0    (执行主函数中最后一个语句时的输出)
```

习　　题

1. 简述 new delete 与 malloc free 的联系与区别。
2. 描述内存分配方式以及它们的区别。

3. 请定义一个变量，初始化为34759，并以八进制与十六进制输出。如果将该整数定义成无符号短整数，当以有符号数输出时，结果是什么？

4. 写一个C++ 程序，使用cout输出提示信息，向用户询问一个矩形的长和宽，都使用cin从键盘接收用户的输入信息，并输出矩形的周长和面积。

5. 设计一个程序，打印杨辉三角形。

```
1
1  1
1  2   1
1  3   3   1
1  4   6   4    1
1  5  10  10    5    1
1  6  15  20   15    6    1
1  7  21  35   35   21    7    1
1  8  28  56   70   56   28    8   1
1  9  36  84  126  126   84   36   9  1
```

6. 分析程序，写出运行结果。

```
int main(void)
{
    try
    {
        printf("try:1\n");
        throw 1;
    }
    catch(int i)
    {
        printf("catch try:1 int:%d\n", i);
    }
    catch(double d)
    {
        printf("catch try:1double %f\n", d);
    }
    try
    {
        printf("try:2\n");
        throw 1.2;
    }
    catch(int i)
    {
        printf("catch try:2 int:%d\n", i);
    }
    catch(double d)
```

```
    {
        printf("catch try:2 double:%f\n", d);
    }
    return 0;
}
```

7. 请编写一个程序，输入两个数，第一个数为被除数，第二个数为除数。如果发现除数为0，则抛出一个异常并要求重新输入两个数；如果除数不为0，则计算并显示结果。

8. 利用C++标准库的异常类结构，为栈添加异常处理。栈满时的处理是把栈空间加倍，将原栈内容复制后再压栈。

第4章 chapter 4

类和对象

类构成了实现 C++ 面向对象程序设计的基础，是 C++ 封装的基本单元，可以使用类来描述对象的属性和功能。和结构体一样，类也是用户自定义类型，对象是类的实例。本章将详细讨论类和对象。

4.1 一个典型例子

下面通过一个简单的例子来体会程序设计中引入类的好处。假设有年(year)、月(month)、日(day)3 个 int 型数据，用户先设置年、月、日，之后再输出年、月、日。

例 4.1 在 main 函数中直接进行输入和输出。

```
#include <iostream>
using namespace std;
int main()
{
    int year;
    int month;
    int day;
    cin>>year>>month>>day;
    cout<<"year: "<<year<<", month: "<<month<<", day:"<<day;
    return 0;
}
```

例 4.2 在 main 函数中通过调用函数来进行输入和输出。

```
#include <iostream>
using namespace std;
void set(int &y, int &m, int &d)
{
    cin>>y>>m>>d;
}
void print(int y, int m, int d)
{
```

```
    cout<<"year: "<<y<<", month: "<<m<<", day:"<<d;
}
int main()
{
    int year;
    int month;
    int day;
    set(year, month, day);
    print(year,month,day);
    return 0;
}
```

若需求发生了变化，不仅要对年、月、日进行设置和输出，还要对时、分、秒进行设置和输出，则代码要作相应的修改。

例 4.3 在 main 函数中直接进行设置和输出。

```
#include <iostream>
using namespace std;
int main()
{
    int year;
    int month;
    int day;
    int hour;
    int minute;
    int second;
    cin>>year>>month>>day>>hour>>minute>>second;
    cout<<"year: "<<year<<", month: "<<month<<", day: "<<day<<endl;
    cout<<"hour: "<<hour<<", minute: "<<minute<<", second: "<<second<<endl;
    return 0;
}
```

例 4.4 在 main 函数中通过调用函数来进行设置和输出。

```
#include <iostream>
using namespace std;
void set(int &y, int &mo, int &d, int &h, int &mi, int &s)
{
    cin>>y>>mo>>d>>h>>mi>>s;
}
void print(int y, int mo, int d, int h, int mi, int s)
{
    cout<<"year: "<<y<<", month: "<<mo<<", day: "<<d<<endl;
    cout<<"hour: "<<h<<", minute: "<<mi<<", second: "<<s<<endl;
}
```

```
int main()
{
    int year;
    int month;
    int day;
    int hour;
    int minute;
    int second;
    set(year, month, day, hour, minute, second);
    print(year, month, day, hour, minute, second);
    return 0;
}
```

从上面的程序可以看出，当需求发生变化的时候，对程序的修改还是比较大的，也就是说程序的可扩展性不好。一个扩展性好的程序，应该以尽可能少的修改来适应需求的变化。下面将年、月、日等数据封装在一起，通过结构体来实现前面的例子。

例 4.5 设置年、月、日，输出年、月、日，在 main 函数中直接进行设置和输出。

```
#include <iostream>
using namespace std;
struct Time
{
    int year;
    int month;
    int day;
};
int main()
{
    Time t;
    cin>>t.year>>t.month>>t.day;
    cout<<"year: "<<t.year<<", month: "<<t.month<<", day:"<<t.day;
    return 0;
}
```

例 4.6 在 main 函数中通过调用函数来进行设置和输出。

```
#include <iostream>
using namespace std;
struct Time
{
    int year;
    int month;
    int day;
};
```

```
void set(Time &t)
{
    cin>>t.year >>t.month >>t.day;
}
void print(Time &t)
{
    cout<<"year: "<<t.year<<", month: "<<t.month<<", day:"<<t.day;
}
int main()
{
    Time t;
    set(t);
    print(t);
    return 0;
}
```

例 4.7 设置并输出年、月、日、时、分、秒。

```
#include <iostream>
using namespace std;
struct Time
{
    int year;
    int month;
    int day;
    int hour;
    int minute;
    int second;
};
void set(Time &t)
{
    cin>>t.year >>t.month >>t.day>>t.hour>>t.minute>>t.second;
}
void print(Time &t)
{
    cout<<"year: "<<t.year<<", month: "<<t.month<<", day: "<<t.day<<endl;
    cout<<"hour: "<<t.hour<<", minute: "<<t.minute<<", second: "<<t.second
    <<endl;
}
int main()
{
    Time t;
    set(t);
    print(t);
```

```
    return 0;
}
```

当需求发生变化时，只需要在结构体 Time 中增加 3 个成员来表示时、分、秒，然后修改 set 和 print 函数。而对于主函数 main 来说，不需要对它进行任何修改。

set 和 print 函数都只有一个参数，即结构体 Time 变量的引用，这也意味着这两个函数仅和结构体 Time 有关系。下面来尝试着将 set 和 print 函数放到结构体中。

例 4.8

```
#include <iostream>
using namespace std;
struct Time
{
    int year, month, day;
    void set()
    {
        cin>>year >>month >>day;
    }
    void print()
    {
        cout<<year<<month<<day;
        cout<<"year: "<<year<<", month: "<<month<<", day: "<<day<<endl;
    }
};
int main()
{
    Time t;
    t.set();
    t.print();
    return 0;
}
```

当需求发生变化时，只需要对结构体 Time 进行修改。再尝试着将关键词 struct 改为 class。

例 4.9

```
#include <iostream>
using namespace std;
class Time
{
public:
    int year, month, day;
    int hour, minute, second;
    void set()
    {
```

```
        cin>>year>>month>>day>>hour>>minute>>second;
    }
    void print()
    {
        cout<<"year: "<<year<<", month: "<<month<<", day: "<<day<<endl;
        cout<<"hour: "<<hour<<", minute: "<<minute<<", second: "<<second<<
        endl;
    }
};
int main()
{
    Time t;
    t.set();
    t.print();
    return 0;
}
```

从上面几个例子可以看出，用面向对象的类来写程序，当需求发生变化时，主函数 main 的代码没有做任何修改，更容易维护和扩充。定义成类而不是其他形式的程序实体（如数据结构或函数）的好处如下：

(1) 比其他程序实体的表示更易于理解。

(2) 比其他程序实体的表示更易于修改。

(3) 可使得程序更为简明、清晰。

(4) 使得对代码的多样化分析切实可行，特别是使得编译程序能够根据类型定义与使用之间的关系，检查出程序中的非法使用，而不是直到测试时才能发现。

若一些数据的关系很紧密，分别表达某个概念中的不同方面时，可用复合数据类型来刻画这种关系。当算法比较复杂时，会根据算法中各个步骤之间的功能关系进行功能分解。把关系密切的连续多个步骤作为一个函数，实现一个子功能。当一些函数和某些数据关系比较紧密时，可考虑将它们封装成一个类。

在 C 语言中，数据和对数据的处理（函数）是分开来声明的，这就是说 C 语言本身并没有支持数据和函数之间的关联性。C 语言是以函数为中心，它们处理的是共同的外部数据。一个典型的 C 语言库通常包含一个结构和一组运行于该结构之上的相关函数。前面已经看到 C++ 是怎样处理那些在概念上和语法上相关联的函数的，那就是：把函数的声明放在一个结构体内，改变这些函数的调用方法，在调用过程中不再把结构体的地址或引用作为参数进行传递。

在 C 语言中，结构体同其他数据结构一样，没有任何规则，用户可以在结构体中做他们想做的任何事情，没有办法来强制任何特殊的行为。有时可能不愿意让用户去直接处理结构体中的某些成员，但在 C 语言中没有任何办法可以阻止用户，一切都是暴露无遗的。

4.2 类 介 绍

1. 类的定义

类型(type)是一个概念的具体表示。例如,C++ 语言中的基本类型是关于逻辑运算、数值计算、字符处理等概念的具体表示。依照面向对象的理念:如果不能用内置类型表达一个概念,则需要设计一个新类型去表达一个概念。

对于 C++ 程序员而言,使用一个基本类型时看到的只是类型名和一组操作的声明(包括操作名、参数、操作含义、操作使用规则),而看不到操作的具体实现,也看不到该类型所定义的内部数据结构。

例如,对于基本类型 double,程序员看到并能够使用的操作+、-、*、/、<、<=、>、>=、=、+=、-=、*=、/=、() ?:、sizeof 等都是只给出了声明而没有给出实现,看不到(也没有必要看到)double 类型对象的数据结构。

面向对象使得自定义类型(class)表现得和基本类型十分相似,两者只是在对象生成上有所差异。类是应用领域中一个概念的具体表示和抽象。应用领域中若有一个概念与基本类型没有直接对应时,则需定义一个自定义类型。

类是一个封装体,声明描述封装在一个类中的数据成员(data members)与成员函数(member functions),其中数据成员描述类的值集,而成员函数描述类的操作集,如图 4.1 所示。

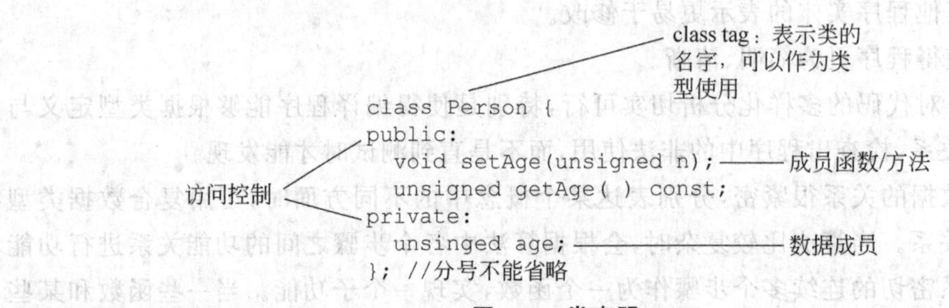

图 4.1 类声明

数据成员:定义在一个类中的变量。

成员函数/方法:定义在一个类中的函数。

每个数据成员都有确定的类型,因而用它们的值集可以构造出这个类的值集(构造的方法与结构体类型类似),成员函数构成了这个类的操作集(前提是没有其他函数有权直接访问这个类的任何数据成员)。

关键字 class 与 struct 的不同:class 中,成员默认情况是 private。struct 中,成员默认情况是 public。要使类真正成为一个封装体,成为易用的面向对象程序的基本构件,则须在其成员上施加适当的访问控制。施加访问控制的原则是暴露接口隐藏细节。

C++ 的关键字 private 用于隐藏(hide)类的数据成员和成员函数。

C++ 的关键字 public 用于暴露(expose)类的数据成员和成员函数。

C++还有一个关键字protected。被声明为protected的成员，对于类外来说，它的作用和private类似，该成员会被隐藏，类外是不能访问的。但是，对于该类的派生类来说，它和private成员就不同了。在派生类中不能访问基类的private成员，但可以访问基类的protected成员。通常一个类中若有protected成员，就意味着该类要当做基类来用，否则就没必要声明为protected，声明为private就行了。

2. 类成员函数定义方式

类的成员函数可以用两种方式进行定义：

(1) 在类声明的内部进行定义，这样的定义称为内联函数(inline)。例如：

```
class Person
{
public:
    void setAge(unsigned n) {  age=n; }         //内联函数
    unsigned getAge() const {  return age; }  //内联函数
private:
    unsigned age;
};
```

(2) 在类声明的内部进行声明，在类声明的外面进行定义。例如：

```
//Person.h: class declaration
class Person
{
public:
    void setAge(unsigned n);
    unsigned getAge() const;
private:
    unsigned age;
};
//Person.cpp:define Peron's methods
#include "Person.h"
//define method setAge
void Person::setAge(unsigned n)
{
    age=n;
}
//define method getAge
unsigned Person::getAge() const
{
    return age;
}
```

成员函数一定是属于某一类的，不能独立存在，这是它与普通函数的重要差别，因此在定义成员函数时，函数名前要冠以类名。如果在类内定义成员函数，就不需要冠以类名了，因为它本身就在类的作用域中。凡是在类内定义的成员函数，就默认声明为内联函数，该函数将根据实际情况被编译器设置为最佳的执行状态。

3. 类成员的访问

例 4.10

```
#include <iostream>
using namespace std;
class Person
{
public:
    void setAge(unsigned n){  age=n; }
    unsigned getAge() const {  return age; }
private:
    unsigned age;
};
int main()
{
    Person tom;                  //tom是类 Person 的对象
    tom.setAge(27);
    cout<<tom.getAge();
    return 0;
}
```

其中，Person tom；创建了一个 Person 类的实例，即一个对象。类只是一个抽象的名词，而对象是实际的个体，如人可泛指所有的人，而 tom 却是一个具体的人。有了对象之后，就能通过点操作符“.”来访问对象的成员：

```
tom.setAge(27);
tom.getAge();
```

除了“.”操作符外，还可以通过指针来访问对象的成员。

例 4.11

```
int main()
{
    Person tom;
    Person* p=&tom;
    p->setAge(27);
    (*p).getAge();
    return 0;
}
```

上例中，Person 类指针 p 指向了 Person 类对象 tom，通过指针及指向操作符－>能够访问类对象的成员。或者将对象指针的间接访问形式用括号括起来，再加点操作符来访问。这对括号一定要加，因为点操作符优先级要高，如果不加，会先进行点操作符运算。

```
*p.getAge();      //error C2228: ".getAge"的左边必须有类/结构/联合
```

例 4.12

```
int main()
{
    Person person;
    Person=27;                  //error C2513: "Person": 在=前没有声明变量
    person.setName("Li");       //error C2039: "setName": 不是 Person 的成员
    int i=getAge();             //error C3861: "getAge": 找不到标识符
    return 0;
}
```

类是抽象的，不是具体的某个个体，所以无法对它进行赋值。成员函数是只能被类的对象使用的函数，对象只能使用该类所拥有的函数。在 Visual C++ 集成开发环境中，对于某个类对象，输入点操作符"."后会显示出该类的成员，如图 4.2 所示。

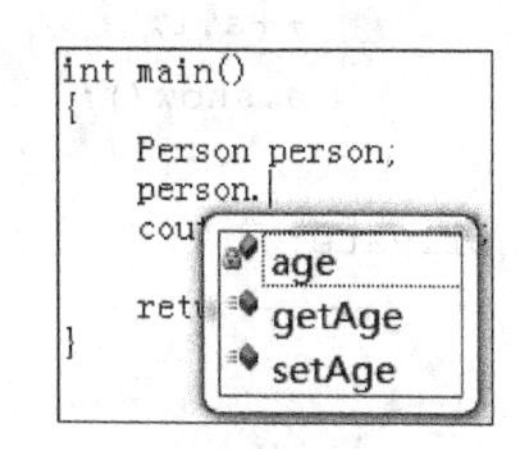

图 4.2 输入点操作符后显示该类的成员

只能通过成员运算符访问被声明为 public 的类成员。

```
int main()
{
    Person tom;
    tom.age=27;             //error C2248: "Person::age": 无法访问 private 成员
                            //(在 Person 类中声明)
    cout<<tom.age;          //error C2248: "Person::age": 无法访问 private 成员
                            //(在 Person 类中声明)
    return 0;
}
```

因为 Person 类中，age 的属性为 private，因此只有类内的成员可访问 age(如成员函数 setAge 和 getAge)，而对于类外(Person 类对象 tom)是不能访问 Person 类的 private 成员的。类的 private 成员具有类作用域，只能被同一类内的成员访问，即私有成员只能在类内部被使用。公有成员可以从类外部访问，如例 4.10 中 tom 可以访问 public 的成员函数 setAge 和 getAge。

例 4.13 类内的类对象可以访问自己的私有成员。

```
#include <iostream>
using namespace std;

class A
```

```
{
public:
    A(int x){ i=x; }                    //构造函数
    void show() { cout<<i<<endl; }
    A(A &r)
    {
        i=r.i;
    }
    void func1(A& r)
    {
        ++r.i;
    }
    void func2()
    {
        A a(10);
        ++a.i;
        a.show();
    }
private:
    int i;
};
int main()
{
    A a(1);                             //调用构造函数
    A b(a);                             //调用复制构造函数
    a.func1(b);
    b.show();
    b.func2();
    return 0;
}
```

程序执行结果：

```
2
11
```

上例中，main 函数中创建了两个 A 类对象时会调用构造函数和复制构造函数，这在 4.4 节会详述。成员函数 func1 的参数有一个 A 对象的一个引用，调用 func1 时参数是 A 类对象 b，该函数会对 b 的私有成员 i 进行加 1，输出结果为 2。func2 定义了一个 A 对象并将它的私有数据 i 初始化为 10，然后对该对象的私有数据 i 进行加 1，输出结果为 11。

私有成员变量或函数存在的目的是为了使类达到封装和隐蔽的效果，类的封装好坏直接影响到类的完善与否和功能强弱。但是类的封装是对于类对象而言的，而不是类的本身，如果拥有了可以改写本类成员函数的权限，那么，封装和隐蔽还有什么作用呢？如果可以直接改写类,那么这个类的封装已经暴露在你眼前,信息的隐蔽也就无从谈起了,所以说,本类的成员函数使用本类的对象(包括参数形式)是没有必要进行信息的封装和隐蔽的,因为这是没有意义的。

注意,类内的类对象可以访问自己的私有成员,这里类对象必须是同类的类对象,若是其他类的类对象,是不能访问其私有成员的。

例 4.14

```
#include <iostream>
using namespace std;

class B
{
public:
    B(int i){ x=i; }
private:
    int x;
};
class A
{
public:
    void show(B b) { cout<<b.x<<endl; }  //error C2248: "B::x": 无法访问
                                          //private 成员(在 B 类中声明)
};
int main()
{
    A a;
    B b(1);
    a.show(b);
    return 0;
}
```

上例中,A 类成员函数 show 的参数为 B 类的对象,该对象是不能访问其私有成员 x 的。

4. 类成员函数的重载

和普通函数一样,成员函数也可以重载,其规则也是一样的。例如:

```
class Person
{
public:
    void setName(string str) { name=str; }         //参数为 string 类型
    void setName(char *p) { name=p; }              //参数为字符指针
    void setName(string str1, string str2,bool b)  //设置 name 为姓前名后和名前姓后
    {
```

```
        if(b)
            name=str1+str2;
        else
            name=str2+str1;
    }
private:
    string name;
};
```

5. 封装提高可扩展性

面向对象设计的灵魂就是使用 private 隐藏类的实现(class implementation),用 public 暴露类的接口(class interface)。软件开发中面临的最大问题是维护,很多精力花在为应对客户不断变化的需求而做的修改上。为了提高程序的可维护性,面向对象编程方法中有两个原则,一个是依赖于抽象而不依赖于具体,另一个是用扩展来代替修改。下面通过 Complex 类的例子说明用 private 隐藏和 public 暴露类成员来提高程序可扩展性。

例 4.15

```
#include <iostream>
using namespace std;
class Complex
{
public:
    double real;
    double imag;
public:
    Complex(double r, double i)
    {
        real=r;
        imag=i;
    }
    void product(Complex x)
    {
        double temp;
        temp=real*x.real-imag*x.imag;
        imag=real*x.imag+imag*x.real;
        real=temp;
    }
    void division(Complex x)
    {
        double temp;
        double fm=x.real*x.real+x.imag*x.imag;
        temp=(real*x.real+imag*x.imag)/fm;
```

```
        imag=(imag*x.real -real*x.imag)/fm;
        real=temp;
    }
};
int main()
{
    Complex c1(1.1,5.5);
    Complex c2(0,0);
    c2.real=2.2;
    c2.imag=3.3;
    c1.product(c2);
    cout<<c1.real<<" "<<c1.imag<<endl;
    Complex c3(4.1,1.6);
    c3.division(c2);
    cout<<c3.real<<" "<<c3.imag<<endl;
    return 0;
}
```

一旦将来的需求发生了变化，如果在应用中涉及很多复数的乘法和除法运算，若用极坐标来表示复数会简化这些计算，这时就希望 Complex 中信息格式由笛卡儿坐标格式改为极坐标格式。

设有两个复数 A 和 B，笛卡儿坐标表示为

$$A=a_1+a_2\mathrm{i},\quad B=b_1+b_2\mathrm{i}$$

极坐标表示为

$$A=|A|\angle\theta_a、\quad B=|B|\angle\theta_b$$

其中，$|A|=\mathrm{sqrt}(a_1*a_1+a_2*a_2)$，$\theta_a=\arctan(a_2/a_1)$，$|B|$ 和 θ_b 与此类似。

在笛卡儿坐标中：

$$A*B=(a_1b_1-a_2b_2)+(a_1b_2+a_2b_1)\mathrm{i}$$

$$A/B=(a_1b_1+a_2b_2)/(b_1b_1+b_2b_2)+(a_2b_1-a_1b_2)/(b_1b_1+b_2b_2)\mathrm{i}$$

在极坐标中：

$$A*B=|A|*|B|\angle(\theta_a+\theta_b)$$

$$A/B=|A|/|B|\angle(\theta_a-\theta_b)$$

例 4.16

```
#include <iostream>
using namespace std;
class Complex
{
public:
    double real;
    double imag;
    double r;
    double theta;
```

```
public:
    Complex(double r, double i)
    {
        real=r;
        imag=i;
    }
    void product(Complex x)
    {
        r=r*x.r;
        theta=theta +x.theta;
    }
    void division(Complex x)
    {
        r=r/x.r;
        theta=theta -x.theta;
    }
    void convert2Polar()
    {
        r=sqrt(real*real +imag*imag);
        theta=atan2(imag, real);
    }
    void convert2Cartesian()
    {
        real=r*cos(theta);
        imag=r*sin(theta);
    }
};
int main()
{
    Complex c1(1.1,5.5);
    Complex c2(0,0);
    c2.real=2.2;
    c2.imag=3.3;
    c1.convert2Polar();
    c2.convert2Polar();
    c1.product(c2);
    c1.convert2Cartesian();
    cout<<c1.real<<" "<<c1.imag<<endl;
    Complex c3(4.1,1.6);
    c3.convert2Polar();
    c3.division(c2);
    c3.convert2Cartesian();
    cout<<c3.real<<" "<<c3.imag<<endl;
    return 0;
```

```
}
```

如果 Complex 类中数据是公有的，不仅需要修改 Complex 类，还不得不改变用户代码中所有与公有数据成员的访问相关的代码。如果将 Complex 类中的数据成员设置成私有的，就可以避免这样的问题了。

例 4.17

```
#include <iostream>
using namespace std;
class Complex
{
private:
    double real;
    double imag;
public:
    Complex(double r, double i)
    {
        real=r;
        imag=i;
    }
    double getreal() { return real; }
    double getimag() { return imag; }
    void setreal(double r) { real=r; }
    void setimag(double i) { imag=i; }
    void product(Complex x)
    {
        double temp;
        temp=real * x.real -imag * x.imag;
        imag=real * x.imag +imag * x.real;
        real=temp;
    }
    void division(Complex x)
    {
        double temp;
        double fm=x.real * x.real +x.imag * x.imag;
        temp=(real * x.real +imag * x.imag)/fm;
        imag=(imag * x.real -real * x.imag)/fm;
        real=temp;
    }
};
int main()
{
    Complex c1(1.1,5.5);
    Complex c2(0,0);
```

```
    c2.setreal(2.2);
    c2.setimag(3.3);
    c1.product(c2);
    cout<<c1.getreal()<<" "<<c1.getimag()<<endl;
    Complex c3(4.1,1.6);
    c3.division(c2);
    cout<<c3.getreal()<<" "<<c3.getimag()<<endl;
    return 0;
}
```

用户想访问这些私有的数据，就必须调用 Complex 公有的成员函数，而不是直接去访问数据成员。现在 Complex 类中没有了公有数据，若将笛卡儿坐标格式改为极坐标格式就会变得容易起来。

例 4.18

```
#include <math.h>
#include <iostream>
using namespace std;
class Complex
{
private:
    double r;
    double theta;
public:
    Complex(double re, double im)
    {
        r=sqrt(re*re+im*im);
        theta=atan2(im, re);
    }
    double getreal() { return r*cos(theta); }
    double getimag() { return r*sin(theta); }
    void setreal(double re)
    {
        double im=getimag();
        r=sqrt(re*re+im*im);
        theta=atan2(im, re);
    }
    void setimag(double im)
    {
        double re=getreal();
        r=sqrt(re*re+im*im);
        theta=atan2(im, re);
    }
    void product(Complex x)
```

```
    {
        r=r*x.r;
        theta=theta +x.theta;
    }
    void division(Complex x)
    {
        r=r/x.r;
        theta=theta -x.theta;
    }
};
int main()
{
    Complex c1(1.1,5.5);
    Complex c2(0,0);
    c2.setreal(2.2);
    c2.setimag(3.3);
    c1.product(c2);
    cout<<c1.getreal()<<" "<<c1.getimag()<<endl;
    Complex c3(4.1,1.6);
    c3.division(c2);
    cout<<c3.getreal()<<" "<<c3.getimag()<<endl;
    return 0;
}
```

对于用户程序来说，Complex 类的接口没有改变，原来可以正常工作的程序依然可以正常工作。

4.3 示例：Stack 类

栈是一种元素个数可变的线性数据结构，其元素的增加和删除只能在它的某一端进行，后进栈元素先出栈，即最后被存入的数据将首先被取出。栈的应用是很广泛的，可以用于函数调用、表达式计算、编译系统等方面。在函数调用过程中，定义的局部变量也是在栈中，不过这些都是由操作系统来管理的。

把类从实际问题中抽取出来，要学会识别，什么样的事物是类，什么样的不是类，用一个结构体就可以了。通常，一个能抽象为类的事物要有唯一的标识、状态(也叫属性)、行为。所以，设计类首先要把问题的关键点抽象出来，用名词、动词总结出来，这样有助于设计一个类。抽象出来的名词可设置成类的数据成员；抽象出的动词可考虑对这些数据可能施加哪些操作，把它设置成类的成员函数。

栈中需要保存并处理一批同类型的数据，假设为 int 型数据，可用一个数组来实现此功能。对数据的操作总是从栈顶进行，因此需要有一个变量来记录栈顶的当前位置。从而栈类可抽象出如下两个数据成员：

```
int data [maxsize];              //data 中存放栈的实际数据
int top;                         //top 为栈顶位置
```

考虑准备对栈中数据要施加哪些操作，此处只考虑如下 6 种操作：

init：栈的初始化。

push：将一个数据“压入”栈顶。

pop：将栈顶的数据“弹出”并返回。

isempty：判断当前栈是否为空。

isfull：判断当前栈是否已满。

gettop：获得栈顶指针。

从上述 6 种操作抽象出栈类所需的如下 6 个成员函数：

```
void init(void);          //对栈进行初始化,这可通过构造函数来完成,4.4 节介绍
void push(float a);       //将数据 a"压入"栈顶
float pop(void);          //将栈顶数据"弹出"并返回
bool empty(void);         //判断栈是否为空
bool isfull(void);        //判断栈是否为满
int gettop(void):         //获得栈顶指针
```

例 4.19　栈的 C++ 实现。

```
#include <iostream>
using namespace std;
const int MAX=10;                       //假定栈中最多保存 5 个数据
class stack                             //定义名为 stack 的类,其具有栈功能
{
public:
    void init(void) { top=0; }          //初始化函数
    void push(int x);                   //入栈函数
    int pop(void);                      //出栈函数
    int gettop() { return top; }        //获得栈顶指针
private:
    int num[MAX];                       //存放栈数据的数组
    int top;                            //指示栈顶位置的变量
    bool isfull()
    {
        return top==MAX-1?true:false;
    }
    bool isempty()
    {
        return -1==top?true:false;
    }
};

void stack::push(int x)                 //入栈函数
```

```
{
    if(isfull())
    {
        cout<<"Stack is full !"<<endl;
        return;
    };
    num[top]=x;
    top++;
}
int stack::pop(void)                    //出栈函数
{
    top--;
    if(isempty())
    {
        cout<<"Stack is underflow !"<<endl;
        return 0;
    };
    return num[top];
}

int main()
{
    stack s;                            //声明 stack 对象
    s.init();                           //初始化
    s.push(1);                          //数据进栈
    s.push(2);
    s.push(3);
    s.push(4);
    s.push(5);
    s.push(6);
    s.pop();                            //栈顶元素 6 出栈
    //以下利用循环和 pop()成员函数依次弹出 s 栈中的数据并显示
    int top=s.gettop();
    for(int i=0; i<top; i++)
        cout<<s.pop()<<" ";
    cout<<endl;
    s.pop();        //此时栈已经为空,再进行 pop 操作,会提示"Stack is underflow !"
    return 0;
}
```

程序执行结果:

```
5 4 3 2 1
Stack is underflow!
```

上例中，isfull 和 isempty 函数被设置为 private，因此这两个函数只能被类中成员函数调用。类中的私有成员函数作用就相当于工具函数，它不能被类外访问，仅能被类中其他函数调用，为其提供服务。

4.4 构造函数与析构函数

4.4.1 构造函数

定义一个整型变量：

```
int a;
```

这会申请一块内存空间来存储 a，这块内存中原本是有内容的，可能是任何值，这不是程序员所希望的，若希望 a 表示 1，就要把 a 赋值为 1：

```
int a=1;
```

定义变量 a 之后，会使用到这个变量来做一些操作，大多数情况下，变量是要初始化的，所以，给一个对应类型的值来初始化该变量，方便之后的某些操作使用它。一开始，没有初始化时，a 的值可能是任何值，这时如果执行 cout＜＜a 语句，显示的值就可能是任何的值，所以需要为 a 进行初始化或赋值，赋给 a 的值就会把原来那个存储在 a 里的不确定的值替换掉。

例 4.20

```
#include <iostream>
using namespace std;
class Date
{
    int d, m, y;
public:
    void init(int _d, int _m, int _y)
    {
        d=_d;
        m=_m;
        y=_y;
    };
    void add_year(int n) { y+=n; }
    void add_month(int n) { m+=n; }
    void add_day(int n) { d+=n; }
    void show() { cout<<y<<" "<<m<<" "<<d;}
};
int main()
{
    Date today;
```

```
    today.init(6,6,2015);
    Date tomorrow=today;
    tomorrow.add_day(1);
    tomorrow.show();
    return 0;
}
```

程序执行结果：

```
2015 6 7
```

若对象未进行初始化：

```
int main()
{
    Date today;
    //today.init(6,6,2015);
    Date tomorrow=today;        //warning C4700：使用了未初始化的局部变量 today
    tomorrow.add_day(1);
    tomorrow.show();
    return 0;
}
```

程序执行结果：

```
-858993460 -858993460 -858993459
```

一个好办法是允许程序员声明一个函数显式地初始化对象。类的对象是这个类的一个实例，也称为类变量。和基本数据类型变量一样，也可以为其数据成员赋初值。不过对象的初始化情况比较复杂，可以有下列多种不同的方式，其中最重要的方式是构造函数(constructor)。

类的数据成员不能在声明类时进行初始化。

```
class Date
{
    int d=1;      //error C2864："Date::d"：只有静态常量整型数据成员才可以在类中
                  //初始化
    int m=10;     //error C2864："Date::d"：只有静态常量整型数据成员才可以在类中
                  //初始化
    int y=1949;   //error C2864："Date::d"：只有静态常量整型数据成员才可以在类中
                  //初始化
}
```

如果一个类中所有的成员都是公用的，例如：

```
class Date
{
public:
```

```
    int d, m, y;
}
Date today={6,6,2015};      //将 today 初始化为 d:6,m:6,y:2015
```

这和结构体变量的初始化是差不多的，但这种方法无法初始化私有成员：

```
class Date
{
private:
    int d, m, y;
}
Date today={6,6,2015};     //error C2552:"today": 不能用初始值设定项列表初始化非聚合
```

如果数据成员是私有的，该如何进行初始化？可以通过类的一个公有接口来进行"初始化"，即调用一个 public 的成员函数来"初始化"，严格地说，这是赋值而不是初始化，如例 4.20 中的公有函数 init。

最好的方法是通过构造函数来进行初始化，类的构造函数由编译器自动调用，而不是由程序员调用。它承担的任务是：实例（对象）的生成与初始化。构造函数是类中的一种特殊函数，当一个类被创建时自动被调用。构造函数用于初始化数据成员和执行其他与创建对象有关的处理过程。构造函数是一个与其所在的类同名的函数，例如：

```
class Date
{
    int d, m, y;
public:
    Date(int _d, int _m, int _y)               //构造函数,初始化类的私有成员 d、m、y
    {
        d=_d;
        m=_m;
        y=_y;
    };
};
```

构造函数大体可分为两类：

(1) 默认构造函数(the default constructor)，无调用参数。

(2) 参数化的构造函数(the parameterized constructor)，有调用参数。

```
class Person
{
public:
    Person();                              //默认构造函数
    Person(const string& n);               //复制构造函数
    Person(…);                             //参数化的构造函数
private:
    string name;
```

```
};
```

构造函数没有返回值,连 void 也不行。

```
class Person
{
public:
    void Person();                          //error C2380
};
```

编译上面的 Person 类,会出现下面的错误提示:

```
error C2380: "Person"前的类型(构造函数有返回类型或是当前类型名称的非法重定义?)
```

类的构造函数可以被重载(overload)。但是,每个构造函数必须有不同的函数签名。当类的一个实例创建时,一个合适的构造函数被自动调用。一个类中可以根据需要定义多个构造函数,编译程序根据调用时实参的数目、类型和顺序自动找到与之匹配者。

例 4.21

```
class Date
{
    int d, m, y;
public:
    Date(int _d, int _m, int _y) {}
    Date(int _d, int _m) {}
    Date(int _d) {}
    Date() {}
    Date(const char* p) {}
    …
};
int main()
{
    Date today1(6);                     //调用 Date(int _d)
    Date today2(6, 6);                  //调用 Date(int _d, int _m)
    Date today3("June 6, 2015");        //调用 Date(const char* p)
    Date today4;                        //调用 Date()
    …
    return 0;
}
```

在实际程序设计中,有时很难估计将来对构造函数形参的组合会有怎样的要求,一种有效的策略是对构造函数也声明有默认值的形参(default arguments)。

例 4.22

```
class Date
{
    int d, m, y;
```

```
public:
    Date(int _d=0, int _m=0, int _y=0)
    {
        d=_d;
        m=_m;
        y=_y;
    };
};
int main()
{
    Date today1(6);          //d=6, int m=0, int y=0
    Date today2(6, 6);       //d=6, int mm=6, int y=0
    Date today3(6, 6, 2015);  //d=6, int m=6, int y=2015
    Date today4;             //d=0, int m=0, int y=0
    …
    return 0;
}
```

在创建一类的对象数组时，对于每一个数组元素，都会执行默认的构造函数。

例 4.23

```
#include <iostream>
using namespace std;
unsigned count=0;
class A
{
public:
    A()
    {
        cout<<"Creating A "<<++count<<endl;
    }
};
int main()
{
    A ar[3];                        //对象数组
    return 0;
}
```

执行结果：

```
"Creating A " 1
"Creating A " 2
"Creating A " 3
```

通常都将构造函数的声明置于 public 区段，假如将其放入 private 区段中会产生什么样的后果？没错，这将会使构造函数成为私有的，这意味着什么？

例 4.24 将构造函数声明为 private。

```
class Date
{
private:
    int d, m, y;
    Date()
    {
        d=6;
        m=6;
        y=2015;
    }
};
int main()
{
    Date today;
              //error C2248: "Date::Date": 无法访问 private 成员(在 Date 类中声明)
    return 0;
}
```

在上例中，将默认构造函数声明成 private，这样便限制了无参数的 Date 对象创建。当在程序中声明一个对象时，编译器会调用构造函数，而这个调用通常是外部的，也就是说它不属于 class 对象本身的调用，假如构造函数是私有的，由于在 class 外部不允许访问私有成员，所以这将导致编译出错。若将构造函数声明成 private，可以使用该类的友元函数或者友元类创建其对象，这里就不举例了(详见 4.11 节)。

除以下两种情况外，编译器会为一个类提供一个 public 型的默认构造函数。

(1) 如果一个类声明了任何一个构造函数，则编译器不提供 public 型的默认构造函数。如果需要有一个默认构造函数，程序员必须自己编写一个默认构造函数。

(2) 如果一个类声明了一个非公有的默认构造函数，则编译器不提供默认构造函数(如上例)。

例 4.25

```
class Date
{
    int d, m, y;
public:
    Date(int _d, int _m, int _y)
    {
        d=_d;
        m=_m;
        y=_y;
    }
};
```

```
int main()
{
    Date today=Date(6,6,2015);     //正确
    Date this_day(6,6,2015);       //正确
    Date my_birthday;              //error C2512: "Date": 没有合适的默认构造函数可用
    ...
    return 0;
}
```

上例中，有一个参数化的构造函数 Date(int dd, int mm, int yy)，这样编译器就不提供默认构造函数，因此创建 Date 类对象是必须给出 3 个 int 型参数，无参数的 my_birthday 无法创建（这会调用默认构造函数）。

4.4.2 复制构造函数

1. 复制构造函数的定义

复制构造函数是一种特殊的构造函数，具有一般构造函数的所有特性。复制构造函数创建的新对象是另一个对象的副本。复制构造函数只含有一个形参，而且其形参为本类对象的引用。复制构造函数形如 X::X(X&)，只有一个参数，即对同类对象的引用，如果没有定义，那么编译器生成默认复制构造函数。

复制构造函数有两种原型。以类 Date 为例，Date 的复制构造函数可以定义为如下形式：

```
Date(Date &);
```

或者

```
Date(const Date &);
```

不允许有形如 X::X(X)的构造函数，下面的形式是错误的：

```
Date(Date);     //error C2652: "Date": 非法的复制构造函数: 第一个参数不应是 Date
```

当设计一个类时，若默认的复制构造函数和赋值操作行为不能满足我们预期的话，就不得不声明和定义我们需要的这两个函数。

假设有一个 MyString 类：

```
class MyString
{
private:
    char *p;
public:
    MyString()
    {
        p=new char[10];
```

```
    }
    ~MyString()
    {
        delete [] p;
    }
};
```

MyString类的默认复制构造函数仅仅将指针p进行复制，这将使两个MyString对象指向同一块内存。一旦一个MyString对象消亡，则指针p所指向的内存也将被释放，这不是我们期望的。这时默认的复制构造函数不能满足预期效果，则必须重写新的复制构造函数。

```
MyString(MyString & s)
{
    p=new char[10];
    strcpy(p, s.p);
}
```

当然，在进行赋值时也存在这样问题，因此也必须重载operator=运算符(详见第7章)。

如果程序员不提供一个复制构造函数，则编译器会提供一个。编译器版本的复制构造函数会将源对象中的每个数据成员原样复制给目标对象的相应数据成员。

例 4.26

```
#include <iostream>
using namespace std;
class Complex
{
public:
    Complex(double r, double i)
    {
        real=r;
        imag=i;
    }
    void show(){ cout<<"real="<<real<<" imag="<<imag<<endl; }
private:
    double real, imag;
};
int main()
{
    Complex c1(5,10);       //调用构造函数 Complex(double r, double i)
    Complex c2(c1);         //调用默认的复制构造函数,将 c2 初始化成和 c1 一样
    c2.show();
    return 0;
```

```
}
```

程序执行结果：

```
real=5 imag=10
```

2. 复制构造函数的调用

复制构造函数在以下 3 种情况下会被调用：

(1) 一个对象需要通过另外一个对象进行初始化。

例 4.27

```
#include <iostream>
using namespace std;
class Complex
{
public:
    Complex(double r, double i)
    {
        real=r;
        imag=i;
    }
    Complex(Complex & c)
    {
        real=c.real;
        imag=c.imag;
        cout<<"copy constructor!"<<endl;
    }
private :
    double real, imag;
};
int main()
{
    Complex c1(1,2);         //调用构造函数 Complex(double r, double i)
    Complex c2(c1);          //调用复制构造函数 Complex(Complex & c)
    Complex c3=c1;           //调用复制构造函数 Complex(Complex & c)
    return 0;
}
```

程序执行结果：

```
copy constructor!
copy constructor!
```

(2) 一个对象以值传递的方式传入函数体。

如果某函数有一个参数是类 Complex 的对象，那么该函数被调用时，类 Complex 的复制构造函数将被调用。

```
void func(Complex c) {};
int main()
{
    Complex c1(1,2);
    func(c1);                //Complex的复制构造函数被调用,生成形参传入函数
    return 0;
}
```

程序执行结果：

```
copy constructor!
```

(3) 一个对象以值传递的方式从函数返回。

除了当对象作为参数传入函数的时候被隐式调用以外，复制构造函数在对象被函数返回的时候也同样会被调用。换句话说，从函数返回得到的只是对象的一份副本。

```
Complex func()
{
    Complex c1(1,2);
    return c1;               //Complex的复制构造函数被调用,函数返回时生成临时对象
};
int main()
{
    func();
    return 0;
}
```

程序执行结果：

```
copy constructor!
```

注意：对象间用等号赋值并不导致复制构造函数被调用！C++中，当一个新对象创建时，会有初始化的操作，而赋值是用来修改一个已经存在的对象的值，此时没有任何新对象被创建。初始化出现在构造函数中，而赋值出现在operator=运算符函数中。编译器会区别这两种情况，赋值的时候调用重载的赋值运算符，初始化的时候调用复制构造函数。

例 4.28

```
#include <iostream>
using namespace std;
class A
{
public:
    int n;
    A() {};
```

```
    A(A & _a) { n=2 * _a.n; }
};
int main()
{
    A a1, a2;
    a1.n=5;
    a2=a1;        //对象间赋值
    A a3(a1);     //调用复制构造函数
    cout<<"a2.n="<<a2.n<<endl;
    cout<<"a3.n="<<a3.n<<endl;
    return 0;
}
```

程序执行结果:

```
a2.n=5
a3.n=10
```

上例中,执行 a2 = a1 时并没有调用复制构造函数,只是进行了内存复制,因此 a2.n 的值为 5。赋值操作是在两个已经存在的对象间进行的(a2 和 a1 都是已经存在的对象)。而初始化是要创建一个新的对象,并且其初值来源于另一个已存在的对象。执行 A a3(a1)时会调用复制构造函数,因此 a3.n 的值为 10。

例 4.29

```
#include <iostream>
using namespace std;
class A
{
public:
    A() {};
    A(A & a)
    {
        cout<<"copy constructor"<<endl;
    }
    ~A() { cout<<"destructor"<<endl; }
};
void func1(A obj)
{
    cout<<"func1"<<endl;
}
A ag;
A & func2()
{
    cout<<"func2"<<endl;
    return ag;
```

```
}
A func3()
{
    cout<<"func3"<<endl;
    return ag;
}
int main()
{
    A a;
    func1(a);
    func2();
    func3();
    return 0;
}
```

程序执行结果：

```
copy constructor
func1
destructor          //参数消亡
func2
func3
copy constructor
destructor          //返回值临时对象消亡
destructor          //局部对象消亡
destructor          //全局对象消亡
```

在第2章介绍函数返回值时提到，返回非引用对象时会生成临时“副本”，func3返回ag也会生成临时副本对象，也会调用复制构造函数。而返回引用时不创建临时副本，复制构造函数就不会被调用。

3. 私有的复制构造函数

在有些应用中，不允许对象间的复制操作，这可以通过将其复制构造函数声明为private，同时不为之提供定义来做到。

例 4.30

```
class A
{
public:
    A(){};
private:
    A(A &){};
};
int main()
{
```

```
    A a1;
    A a2(a1);          //error C2248: "A::A": 无法访问 private 成员(在 A 类中声明)
    A a3=a1;           //error C2248: "A::A": 无法访问 private 成员(在 A 类中声明)
    return 0;
}
```

如果一个类的复制构造函数是 private，顶层函数（top-level functions）或是类中的其他成员函数不能按值传递参数或是返回此类的对象，因为这需要调用复制构造函数。在不想对这个类的对象进行随意复制时，最好将复制构造函数声明为私有，同时最好也将 operator=()也声明为私有（详见第 7 章）。

复制构造函数通常是在函数参数出现值传递时发生，而这种传值方式是不推荐的（推荐的是传递引用，尤其是对于类对象来说），所以可以声明一个空的私有的复制构造函数，这样，当编译器试图使用复制构造函数时就会报错，从而防止了值传递造成不可预知的后果。

例 4.31

```
class A
{
public:
    A(){};
private:
    A(A &){};
};
A a;
void func1(A & obj){ }
void func2(A obj){ }
A & func3()
{
  return a;
}
A func4()
{
    return a;         //error C2248: "A::A": 无法访问 private 成员(在 A 类中声明)
}
int main()
{
    A a1, a2;
    func1(a1);
    func2(a1);        //error C2248: "A::A": 无法访问 private 成员(在 A 类中声明)
    a2=func3();
    a2=func4();
    return 0;
}
```

上例中，func1 参数是按引用方式传递，func2 为值传递方式，值传递会创建临时对象并调用到复制构造函数。当对象以值传递方式作为函数的返回值时，编译器会自动创建一个临时的类对象，调用复制构造函数对其进行复制，然后将对象返回。func3 返回的是一个引用，func4 返回的是一个对象。而复制构造函数被声明为 private，便限制了 func2 和 func4 这样的用法。

4.4.3 构造函数的初始化列表

构造函数初始化列表以一个冒号开始，接着是以逗号分隔的数据成员列表，每个数据成员后面跟一个放在括号中的初始化值。例如：

```
class A
{
public:
    int a;
    float b;
    A(): a(0),b(9.9) {}          //构造函数初始化列表
};
class A
{
public:
    int a;
    float b;
    A()                          //构造函数内部赋值
    {
        a=0;
        b=9.9;
    }
};
```

上面的例子中两个构造函数的效果是一样的。使用初始化列表的构造函数是显式的初始化类的成员；而没使用初始化列表的构造函数是对类的成员赋值，并没有进行显式的初始化。

初始化列表的构造函数和内部赋值的构造函数对内置数据类型（基本数据类型）成员没有什么大的区别，像上面的两个构造函数效果都是一样的。用构造函数的初始化列表来进行初始化，写法方便、简练，尤其当需要初始化的数据成员较多时更显其优越性。对非内置类型（自定义类型）成员变量，推荐使用类构造函数初始化列表。

有的时候必须用带有初始化列表的构造函数：

(1) 没有默认构造函数的成员类对象。

(2) const 成员或引用类型的成员。

构造函数中有着比我们所看见的还要多的细节，构造函数可以调用其他的构造函数来初始化对象中的基类对象和成员对象。对于类的数据成员中的其他类对象，若该

成员没有默认构造函数，则必须进行显式初始化，因为编译器会隐式调用成员对象的默认构造函数，而它又没有默认构造函数，则编译器尝试使用默认构造函数时将会失败。

例 4.32

```
class A
{
public:
    A(int x){ i=x; }            //无默认构造函数
private:
    int i;
};
class B
{
public:
    B(int y) { j=y; }           //error C2512: "A": 没有合适的默认构造函数可用
private:
    A a;
    int j;
};
int main()
{
    B b(5);
    return 0;
}
```

B类数据成员中有一个A类对象a，创建B类对象时，要先创建其成员对象a，A类有一个参数化的构造函数，则编译器不提供默认无参数的构造函数，因此a无法创建。

对成员对象a的正确初始化方法是通过显式方式进行的，B的构造函数应该写成如下形式：

```
B(int y, int z):a(z)
{
    j=y;
}
B b(5,10);
```

构造函数初始化列表是初始化常数据成员和引用成员的唯一方式。因为const对象或引用类型只能初始化，不能对它们赋值。

例 4.33

```
class A
{
public:
```

```
    A(int x,int y) : c(x), j(y)          //构造函数初始化列表
    {
        i=-1;
    }
private:
    int i;
    const int c;
    int& j;
};
int main()
{
    int m=0;
    A a(5,m);
    return 0;
}
```

若不通过初始化列表来对常数据成员和引用成员进行初始化，则会报错：

```
class A
{
public:
    A(int x)        //构造函数初始化列表
    {
        i=-1;
        c=5;
        j=x;
    }
private:
    int i;
    const int c;    //error C2758: "A::c": 必须在构造函数基/成员初始值设定项列表中
                    //初始化
    int& j;         //error C2758: "A::j": 必须在构造函数基/成员初始值设定项列表中
                    //初始化
};
int main()
{
    int m=0;
    A a(m);
    return 0;
}
```

默认情况下，在构造函数被执行前，对象中的所有成员都已经被它们的默认构造函数初始化了。当类中某个数据成员本身也是一个类对象时，应该避免使用赋值操作来对该成员进行初始化：

```
class Person
```

```
{
private:
    string name;
public:
    Person(string& n)
    {
        name=n;
    }
}
```

虽然这样的构造函数也能达到正确的结果，但这样写效率并不高。当一个 Person 对象创建时，string 类成员对象 name 先会被默认构造函数进行初始化，然后在 Person 类构造函数中，它的值又会因赋值操作而再改变一次。可以通过初始化列表来显式地对 name 进行初始化，这样便将上面的两步（初始化和赋值）合并到一个步骤中了。

```
class Person
{
private:
    string name;
public:
    Person(string& n): name(n){}
}
```

4.4.4 析构函数

1. 析构函数的定义

析构函数为成员函数的一种，名字与类名相同，在前面加“～”，没有参数和返回值。在 C++ 中“～”是取反运算符。

一个类最多只能有一个析构函数。析构函数不返回任何值，没有函数类型，也没有函数参数，因此它不能被重载。

```
class A
{
public:
    ~A(){}
    ~A(int i){}       //error C2524: "A": 析构函数必须有 void 参数列表
                      //warning C4523: "A": 指定了多个析构函数
};
```

对象消亡时会自动调用析构函数。在对象消亡前，可以通过析构函数来做善后工作，比如释放分配的空间等。如果定义类时没写析构函数，则编译器生成默认析构函数。默认析构函数什么也不做。如果定义了析构函数，则编译器不生成默认析构函数。析构函数的作用并不是删除对象，而是在撤销对象占用的内存之前完成一些清理工作。

例 4.34

```
class A
{
private :
    char * p;
public:
    A()
    {
        p=new char[10];
    }
    ~A()
    {
        delete [] p;
    }
};
```

若 A 类没有写析构函数,则在生成 A 对象后,new 所开辟的内存空间未被 delete,可能会造成内存泄露。

在创建一类的对象数组时,对于每一个数组元素,都会执行默认的构造函数。同样,对象数组生命期结束时,对象数组的每个元素的析构函数都会被调用。

例 4.35

```
#include <iostream>
using namespace std;
unsigned count=0;
class A
{
public:
A()
    {
        i=++count;
        cout<<"Creating A "<<i<<endl;
    }
    ~A()
    {
        cout<<"A Destructor called "<<i<<endl;
    }
private :
    int i;
};
int main()
{
    A ar[3];     //对象数组
    return 0;
```

```
}
```

程序执行结果：

```
Creating A 1
Creating A 2
Creating A 3
A Destructor called 3
A Destructor called 2
A Destructor called 1
```

2. 析构函数的调用

如果出现以下几种情况，程序就会执行析构函数：

(1) 如果在一个函数中定义了一个对象（自动局部对象），当这个函数被调用结束时，对象就会消亡，在对象消亡前自动执行析构函数。

(2) static 局部对象在函数调用结束时并不消亡，因此就不调用析构函数，只在 main 函数结束或调用 exit 函数结束程序时才调用 static 局部对象的析构函数。

(3) 如果定义了一个全局对象，则在程序的流程离开其作用域时（如 main 函数结束或调用 exit 函数）时调用该全局对象的析构函数。

(4) 如果用 new 运算符动态地建立一个对象，当用 delete 运算符删除该对象时，会调用该对象的析构函数。

(5) 调用复制构造函数后。

例 4.36

```
#include <iostream>
using namespace std;
class A
{
public:
    ~A() { cout<<"destructor"<<endl; }
};
A obj;
A func(A _obj)
{
    return _obj;            //函数调用返回时生成临时对象返回
}
int main()
{
    obj=func(obj);          //函数调用的返回值(临时对象)被用过后,该临时对象析构函数被
                            //调用
    return 0;
}
```

程序执行结果：

```
destructor      //形参和实参结合,会调用复制构造函数,临时对象析构
destructor      //return _obj 函数调用返回,会调用复制构造函数,临时对象析构
destructor      //obj 对象析构
```

总之，在临时对象生成的时候会有构造函数被调用，临时对象消亡会导致析构函数被调用。

3. 构造函数和析构函数的调用情况

构造函数用于给对象中的变量赋初值，析构函数常用于释放对象所占的内存空间。构造函数和析构函数都不需要用户调用，构造函数在定义对象时自动调用，析构函数在对象的生存期结束的时候会自动调用。一般来说，析构函数的调用顺序与构造函数相反。但对象存储类型可以改变析构函数的调用顺序。

全局范围中定义的对象，其构造函数在文件中的任何其他函数(包括 main)执行之前调用(但不同文件之间全局对象的构造函数执行顺序是不确定的)。全局变量是需要在进入 main 函数前初始化的，所以程序中全局变量的构造函数应该是最先被调用的，比 main 函数都要早。同时全局对象又必须在 main 函数返回后才被销毁，当 main 终止或调用 exit 函数时调用相应的析构函数，所以它的析构函数是最后才被调用的。

对于局部自动对象，当程序执行到对象定义时调用其构造函数。该对象的析构函数在对象离开作用域时被调用(其生命周期结束时)。

static 局部对象的构造函数只在程序首次执行到对象定义时被调用一次，对应的析构函数在 main 终止或调用 exit 函数时被调用。

例 4.37

```
#include <iostream>
using namespace std;
class A
{
public:
    A(int value)
    {
        i=value;
        cout<<"Object "<<i<<" constructor";
    }
    ~A()                //destructor
    {
        cout<<"Object "<<i<<" destructor"<<endl;
    }
private:
    int i;
};
```

```
A a1(1);                    //global object
void func()
{
    A a5(5);
    cout<<"(local automatic in create)"<<endl;
    static A a6(6);
    cout<<"(local static in create)"<<endl;
    A a7(7);
    cout<<"(local automatic in create)"<<endl;
}
int main()
{
    cout<<"(global created before main)"<<endl;
    A a2(2);
    cout<<"(local automatic in main)"<<endl;
    static A a3(3);      //local object
    cout<<"(local static in main)"<<endl;
    func();              //call function to create objects
    A a4(4);             //local object
    cout<<"(local automatic in main)"<<endl;
    return 0;
}
```

程序执行结果：

```
Object 1 constructor(global created before main)
Object 2 constructor(local automatic in main)
Object 3 constructor(local static in main)
Object 5 constructor(local automatic in create)
Object 6 constructor(local static in create)
Object 7 constructor(local automatic in create)
Object 7 destructor
Object 5 destructor
Object 4 constructor(local automatic in main}
Object 4 destructor
Object 2 destructor
Object 6 destructor
Object 3 destructor
Object 1 destructor
```

上例中，main 函数中声明了 3 个对象。对象 a2 和 a4 是局部自动对象，对象 a3 是 static 局部对象。这些对象的构造函数在程序执行到对象定义时调用。对象 a4 和 a2 的析构函数在到达 main 结尾时依次调用。由于对象 a3 是 static 局部对象，在程序终止时删除所有其他对象之后，调用 a1 的析构函数之前调用对象 a3 的析构函数。函数 func 声明了 3 个对象。对象 a5 和 a7 是局部自动对象，对象 a6 是 static 局部对象。对象 a7 和

a5 的析构函数在 func 结束时依次调用。由于对象 a6 是 static 局部对象,因此到程序结束时才消亡,a6 的析构函数在调用 a3 和 a1 的析构函数之前调用。

若函数参数是类类型,调用函数时要调用复制构造函数,用实际参数初始化形式参数。当函数返回类类型时,也要通过复制构造函数建立临时对象。

例 4.38

```
#include <iostream>
using namespace std;
class A
{
public:
    A() { cout<<"A constructor"<<endl; }
    ~A() { cout<<"A destructor"<<endl; }
    A(A &){ cout<<"A copy constructor"<<endl; }
};
class B
{
public:
    B() { cout<<"B constructor"<<endl; }
    ~B() { cout<<"B destructor"<<endl; }
    B(B &){ cout<<"B copy constructor"<<endl; }
};
A a;
B b;
void func1(A obj) {}
void func2(B &obj) {}
int main()
{
    func1(a);
    func2(b);
    return 0;
}
```

程序执行结果:

```
A constructor                //a 构造
B constructor                //b 构造
A copy constructor           //func1 函数参数调用 A 的复制构造函数
A destructor                 //func1 函数参数析构
B destructor                 //b 析构
A destructor                 //a 析构
```

上例中,函数 func1 的参数是 A 类型,且以值传递方式调用,实参初始化形参时要调用复制构造函数,函数调用结束后,栈上的形参消亡时要调用 A 的析构函数。函数 func2 的参数是引用传递方式,形参只是实参的一个别名,并没有创建新的对象,因此不会调用复制构造函数和析构函数。

同样，当函数返回值为一个对象的引用时，也省去了临时对象的构造和析构。

例 4.39

```
class A {...};              //同上例
class B {...};              //同上例
A a1;
B b1;
A func1()
{
    return a1;
}
B & func2()
{
    return b1;
}
int main()
{
    A a2;
    a2=func1();
    B b2;
    b2=func2();
    return 0;
}
```

程序执行结果：

```
A constructor           //a1 构造
B constructor           //b1 构造
A constructor           //a2 构造
A copy constructor      //func1 函数返回时调用 A 的复制构造函数
A destructor            //func1 函数返回后，临时对象析构
B constructor           //b2 构造
B destructor            //b2 析构
A destructor            //a2 析构
B destructor            //b1 析构
A destructor            //a1 析构
```

从上例可看出，函数返回类对象时要创建临时对象，因此会调用复制构造函数和析构函数。但若返回的是类对象的引用时，不创建临时对象，不会调用复制构造函数和析构函数。

下面总结不同存储类型构造函数和析构函数的调用。

构造函数的调用：

(1) 全局对象：程序运行前。

(2) 函数中的静态对象：函数开始前。

(3) 函数参数：函数开始前。

(4) 函数返回值：函数返回前。

析构函数的调用：

(1) 全局对象：程序结束前。

(2) main 中的对象：main 结束前。

(3) 函数中的静态对象：程序结束前。

(4) 函数参数：函数结束前。

(5) 函数中的对象：函数结束前。

(6) 函数返回值：函数返回值被使用后。

对于相同作用域和存储类别的对象，调用析构函数的次序正好与调用构造函数的次序相反，如图 4.3 所示。

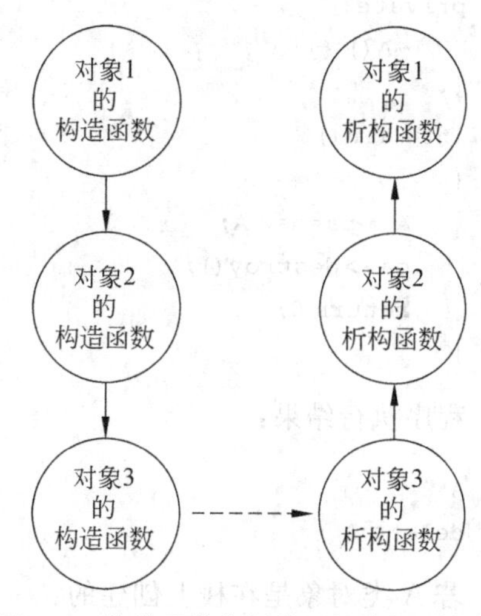

图 4.3 构造函数和析构函数的调用次序

在第 2 章中提到“当值传递的输入参数是用户自定义类型时，最好用引用传递代替”，因为引用传递省去了临时对象的构造和析构，这样可提高函数调用的效率。

4. 私有析构函数

有时，要让某种类型的对象能够自我销毁，也就是能够“delete this”。很明显这种管理方式需要此类型对象被分配在堆中。为了执行这种限制，必须找到一种方法禁止以调用 new 以外的其他方式建立对象。这很容易做到，非堆对象(non-heap object)，即栈对象在定义它的地方被自动构造，在生命周期结束时自动被释放，所以只要禁止使用隐式的析构函数，就可以限制栈对象的创建。

最直接的方法是把析构函数声明为 private，把构造函数声明为 public。还可以增加一个专用的伪析构函数，用来访问真正的析构函数，用户调用伪析构函数释放他们建立的对象。

例 4.40

```
#include <iostream>
using namespace std;
class A
{
public:
    A()
    {
        cout<<"A"<<endl;
    }
    void destroy() const
    {
```

```
        cout<<"delete A"<<endl;
        delete this;
    }
private:
    ~A() {}
};
int main()
{
    A * pa=new A;
    pa->destroy();
    return 0;
}
```

程序执行结果:

```
A
delete A
```

若A类对象是在栈上创建的:

```
A a;    //error C2248: "A::~A": 无法访问 private 成员(在"A"类中声明)
```

编译时会提示不能访问私有成员。因为在栈上生成对象时,类对象在离开作用域时会调用析构函数释放空间,此时无法调用私有的析构函数。因此,当在栈上生成对象时,对象会自动析构,也就说析构函数必须可以访问。而当在堆上生成对象时,由于析构时机由程序员控制,所以不一定需要析构函数。

被声明为私有析构函数的类对象只能在堆上创建,并且该类不能被继承。

```
class A
{
private:
    ~A() {}
};
class B : public A
{      //error C2248: "A::~A": 无法访问 private 成员(在A类中声明)
}      //warning C4624: "B": 未能生成析构函数,因为基类析构函数不可访问
```

4.4.5 构造/析构函数的显示调用

构造函数和析构函数是在类对象创建和消亡时被自动调用的。那么,对构造函数和析构函数显式调用,又会如何呢?

例 4.41

```
#include <iostream>
using namespace std;
class A
```

```
{
public:
A(){ cout<<"Constructor"<<endl; }
~A() { cout<<"Destructor"<<endl; }
};
int main()
{
    {
        A a;
        a.A::A();             //写成 a.A();会有编译错误
        a.~A();
    }
    return 0;
}
```

程序执行结果：

```
Constructor
Constructor
Destructor
Destructor
```

构造函数和析构函数各执行了两次，一次是自动被调用的，另一次是被显式调用的。

对于构造函数的显式调用有下面两种形式：

```
A a;
a.A::A()          //第一种形式
new(A)A()         //第二种形式
```

第二种用法涉及定位放置 new 的用法(placement new)。通常，new 操作要做两件事：一是分配所需内存；二是调用构造函数。而用定位放置 new 方法创建对象时，仅仅调用类的构造函数，不分配内存，而是在已有的内存上创建对象。这样可在已有的内存上反复创建和删除对象，可以降低内存分配和回收的性能消耗。

例 4.42

```
#include <iostream>
using namespace std;
class A
{
public:
    char* p;
    A(char* _p)
    {
        p=new char[strlen(_p)+1];
        strcpy(p,_p);
    }
```

```
    void func() {  cout<<p<<endl; }
    ~A()
    {
        cout<<p<<" destructor"<<endl;
        delete [] p;
    }
};
int main()
{
    char * buf=new char[sizeof(A)];          //分配了 sizeof(A)大小的一块内存
    A * pb;
    pb=new(buf) A("Hello");                  //在内存空间 buf 处创建 A 对象
    ((A * )buf)->func();                     //通过指针 buf 来调用 A 的成员函数
    pb=new(buf) A("World");                  //重新在 buf 处创建新的 A 对象
    ((A * )buf)->func();
    delete pb;
    delete [] buf;
    return 0;
}
```

使用 new 的定位放置创建 A 类对象，指定创建在 buf 处，而不需要重新分配内存，通过指针 buf 可以调用到 A 的成员函数 func，由此可说明对象确实存放在 buf 所指的内存空间。通过这样的方式，可以在 buf 处反复创建 A 类对象。

思考：上例代码存在什么问题？

代码可以通过编译，但运行时会有错。错误在 delete [] buf;这行代码，因为先执行了 delete pb;，对象所占的内存已经释放，即 buf 处的内存已经释放，所以再次对该空间进行释放，运行期会有错误的。

删除 delete [] buf;这行代码，程序就能正常运行了，执行结果为

```
Hello
World
World destructor
```

发现什么问题了？没有输出"Hello destructor"，第一次在 buf 处创建的对象没有执行析构，这样该对象在堆上申请的内存空间就没有被释放，会造成内存泄露。因此，在 buf 处重新创建新对象时，要显式调用析构函数：

```
pb=new(buf) A("Hello");
((A * )buf)->func();
((A * )buf)->~A();
pb=new(buf) A("World");
((A * )buf)->func();
delete pb;
```

只有在很少的应用中才会使用 placement new 这种用法，只有当对象必须存放在内

存中的特定位置时才使用它。

大多数情况下,不用显式调用构造函数和析构函数。为了安全起见,析构函数释放堆上分配内存时应先判断是不是已经被释放过了。

4.5 类的静态成员

静态成员的提出是为了解决数据共享的问题。实现共享有许多方法,如设置全局性的变量或对象是一种方法。但是,全局变量或对象是有局限性的。

在全局变量前加上关键字 static,该变量就被定义成了一个静态全局变量。该变量只在定义它的源文件中可见,严格地讲应该为从定义之处开始到本文件结尾,静态全局变量不能被其他文件所用。

通常,在函数体内定义了一个变量,每当程序运行到该语句时都会给该局部变量分配栈内存。但随着程序退出函数体,系统就会收回栈内存,局部变量也相应失效。但有时候需要在两次调用之间对变量的值进行保存。通常的想法是定义一个全局变量来实现。但这样一来,变量已经不再属于函数本身了,不再仅受函数的控制,给程序的维护带来不便。静态局部变量正好可以解决这个问题。静态局部变量保存在全局数据区,而不是保存在栈中,每次的值保持到下一次调用,直到下次赋新值。

与函数体内的静态局部变量相似,在类中使用静态成员变量可实现多个对象之间的数据共享,又不会破坏隐藏的原则,保证了安全性,还可以节省内存。定义数据成员为静态变量,表明此全局数据逻辑上属于该类。定义成员函数为静态函数,表明此全局函数逻辑上属于该类,而且该函数只对静态数据、全局数据或者参数进行操作,而不能对非静态数据成员进行操作。

1. 静态成员变量

在类中,静态成员可以实现多个对象之间的数据共享,并且使用静态数据成员还不会破坏隐藏的原则,即保证了安全性。

静态数据成员在定义或说明时加关键字 static,例如:

```
class A
{
    int n;
    static int s;
};
```

sizeof 运算符不会计算静态成员,sizeof(A)等于 4。使用静态数据成员可以节省内存,因为它是所有对象所共有的,因此,对多个对象来说,静态数据成员只存储一处,供所有对象共用。

静态数据成员是静态存储的,它是静态生存期,必须对它进行初始化。静态成员初始化与一般数据成员初始化不同,而必须在类的外面初始化。静态数据成员初始化的格式如下：

<数据类型><类名>::<静态数据成员名>=<值>

如果一个类中声明了静态数据成员，只有该类的第一个实例被创建时才进行初始化，自第二个对象起均不进行初始化。对A类中静态数据成员s进行初始化为

```
int A::s=0;
```

初始化在类体外进行，而前面不加static，以免与一般静态变量或对象相混淆。

```
static int A::s=0;    //error C2720: "A::s": 成员上的 static 存储类说明符非法
```

初始化时不加该成员的访问权限控制符private、public等。初始化时使用作用域运算符来标明它所属的类，因此静态数据成员是类的成员，而不是对象的成员。

引用静态数据成员时，采用如下格式：

<类名>::<静态成员名>

类为静态数据成员只分配了一块存储空间（不管类有多少个实例）。如果一个数据是一个类的所有实例都需要的，而且这个数据的变化对于这个类的所有实例始终是统一的，就应当把这个数据定义为静态数据成员。

例 4.43

```
#include <iostream>
using namespace std;
class A
{
public:
    A(int i)
    {
        s+=i;
    }
    int n;
    static int s;
};
int A::s=0;
int main()
{
    A a1(5);
    A a2(3);
    cout<<"s="<<A::s<<endl;
    return 0;
}
```

程序执行结果：

```
s=8
```

从输出结果可以看出，静态成员 s 的值对 a1 对象和对 a2 对象都是共享的。s 的初始值为 0。在初始化 a1 对象时，s 加上 a1 对象的参数，于是此时 s 值为 5。在初始化 a2 对象时，s 又加上 a2 对象的参数，于是 s 的值又变成 8。

上例中，若不对静态成员 s 进行初始化：

```
//int A::s=0;
```

则会有链接错误：

```
error LNK2001: 无法解析的外部符号 "public: static int A::s"(?s@A@@2HA)
```

这是因为类的静态成员变量在使用前必须先初始化。

静态数据成员被类的所有对象所共享，包括该类派生类的对象。即派生类对象与基类对象共享基类的静态数据成员。

例 4.44

```
#include <iostream>
using namespace std;
class B
{
public :
    static int i;
};
int B::i=0;
class D:public B
{
};
int main()
{
    B b;
    D d;
    b.i++;
    cout<<"base class static data number i is "<<b.i<<endl;
    d.i++;
    cout<<"derived class static data number i is "<<d.i<<endl;
    return 0;
}
```

程序执行结果：

```
base class static data number i is 1
derived class static data number i is 2
```

静态数据成员的类型可以是所属类的类型，而非静态数据成员则不可以。非静态数据成员只能声明为所属类类型的指针或引用。例如：

```
class Student
```

```
{
public:
    static Student stu1;     //正确,静态数据成员
    Student stu2;          //error C2460: "Student::stu2": 使用正在定义的 Student
    Student *pstu;           //正确,指针
    Student &rstu;           //正确,引用
};
```

2. 静态成员函数

除静态数据成员以外，一个类还可以有静态成员函数。静态函数仅可以访问静态成员，即静态成员函数或静态数据成员。静态成员函数和静态数据成员一样，它们都属于整个类，而不是仅属于某个具体对象。因此，对静态成员函数的引用不需要用对象名。例如：

```
class A
{
public:
    void setX(int i){ x=i; };
    static int getN()
    {
        setX(10);         //error C2352: "A::setX": 非静态成员函数的非法调用
        y=100;            //error C2597: 对非静态成员 A::y 的非法引用
        return s;         //正确
    }
    void func() { getN(); }  //正确
private:
    int x;
    int y;
    static int s;
};
```

因为静态成员函数属于整个类，在类实例化对象之前就已经分配空间了，而类的非静态成员必须在类实例化对象后才有内存空间，所以类的静态成员函数访问非静态成员就会出错，就好比没有声明一个变量却提前使用它一样。但是，类的非静态成员函数 func 可以调用静态成员函数 getN。

例 4.45

```
class A
{
public:
    static int i;
    static void func(){}
};
int A::i=0;
int main()
```

```
{
    A c1;
    c1.func();                  //通过类对象访问静态成员函数
    A::func();                  //通过类名访问静态成员函数
    int x=c1.i;                 //通过类对象访问静态数据成员
    int y=A::i;                 //通过类名访问静态数据成员
    return 0;
}
```

从上例可看出,调用静态成员函数可使用如下格式:

```
<类名>::<静态成员函数名>(<参数表>);
```

另外,还可通过类的对象来访问静态数据成员和静态成员函数。

静态成员为所有类对象共享,如果是public,那么静态成员在没有对象生成时也能直接访问。静态成员函数没有this指针,所以它不需要实例化对象就能运行。

例 4.46

```
#include <iostream>
using namespace std;
class A
{
public:
    static int i;
    static void func(){ cout<<"i="<<i<<endl; }
};
int A::i=0;
int main()
{
    A::func();              //通过类名访问静态成员函数
    return 0;
}
```

程序执行结果:

```
i=0
```

和非静态成员函数一样,静态成员函数可以在派生类中被重定义,派生类会隐藏基类同名的函数。但静态成员函数不能为virtual函数,这是因为virtual函数由编译器提供了this指针,而static是没有this指针的。

例 4.47 静态数据成员和静态成员函数的例子。

```
#include <iostream>
using namespace std;
class Apple
{
private:
```

```
    int nWeight;
    static int nTotalWeight;
    static int nTotalNumber;
public:
    Apple(int w);
    ~Apple();
    static void print();
};
Apple::Apple(int w)
{
    nWeight=w;
    nTotalWeight +=w;
    nTotalNumber ++;
}
Apple::~Apple()
{
    nTotalWeight -=nWeight;
    nTotalNumber --;
}
void Apple::print()
{
    cout<<"TotalWeight="<<nTotalWeight<<" TotalNumber="<<nTotalNumber<<endl;
}
int Apple::nTotalWeight=0;
int Apple::nTotalNumber=0;
int main()
{
    Apple a1(6), a2(1);
    Apple::print();
    return 0;
}
```

程序执行结果：

```
TotalWeight=7 TotalNumber=2
```

在静态成员函数中，不能访问非静态成员变量，也不能调用非静态成员函数。若将上例中的 print()函数改为

```
void Apple:: print()
{
    cout <<"Weight="<<nWeight<<" TotalWeight="<<nTotalWeight<<" TotalNumber="
        <<nTotalNumber<<endl;
}
```

则：

```
Apple a;
a.PrintTotal();          //解释得通
Apple::PrintTotal();     //解释不通,nWeight 到底是属于哪个对象的?
```

上面 Apple 类的不足之处是：在使用 Apple 类的过程中，有时会调用复制构造函数生成临时的隐藏的 Apple 对象（作为参数时，或作为返回值时），那么临时对象在消亡时会调用析构函数，减少 nTotalNumber 和 nTotalWeight 的值，可是这些临时对象在生成时却没有增加 nTotalNumber 和 nTotalWeight 的值。例如将 main 函数改为

```
int main()
{
    Apple a1(6), a2(1);
    {
        Apple a3(a2);
    }
    Apple::print();
    return 0;
}
```

此时，程序执行结果为

```
TotalWeight=6 TotalNumber=1
```

a3 对象是一个局部对象，它是通过 a2 来初始化的，因此会调用复制构造函数，离开作用域时会调用析构函数使 TotalWeight 和 TotalNumber 都减少，不该出现的情况发生了："苹果被多吃了"。因此，要为 Apple 类写一个复制构造函数：

```
Apple::Apple(Apple & a)
{
    nWeight=a.nWeight;
    nTotalWeight +=a.nWeight;
    nTotalNumber ++;
}
```

3. 单件(Singleton)模式

C++ 设计模式中 Singleton（单件）模式是一种很常用的模式。Erich Gamma 在 *Design Patterns* 一书中对它作的定义为："Ensure a class only has one instance, and provide a global point of access to it."也就是说，单件类在整个应用程序的生命周期中只能有一个实例存在，使用者通过一个全局的访问点来访问该实例。Singleton 的应用很广，它可以被用来表示那些具有唯一特性的系统组件，如 I/O 处理、数据库操作等（由于这些对象都要占用重要的系统资源，所以必须限制这些实例的创建或始终使用一个公用的实例）。实现单件有很多途径，但都离不开两条最基本的原则：

(1) 要使得单件只有一个全局唯一的实例，通常的做法是将它的构造函数和复制构造函数私有化。

(2) 单件的全局唯一实例通常是一个 static 变量,大家知道类的静态成员变量对于一个类的所有对象而言是唯一的。

例 4.48

```
#include <iostream>
using namespace std;
class Singleton
{
private:
    static Singleton * m_singlton;
    Singleton(){};                                          //构造函数
    Singleton(const Singleton &){}                          //复制构造函数
    Singleton & operator= (const Singleton &){}             //赋值函数
public:
    static Singleton * getSingleton()
    {
        if(NULL==m_singlton)
        {
            m_singlton=new Singleton();
        }
        return m_singlton;
    }
    void show()
    {
        cout<<"this is Singleton"<<endl;
    }
};
Singleton * Singleton::m_singlton=NULL;

int main()
{
    Singleton * pSingleton1=Singleton::getSingleton();
    Singleton * pSingleton2=Singleton::getSingleton();
    if(pSingleton1==pSingleton2)
    {
        cout<<"It's same object"<<endl;
    }
    pSingleton1->show();
    return 0;
}
```

程序执行结果:

```
It's same object
this is Singleton
```

上面的程序保证一个类仅有一个实例，并提供一个访问它的全局访问点，通过将其构造函数私有化禁止直接使用类来创建对象，同样复制构造函数也被声明为私有，这样可以限制用户直接从外部更改与访问。

4.6 this 指针

用类去定义对象时，系统会为每一个对象分配存储空间。一个类包含数据和函数，要分别为数据和函数的代码分配存储空间。按理说，如果用同一个类定义了10个对象，那么就需要分别为10个对象的数据和函数代码分配存储单元，如图4.4所示。

能否只用一段空间来存放这个共同的函数代码段，使各对象在调用函数时都去调用这个公用的函数代码(见图4.5)？

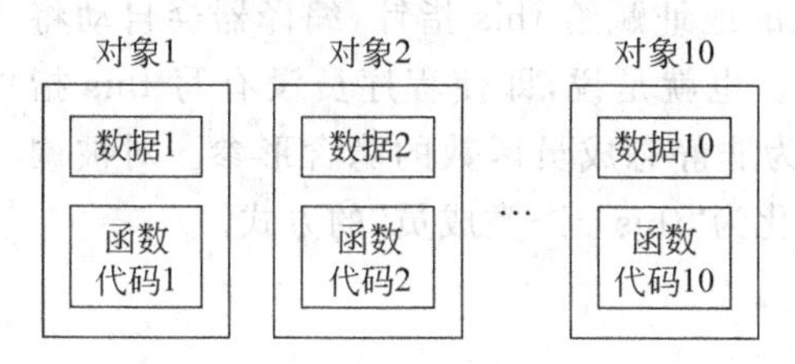

图4.4 为10个对象分配存储空间

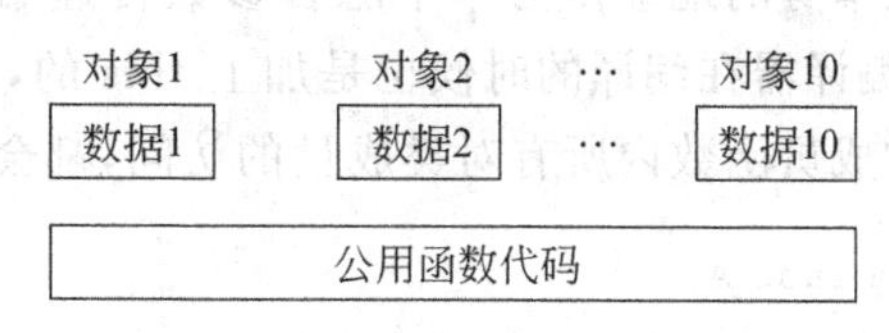

图4.5 用一块内存空间存放共同的函数代码段

例4.49

```
#include <iostream>
using namespace std;
class Time
{
public:
    int hour;
    int minute;
    int sec;
    void setHour()
    {
        hour=10;
    }
};
int main()
{
    cout<<sizeof(Time)<<endl;
    return 0;
}
```

程序执行结果：

```
12
```

可见 Time 类对象仅包含数据成员部分。

注意：虽然调用不同对象的成员函数时都是执行同一段函数代码，但是执行结果一般是不相同的。这样，我们很自然地要问，类的成员函数如何区分不同的实例对象的数据成员呢？不同的对象使用的是同一个函数代码段，它怎么能够分别对不同对象中的数据进行操作呢？

原来 C++ 为此专门设立了一个名为 this 的指针，用来指向不同的对象。一个对象的 this 指针并不是对象本身的一部分，不会影响 sizeof(对象)的结果。

关于 this 指针的一个经典描述：当你进入一个房子后，你可以看见桌子、椅子、地板等，但是房子你是看不到全貌了。对于一个类的实例来说，你可以看到它的成员函数、成员变量，但是实例本身呢？this 是一个指针，它时时刻刻指向这个实例本身。

this 指针是一个隐含于每一个成员函数中的特殊指针。this 作用域是在类内部，当对一个对象调用成员函数时，编译程序先将对象的地址赋给 this 指针，编译器会自动将对象本身的地址作为一个隐含参数传递给函数。也就是说，即使程序员没有写 this 指针，编译器在编译的时候也是加上 this 的，它作为非静态成员函数的隐含形参。对被调用的成员函数内所有对类成员的访问，都会被转化为“this－＞类成员”的方式。

```
class A
{
public:
    int x;
    A():x(0){}
    void add(int i)
    {
        x+=i;
    }
};
void addA(int i, A* const this)
{
    this->x +=i;
}
```

从表面上看，类的成员函数 add 和非成员函数 addA 会给我们一个错觉，那就是 addA 函数的调用效率较低，因为它是间接地去得到对象的成员变量的。而在成员函数 add 里是直接使用的。其实这是一个很大的误解。

C++ 的设计准则之一是：非静态成员函数的调用与非成员函数的调用在效率上应该是一样的。编译器在调用成员函数的时候是将其视为非成员函数来调用的。

类的成员函数其实是有一个隐含的形参，那就是 this 指针。非静态成员函数 add 在编译器看来应该是

```
void add(int i, A* const this)
{
    this->x +=i;
```

```
}
```

this 在成员函数的开始前构造,在成员的结束后清除。当调用一个类的成员函数时,编译器将类的指针作为函数的 this 参数传递进去。例如:

```
A a;
a.add(5);
```

此时,编译器将会编译成

```
a.add(5, &a);
```

编译器按照下面的 3 个步骤来处理成员函数的调用:

(1) 改写成员函数的函数原型,将那个隐含的 this 指针表示出来。提供一个存取的管道,也就是说函数中调用的就是这个形参(this)的成员变量。

```
void add(int i, A* const this)
```

(2) 将该函数中的成员变量使用 this 指针来进行间接存取。

```
this->x+=i;
```

(3) 将成员函数重新书写为一个外部函数,不同的编译器处理方式不同。

```
extern void func_add(int i, A* const this)
```

上面 a.add(5)的调用就变成了 func_add(5, &a)。编译器通过以上 3 步来实现"成员函数的调用的效率必须与非成员函数一致"。

下面,对代码进行反汇编,分析一下 this 指针。

```
    a.add(5);
012613E6  push  5                       //参数入栈
012613E8  lea   ecx, [a]                //对象 a 地址存储到 ecx 中
012613EB  call  A::add(1261113h)        //调用函数

void add(int i)
{
    ...
    012614BF  pop  ecx
    012614C0  mov  dword ptr [ebp-8], ecx
    //将对象地址从 ecx 中读出,写入到 add 的 ebp-8 处
      x+=i;
    012614C3  mov  eax, dword ptr [this]
    012614C6  mov  ecx, dword ptr [eax]
    012614C8  add  ecx, dword ptr [i]
    012614CB  mov  edx, dword ptr [this]
    012614CE  mov  dword ptr [edx], ecx
}
```

由此可见，在 Visual C++ 中，对象地址 this 指针是通过寄存器变量传递进成员函数的，进入函数后先做一些初始化的工作，再把对象地址 this 写入到 add 的 ebp-8 处（可参考 2.2.6 节）。

例 4.50

```
#include <iostream>
using namespace std;
class A
{
public:
    int x;
    A():x(0){}
    void add(A * p)
    {
        __asm
        {
            push eax
            mov eax,dword ptr[p]
            mov dword ptr[ebp-8], eax   //this=p
            pop eax
        }
        x+=1;
    }
};
int main(void)
{
    A a1, a2;
    a1.add(&a2);
    cout<<"a1.x="<<a1.x<<endl;
    cout<<"a2.x="<<a2.x<<endl;
    return 0;
}
```

程序执行结果：

```
a1.x=0
a2.x=1
```

为什么程序运行结果是这样呢？A 的成员函数 add 对数据成员 x 进行加 1 操作，a1 对象调用 add 后，本应使 a1 的 x 加 1，可结果是对 a2 的 x 进行了加 1。

函数 add(A * p)中加了一段汇编代码：

```
mov  eax,dword ptr[p]
mov  dword ptr[ebp-8], eax
```

这两行代码将参数的值写入到 ptr[ebp-8]中，即：this = p。在执行 a1.add(&a2)时，

this 指针指向了 a2,所以 a1 的 x 并没有变,而 a2 的 x 进行了加 1。

例 4.51

```
#include <iostream>
using namespace std;
class A
{
public:
    int x;
    static int y;
    void func1()
    {
        func2();
        func3();
        func4();
    }
    void func2(){}
    void func3(){}
    static void func4()
    {
        y++;
    }
};
int A::y=0;
int main(void)
{
    A a1;
    a1.func1();
    return 0;
}
```

上例中,A 中有非静态数据 x 和非静态成员函数 func1、func2、func3 及静态数据 y 和静态成员函数 func4。对 func1 和 func4 进行反汇编,就会发现静态成员和非静态成员在实现上的不同:对非静态成员的访问都用到了 this 指针,而静态成员则没有。

```
void func1()
{
    …
    0136162F  pop   ecx
    01361630  mov   dword ptr [ebp-8], ecx        //保存 this 指针
        func2();
    00CA1473  mov   ecx, dword ptr [this]
    00CA1476  call A::func2(0CA10D2h)
        func3();
```

```
    00CA147B  mov  ecx, dword ptr [this]
    00CA147E  call A::func3(0CA10F0h)
        func4();
    00CA1483  call A::func4(0CA1032h)
        x=0;
    00CA1488  mov  eax, dword ptr [this]
    00CA148B  mov  dword ptr [eax], 0
}
static void func4()
{
    ...
        y++;
    00CA155E  mov  eax, dword ptr [A::y(0CA7138h)]
    00CA1563  add  eax, 1
    00CA1566  mov  dword ptr [A::y(0CA7138h)], eax
}
```

this不是常规意义上的变量，它是一个系统变量，故不能求其地址或对其赋值。this指针仅用于非静态函数中。

例4.52

```
#include <iostream>
using namespace std;
class CNullPointCall
{
public:
    static void Test1();
    void Test2();
    void Test3(int iTest);
    void Test4();
private:
    static int m_iStatic;
    int m_iTest;
};
int CNullPointCall::m_iStatic=0;
void CNullPointCall::Test1()
{
    cout<<m_iStatic<<endl;
}
void CNullPointCall::Test2()
{
    cout<<"Very Cool!"<<endl;
}
void CNullPointCall::Test3(int iTest)
```

```
{
    cout<<iTest<<endl;
}
void CNullPointCall::Test4()
{
    cout<<m_iTest<<endl;
}
CNullPointCall *pNull=NULL;             //给指针赋值为空
int main()
{
    pNull->Test1();                     //调用 1,正确
    pNull->Test2();                     //调用 2,正确
    pNull->Test3(13);                   //调用 3,正确
    pNull->Test4();                     //调用 4,错误
    return 0;
}
```

程序能够成功编译,但运行时会有错,如图 4.6 所示。

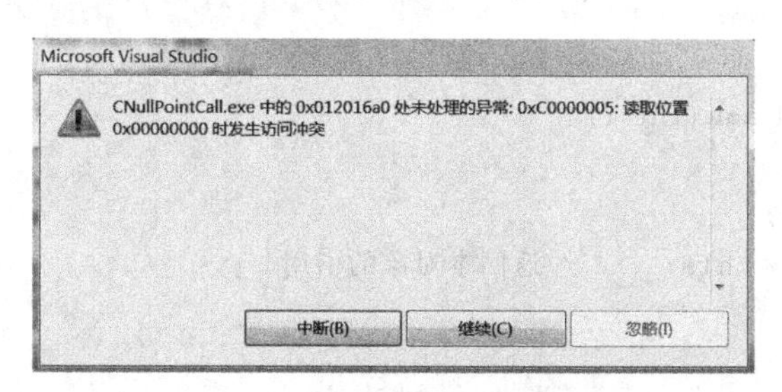

图 4.6 程序运行时的报错信息

这是因为 CnullPointCall 的非静态成员函数 Test4 中隐含有 this 指针,没有 CnullPointCall对象地址传递给 this 指针:

```
void CNullPointCall::Test4(CNullPointCall * const this)
{
    cout<<this->m_iTest<<endl;
}
```

除了 Test4 之外,其余 3 个类成员函数的调用都是成功的。对于 Test4 来说,this 的值也就是 pNull 的值,也就是说 this 的值为 NULL,就会造成程序的崩溃。Test1()是静态函数,编译器不会给它传递 this 指针,所以能正确调用,这里相当于 CNullPointCall::Test1()。对于 Test2()和 Test3()两个成员函数,虽然编译器会给这两个函数传递 this 指针,但是它们并没有通过 this 指针来访问类的成员变量,因此 Test2 和 Test3 都可以正确调用。

在以下场景中,经常需要显式引用 this 指针:

(1) 在类的非静态成员函数中返回类对象本身的时候,直接使用 return *this,例如

实现对象的链式引用。

(2) 当参数与成员变量名相同时，如 this－＞x＝x;，不能写成 x＝x;。

(3) 避免对同一对象进行赋值操作。

例 4.53　实现对象的链式引用。

```
#include <iostream>
using namespace std;
class Person
{
public:
    Person(string n, int a)
    {
        name=n;             //这里的 name 等价于 this->name
        age=a;              //这里的 age 等价于 this->age
    }
    int get_age(void) const
    {
        return age;
    }
    Person& add_age(int i)
    {
        age +=i;
        return * this;      //返回本对象的引用
    }
private:
    string name;
    int age;
};
int main(void)
{
    Person Li("Li", 20);
    cout<<"Li: age="<<Li.get_age()<<endl;
    cout<<"Li: add age="<<Li.add_age(1).get_age()<<endl;
                                        //增加 1 岁的同时，可以对新的年龄直接输出；
    return 0;
}
```

程序执行结果：

```
Li: age=20
Li: add age=21
```

例 4.54　参数与成员变量名相同。

```
#include <iostream>
using namespace std;
```

```
class Point
{
public:
    int x;
    Point():x(0){}
    Point(int a)
    {
        x=a;
    }
    void print()
    {
        cout<<"x="<<x<<endl;
    }
    void set_x(int x)
    {
        x=x;
    }
};
int main()
{
    Point pt(5);
    pt.set_x(10);
    pt.print();
    return 0;
}
```

程序执行结果：

```
x=5
```

若将 set_x 函数改为

```
void set_x(int x)
{
    this->x=x;
}
```

程序执行结果：

```
x=10
```

例 4.55 避免对同一对象进行赋值操作。

```
#include <iostream>
using namespace std;
class Point
{
```

```
    int x, y;                        //默认为私有的
public:
    void init(int _x, int _y) { x=_x; y=_y;};
    void assign(Point& p);
    int getX(){ return x; }
    int getY(){ return y; }
};
void Point::assign(Point& p)
{
    if(&p!=this)                //同一对象之间的赋值没有意义,所以要保证p不等于this
    {
        x=p.x;
        y=p.y;
    }
    else
        cout<<"same object"<<endl;
}
int main()
{
    Point p1;
    p1.init(5,4);
    Point p2;
    p2.assign(p1);
    cout<<"p1.x="<<p1.getX()<<" p1.y="<<p1.getY()<<endl;
    cout<<"p2.x="<<p2.getX()<<" p2.y="<<p2.getY()<<endl;
    p1.assign(p1);
    return 0;
}
```

程序执行结果：

```
p1.x=5 p1.y=4
p2.x=5 p2.y=4
same object
```

4.7 指向类成员的指针

在C++中,可以定义一个指针,使其指向类成员,然后通过该指针来访问类的成员,这包括指向数据成员的指针和指向成员函数的指针。

指向数据成员的指针格式如下：

```
<类型说明符><类名>::*<指针名>
```

指向成员函数的指针格式如下：

<类型说明符>(<类名>::*<指针名>)(<参数表>)

```
class A
{
public:
    A(int i, int j, int k):x(i),y(j),z(k) {}
    int func1(int i) { return x* y+i; }
    static int func2() { return s; }
    int x;
    int y;
    int z;
    static int s;
};
```

定义一个指向类 A 的数据成员 x 的指针 px,其格式如下:

```
int A:: * px=&A::x;
```

再定义一个指向类 A 的成员函数 func1 的指针 pfunc1,其格式如下:

```
int(A:: *pfunc1)(int)=& A::func1;
```

其使用方式为

```
A a(1,2,3);
a.*px=8;                //相当于 a.x=8;
(a.*pfunc1)(10);        //相当于 a.func1(10);
```

指向静态数据成员的指针的定义和普通指针相同,在定义时无须和类相关联,在使用时也无须和具体对象相关联。同样,指向静态成员函数的指针的定义和普通函数指针也相同。

```
int *ps=&A::s;
*ps=99;                 //相当于 A::s=8;
int(*pfunc2)()=&A::func2;
pfunc2();               //相当于 A::func2();
```

指向非静态成员的指针必须要和类或对象关联,即声明时必须用类名做限定符(如 A:: * px),使用时必须要用类的实例做限定符(如 a. * px)。指向静态成员的指针 ps 和 pfunc2,它们的使用方式和普通指针相同。

指向非静态成员函数的指针首先必须被绑定在一个对象上,才能得到被调用对象的 this 指针,然后才能调用指针所指的成员函数。虽然普通函数指针和成员函数指针都被称作指针,但是它们是不同的事物。

"指向类成员的指针",该描述中有"指针"一词,其实它并不是真正的指针,因为它既不包含地址,行为也不像指针。

与常规指针不同,一个指向类成员的指针并不指向一个具体的内存位置,它是指向类的特定成员，而不是指向某个类特定对象里的特定成员。大多数 C++ 编译器都将指向数据成员的指针实现为一个整数(一个偏移量)，即指向成员的偏移量。这个偏移量表示一个特定成员的位置距离对象的起点有多少个字节。

例 4.56

```
int main()
{
    A a(1,2,3);
    int A:: * px=&A::x;
    a. * px=9;
    int A:: * pz=&A::z;
    a. * pz=8;
    return 0;
}
```

程序运行时各变量的值如图 4.7 所示。

执行代码 int A:: * px = &A::x;时，实际上是将 px 的值设置为 a 在类 A 中的偏移。执行代码 int A:: * pz = &A::z;时，实际上是将 pz 的值设置为 z 在类 A 中的偏移。图 4.8 为 A 类在内存中的结构，数据成员 x 的偏移为 0，z 的偏移为 8(32 位系统中，一个 int 型数据大小为 4 字节)。

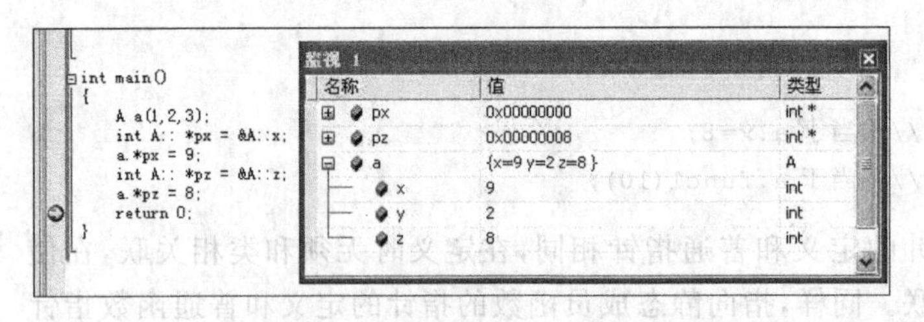

图 4.7　程序运行时各变量的值

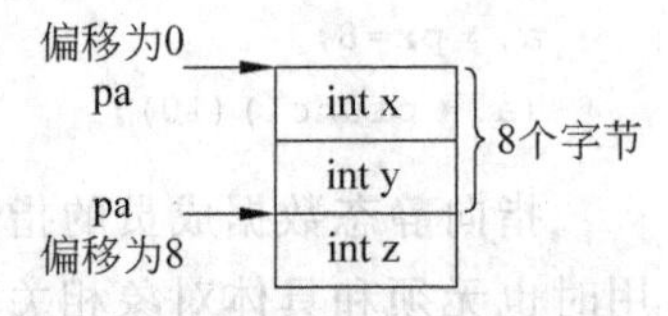

图 4.8　A 类在内存中的结构

除非 x 为静态成员，否则 &A::x 并不会带来一个地址，而是一个偏移量，这个偏移量适用于类 A 的任何对象。在得到一个类成员在类中的偏移量后，为了访问位于那个偏移量的成员，就需要该类对象的地址。当执行 a. * px 代码时，将 a 的地址加上 px 中的偏移量，即访问了 px 所指向的对象中适当的成员。因此，指向类成员的指针写成

```
int A:: * px=&A::x;
```

而不是

```
int A:: * px=&a::x;
```

在 C++ 中，派生类和其公有基类之间存在"is-a"的关系，即一个派生类对象也是一个基类对象，C++ 提供了从派生类指针到基类指针的隐式转换(详见第 6 章)，即基类指针可以指向派生类对象。而对于"指向类成员的指针"来说，情况恰恰相反，存在从指向基类成员的指针到指向公有派生类成员的指针的隐式转换；但不存在从指向派生类成员的指针到指向其基类成员的指针的转换。这是因为指向数据成员的指针并非是指向一个

对象的指针，而只是对象内的一个偏移。

例 4.57

```
#include <iostream>
using namespace std;
class Base
{
public:
    int i;
    int j;
};
class Derived :public Base
{
public:
    int x;
    int y;
};
int main()
{
    Base b;
    Derived d;
    d.i=1;
    d.j=2;
    int Base:: * pB=&Base::j;        //pB 为指向基类成员的指针
    int Derived:: * pD=pB;           //pB 转换指向派生类成员的指针,正确
    d. * pD=5;
    cout<<"d.j="<<d.j<<endl;
    pD=&Derived::i;                  //pD 指向派生类成员 i
    pB=pD;                           //pD 转换为指向基类成员的指针
                  //error C2440: "=": 无法从 int Derived:: * 转换为 int Base:: *
    return 0;
}
```

因为一个派生类也是一个基类，所以一个派生类对象内包含了一个基类子对象，因此基类内的任何偏移量在派生类内也是一个有效偏移量。

```
int Derived:: * pD=&Base::j;     //正确,从基类到派生类的转换
```

然而，一个基类未必是一个派生类，因此一个在派生类中成员的偏移量在基类内未必是一个有效的偏移量。

派生类从基类派生，一个派生类里包含基类中的所有成员，因此 C++ 提供了从基类的成员指针向派生类的成员指针的隐式转换。基类不包含派生类中的所有数据成员，因此 C++ 不允许从指向派生类成员的指针转换到指向基类成员的指针。

和指向数据成员的指针一样，指向成员函数的指针也表现出这种逆变性，即存在从

指向基类成员函数的指针到指向派生类成员函数指针的转换，反之则不然。

4.8 成员对象和封闭类

假设定义了一个类，用这个类生成了一个实例对象，这个类中的每个变量就是对象的成员，如果成员也是一个类生成的实例对象，就称为成员对象。有成员对象的类叫封闭(enclosing)类。

1. 成员对象的初始化

出现成员对象时，该类的构造函数要包含对成员的初始化。如果构造函数的成员初始化列表没有对成员对象进行初始化，则使用成员对象的默认构造函数。

封闭类中成员对象通过构造函数初始化列表来进行初始化：以冒号开始，接着是一个以逗号分隔的数据成员列表，每个数据成员后面跟一个放在圆括号中的初始化参数。构造函数对成员对象初始化列表的格式为

```
<类名>::<类名>(<总参数表>):<成员对象 1>(<形参表 1>),<成员对象 2>(<形参表 2>),…
{ //函数体 }
```

创建一个类对象实例时，应先调用其构造函数。但是如果这个类有成员对象，则要先执行成员对象自己所属类的构造函数，当全部成员对象都执行了自身类的构造函数后，再执行当前类的构造函数。

例 4.58

```
#include <iostream>
using namespace std;
class A
{
private:
    int x;
public :
    A(int i)
    {
        x=i;
        cout<<"Hello A! the value is "<<x<<endl;
    }
};
class B
{
private:
    int y;
public:
    B(int i)
```

```
    {
        y=i;
        cout<<"Hello B! the value is "<<y<<endl;
    }
};
class C
{
private:
    int z;
    A a1;
    B b1,b2;
public:
    C(int i):b1(1),b2(2),a1(i)
    {
        z=0;
        cout<<"Hello C!"<<endl;
    }
};
int main()
{
    C c(5);
    return 0;
}
```

程序执行结果：

```
Hello A! the value is 5
Hello B! the value is 1
Hello B! the value is 2
Hello C!
```

如果C的构造函数不通过初始化列表来对成员对象初始化，则编译出错：

```
C(int i)     //error C2512: "A": 没有合适的默认构造函数可用
{            //error C2512: "B": 没有合适的默认构造函数可用
    z=0;
    cout<<"Hello C!"<<endl;
}
```

在main函数中创建C对象时，在其构造函数执行前，要先执行成员对象类A和B的构造函数，因为成员对象类A和B都有一个参数化的构造函数，则默认的构造函数不起作用，因此会有编译错误："没有合适的默认构造函数可用。"

从程序的执行结果可知，先调用成员对象a1的构造函数，然后再调用b1和b2的构造函数。由此可见，成员对象的构造函数调用次序和成员对象在类中的声明次序一致(顺序为a1、b1、b2)，与它们在成员初始化列表中出现的次序无关(初始化列表顺序为

b1、b2、a1）。

例 4.59

```
#include<iostream>
using namespace std;
class A
{
public:
    A(){ cout<<"This is A."<<endl; }  //默认构造函数
    A(int i) { cout<<"This is A, and it's value="<<i<<endl; }
};
class B
{
public:
    B()                                //默认构造函数
    {
        cout<<"This is B"<<endl;
    }
    B(int i):a2(i)      //采用成员初始化列表的方式,成员对象 a1 的形参未初始化
                        //将成员对象 a2 的形参初始化为 i
    {
        cout<<"Hello B!"<<endl;
    }
private:
    A a1,a2;            //声明两个 A 类对象 a1 和 a2
};
int main()
{
    B b1, b2(9);
    return 0;
}
```

程序执行结果：

```
This is A.
This is A.
This is B.
This is A.
This is A, and it's value=9
Hello B!
```

main 函数运行到 B b1, b2(9);时,会检查 B 类中是否有成员对象,检查中发现有两个成员对象 a1 和 a2,就先执行 a1 和 a2 对应的 A 类中的构造函数,然后再执行 B 中的构造函数。

在创建 b1 对象(b1 是无参数的)时,执行 B 的默认构造函数,B 的默认构造函数没有初始化列表,未对 a1 和 a2 在进行初始化,故会两次调用 A 的默认构造函数,因此会两次输出“This is A.”。之后调用 b1 对象自己的构造函数,因为创建 b1 时是无参的,因此会调用 B 的默认构造函数输出“This is B.”。

在创建 b2 对象(b2 有参数 9)时,会调用 B 的参数化构造函数 B(int i),该构造函数在初始化列表中对 a2 进行了初始化。a1 未在初始化列表中进行初始化,因此会调用 A 的默认构造函数输出“This is A.”。a2 在初始化列表中进行了初始化,它是有参数的,因此会调用 A 的参数化构造函数 A(int i)输出“This is A, and it's value=9”。之后调用 B 的参数化构造函数 B(int i)输出“Hello B!”。

例 4.60

```
#include <iostream>
using namespace std;
class A
{
public:
    A() { cout<<"A constructor"<<endl; }
    ~A() { cout<<"A destructor"<<endl; }
};
class B
{
public:
    B() { cout<<"B constructor"<<endl;}
    ~B() { cout<<"B destructor"<<endl; }
};
class C
{
private:
    A a;
    B b;
public:
    C()
    {
        cout<<"C constructor"<<endl;
    }
    ~C()
    {
        cout<<"C destructor"<<endl;
    }
};
int main()
{
```

```
    C c;
    return 0;
}
```

程序执行结果：

```
A constructor
B constructor
C constructor
C destructor
B destructor
A destructor
```

从上例可知，封闭类构造和析构函数执行过程为：封闭类对象生成时，先执行所有对象成员的构造函数，然后才执行封闭类的构造函数。当封闭类的对象消亡时，先执行封闭类的析构函数，然后再执行成员对象的析构函数。次序和构造函数的调用次序相反。

2. 成员对象数组的初始化

成员对象的初始化可在构造函数初始化列表中进行，对于成员对象数组的初始化，是否也可以在本类构造函数使用初始化列表？

例 4.61

```
#include <iostream>
using namespace std;
class A
{
public:
    A(int i=0):x(i) {}
    int x;
};
class B
{
public:
    B():a[0](0),a[1](1) {}          //error C2059: 语法错误: "["
    A a[2];
};
int main()
{
    B b;
    cout<<b.a[0].x<<endl;
    cout<<b.a[1].x<<endl;
    return 0;
}
```

很不幸，这种美好的愿望失败了。在语法上，是不可以通过初始化列表来给数组初始化的。因为数组的初始化成员的含义是为一个集合罗列数据，而对象初始化列表上意味着构造对象，这是不同的两个概念。数组并不是 C++ 对象，因此不应该通过初始化列表来给数组成员初始化。

那么，在封闭类构造函数中直接对数组元素赋值呢？

例 4.62

```
#include <iostream>
using namespace std;
class A
{
public:
    A(){ cout<<"Hello A."<<endl; }
    A(int i):x(i) { cout<<"x="<<x<<endl; }
    int x;
};
class B
{
public:
    B()     //成员对象数组已经通过 A 的默认构造函数初始化了，下面是执行赋值
    {
        a[0]=A(0);
        a[1]=A(1);
    }
    A a[2];
};
int main()
{
    B b;
    cout<<b.a[0].x<<endl;
    cout<<b.a[1].x<<endl;
    return 0;
}
```

程序执行结果：

```
Hello A.
Hello A.
x=0
x=1
0
1
```

上例中，执行 B 的构造函数时需要先执行成员对象的构造函数，这里是一个成员对象数组，有两个 A 类对象，因此会调用两次 A 的默认构造函数，会两次输出“Hello A.”。B 的构造函数中的两行代码是执行赋值操作。

若上例 A 中没有默认构造函数，只有参数化的构造函数，则会有编译错误：

```
error C2512: "A": 没有合适的默认构造函数可用
```

由此可见，无法通过初始化列表对成员对象数组进行初始化，该成员对象所在的类必须有默认的构造函数，否则也是无法对其进行初始化的。

4.9 常成员和常对象

1. 常成员函数

用 const 关键词声明的函数叫常成员函数，其格式如下：

```
类型 函数名(<参数表>) const;
```

常成员函数不能更新对象的数据，也不能调用非 const 修饰的成员函数（静态成员函数除外）。在设计一个类时，一个原则就是对于不改变数据成员的成员函数都要在后面加 const，而对于需要改变数据成员的成员函数则不能加 const 修饰。有 const 修饰的成员函数（const 应放在函数参数表的后面，而不是在函数前面或者参数表内），不能修改数据成员，只能读取；没有 const 修饰的成员函数，对数据成员则是既可以读也可以写的。

例 4.63

```
class A
{
private:
    const int x;
    int y;
public:
    A():x(5){};
    void func2(){}
    void func3() const{}
    static void func4(){}
    int func1() const
    {
        func2();   //error C2662: "A::func2": 不能将 this 指针从 const A 转换为 A&
        y++;       //error C3490: 由于正在通过常量对象访问 y,因此无法对其进行修改
        func3();   //正确,调用常成员函数
        func4();   //正确,调用静态成员函数
    }
};
```

const 是函数类型的一个组成部分，因此在函数实现部分也要带有 const 关键字。

例 4.64

```
class A
```

```
{
public:
    void func() const;
};
void A::func(){} //error C2511: "void A::func(void)": A 中没有找到重载的成员函数
```

如果在类外定义它的 const 成员函数,也需要加上关键词 const 后缀:

```
void A::func() const{}
```

这也意味着 const 也是 A::func()的类型的一部分。

2. 常对象

在定义对象时指定对象为常对象。常对象必须要有初值,例如:

```
Time const t1(12,34,46);
```

凡希望保证数据成员不被改变的对象,可以声明为常对象。所有成员的值都不能被修改。

定义常对象的一般形式为

```
类名 const 对象名[(实参表列)];
```

也可以把 const 写在最左面:

```
const 类名 对象名[(实参表列)];
```

上面两种形式是等价的。

例 4.65

```
#include <iostream>
using namespace std;
class Time
{
public:
    int hour;
    int minute;
    int sec;
    void get_time();
};
void Time::get_time()
{cout<<hour<<":"<<minute<<":"<<sec<<endl;}
```

如果一个对象被声明为常对象,则不能调用该对象的非 const 型的成员函数(除了由系统自动调用的隐式的构造函数和析构函数)。将对象声明为 const 后,相当于该对象的 this 指针声明为一个指向 const 对象的指针,const this 指针只能用来调用 const 成员函数或类的静态成员函数。

```
const Time t1(10,15,36);
t1.get_time();   //error C2662: "Time::get_time": 不能将 this 指针从 const Time
                 //转换为 Time &
```

例 4.66

```
#include <iostream>
using namespace std;
class Point
{
private:
    int x, y;
public:
    Point(int a, int b) { x=a; y=b;}
    void print()const { cout<<"const print x="<<x<<" y="<<y<<endl;}
};
int main()
{
    Point point1(1,1);
    const Point point2(2,2);          //常量对象
    point1.print();                   //普通对象可以调用常成员函数
    point2.print();                   //常对象调用常成员函数
    return 0;
}
```

程序执行结果：

```
const print x=1 y=1
const print x=2 y=2
```

成员函数与对象之间的操作关系如表 4.1 所示。

表 4.1　成员函数与对象之间的操作关系

对象 \ 成员函数	常成员函数	一般成员函数
常对象	√	×
一般对象	√	√

const 关键字可以用于参与重载函数的区分。

```
void print()const { cout<<"const print x="<<x<<" y="<<y<<endl;}
void print(){ cout<<"normal print x="<<x<<" y="<<y<<endl;}
```

这两个函数可以用于重载：常对象调用常成员函数，一般对象调用一般成员函数。上例增加 void print()普通成员函数后，程序执行结果为

```
normal print x=1 y=1
const print x=2 y=2
```

3. 可改变的(mutable)

常数据成员的值是不能改变的。有一点要注意：只能通过构造函数的参数初始化表对常数据成员进行初始化。如在类中定义了常数据成员 hour：

```
const int hour;
Time::Time(int h):hour(h){}
```

有时在编程时有要求，一定要修改常对象中的某个数据成员的值，ANSI C++ 考虑到实际编程时的需要，对此作了特殊的处理，对该数据成员声明为 mutable，例如：

```
mutable int count;
```

把 count 声明为可变的数据成员，这样就可以用声明为 const 的成员函数来修改它的值。

例 4.67

```
#include <iostream>
#include <iomanip>
using namespace std;
class C
{
public:
    C(int i):m_Count(i){}
    int incr() const{ return ++m_Count; }
    int decr() const { return --m_Count; }
private:
    mutable int m_Count;
};
int main()
{
    C c1(0),c2(10);
    for(int tmp,i=0;i<10;i++)
    {
        tmp=c1.incr();
        cout<<setw(tmp)<<setfill(' ')<<tmp<<endl;
        tmp=c2.decr();
        cout<<setw(tmp)<<setfill(' ')<<tmp<<endl;
    }
    return 0;
}
```

若将 mutable int m_Count;中的 mutable 去掉，则有编译错误：

```
int incr() const{ return ++m_Count; }  //error C3490: 由于正在通过常量对象访问
                                       //m_Count,因此无法对其进行修改
int decr() const { return --m_Count; } //error C3490: 由于正在通过常量对象访问
```

```
                                    //m_Count,因此无法对其进行修改
```

也许有人会问，既然 incr 和 decr 函数要修改成员变量的值，为什么不将它们的 const 修饰符去掉？这样 m_Count 就不需要声明为 mutable 了。

如果类的成员函数不会改变对象的状态，通常会将这个成员函数声明成 const 的。通过用 const 关键字可避免在函数中错误地修改了类对象的状态，保证了程序的逻辑正确，当使用该成员函数时，是可以准确地预测到使用该成员函数带来的影响。

例 4.68

```
#include <iostream>
using namespace std;
class Point
{
private:
    int x, y;
public:
    Point(int a, int b) { x=a; y=b;}
    void setPoint(int a, int b) { x=a; y=b;}
    void print()const { cout<<"const print x="<<x<<" y="<<y<<endl;}
};
void printPoint(const Point & pt)
{
    pt.print();
}
int main()
{
    Point pt(1,2);
    printPoint(pt);
    pt.setPoint(3,4);
    printPoint(pt);
    return 0;
}
```

类 Point 的成员函数 print 是用来输出的，不会修改类的状态，所以被声明为 const 的。printPoint 函数也是仅仅用来输出的，所以它的参数用 const 来修饰。在 2.2.9 节中提到，如果函数参数是指针或引用，且仅作输入用，则必须在参数类型前面加上 const，以防止该指针在函数体内被意外修改。对于非内部数据类型的输入参数，应该将"值传递"的方式改为"const 引用传递"，目的是提高效率。

如果需求发生了变化，需要增添一个功能：计算每个 Point 对象的输出次数，也就是 Point 类中要有一个计数器，每当调用 print 函数时，对该计数器加 1。

新加一个类的数据成员：

```
private:
    int x, y;
```

```
    int times;
```

既然 print 函数要修改 times 的值,则就不能用 const 来进行声明,即改为

```
void print() { cout<<"const print x="<<x<<" y="<<y<<endl; times++; }
```

这样一来,printPoint 函数的参数中 const 也必须去掉,否则编译会有错误。对于一个大型系统来说,这样的改动影响还是比较大的。这个时候,mutable 就华丽出场了,只要用 mutable 来修饰 times,所有问题就迎刃而解了。有时需要在 const 的函数中修改一些与类状态无关的数据成员,那么这个数据成员就应该被 mutable 修饰。

例 4.69

```
#include <iostream>
using namespace std;
class Point
{
private:
    int x, y;
    mutable int times;
public:
    Point(int a, int b) { x=a; y=b;times=0;}
    void setPoint(int a, int b) { x=a; y=b;}
    void print()const { cout<<"const print x="<<x<<" y="<<y<<endl;times++;}
    int getPrintTimes() const{ return times; }
};
void printPoint(const Point & pt)
{
    pt.print();
}
int main()
{
    Point pt(1,2);
    printPoint(pt);
    pt.setPoint(3,4);
    printPoint(pt);
    cout<<"print times: "<<pt.getPrintTimes()<<endl;
    return 0;
}
```

mutable 能突破 const 的封锁线,让类的一些次要的或者辅助性的成员变量随时可以被更改。

4. const、指针和对象

需要区分下面这 3 种与 const、指针及指针指向的对象有关的情形:

(1) 指向常量对象的指针。

(2) 指向某个对象的常量指针。

(3) 指向常量对象的常量指针。

例如,有一个 Point 类:

```
class Point
{
private:
    int x, y;
public:
    Point(int a, int b) { x=a; y=b;}
    void setPoint(int a, int b) { x=a; y=b;}
};
```

第一种情况,不能修改被指向的对象,但可以使指针指向其他对象:

```
const Point * p=new Point(2, 3);
p->setPoint(3,2);   //error C2662: "Point::setPoint": 不能将 this 指针从 const
                    //Point 转换为 Point &
p=new Point(5, 6);  //正确,指针 p 指向其他对象
```

第二种情况,不能修改指针中存储的地址,即不可以使指针指向其他对象,但可以修改指针指向的对象:

```
Point * const p=new Point(2, 3);
p->setPoint(3,2);   //正确
p=new Point(5, 6);  //error C3892: "p": 不能给常量赋值
```

在最后一种情况中,指针和被指向的对象都被定义成常量,因此都不能被修改:

```
const Point * const p=new Point(2, 3);
p->setPoint(3,2);   //error C2662: "Point::setPoint": 不能将 this 指针从 const
                    //Point 转换为 Point &
p=new Point(5, 6);  //error C3892: "p": 不能给常量赋值
```

4.10 引用成员

如果类中要和别的数据进行共享处理,可以考虑把这个数据作为这个类的引用类型的成员变量。

下面这个类中含有引用类型数据成员。

例 4.70

```
class A
{
public:
    int &x;
```

```
};
int main()
{
    A a;                    //error C2512: "A": 没有合适的默认构造函数可用
    return 0;
}
```

凡是有引用类型的成员变量的类，不能有默认构造函数。因为引用类型的成员变量必须在类构造时进行初始化。

例 4.71

```
class A
{
public:
    A(int i){ x=i; }        //error C2758: "A::x": 必须在构造函数基/成员初始值设定项
                            //列表中初始化
    int &x;
};
int main()
{
    int j;
    A a(j);
    return 0;
}
```

需要注意引用类型的成员变量的初始化问题，它不能直接在构造函数里初始化，必须用初始化列表来进行初始化工作，且形参也必须是引用类型。因此上例中构造函数正确的写法应该是

```
A(int &i):x(i){}
```

例 4.72

```
#include <iostream>
using namespace std;
class A
{
public:
    A(int &i):x(i){}
    int &x;
};
int main()
{
    int j=0;
    A a(j);
    a.x=1;
```

```
    cout<<"j="<<j<<endl;
    cout<<"a.x="<<a.x<<endl;
    return 0;
}
```

程序执行结果：

```
j=1
a.x=1
```

若构造函数写成了

```
A(int i):x(i){}
```

则程序执行结果为

```
j=0
a.x=273211040
```

可见 A(int i):x(i){}未能正确初始化引用 x。

在实际开发时，有时候会接手别人的项目，或需要用到第三方的程序，可能需要修改某些类的设置，如修改一些容易引起歧义的属性。如果要修改的内容其依赖关系太复杂了，往往是很难改的，这时可以新建自己的属性，然后把新属性设置成原来属性的别名(引用)。

例 4.73

```
#include <iostream>
using namespace std;
class Student
{
public:
    int x;
    int &age;
    Student():x(0),age(x){}
    Student(int i):x(i),age(x){}
};
int main()
{
    Student Li(18);
    cout<<"Li's age is: "<<Li.age<<endl;;
    return 0;
}
```

若新接手的工程中有一个 Student 类，这个类用 x 来表示年龄，如此一来程序的可读性很差，若想把程序改得更易读一些，先试着将 x 改为 age，但是发现这个工程中其他地方程序和类中都用到了这个 x，修改起来可能会比较棘手，也有可能会引入一些错误。这时可考虑用“引用成员”，新加一个引用成员 age，让它是 x 的引用，这样在程序中就用

Li. age 来代替 Li. x，程序的可读性便提高了。

引用成员有时候和指针成员差不多，那什么时候用引用成员，什么时候是指针成员？当考虑到存在不指向任何对象的可能（在这种情况下，能够设置指针为空），或者需要能够在不同的时刻指向不同的对象（在这种情况下，能改变指针的指向），这时应该选择指针成员。如果总是指向一个对象并且一旦指向一个对象后就不会改变指向，那么应该使用引用成员。

例 4.74 设有一个 Bird 类：

```
class Bird
{
public:
    void Eat() { cout<<"eat"<<endl; }
    void Fly() { cout<<"fly"<<endl; }
    void Sleep() { cout<<"sleep"<<endl;}
};
```

在 Bird 类对象中有一只“乐天派”的鸟，它在 eat、fly、sleep 前都要唱支歌。怎么办？写一个新的 SingBird 类：

```
class SingBird
{
public:
    void Eat()
    {
        cout<<"sing"<<endl;
        cout<<"eat"<<endl;
    }
    void Fly()
    {
        cout<<"sing"<<endl;
        cout<<"fly"<<endl;
    }
    void Sleep()
    {
        cout<<"sing"<<endl;
        cout<<"sleep"<<endl;
    }
};
```

但是，SingBird 是一个新的类，和原来的 Bird 类没有任何关系，那只“乐天派”的鸟是 Bird 类的。

写一个从 Bird 派生的类？在派生类中重写继承来的 Eat、Fly、Sleep：

```
class SingBird: public Bird {…}
```

这同样也不符合设计要求，“乐天派”的鸟要求是Bird类对象，而不是其派生类对象（虽然一个派生类对象可以看作一个基类对象，即派生类对象可以当作基类对象来用，这里只是“看作”基类对象，并不是真正的基类对象）。

解决办法是用引用来绑定Bird的一个对象：

```
#include <iostream>
using namespace std;
class Bird
{
public:
    void Eat() { cout<<"eat"<<endl; }
    void Fly() { cout<<"fly"<<endl; }
    void Sleep() { cout<<"sleep"<<endl;}
};
class SingBird
{
public:
    SingBird(Bird & b) : bird(b){}
    Bird* operator->()     //重载->运算符
    {
        cout<<"sing"<<endl;
        return &bird;
    }
private:
    Bird& bird;
};
int main()
{
    Bird b;
    SingBird sb(b);
    sb->Eat();
    sb->Fly();
    sb->Sleep();
    return 0;
}
```

程序执行结果：

```
sing
eat
sing
fly
sing
sleep
```

SingBird 类有一个引用成员：Bird 类对象 bird，在创建 sb 对象时将 Bird 对象 b 进行绑定。Bird * operator－>()是对－>运算符进行了重载(详见第 7 章)。在执行 sb－>Eat()时，会执行重载的运算符函数，先执行 cout <<"sing" << endl;，再返回一个 bird 对象的地址，此时 bird 已经绑定了 b，之后会再执行 b－>Eat();。这样，这个乐天派的鸟就会在吃饭、飞行、睡觉前唱支歌。

4.11 友　元

在一个类中可以有公用的(public)成员和私有的(private)成员。在类外可以访问公用成员，只有本类中的函数可以访问本类的私有成员。现在，介绍一个例外——友元(friend)。友元可以访问与其有好友关系的类中的私有成员，友元包括友元函数和友元类。

面向对象程序设计主张程序的封装、数据的隐藏，不过任何事物都不是绝对的，友元打破了这种隐藏。例如，一个家庭总是要通过防盗门、门锁、保险柜等措施不让外人接触，但在特殊情况下(例如全家出游)，又需要检查煤气、水、电情况，就不得不把钥匙交给可信赖的邻居，这位邻居就是友元。友元的引入提高了程序的效率，加强了类的封装性。类中不想让外界访问的成员，将其设置成私有的，在某些时候又不得不将其暴露给特定的对象或方法，若不通过友元的方式，只能将该成员改成公用的，这样所有类外对象都能访问，就会导致一些安全隐患。通过友元方式可以避免这种情况，将这些私有成员交给可以信赖的对象或函数来访问，就像你把钥匙交给可以信赖的邻居一样。

1. 友元函数

如果在本类以外的其他地方定义了一个函数(这个函数可以是不属于任何类的非成员函数，也可以是其他类的成员函数)，在类体中用 friend 对其进行声明，此函数就称为本类的友元函数。友元函数可以访问这个类中的私有成员。

例 4.75　将普通函数声明为友元函数。

```
#include <iostream>
using namespace std;
class Time
{
public:
    Time(int,int,int);
    friend void display(Time &);
private:
    int hour;
    int minute;
    int sec;
};
Time::Time(int h,int m,int s)
```

```
{
    hour=h;
    minute=m;
    sec=s;
}
void display(Time& t)
{
    cout<<t.hour<<":"<<t.minute<<":"<<t.sec;
}
int main()
{
    Time t1(10,13,56);
    display(t1);
    return 0;
}
```

注意：在引用这些私有数据成员时，必须加上对象名，不能写成

```
cout<<hour<<":"<<minute<<":"<<sec<<endl;
```

这样写会有编译错误：

```
error C2065: "hour": 未声明的标识符
error C2065: "minute": 未声明的标识符
error C2065: "sec": 未声明的标识符
```

因为display函数不是Time类的成员函数，不能默认引用Time类的数据成员，必须指定要访问的对象。

例4.76 将友元函数声明为protected和private。

```
#include <iostream>
using namespace std;
class A
{
public:
    A():x(0){};
protected:
    friend void display1(A& a);
private:
    friend void display2(A& a);
    int x;
};
void display1(A& a)
{
    a.x++;
    cout<<a.x<<endl;
```

```
}
void display2(A& a)
{
    a.x++;
    cout<<a.x<<endl;
}
int main()
{
    A a1;
    display1(a1);
    display2(a1);
    return 0;
}
```

程序执行结果：

```
1
2
```

在上例中，创建 a1 时，其私有成员 x 被构造函数设为 0，调用友元函数 display1 时，将 x 值进行了加 1，调用友元函数 display2 又将 x 值进行了加 1。由此可见，友元函数不论是声明为 public、protected 还是 private，都不影响对私有成员的访问。注意，友元函数并不是类的成员函数，不论将它放在什么区段都不影响它发挥作用。

例 4.77 将成员函数声明为友元函数。

```
#include <iostream>
using namespace std;
class Date;                                 //对 Date 类的提前引用声明
class Time                                  //定义 Time 类
{
public:
    Time(int,int,int);
    void display(Date &);
private:
    int hour;
    int minute;
    int sec;
};
class Date                                  //声明 Date 类
{
public:
    Date(int,int,int);
    friend void Time::display(Date &); //声明 Time 中的 display 函数为友元成员函数
private:
    int month;
```

```
    int day;
    int year;
};
Time::Time(int h,int m,int s)            //类 Time 的构造函数
{
    hour=h;
    minute=m;
    sec=s;
}
void Time::display(Date &d)
{
    cout<<d.month<<"/"<<d.day<<"/"<<d.year<<endl;
    cout<<hour<<":"<<minute<<":"<<sec<<endl;
}
Date::Date(int m,int d,int y)            //类 Date 的构造函数
{
    month=m;
    day=d;
    year=y;
}
int main()
{
    Time t1(10,13,56);
    Date d1(6,9,2015);
    t1.display(d1);
    return 0;
}
```

程序执行结果：

```
6/9/2015
10:13:56
```

例 4.78 通过友元函数来创建构造函数被设置为私有的类对象。

```
#include <iostream>
using namespace std;
class Date
{
public:
    void show() { cout<<d<<" "<<m<<" "<<y<<endl; }
private:
    int d, m, y;
    Date()
    {
        d=9;
```

```
        m=6;
        y=2015;
    }
    friend Date* creatDate();
};
Date* creatDate()
{
    Date *p=new Date;
    return p;
}
int main()
{
    Date* p=creatDate();
    p->show();
    delete p;
    return 0;
}
```

程序执行结果：

```
9 6 2015
```

前面提到，若构造函数声明成 private，可以使用该类的友元函数或者友元类创建其对象。上例中，creatDate 为 Date 类的友元函数，它可以访问 Date 类被声明为私有的构造函数，因此通过该友元函数能够创建 Date 类对象。

2. 友元类

不仅可以将一个函数声明为一个类的"朋友"，而且还可以将一个类（例如 B 类）声明为另一个类（例如 A 类）的"朋友"。这时 B 类就是 A 类的友元类。友元类 B 中的所有函数都是 A 类的友元函数，可以访问 A 类中的所有成员。

在 A 类的定义体中用以下语句声明 B 类为其友元类：

```
friend B;
```

声明友元类的一般形式为

```
friend 类名;
```

友元类之间的关系不能传递，不能继承。友元的关系是单向的而不是双向的。进行函数重载时，需要将重载函数集中每一个希望设为友元的函数都声明为友元。

例 4.79

```
class TVset                           //电视类
{
    friend class TVzapper;            //Tvzapper 为友元类
public:
```

```
    TVset(int volume, int channel): volume(volume), channel(channel){}
private:
    int volume;                         //音量
    int channel;                        //频道
};
class TVzapper                          //遥控器类
{
public:
    void volumeup(TVset &tv)            //音量加 1
    {
        tv.volume +=1;
    }
    void volumedown(TVset &tv)          //音量减 1
    {
        tv.volume -=1;
    }
    void channelup(TVset &tv)           //频道加 1
    {
        tv.channel +=1;
    }
    void channeldown(TVset &tv)         //频道减 1
    {
        tv.channel -=1;
    }
};

int main()
{
    TVset tv(10,5);
    TVzapper tc;
    tc.channeldown(tv);
    tc.volumeup(tv);
    return 0;
}
```

TVset 类中声明 Tvzapper 为它的友元类，这样 Tvzapper 类中的的每个成员函数都是 TVset 类的友元函数，都可以访问电 TVset 类的私有数据成员。

4.12 局部类和嵌套类

1. 嵌套类

在一个类的内部定义另一个类，称之为嵌套类(nested class)或者嵌套类型。之所以引入嵌套类，往往是因为外围类需要使用嵌套类对象作为底层实现，并且该嵌套类只用于外围类的实现，这样可以对用户隐藏该底层实现。

虽然嵌套类在外围类内部定义，但它是一个独立的类，基本上与外围类不相关。它的成员不属于外围类，同样外围类的成员也不属于该嵌套类。

若不在嵌套类内部定义其成员，则其定义只能写到与外围类相同的作用域中，且要用外围类进行限定，不能把定义写在外围类中。

例 4.80

```
#include <iostream>
using namespace std;
class A
{
public:
    void operate();
    class B;
    B* m_b;
};
class A::B
{
public:
    void operate()
    {
        cout<<"B operate!"<<endl;
    }
};
void A::operate()
{
    m_b=new B;
    cout<<"A operate!"<<endl;
    m_b->operate();
}
int main()
{
    A a;
    a.operate();
    return 0;
}
```

程序执行结果：

```
A operate!
B operate!
```

从作用域的角度看，嵌套类被隐藏在外围类之中，该类名只能在外围类中使用。如果在外围类的作用域内使用该类名时，需要加名字限定。

在嵌套类还未定义(只是进行了声明)之前,只能声明嵌套类的指针和引用,如上面在A中的m_b定义为B m_b而不是B* m_b将会引发一个编译错误:

```
error C2079: "A::m_b"使用未定义的 class"A::B"
```

若上例中嵌套类写成

```
class A
{
public:
    void operate();
    class B
    {
    public:
        void operate();
    };
    void B::operate()
    {
        cout<<"B operate!"<<endl;
    }
    B m_b;
};
```

嵌套类内B的成员函数定义在外围类中,这将会有如下编译错误:

```
error C3254: "A": 类包含显式重写 operate,但并不从包含函数声明的接口派生
error C2838: "operate": 成员声明中的非法限定名
error C2535: "void A::operate(void)": 已经定义或声明成员函数
```

嵌套类的出现只是告诉外围类有一个这样的类型成员供外围类使用。并且,外围类对嵌套类成员的访问没有任何特权,嵌套类对外围类成员的访问也同样如此,它们都遵循普通类所具有的访问控制规则。

例 4.81

```
#include <iostream>
using namespace std;
class A
{
private:
    static void func1() { cout<<"func1"<<endl; }
public:
    void func2() { cout<<"func2"<<endl; }
    class B
    {
    private:
        void func3() { cout<<"func3"<<endl; }
```

```
    public:
        void func4()
        {
            func1();
            func2();      //error C2352: "A::func2": 非静态成员函数的非法调用
        }
    };
    B b;
    void func5()
    {
        b.func3();        //error C2248: "A::B::func3": 无法访问 private 成员
                          //(在 A::B 类中声明)
        func4();          //error C3861: "func4": 找不到标识符
        b.func4();
    }
};
int main()
{
    A a;
    a.func1();      //error C2248: "A::func1": 无法访问 private 成员(在 A 类中声明)
    a.func2();
    a.func3();      //error C2039: "func3": 不是 A 的成员
    a.func4();      //error C2039: "func4": 不是 A 的成员
    a.func5();
    return 0;
}
```

从上例可看出，嵌套类名与它的外围类的对象成员名具有相同的访问权限规则：嵌套类内不能访问外围类中非静态的成员(如 func2())；外围类不能访问嵌套类的成员(如 func4())；外围类中的嵌套类对象不能访问嵌套类对象中的私有成员(如 b. func3())；嵌套类中声明的成员不是外围类中的成员(如 a. func3()和 a. func4()是错误的)。总之，嵌套类的成员函数对外围类的成员没有访问权，反之亦然。因此，在分析嵌套类与外围类的成员访问关系时，往往把嵌套类看作非嵌套类来处理。这样，上例的嵌套类可写成如下格式。

例 4.82

```
#include <iostream>
using namespace std;
class B
{
    void func3() { cout<<"func3"<<endl; }
public:
    void func4()
    {
```

```
        func1();
        func2();            //error C3861: "func2": 找不到标识符
    }
};
class A
{
    static void func1() { cout<<"func1"<<endl; }
public:
    void func2() { cout<<"func2"<<endl; }
    B b;
    void func5()
    {
        b.func3();
                    //error C2248: "B::func3": 无法访问 private 成员(在 B 类中声明)
        func4();    //error C3861: "func4": 找不到标识符
        b.func4();
    }
};
int main()
{
    A a;
    a.func1();      //error C2248: "A::func1": 无法访问 private 成员(在 A 类中声明)
    a.func2();
    a.func3();      //error C2039: "func3": 不是 A 的成员
    a.func4();      //error C2039: "func4": 不是 A 的成员
    a.func5();
    return 0;
}
```

从上面两个例子可以看出，把嵌套类当作非嵌套类处理时，编译错误基本上是一样的。只是在例 4.81 中嵌套类 B 可以访问外围类中的静态成员。

2. 局部类

类也可以定义在函数体内，这样的类被称为局部类(local class)，局部类只在定义它的局部域内可见。局部类中只能同它的外围作用域中的对象和函数进行联系，因为外围作用域中的变量与该局部类的对象无关。

例 4.83

```
#include <iostream>
using namespace std;
void func()
{
    static int x;
    class A
```

```
    {
    public:
        void init(int i)
        {
            x=i;
            cout<<"x="<<x<<endl;
        }
    };
    A m;
    m.init(5);
}
int main()
{
    func();
    return 0;
}
```

程序执行结果：

```
x=5
```

与嵌套类不同的是，在定义该类的局部域外没有语法能够引用局部类的成员，因此，局部类的成员函数必须在类中进行定义。

```
void func()
{
    class A
    {
    public:
        void init(int i);
    };
    void A::init(int i)
    {              //error C2601: "func::A::init": 本地函数定义是非法的
        x=i;
        cout<<"x="<<x<<endl;
    }
}
```

因为没有语法能够在名字空间域内定义局部类的成员，所以也不允许局部类声明静态数据成员。

```
void func()
{
    class A
    {
    public:
```

```
        static int i; //error C2246: "func::A::i": 本地定义的类中的非法静态数据成员
    };
}
```

外围函数没有特权访问局部类的私有成员，当然，这可以通过使外围函数成为局部类的友元来实现。同嵌套类一样，局部类可以访问的外围域中的名字也是有限的，局部类只能访问在外围局部域中定义的类型名、静态变量以及枚举值。例如：

```
int g;
void func()
{
    static int x;
    int y;
    int g;
    enum Loc { m, n };
    class A
    {
    public:
        int z;
        void funcA()
        {
            Loc l=m;  //正确：枚举值
            z=y;      //error C2326: "void func::A::funcA(void)": 函数无法访问 y
            z=::g;    //正确：全局变量
            z=g;      //局部变量
                      //error C2326: "void func::A::funcA(void)": 函数无法访问 g
            z=x;      //正确：静态局部变量
        }
    private:
        int i;
    };
    A a;
    a.z=5;            //正确：局部类公有成员
    a.i=6;            //error C2248: "func::A::i": 无法访问 private 成员
                      //(在 func::A 类中声明)
}
```

在局部类内，不包括成员函数定义中的名字解析过程是：在外围域中查找出现在局部类定义之前的声明；在局部类的成员函数体内的名字的解析过程是：在查找外围域之前，首先查找该类的完整域。如果先找到的声明使该名字的用法无效，则不考虑其他声明，例如，即使在 funcA()中使用 g 是错的，编译器也不会找到全局变量 g，除非用全局域解析操作符限定修饰 g，如::g。

4.13 C语言实现类的封装

在C语言中,可以用“结构+函数指针”来模拟类的实现,而用这种结构定义的变量就是对象。

例 4.84

```
#include "stdlib.h"
struct Point;                                   //提前引用声明
Point * new_point(int i, int j);
void free_point(Point * point_);
int get_x(Point * point_);
int get_y(Point * point_);
struct Point
{
    int x;                                      //"类"的数据成员
    int y;                                      //"类"的数据成员
    void(* freeP)(Point * point_);              //"类"的成员函数
    int(* getX)(Point * point_);                //"类"的成员函数
    int(* getY)(Point * point_);                //"类"的成员函数
};
Point * new_point(int i, int j)                 //创建"类"对象
{
    Point * p=(Point * )malloc(sizeof(Point));  //在堆上创建 Point 对象
    p->x=i;
    p->y=j;
    p->getX=get_x;
    p->getY=get_y;
    p->freeP=free_point;
    return p;
}
void free_point(Point * p)
{
    if(p==NULL)
        return;
    free(p);
}
int get_x(Point * p)
{
    return p->x;
}
int get_y(Point * p)
{
```

```
    return p->y;
}
int main()
{
    Point * p=new_point(5,10);
    printf("x=%d\n", p->getX(p));
    printf("y=%d\n", p->getY(p));
    p->freeP(p);
    return 0;
}
```

程序执行结果：

```
x=5
y=10
```

结构体 Point 中，x 和 y 就相当于“类”的数据成员，函数指针 freeP、getX 和 getY 就相当于“类”的成员函数。new_point 函数创建“类”对象，并给数据成员赋值，并绑定函数指针指向。

上例中，若将 main 函数的两个 printf 输出函数改为

```
printf("x=%d\n", p->x);
printf("y=%d\n", p->y);
```

同样能得到正确的输出，这也意味着 Point“类”中数据全都是 public 的，没有做到对私有数据进行隐藏。把私有数据信息放在一个不透明的 private 变量或者结构体中，只有“类”的实现代码才知道 private 或者结构体的真正定义。

例 4.85

```
#include "stdlib.h"
struct Point;                                //提前引用声明
void free_point(Point *point_);
int get_x(Point *point_);
int get_y(Point *point_);
int get_z(Point *p);
struct PrivatePoint
{
    int z;
};
struct Point
{
    int x;                                   //"类"的数据成员
    int y;                                   //"类"的数据成员
    void(*freeP)(Point *point_);             //"类"的成员函数
    int(*getX)(Point *point_);               //"类"的成员函数
    int(*getY)(Point *point_);               //"类"的成员函数
```

```
    int(*getZ)(Point *point_);         //"类"的成员函数
    struct PrivatePoint *pp;           //"类"的私有成员
};
Point * new_point(int i, int j, int k)
{
    Point * p=(Point *) malloc(sizeof(Point));
    PrivatePoint * pri=(PrivatePoint *) malloc(sizeof(PrivatePoint));
    p->pp=pri;
    p->x=i;
    p->y=j;
    p->pp->z=k;
    p->getX=get_x;
    p->getY=get_y;
    p->getZ=get_z;
    p->freeP=free_point;
    p->pp=pri;
    return p;
}
void free_point(Point *p)
{
    if(p->pp==NULL)
        return;
    free(p->pp);
    if(p==NULL)
        return;
    free(p);
}
int get_x(Point *p)
{
    return p->x;
}
int get_y(Point *p)
{
    return p->y;
}
int get_z(Point *p)
{
    return p->pp->z;
}
int main()
{
    Point* p=new_point(5,10,20);
    printf("x=%d\n", p->getX(p));
    printf("y=%d\n", p->getY(p));
    printf("z=%d\n", p->getZ(p));
    p->freeP(p);
```

```
    return 0;
}
```

程序执行结果：

```
x=5
y=10
z=20
```

上例中，在 Point 中增加了一个 PrivatePoint 的指针，PrivatePoint 结构体中有一个 int 型数据 z。p 作为 Point 的一个指针无法直接访问 z，p－＞z 这样是不允许的。PrivatePoint 结构体指针把 z 隐藏起来了，只有 Point"类"才知道结构体的真正定义，即对于私有成员来说是类内可见，类外不可见。

在 free_point 函数中，先释放了 Point 实例 pp 所指向的"私有数据"，然后释放了 Point 实例。若将它们两个 free 顺序换一下，即先 free(p)再 free(p－＞pp)，则会有运行时的内存访问错误。因为 free(p)之后，p－＞pp 便不存在了。

习　题

1. 什么是类？什么是对象？类和对象是什么关系？

2. 面向对象程序设计中类之间的关系主要有哪两种？举例说明。

3. 一个类的各数据成员的构造顺序是什么？类的对象成员与类的一般数据成员的构造顺序是什么？构造顺序与析构顺序的关系是什么？

4. 复制构造函数的作用是什么？

5. 定义一个满足如下要求的 Data 类：

(1) 用下面的格式输出日期：日/月/年。

(2) 可运行在日期上加一天操作。

(3) 设置日期。

6. 下面的代码有什么问题？

```
class A
{
public:
    A() { p=this; }
    ~A() { if(p!=NULL) { delete p; p=NULL; } }
    A* p;
};
```

7. 分析程序，写出运行结果。

```
class BC
{
public:
```

```
    BC() { sBC=new char[3]; cout<<"BC allocates 3 bytes. in BC()\n"; }
    ~BC() { delete [ ] sBC; cout<<"BC free 3 bytes. \n in ~BC()"; }
private:
    char* sBC;
};
class DC : public BC
{
public:
    DC() { sDC=new char[5]; cout<<"DC allocates 5 bytes. in DC()\n"; }
    ~DC() { delete [ ] sDC; cout<<"DC free 5 bytes. in DC()\n"; }
private:
    char* sDC;
};
int main()
{
    DC d;
    cout<<"this is a test."<<endl;
    return 0;
}
```

8. 分析下列程序的输出结果。

```
class Test
{
public:
    Test(int n=1) { val=n; cout<<"Con."<<endl; }
    Test(const Test& t) {val=t.val; cout<<"Copy con."<<endl;}
    Test& operator=(Test& t)
    {
        val=t.val;
        cout<<"Assignment."<<endl;
        return *this;
    }
private:
    int val;
};
void fun1(Test t){}
Test fun2()
{
    Test t;
    return t;
}
int main()
{
    Test t1(1);
```

```
    Test t2=t1;
    Test t3;
    t3=t1;
    fun1(t2);
    t3=fun2();
    return 0;
}
```

9. 改正程序中的错误,并说明原因。

```
#include "iostream.h"
class Point
{
    int x1,x2;
public:
    Point(int x,int y){x1=x;x2=y; }
    int x_cord(){return x1; }
    int y_cord(){return x2; }
};
int main()
{
    Point data(3,4);
    cout<<data.x_cord()<<endl;
    cout<<data.y_cord()<<endl;
    Point more_data[5];
    cout<<more_data.x_cord()<<endl;
    return 0;
}
```

10. 写出类 A 的定义,通过类的静态成员来记录已经创建的 A 类的实例(对象)的个数,使得下面的程序

```
int main()
{
    A *pA=new A[10];
    cout<<"There are"<<pA->GetObjCount()<<" objects"<<endl;
    delete []pA;
    cout<<"There are "<<A::GetObjCount()<<" objects"<<endl;
    return 0;
}
```

得到的输出为

```
There are 10 objects
There are 0 objects
```

11. 定义一个阶乘类 CFactorial 实现阶乘的计算和显示。

12. 采用面向对象的方式编写一个通讯录管理程序，通讯录中的信息包括姓名、联系电话、邮编。要求的操作有：添加一个联系人，列表显示所有联系人。先给出类定义，然后给出类实现。（提示：可以设计两个类，一个通讯录条目类 COMMU，一个通讯录类 COMMUS。）

13. 定义一个处理日期的类 TDate，它有 3 个私有数据成员 Month、Day、Year 和若干个公有成员函数，并实现如下要求：①构造函数重载；②成员函数设置默认参数；③定义一个友元函数打印日期；④定义一个非静态成员函数设置日期；⑤可使用不同的构造函数来创建不同的对象。

14. 设计一个点类 Point，求两个点之间的距离。

15. 定义一个 Circle 类，计算圆的周长和面积。

16. 用 C++ 语言定义 MyString(包括成员函数的实现代码)，使之能符合下面程序及在注释中描述的运行结果的要求：

```
main()
{
    MyString s1="0123456789", s2(5), s3;
    s1.display();          //此时显示<0123456789>
    s2.display();          //此时显示<     >(<>之间是 5 个空格)
    s3.display();          //此时显示<>
    s3=s1;
    s3.display();          //此时显示<0123456789>
    s2=s1[2];
    s2.display();          //此时显示<23456789>
    s1.display();          //此时显示<0123456789>
    s3=s2++;
    s2.display();          //此时显示<3456789>
    s3.display();          //此时显示<23456789>
}
```

17. 设计一个用于人事管理的 People 类。只抽象所有类型人员都具有的属性：number、sex、birthday、id 等。其中 birthday 定义为一个 Date 类内嵌子对象。用成员函数实现对人员信息的录入和显示。要求包括构造函数和析构函数、复制构造函数等。

18. 定义 Boat 和 Car 两个类，二者都有 weight 属性，定义二者的一个友元函数 totalWeight()，计算二者的重量和。

第5章 chapter 5

继承和派生

继承(inheritance)是软件重用的一种方式,程序员通过继承可以接收已有类的数据和行为来创建新类,并可以添加新的数据和行为来增强类的功能。创建新类时,并不需要创建全新的数据和成员函数,可以让这个新类继承现有类的成员。此时,现有的类称为基类或父类,继承实现的新类称为派生类。派生类代表了一组更加特殊化的对象,它包含了从基类继承来的属性和行为,并进行了扩充。

5.1 介 绍

类是对现实中事物的抽象,类的继承和派生的层次结构则是对自然界中事物分类、分析的过程在程序设计中的体现。图5.1说明了某个公司雇员的派生关系。位于最高层的雇员,其抽象程度最高,是最具一般性的概念。最下层抽象程度最低,最具体。从上层到下层是具体化的过程,从下层到上层是抽象化的过程。面向对象设计中上层与下层是基类与派生类的关系。

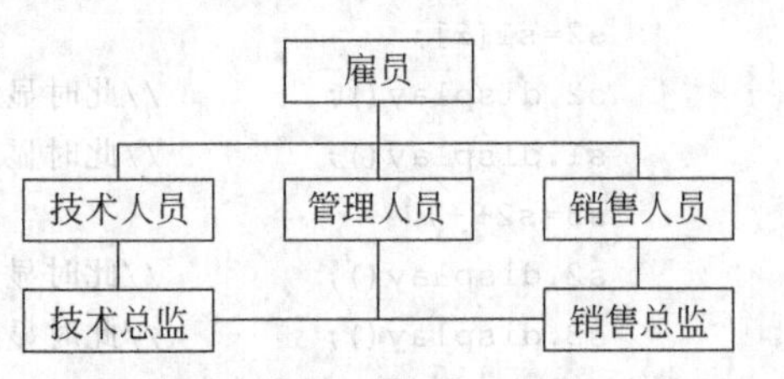

图5.1 公司雇员的派生关系

图5.1中此公司的雇员有3类:技术人员、管理人员和销售人员。每个雇员都有姓名、级别和薪水等信息。每类雇员的月薪计算方式不同,技术人员可按实际工作小时数领取月薪,管理人员领取固定月薪,而销售人员是根据当月销售额领取提成。

这3类雇员的月薪计算方法等不同,所以不能用同一个类来描述,需要有3个类来分别抽象3类雇员。但这3个类中又有很多数据成员是一样的,例如姓名、级别和薪水等,函数成员也有很多是相同的,只是可能实现方法不同,例如计算月薪函数等。

应该先描述所有雇员的共性,再分别描述每类雇员。分别描述时应先说明他是雇员,然后描述他特有的属性和处理方法。这种描述方法在面向对象设计中就是类的继承与派生。对雇员共性进行描述就形成了基类,而对每类雇员的特性的描述可以通过从基类派生出子类来实现。

依照面向对象的理念,当某个概念用语言的基本类型不能具体表示时,就应当定义一个新的类型(class)。一个概念一般不是独立存在的,通常与其相关的概念共存,以此发挥更大的作用。当某个概念与其他概念之间存在关系时，应当在相应的类型之间也表示出这样的关系。

类之间的关系主要有以下两种：

(1) “has a”：A car has wheels，engines，…

(2) “is a”：A manager is an employee.

“has a”的表示方式是聚集(integration)，如图 5.2 所示。

```
class Car
{
    Wheel *ws[4];
    Engine *e;
    …
};
```

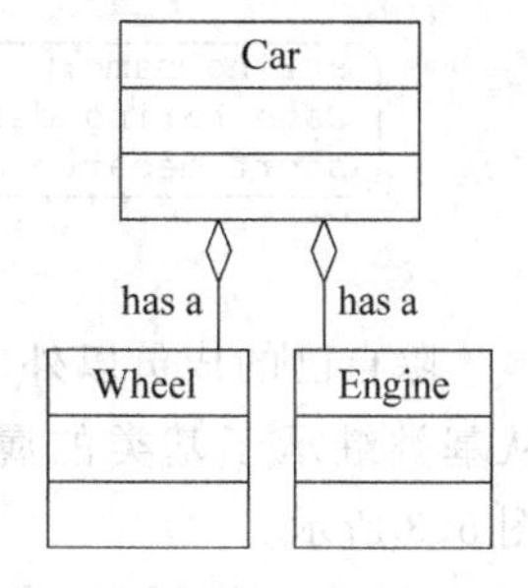

图 5.2 聚集

孤立的类只能描述实体集合的特征同一性，而客观世界中实体集合的划分通常还要考虑实体特征方面有关联的相似性。

“相似”无非是既有共同点，又有差别。

(1) 内涵的相似性：在客观世界中具有一般—特殊的关系(“is a”)，例如雇员(Employee)—经理(Manager)。

(2) 结构的相似性：具有相似的表示，例如 array、vector。

如何表示相似的事物？

如果将相似的事物用不同的类型来表示，能够表示其差别，但体现不了它们之间存在共性的事实，且共性的表示也可能不一致。当扩充维护过程中需要对其共性部分进行修改时，就面临着保持一致性的问题。

如果将相似的事物用相同的类型表示(例如把可能的特征都定义上去，再设法进行投影)，则体现其差别就十分困难，且失去了类型化的支持。一旦需扩充和修改(哪怕只是涉及差别部分)，也将影响用此种类型表示的所有其他事物。

方式 1，重复定义共性来表示“is a”：

```
class Employee              class Manager
{                           {
   string name;                string name;
   Date hiring_date;           Date hiring _date;
   short department;           short department;
   …                           list<Employee*> group;
};                               int level;
                               …
                            };
```

方式 2，将共性表示为一种类型来表示“is a”：

```
class Employee              class Manager
{                           {
   string name;                Employee emp;
   Date hiring_date;           list<Employee*> group;
   short department;           int level;
   …                           …
};                          };
```

方式3,通过继承来表示“is a”：

上面两种方式虽然能表示出类之间的共性部分,但都无法告诉编译器或其他工具 Manager is also an Employee。

正确的方法是通过附加一点信息,显式地声明 Manager is an Employee：

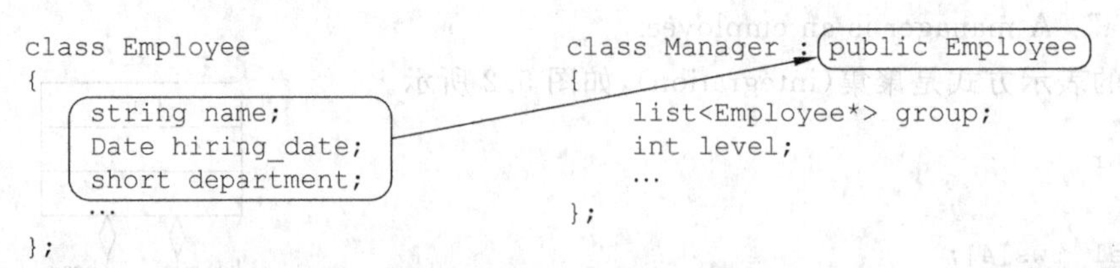

除自己的成员以外,类 Manager 还拥有 Employee 类的成员。一个派生类被认为是从基类继承了基类的属性,所以这种关系被称为继承,如图5.3所示。

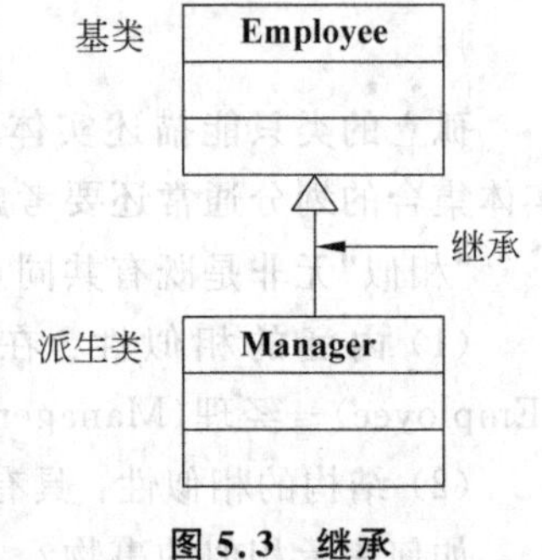

图5.3 继承

“has a”关系即组合关系,可通过定义类的属性的方式来实现;“is a”关系即继承关系,通过类继承来实现。如果确定两个对象之间是“is a”的关系,那么此时应该使用继承。比如菱形、圆形和方形都是形状的一种,那么它们都应该从形状类继承而不是聚合。如果确定两个对象之间是“has a”的关系,那么此时应该使用组合;比如电脑是由显示器、CPU、硬盘等组成的,那么应该把显示器、CPU、硬盘这些类聚合成电脑类,而不是从电脑类继承。

在实际应用中还会有“has a”和“is a”两者同时用的情况,一个类在接口上表现为“is a”的继承关系,但在实现上又表现为“has a”的组合关系(在设计模式中经常会出现)。

由已有类产生新类时,新类会拥有已有类的所有特性,然后又加入了自己独有的新特性。已有类叫做基类或者父类,产生的新类叫做派生类或者子类。派生类同样又可以作为基类派生新的子类,这样就形成了类的层次结构。因为基类的成员被派生类所继承,所以继承有益于代码重用(code reuse)。

继承允许设计者在一个共同的基类中表达多个类的共性特征。例如,交通工具就可以作为自行车、汽车等多个类的共同基类,如图5.4所示。

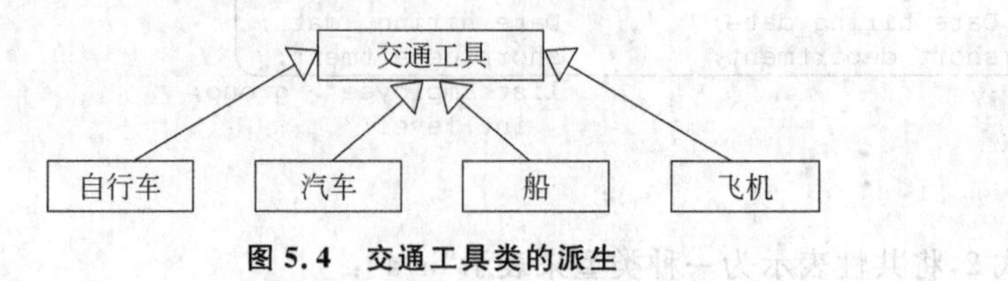

图5.4 交通工具类的派生

当然,派生类也可以作为另外一个类的基类,如图5.5所示。

交通工具是一个基类(也称做父类),通常情况下所有交通工具所共同具备的特性有速度、额定载人的数量等,但按照生活常规,继续对交通工具进行细分时,会想到有自行车、汽车、船和飞机类等。汽车类和飞类同样具备速度和额定载人数量这样的特性,而这

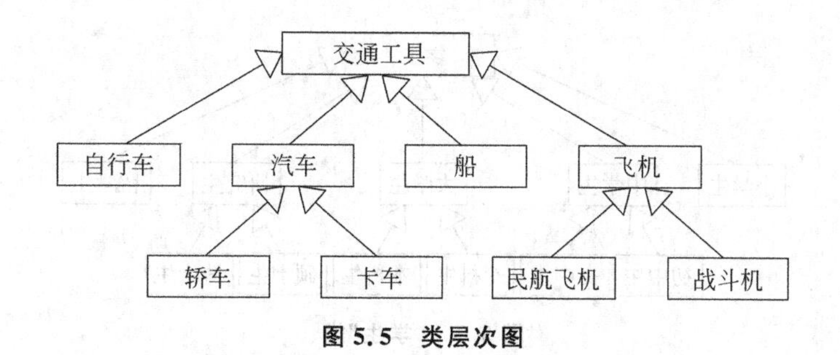

图 5.5 类层次图

些特性是所有交通工具所共有的，那么当建立汽车类和飞机类的时候无须再定义基类已经有的数据成员，而只需要描述汽车类和飞机类所特有的特性即可。飞机类和汽车类的特性是在交通工具类原有特性基础上增加而来的，那么飞机类和汽车类就是交通工具类的派生类。以此类推，层层递增，这种派生类获得父类特性的概念就是继承。

一个派生类不仅可以从一个基类派生，也可以从多个基类派生。一个派生类可以有两个或多个基类，称为多重继承（multiple inheritance），如图 5.6 所示。

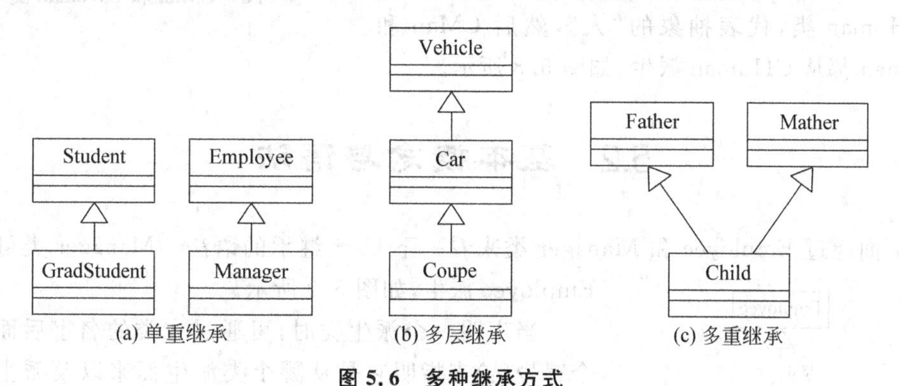

图 5.6 多种继承方式

例 5.1 所有的学生都有一些共同的属性和方法，比如姓名、学号、性别、成绩等属性，判断是否该留级，判断是否该奖励之类的方法。

而不同的学生，比如中学生、大学生、研究生，又有各自不同的属性和方法，比如大学生有系的属性，而中学生没有，研究生有导师的属性，中学生有竞赛、特长加分之类的属性。

如果为每类学生都编写一个类，显然会有不少重复的代码。

比较好的做法是编写一个"学生"类，概括了各种学生的共同特性，然后从"学生"类派生出"大学生"类、"中学生"类、"研究生类"等，如图 5.7 所示。

关于基类和派生类的关系，可以表述为：派生类是基类的具体化，而基类则是派生类的抽象。

使用继承必须满足如下逻辑关系：

如果写了一个基类 A，又写了基类 A 的派生类 B，那么要注意"一个 B 对象也是一个 A 对象"这个命题从逻辑上成立，是 A 派生出 B 为合理派生的必要条件。

如上面的学生例子，一个大学生当然也是一个学生。

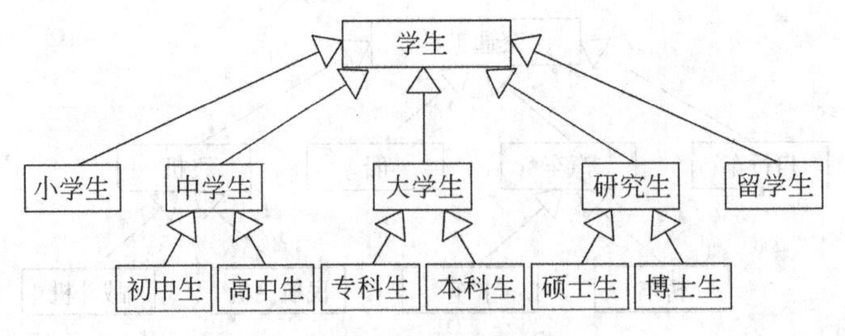

图 5.7 “学生”类

使用继承容易犯这样的错误：如果写了一个 CMan 类代表男人，后来又发现需要一个 CWoman 类来代表女人，仅仅因为 CWoman 类和 CMan 类有共同之处，就让 CWoman 类从 CMan 类派生而来，是不合理的。因为“一个女人也是一个男人”从逻辑上不成立。

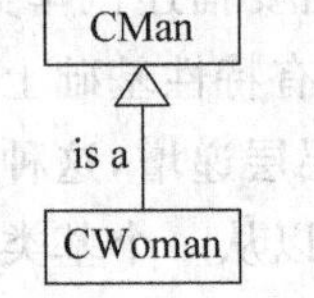

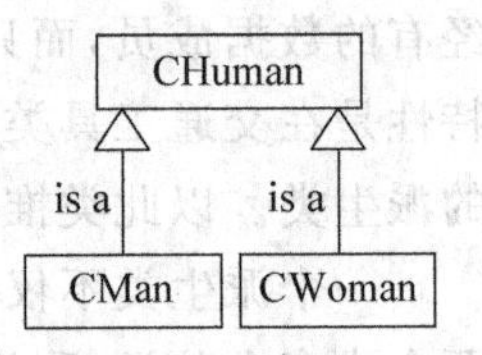

图 5.8 CMan 和 CWoman 类

正确的做法是概括男人和女人共同特性，写一个 CHuman 类，代表抽象的“人”，然后 CMan 和 CWoman 都从 CHuman 派生，如图 5.8 所示。

5.2 基本概念与语法

下面通过 Employee 和 Manager 类来看一下 C++ 继承的语法。Manager 类可以从 Employee 派生，如图 5.9 所示。

Employee

is a

Manager

图 5.9 Manager 类从 Employee 类派生

当声明一个派生类时，可通过在类的名字后面加一个冒号(:)来指明它是从哪个类派生而来以及派生类型(public、protected、private)，如图 5.10 所示。

```
class <类名>:<继承方式><基类名 1>,
              <继承方式><基类名 2>,…
{ … }
```

构造一个派生类包括以下 3 部分工作：

(1) 从基类接收成员。派生类把基类全部的成员(不包括构造函数和析构函数)接收过来，这是没有选择的，不能选择接收其中一部分成员，而舍弃另一部分成员。

(2) 处理从基类接收的成员。接收基类成员是程序员不能选择的，但是程序员可以对这些成员作某些处理。

(3) 在声明派生类时增加新成员。这部分内容是很重要的，它体现了派生类对基类功能的扩展。要根据需要仔细考虑应当增加哪些成员，精心设计。

在进行设计时，要根据派生类的需求慎重选择基类，使冗余量最小。如果基类选得不合适，就会出现这样的笑话：一只公鸡使劲地追打一只刚下了蛋的母鸡，知道为什么吗？因为母鸡下了鸭蛋。事实上，有些类是专门作为基类而设计的，在设计时应充分考

```
继承方式：public、protected、private
若未指定继承方式，则为private方式

class Employee                      class Manager  ←—— 派生类名
{                                     : public Employee ←— 基类名
private:                            {
  string name;                      private:
  Date hiring _date;                  int level ;
  short department;                 public:
public:                               Manager ();
  Employee();                         ~Manager ();
  ~Employee();                        int getLevel();
  bool isHire ();                     void setLevel ();
  string getName ();                };
};
```

图 5.10 声明派生类

虑到派生类的要求。

例 5.2

```
#include <iostream>
using namespace std;
class A
{
public:
    int a;
    int b;
private:
    int c;
protected:
    int d;
};
class B: public A
{
    int c;
};
int main()
{
    cout<<"size of A is "<<sizeof(A)<<endl;
    cout<<"size of B is "<<sizeof(B)<<endl;
    return 0;
}
```

程序执行结果：

```
size of A is 16
size of A is 20
```

派生类的存储结构与基类的存储结构存在着“粘接”(splice)关系，如图 5.11 所示。

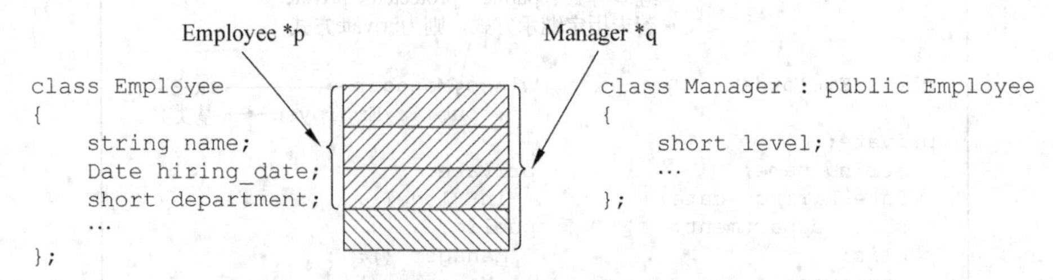

图 5.11　派生类与基类在存储结构上的“粘接”关系

一个派生类对象也是一个基类对象，一个基类对象可派上用场的地方，派生类对象一样可派上用场。反之则不然。

例 5.3

```
class Person {…};
class Student : public Person {…};
void eat(Person &p){};
void study(Student &s){};
int main()
{
    Person p;
    Student s;
    eat(p);          //正确
    eat(s);          //正确,学生也要吃饭
    study(s);        //正确
    study(p);        //error C2664: "study": 不能将参数 1 从 Person 转换为 Student &
    return 0;
}
```

调用函数 study(p)时，将派生类对象换成基类对象，这时会有编译错误。每个人要吃饭，学生也是人，当然也要吃饭；学生要学习，但不是每个人都要学习。

只有公用派生类才是基类真正的子类型，它完整地继承了基类的功能。基类与派生类对象之间有赋值兼容关系，由于派生类中包含从基类继承的成员，因此可以将派生类的值赋给基类对象，在用到基类对象的时候可以用其派生类对象代替。赋值兼容存在以下 3 种形式：

(1) 派生类对象可以向基类对象赋值。

(2) 派生类对象可以替代基类对象，向基类对象的引用进行赋值或初始化。

(3) 派生类对象的地址可以赋给指向基类对象的指针变量，也就是说，指向基类对象的指针变量也可以指向派生类对象。

赋值兼容仅是针对 public 派生，如果派生方式是 private 或 protected，则上述 3 条不可行。

可以用子类 B 的实例对其基类 A 的实例进行赋值，例如：

```
A a;
B b;
a=b;
```

如图 5.12 所示,赋值后不能企图通过对象 a 去访问派生类对象 b 的成员,因为 b 的成员与 a 的成员是不同的。在赋值时舍弃了派生类的成员,所谓赋值只是对数据成员赋值,对成员函数不存在赋值问题。

如已定义了派生类 B 的对象 b,可以定义基类部分数据的引用:

```
B b;
A& r=b;
```

此时 r 并不是 b 的别名,也不与 b 共享同一段存储单元。它只是 b 中基类部分的别名,r 与 b 中基类部分共享同一段存储单元,r 与 b 具有相同的起始地址,如图 5.13 所示。

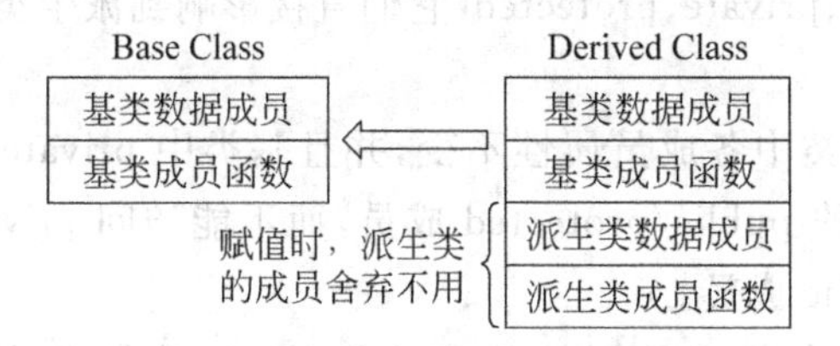

图 5.12 赋值后不能通过基类对象访问派生类对象的成员

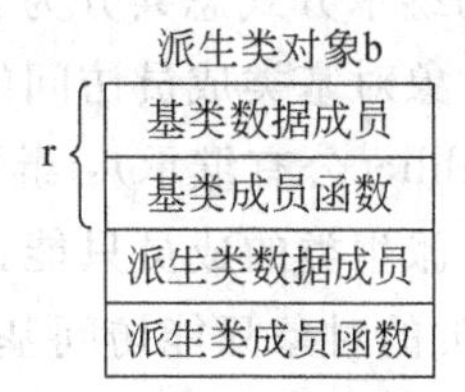

图 5.13 r 与 b 中的基类部分共享同一段存储单元

当通过基类指针或引用操作时,派生类的对象可被当做基类的对象看待。

例 5.4

```
#include <string>
using namespace std;
class Employee
{
public:
    string name;
    short department;
    …
};
class Manager : public Employee
{
    short level;
    …
};
void func1(Employee* pe) {};
void func2(Employee e) {};
int main()
{
```

```
    Employee e;
    Manager m;
    func1(&e);
    Employee * pe=&m;
    func1(pe);
    Employee &re=m;
    func2(e);
    func2(re);
    return 0;
}
```

5.3 派生类成员的访问属性

C++的继承方式总共分为3种：public、private、protected（它们直接影响到派生类的成员及其对象对基类成员访问的规则）。

（1）public（公有继承）：继承时保持基类中各成员属性不变，并且基类中private成员被隐藏。派生类的成员只能访问基类中的public/protected成员，而不能访问private成员；派生类的对象只能访问基类中的public成员。

（2）private（私有继承）：继承时基类中各成员属性均变为private，并且基类中private成员被隐藏。派生类的成员也只能访问基类中的public/protected成员，而不能访问private成员；派生类的对象不能访问基类中的任何成员。

（3）protected（保护性继承）：继承时基类中各成员属性均变为protected，并且基类中private成员被隐藏。派生类的成员只能访问基类中的public/protected成员，而不能访问private成员；派生类的对象不能访问基类中的任何的成员。

基类成员在派生类中的属性变化如表5.1所示。

表5.1　基类成员在派生类中可见性

继承方式 \ 基类中的访问控制	public	private	protected
public	public	private	protected
private	private	private	private
protected	protected	private	protected

从表5.1可知：

public继承，不改变基类成员的访问控制。

private继承，派生类所继承的基类成员的访问控制都变为private。

protected继承，基类中的private成员的访问控制不变，其余的都变为protected。

基类的public成员在派生类中是可见的；基类的private成员在派生类中是不可见的；基类的protected成员仅在自己的类和其派生类中是可见的，见表5.2。继承方式不会影响基类成员在派生类中的可见性。

表 5.2 继承方式对基类成员能见度的影响

继承方式 \ 基类中的访问控制	public	private	protected
public	Yes	No	Yes
private	Yes	No	Yes
protected	Yes	No	Yes

举个生活中的例子来描述这 3 种不同的继承关系：你爷爷有一本书，你爸爸可以随便看，在家看也行，在外边看行，这就是公有继承；你爷爷的书借你爸爸，并且你爸爸只能在家看，不能将书带到外边，而你不可以拿来看，这就是私有继承；你爷爷的书可以借给你爸爸和你，你俩只可以在家看，这就是保护继承。

5.3.1 公有继承

public 继承并不是说不继承父类的 private 成员，是要继承的，只是在派生类的成员函数中无法访问父类的私有成员。

例 5.5

```
class B
{
public:
    void set_x(int a) { x=a; }
protected:
    int get_x() const { return x;}
private:
    int x;
};
class D : public B
{
public:
    void func()
    {
        int c=x;          //error C2248: "B::x": 无法访问 private 成员(在 B 类中声明)
        set_x(c +2);
    }
};
int main()
{
    D d;
    d. func();
    return 0;
}
```

上例中，在派生类 D 中是不能访问基类 B 的 private 成员 x 的，但可以访问基类的

public 成员 set_x 函数。若将 func 函数中代码 int c=x;改为 int c=get_x();,则程序就正确了,因为 protected 成员仅在自己的类和其派生类中是可见的。

例 5.6

```
#include <iostream>
using namespace std;
class B
{
protected:
    int get_x() const;
private:
    int x;
};
class D : public B
{
public:
    int get_val() const { return get_x(); }      //正确
    void func(const B& b) const
    {
        cout<<b.get_x()<<endl;                    //error C2248: "B:get_x": 无法访
                                                  问 protected 成员(在 B 类中声明)
    }
};
```

要注意区分上例中派生类 D 内访问基类 B 中 protected 成员函数 get_x()的两种不同方式。get_val 函数中是访问基类的 get_x(),这是允许的。但 func 函数中,是通过形参 B 的对象 b 来访问 get_x(),这就属于类外访问类的保护型成员,这是不允许的。

基类的公用成员和保护成员在派生类中仍然保持其公用成员和保护成员的属性。

例 5.7

```
class B
{
    int j;
public:
    int i;
    void func();
};
class D : public B
{
public:
    int i;
    void access();
    void func();
};
```

```
void D::access()
{
    j=5;        //error C2248: "B::j": 无法访问 private 成员(在 B 类中声明)
    i=5;        //引用的是派生类的 i
    B::i=5;     //引用的是基类的 i
    func();     //派生类的
    B::func();  //基类的
}
int main()
{
    D d;
    d.i=1;
    d.B::i=1;
    return 0;
}
```

如何访问基类的私有成员？私有成员的继承是被“屏蔽”了，在派生类的成员函数无法使用，但是可以通过父类的成员函数来访问。

例 5.8 通过基类的公用成员函数来访问基类的私有数据成员。

```
#include <iostream>
#include <string>
using namespace std;
class Person
{
public:                              //基类公用成员
    void set_P()
    {
        cin>>name>>sex;
    }
    void display()
    {
        cout<<"name: "<<name<<endl;
        cout<<"sex: "<<sex<<endl;
    }
private :                            //基类私有成员
    string name;
    char sex;
};
class Student: public Person         //以 public 方式声明派生类 Person
{
public:
    void set_S()
    {
        set_P();
```

```
        cin>>num>>age>>addr;
    }
    void display_S()
    {
        display();
        cout<<"num: "<<num<<endl;
        cout<<"age: "<<age<<endl;
        cout<<"address: "<<addr<<endl;
    }
private:
    int num;
    int age;
    string addr;
};

int main()
{
    Student d;
    d.set_S();
    d.display_S();
    return 0;
}
```

运行时输入

```
Li↙
M↙
1↙
21↙
beijing↙
```

程序执行结果：

```
name: Li
sex: M
num: 1
age: 21
address: beijing
```

C++ 面向对象编程中一条重要的规则是：公有继承意味着“是一个”，一定要牢牢记住这条规则。

公有继承和“是一个”的等价关系听起来简单，但在实际应用中，可能不会总是那么直观。有时直觉会误导你。例如，有这样一个事实：企鹅是鸟；还有这样一个事实：鸟会飞。如果想简单地在 C++ 中表达这些事实，可能会按以下方式来描述。

例 5.9　企鹅是一种鸟，这是事实。鸟会飞这也是事实。

```
class Bird
{
public:
    void fly();                 //鸟会飞
    …
}
class Penguin: public Bird      //企鹅是一种鸟
{
    …
}
```

但是，企鹅并不会飞！因为这种层次关系意味着企鹅会飞，而我们知道这不是事实。造成这种情况，是因为使用的语言(汉语)不严密。说鸟会飞，并不是说所有的鸟会飞，通常只有那些有飞翔能力的鸟才会飞。

问题出在设计鸟这个基类上，鸟会飞这个属性对绝大多数鸟类来说都是正确的，但对不会飞的几种鸟来说肯定不对。如果确定将来继承鸟这个基类的鸟不会是那极少数几种鸟之一的话，就可以放心使用。否则，必须将鸟类“飞”这个属性往下推，即将“飞”这个属性从“鸟”这个类中去掉。所以下面的层次结构更好地反映了现实：

```
class Bird
{
public:
    …                           //没有 fly()函数
}
class FlyBird: public Bird
{
public:
    void fly();
}
class Penguin: public Bird
{
    …                           //没有 fly()函数
}
```

这也就是说，并不是所有的鸟都会飞，有些鸟会(如 FlyBird)飞，但有些鸟(如 Penguin)却不会飞。

对于“所有鸟都会飞，企鹅是鸟，企鹅不会飞”这一问题，还可以考虑用另外两种方法来处理：

(1) 对 Penguin 重新定义 fly 函数，使之产生一个运行时错误。

(2) 在 Penguin 中将 fly 函数设置为 private。

```
class Penguin: public Bird      //企鹅是一种鸟
{
public:
```

```
    virtual void fly() { cout<<"Penguins can't fly!"<<endl; }
};
```

上面的代码所描述的可能和你所想的是完全不同的两回事。它不是说“企鹅不会飞”,而是说,“企鹅会飞,但让它们飞是一种错误”。“企鹅不会飞”的指令是由编译器发出的,“让企鹅飞是一种错误”只能在运行时检测到。

例 5.10 将 fly 函数设置为 private。

```
class Bird
{
public:
    void fly(){}                    //鸟会飞
};
class Penguin: public Bird          //企鹅是一种鸟
{
private:
    void fly();
};
int main()
{
    Penguin p;
    p.fly(); //error C2248: "Penguin::fly": 无法访问 private 成员 (在 Penguin 类中声明)
    return 0;
}
```

在 Penguin 中将 fly 函数设置为 private,这样便可使“企鹅不会飞”的指令在编译时检测到。更正确的方法是通过 using 声明来将 fly 设置为 private(详见 5.3.5 节),但这样不符合公有继承时“派生类对象是一个基类对象”的逻辑关系。

5.3.2 私有继承

1. 私有继承的含义

私有基类的公用成员和保护成员在派生类中的访问属性相当于派生类中的私有成员,即派生类的成员函数能访问它们,而在派生类外不能访问它们。基类的私有成员在派生类中并没有成为派生类的私有成员,它仍然是基类的私有成员,派生类中的不可访问父类私有成员。

在前面的一个例子中,Student 类从 Person 类公有继承,一个 Student 类对象也是一个 Person 类对象,一个 Person 类对象可派上用场的地方,Student 类对象一样可派上用场,编译器可以在必要时隐式地将 Student 转换为 Person。再看下面这个例子,只是将公有继承换成了私有继承。

例 5.11

```
class Person {…};
```

```
class Student : private Person { … };
void eat(Person &p){};
void study(Student &s){};
int main()
{
    Person p;
    Student s;
    eat(p);       //正确
    eat(s);       //error C2243: "类型转换": 从 Student * 到 Person & 的转换存在,
                  //但无法访问
    study(s);     //正确
    study(p);     //error C2664: "study": 不能将参数 1 从 Person 转换为 Student &
    return 0;
}
```

上例中,人是能吃饭的(eat(p),正确),但学生是不允许吃饭的(eat(s),错误)。学生也是人,为什么不允许吃饭,天理何在?很显然,私有继承的含义不是"是一个",那它的含义是什么呢?关于私有继承的第一个规则正如现在所看到的:和公有继承相反,如果两个类之间的继承关系为私有,编译器一般不会将派生类对象(Student)转换成基类对象(Person)。这就是上例的代码中调用 eat(s)会失败的原因。第二个规则是,从私有基类继承而来的成员都成为了派生类的私有成员,即使它们在基类中是保护或公有成员。

这就引出了私有继承的含义:私有继承意味着"用……来实现"。如果使类 D 私有继承类 B,这样做仅仅是因为想利用类 B 中已经存在的一些代码,而不是因为 B 类对象和 D 类对象之间有什么概念上的关系。因而,私有继承纯粹是一种实现技术。私有继承意味着只是继承实现,接口会被忽略。如果 D 私有继承 B,就是说 D 对象在实现中用到了 B 对象,仅此而已。私有继承在软件"设计"过程中毫无意义,只是在软件"实现"时才有用。

例 5.12

```
#include <iostream>
using namespace std;
class Animal
{
public:
    Animal(){}
    void eat(){ cout<<"eat."<<endl; }
};
class Dog: private Animal
{
public:
    Dog(){}
    void barking(double){ cout<<"Wang"<<endl; }
};
```

```
class Cat: public Animal
{
public:
    Cat(){}
    void mew(){cout<<"miao"<<endl;}
};
void func(Animal& an)
{
    an.eat();
}
int main()
{
    Cat c;
    Dog d;
    func(c);
    func(d); //error C2243: "类型转换": 从 Dog * 到 Animal & 的转换存在,但无法访问
    return 0;
}
```

函数 func()要用一个 Animal 类型的对象,但调用 func(c)时传递的是 Cat 类对象。因为 Cat 是公共继承 Animal 类,所以 Cat 类对象可以访问 Animal 的公有成员。Animal 对象可以做的事,Cat 对象也可以做。但是,对于 Dog 对象 d 就不一样。Dog 类私有继承了 Animal 类,意味着对象 d 不能直接访问 Animal 类的成员。其实,在 d 对象空间中包含 Animal 类的对象,只是无法公开访问。

公有继承就像是三口之家的孩子,饱受父母的温暖,享有父母的一切(public 和 protected 的成员)。其中保护的成员不能被外界所享有,但可以为孩子所拥有。只是父母还是有其一点点隐私(private 成员)不能为孩子所知道。

私有继承就像是离家出走的孩子,一个人在外面漂泊。他不能拥有父母的财产(如 d. eat()是非法的),在外面自然也就不能代表其父母,甚至他不算是其父母的孩子。但是在他的身体中流淌着父母的血液,所以在孩子自己的行为中又有与其父母相似的成分。例如,下面的代码中,Dog 继承了 Animal 类,Dog 的成员函数可以访问像 Animal 对象那样访问其 Animal 成员。

例 5.13

```
#include <iostream>
using namespace std;
class Animal
{
public:
    Animal(){}
    void eat(){ cout<<"eat."<<endl; }
};
class Dog :private Animal
```

```
{
public:
    Dog(){}
    void barking(double){ cout<<"Wang"<<endl; }
    void take(){ eat(); }          //正确
};
int main()
{
    Dog d;
    d.take();                      //正确
    return 0;
}
```

程序执行结果：

```
eat.
```

上例中，Dog对象d就好比是孩子。eat()成员函数是其父母的行为，成员函数take()是孩子的行为，在该行为中渗透着父母的行为。但是孩子无法直接使用eat()成员函数(d.eat()是错误的)，因为离家出走的他无法拥有其父母的权利。

2. 私有继承和组合

派生类私有继承一般是为了使用基类的功能来实现它自己的功能，其实如果可以的话直接把该基类作为派生类的成员是最好了，也就是组合。私有继承是组合的一种语法上的变形。例如，“汽车有一个(“has a”)引擎”关系可以用组合表示为

```
class Engine
{
public:
    Engine(int numCylinders);
    void start();                       //发动引擎
};
class Car
{
public:
    Car() : e_(8) {}                    //初始化汽车引擎是8缸的
    void start() { e_.start(); }        //通过发动引擎来发动汽车
private:
    Engine e_;                          //Car "has a" Engine
};
```

同样，“has a”关系也能用私有继承表示：

```
class Car : private Engine              //Car "has a" Engine
{
public:
```

```
    Car() : Engine(8) {}                   //初始化汽车引擎是8缸的
    using Engine::start;                   //通过发动引擎来发动汽车
};
```

上面派生类中用 using 声明改变基类成员的访问权限，详见5.3.5节。

私有继承和组合有很多类似的地方：

(1) 都只有一个 Engine 被确切地包含于 Car 中。

(2) 在外部都不能将 Car * 转换为 Engine * 。

(3) Car 类都有一个 start()方法，并且都可以调用 Engine 对象的 start()方法。

两者也有一些区别：

(1) 如果想让每个 Car 都包含若干 Engine，那么只能用组合的形式。

(2) 私有继承形式可能引入不必要的多重继承。

(3) 私有继承形式允许访问基类的保护(protected)成员。

(4) 私有继承形式允许 Car 重写 Engine 的虚函数。

应尽可能用组合，万不得已才用私有继承。私有继承并不是有害的，只是它增加了代码维护的代价。

在有些时候，可能不需要把基类中所有的函数都继承下来，这在公有继承体系下是无论如何都不可行的。当然可在派生类中将不希望继承的函数声明为私有的，这样做不满足公有继承时“派生类对象是一个基类对象”的逻辑关系。然而在私有继承体系下，这种不完全继承依然是有意义的。

3. 转发函数

比如，假设D类私有地继承自B，并且D只希望继承 func 不包含参数的那个版本。这时可以使用私有继承的一种技术——转发函数。

例 5.14

```
#include <iostream>
using namespace std;
class B
{
public:
    void func1() { cout<<"Hello"<<endl; }
    void func2(int i) { cout<<i<<endl; }
};
class D: private B
{
public:
    void func1()                              //转发函数
    {
        B::func1();
    }
};
```

```
int main()
{
    D d;
    d.func1();      //正确
    d.func2(10);    //error C2247: B::func2 不可访问,因为 D 使用 private 从 B 继承
    return 0;
}
```

上例中,若 D 改为公有继承 B,则不会有编译错误,因为在派生类中 func1()和 func2(int i)都是公有的。但是在私有继承下,基类的这两个函数都变成了私有的,对于派生类对象 d 来说都是不能访问的。现在,在 D 中定义转发函数 func1,在该函数中指明作用域 B::func1();调用了基类的 func1 函数,这样便实现了"只继承了基类的 func1,而没有继承基类的 func2"。

5.3.3 保护继承

在保护继承中,基类的公有和保护成员在派生类均变成保护成员。由 protected 声明的成员称为"受保护的成员",或简称保护成员。保护成员是专为继承机制而设的,使其在派生类中可见,类外不可见。从类的用户角度来看,保护成员等价于私有成员。但有一点与私有成员不同,保护成员可以被派生类的成员函数访问,如图 5.14 所示。

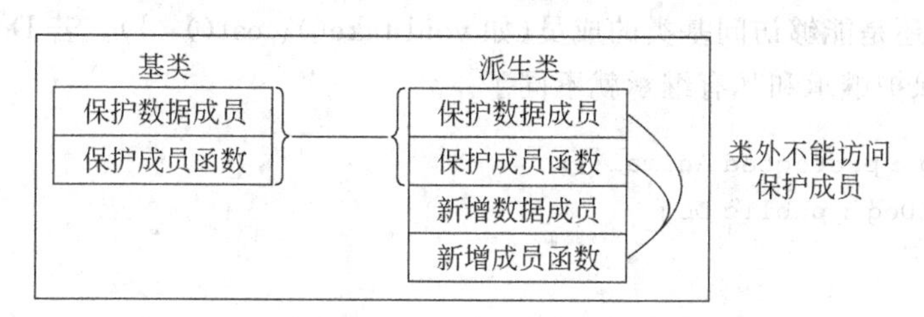

图 5.14 派生类成员函数可访问基类的保护成员

如果基类声明了私有成员,那么任何派生类都是不能访问它们的,若希望在派生类中能访问它们,应当把它们声明为保护成员。如果在一个类中声明了保护成员,就意味着该类可能要被用作基类,在它的派生类中会访问这些成员。

保护继承的特点是:基类的公用成员和保护成员在派生类中都成了保护成员,其私有成员仍为基类私有,也就是把基类原有的公用成员也保护起来,不让类外任意访问。

保护继承与私有继承类似,继承之后的派生类相对于基类来说是独立的,保护继承的类对象不能访问基类的成员。

例 5.15

```
#include <iostream>
using namespace std;
class Animal
{
public:
```

```
    Animal(){}
    void eat(){cout<<"eat."<<endl; }
};
class Dog : protected Animal
{
public:
    Dog(){}
    void barking(){ cout<<"Wang"<<endl; }
    void take(){ eat(); }  //正确
};
int main()
{
    Dog d;
    d.eat();               //error C2247: Animal::eat 不可访问,因为 Dog 使用
                           //protected 从 Animal 继承
    d.take();              //正确
    d.barking();
    return 0;
}
```

和私有继承一样,保护继承的派生类对象是不能访问基类成员的(如 d.eat();)。但是在派生类内还是能够访问基类的成员(如 void take(){ eat(); })。若 Dog 再作为基类进行派生时,保护继承和私有继承就不同了。

```
class Dog : protected Animal{};
class PetDog : public Dog
{
public:
    PetDog(){}
    void take(){ eat(); }     //正确
};
class Dog : private Animal{};
class StrayDog : public Dog
{
public:
    StrayDog(){}
    void take(){ eat(); }     //error C2247: Animal::eat 不可访问,因为 Dog 使用
                              //private 从 Animal 继承
};
```

Dog 若保护继承 Animal,则 Dog 的派生类 PetDog 还能访问 Animal 的成员(宠物狗还是有东西吃的)。但 Dog 若私有继承 Animal,则 Dog 的派生类 StrayDog 就不能访问 Animal 的成员(流浪狗是没东西可吃的)。所以,在私有继承时,基类的成员也只能由直接派生类访问,而无法再往下继承。而保护继承允许派生类的派生类知道继承关系。如

此,孙子类可以有效地得知祖先类的实现细节,这样的好处是:它允许保护继承类的子类能和保护基类相关联。

5.3.4 基类 static 成员的继承

1. 静态成员变量

静态成员变量是该类共有的,而对于其派生类,是共享基类的静态成员,还是一定要开辟一段新的内存来存储该派生类从基类中继承的静态成员变量?正确的说法应该是:基类和其派生类共享该基类的静态成员变量内存!在 4.5 节中提到:静态数据成员被类的所有对象所共享,包括该类的派生类的对象,即派生类对象与基类对象共享基类的静态数据成员。

除 static 成员外,每个派生类都保存了基类的一个副本,包括派生类不能访问的 private 成员;static 成员在整个继承层中只有一份,其访问属性跟其他成员一样。

例 5.16

```
#include <iostream>
using namespace std;
class B
{
public:
    static int s;
};
class D1 : B
{
public:
    void func()
    {
        s=100;
    }
};
class D2 : B
{
public:
    void func()
    {
        s=200;
    }
};
int B::s=0;
int main()
{
    cout<<"s="<<B::s<<endl;
```

```
    D1 d1;
    d1.func();
    cout<<"s="<<B::s<<endl;
    D2 d2;
    d2.func();
    cout<<"s="<<B::s<<endl;
    return 0;
}
```

程序执行结果：

```
s=0
s=100
s=200
```

从上例可以看出，static成员s在整个继承体系中只有一个，派生类对s的修改使得基类的s也得到了修改，这显然不是继承的特性。实际上，static成员不是通过继承得到的，而是通过编译时静态绑定得到的。

2. 静态成员函数

静态成员函数也不会被派生类所继承，同样是编译时静态绑定。同静态数据成员一样，静态成员函数是被类的所有对象所共享，包括该类派生类的对象。

如果在派生类中有一个静态成员函数，函数名与父类中的静态成员函数相同，这实际上是两个相互独立的成员函数。下例中，父类和派生类都有一个静态的成员函数，但这两个方法是不相关的。

例 5.17

```
#include <iostream>
using namespace std;
class Base
{
public:
    static void func()
    {
        cout<<"static function of Base."<<endl;
    };
};
class Derived : public Base
{
public:
    static void func()
    {
        cout<<"static function of Derived."<<endl;
    }
```

```
};
int main()
{
    Base::func();
    Derived::func();
    return 0;
}
```

程序执行结果：

```
static function of Base.
static function of Derived.
```

因为静态成员函数属于自己的类，所以上例中在两个不同的类（父类和派生类）上调用同名的静态成员函数，将会分别调用这两个类自己的成员函数。

调用静态成员函数可使用两种方式：

(1) <类名>::<静态成员函数名>(<参数表>)。

(2) 通过类的对象来访问静态数据成员或静态成员函数。

上例中，通过类来访问静态成员函数，这一切都很合理；但若通过类对象来访问时，其结果就变得有些不清楚了。若上例中main函数改为

```
int main()
{
    Base b;
    Derived d;
    b.func();
    d.func();
    Base &rb=d;
    Base * pb=&d;
    rb.func();
    pb->func();
    return 0;
}
```

程序执行结果：

```
static function of Base.
static function of Derived.
static function of Base.
static function of Base.
```

在执行b.func()和d.func()时将会分别调用基类和派生类的func函数，因为它们明确声明为在基类对象和派生类对象上调用。在执行rb.func()和pd－＞func()时，rb是派生类对象d的引用，pd指向了派生类对象d，这时它们都将调用基类的func函数。这是因为，在C++中调用静态函数时，它并不关心对象实际是什么，而只关心对象编译时的类型。此时，编译时rb和pd的类型是基类Base。

这种情况并非只对静态成员函数适用，对非静态成员函数也是一样的。若将上例中基类 Base 和派生类 Derived 中的 func 函数声明为非静态的，即将关键词 static 去掉，则结果是一样的。但有一种情况是例外的，若成员函数声明是虚函数（用关键词 virtual 修饰的函数），且基类的指针或引用指向了派生类对象，则会调用派生类的函数，6.3 节会对此作详细介绍。

5.3.5 派生类的 using 声明

对一个继承来的成员，其访问控制可以通过使用 using 声明改变。

例 5.18

```
#include <iostream>
using namespace std;
class A
{
public :
    void PrintA() { cout<<"A::Print"<<endl; }
};
class B: public A
{
private:
    using A::PrintA;
public:
    void PrintB() { cout<<"B::Print"<<endl; }
};
int main()
{
    A a;
    B b;
    b.PrintB();
    b.PrintA();  //error C2248: "B::PrintA": 无法访问 private 成员 (在 B 类中声明)
    return 0;
}
```

上例中，基类 A 中 PrintA 函数为 public，在派生类中通过 using 声明将 PrintA 设为 private，这样派生类对象 b 就不能访问被声明为私有的成员 PrintA。

在使用 using 声明时，基类中 public 成员在公有派生类中必须是 public 的，只有这样才能保证公有继承时"派生类对象是一个基类对象"的逻辑关系。

对于基类中的 private 成员，不能在派生类中任何地方用 using 声明。

例 5.19

```
#include <iostream>
using namespace std;
class A
```

```
{
private:
    void PrintA() { cout<<"A::Print"<<endl; }
};
class B: public A
{
public:
    using A::PrintA;     //error C2876: "A": 并非所有的重载都可访问
public:
    void PrintB() { cout<<"B::Print"<<endl; }
};
int main()
{
    A a;
    B b;
    b.PrintB();
    b.PrintA();   //error C2248: "A::PrintA": 无法访问 private 成员(在 A 类中声明
    return 0;
}
```

上例中，using 声明是错误的，派生类不能访问基类的 private 成员，即使声明也不行。基类 A 中的 PrintA 为 private，在派生类中想通过 using 声明改为 public 是不允许的，即使是改为 protected 或 private 也是不允许的。

对于基类中的 protected 成员，可在 public 派生下通过 using 声明改为 public 成员。

例 5.20

```
#include <iostream>
using namespace std;
class A
{
protected:
    void PrintA() { cout<<"A::Print"<<endl; }
};
class B: public A
{
public:
    using A::PrintA;
public:
    void PrintB() { cout<<"B::Print"<<endl; }
};
int main()
{
    A a;
    B b;
```

```
    b.PrintB();
    b.PrintA();
    return 0;
}
```

程序执行结果：

```
B::Print
A::Print
```

using 声明改变继承成员的类外访问控制见表 5.3。

表 5.3　using 声明改变继承成员的类外访问控制

派生类 \ 基类	public	protected	private
public：using	正确	正确	错误
protected：using	正确	正确	错误
private：using	正确	正确	错误

不论是 public 继承还是 protected 继承及 private 继承，表 5.3 都成立。在基类中的 protected 成员同 public 成员一样，可以在派生类中任何地方用 using 声明。

```
class A
{
protected:
    void PrintA() { cout<<"A::Print"<<endl; }
};
class B: protected A
{
public:
    using A::PrintA;
public:
    void PrintB() { cout<<"B::Print"<<endl; }
};
```

或

```
class B: private A
{
public:
    using A::PrintA;
public:
    void PrintB() { cout<<"B::Print"<<endl; }
};
```

B 类不论是保护继承 A，还是私有继承 A，通过 public using 声明，可在 B 类外访问 A 类的保护型员。

5.4 派生类构造函数和析构函数

构造函数和析构函数用来创建和释放该类的对象，当这个类是派生类时，其对象的创建和释放与其基类及成员对象有关联。

在声明派生类时，一般还应当定义派生类的构造函数和析构函数，因为构造函数和析构函数是不能从基类继承的，如图 5.15 所示。

Employee

Manager

不被派生类继承

```
class Employee
{
private:
  string name;
  Date hiring_date;
  short department;
public:
  Employee();
  ~Employee();
  bool isHire();
  string getName();
};

class Manager
  : public Employee
{
private:
  int level;
public:
  Manager();
  ~Manager();
  int getLevel ();
  void setLevel ();
};
```

图 5.15 在声明派生类时定义其构造函数和析构函数

5.4.1 派生类构造函数

派生类对象的创建和初始化与基类的创建和初始化有关。即构造派生类对象时，要对其基类数据成员、所含成员对象以及其他的新增数据成员一起进行初始化。这种初始化工作是由派生类的构造函数来完成的。

派生类成员包括两部分，如图 5.16 所示。

(1) 从基类继承的成员。

(2) 自身定义的成员。

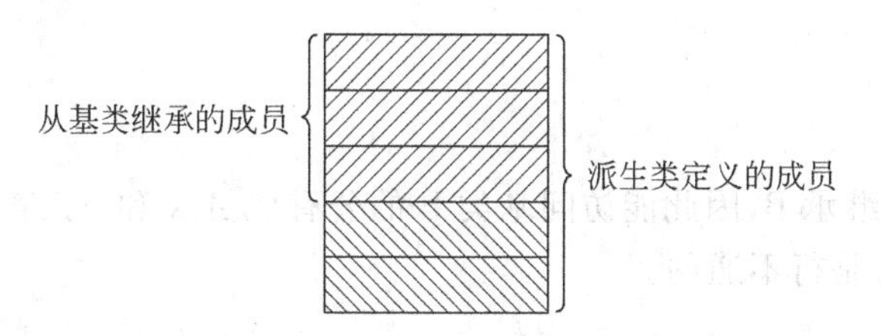

图 5.16 派生类成员的组成

派生类的成员包含从基类继承来的和自己新增的成员，对派生类的对象的初始化也就包含两部分：首先对基类继承来的成员进行初始化，再对新增成员进行初始化。由于基类的构造函数不能继承，所以派生类构造函数必须通过调用基类的构造函数来初始化从基类继承来的成员。因此，派生类的构造函数除了对新增加的数据成员进行初始化外，还必须负责调用基类构造函数，使从基类继承来的成员得以初始化，如图 5.17 所示。

在派生类中，构造基类数据成员的可能方式有以下两种。

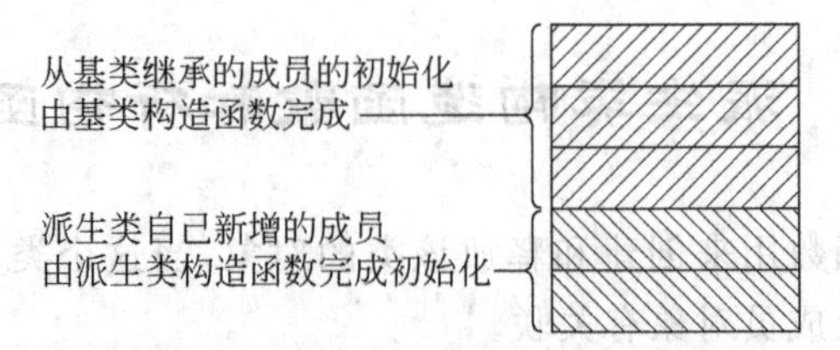

图 5.17 派生类中两类成员的初始化

方式一，在派生类中直接对基类数据成员初始化。

```
class B
{
public:
    B()
    {
        x=0;
        y=0;
    }
    int x , y;
};
class D : public B
{
public:
    D()
    {
        x=0;
        y=0;
        z=0;
    }
private:
    int z;
};
```

派生类 D 公有继承 B，因此能访问基类 B 的公有成员 x 和 y。若 B 中的 x 和 y 为私有成员，则上述方法是行不通的。

```
class B
{
public:
    B()
    {
        x=0;
        y=0;
    }
private:
```

```
    int x , y;
};
class D : public B
{
public:
    D()
    {
        x=0;                //error C2248: "B::x": 无法访问 private 成员(在 B 类中声明)
        y=0;                //error C2248: "B::y": 无法访问 private 成员(在 B 类中声明)
        int z;
    }
private:
    int z;
};
```

方式二,显式调用基类构造函数。

```
class D : public B
{
public:
    D()
    {
        B();
        z=0;
    }
private:
    int z;
};
```

这样程序可以编译通过,但语义上有错误,即先构造派生类,再调用基类构造函数。

构造基类数据成员的正确方式

```
class D : public B
{
public:
    D():B()
    {
        z=0;
    }
private:
    int z;
};
```

在创建派生类的对象时,需要调用基类的构造函数对派生类对象中继承自基类的成员进行初始化。在执行派生类的构造函数之前,总是先执行基类的构造函数。

调用基类构造函数的两种方式如下。

(1) 显式方式：在派生类的构造函数中，通过参数化表为基类的构造函数提供参数。

```
Derived::Derived(arg_derived-list):Base(arg_base-list)
```

(2) 隐式方式：当基类的构造函数为默认的或不含有带参数的构造函数时，派生类的构造函数则自动调用基类的默认构造函数或无参构造函数。

在创建派生类对象时，系统首先会使用参数化表中的参数调用基类和对象成员的构造函数。

例 5.21

```
#include <iostream>
using namespace std;
class B
{
public:
    B(int i)
    {
        x=i;
        cout<<"B Constructor"<<endl;
    }
    void dispB()
    {
        cout<<"x="<<x<<endl;
    }
private:
    int x;
};
class D: public B
{
public:
    D(int i, int j) : B(j)
    {
        y=i;
        cout<<"D Constructor"<<endl;
    }
    void dispD()
    {
        dispB();
        cout<<"y="<<y<<endl;
    }
private:
    int y;
};
int main()
{
```

```
    D d(2,5);
    d.dispD();
    return 0;
}
```

程序执行结果：

```
B Constructor
D Constructor
x=5
y=2
```

上例中，创建派生类D的对象d时，先通过参数化表调用基类B的构造函数将x初始化为5，然后才执行D的构造函数将y初始化为2。

当基类的构造函数没有参数，或没有显式定义构造函数时，对派生类的构造函数没有任何限制，派生类可以不向基类传递参数，甚至可以不定义构造函数。当基类含有带参数的构造函数时，派生类必须定义构造函数，以提供把参数传递给基类构造函数的途径。

在参数列表中，列出需要使用参数化表进行初始化的基类名及各自的参数表，各项之间使用逗号分隔。这里基类名之间的次序无关紧要，它们各自出现的顺序可以是任意的。如果有多个基类，则构造函数的调用顺序和类派生表中的顺序一致，而与它们在构造函数初始化表中的顺序无关。

例 5.22

```
#include <iostream>
using namespace std;
class B1
{
public:
    B1(int i)
    {
        x1=i;
        cout<<"B1 Constructor"<<endl;
    }
private:
    int x1;
};
class B2
{
public:
    B2(int i)
    {
        x2=i;
        cout<<"B2 Constructor"<<endl;
```

```
    }
private:
    int x2;
};
class B3
{
public:
    B3(int i)
    {
        x3=i;
        cout<<"B3 Constructor"<<endl;
    }
private:
    int x3;
};
class D: public B3, public B1, public B2
{
public:
    D(int i, int j, int k) : B1(i), B3(j), B2(k)
    {
        cout<<"D Constructor"<<endl;
    }
};
int main()
{
    D d(1,2,3);
    return 0;
}
```

程序执行结果：

```
B3 Constructor
B1 Constructor
B2 Constructor
D Constructor
```

上例中，定义派生类D时，派生表中基类出现的顺序为B3、B1、B2，因此构造函数也按此顺序调用，和构造函数参数化表中的顺序(B1、B3、B2)没有关系。

如果派生类的基类也是一个派生类，则每个派生类只需负责其直接基类的构造，依次上溯。

例 5.23

```
#include <iostream>
using namespace std;
class B
```

```
{
public:
    B(int i)
    {
        x=i;
        cout<<"B Constructor"<<endl;
    }
    void dispB()
    {
        cout<<"x="<<x<<endl;
    }
private:
    int x;
};
class D: public B
{
public:
    D(int i, int j):B(j)
    {
        y=i;
        cout<<"D Constructor"<<endl;
    }
    void dispD()
    {
        dispB();
        cout<<"y="<<y<<endl;
    }
private:
    int y;
};
class DD: public D
{
public:
    DD(int i, int j, int k): D(j, k)
    {
        z=i;
        cout<<"DD Constructor"<<endl;
    }
    void dispDD()
    {
        dispD();
        cout<<"z="<<z<<endl;
    }
private:
```

```
    int z;
};
int main()
{
    DD dd(1,2,3);
    dd.dispDD();
    return 0;
}
```

程序执行结果：

```
B Constructor
D Constructor
DD Constructor
x=3
y=2
z=1
```

上例中，派生类D还有派生类DD，它们各自负责对其直接基类进行初始化。C++这样做也是有道理的，若利用第三方开发的类库写程序，可能并不清楚这个类库的继承关系，因而无法对间接基类进行初始化，但对于直接基类是非常清楚的。

5.4.2 派生类析构函数

在继承体系下的析构函数调用如图5.18所示。

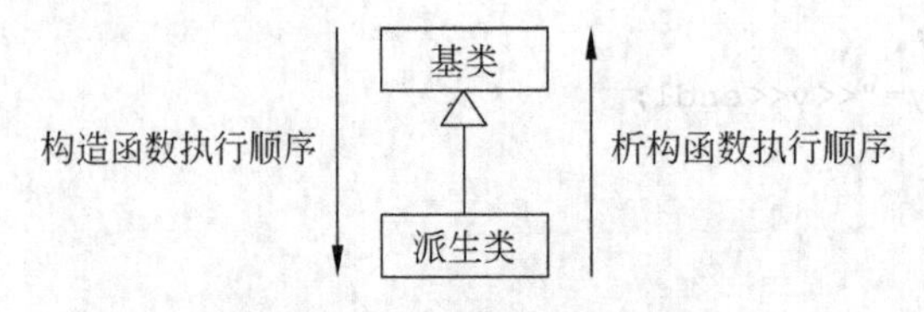

图5.18 析构函数的执行顺序

由于析构函数是不带参数的，在派生类中是否要定义析构函数与它所属的基类无关，故基类的析构函数不会因为派生类没有析构函数而得不到执行，它们各自是独立的。

例5.24

```
#include <iostream>
using namespace std;
class B
{
public:
    B() { cout<<"B()"<<endl; }
    ~B() { cout<<"~B()"<<endl; }
};
class D : public B
```

```
{
public:
    D(){ cout<<"D()"<<endl; }
    ~D() { cout<<"~D()"<<endl; }
};
int main()
{
    D d;
    return 0;
}
```

程序执行结果：

```
B()
D()
~D()
~B()
```

5.4.3 派生类复制构造函数

对于复制构造函数，派生类的隐式复制构造函数(由编译程序提供)将会调用基类的复制构造函数，而派生类自定义的复制构造函数默认情况下不会调用基类的复制构造函数，可在派生类自定义复制构造函数的初始化表中显式指出调用基类复制构造函数。

派生类不从基类继承赋值操作，如果派生类没有提供赋值操作符重载，系统会提供隐式赋值操作符重载函数，对基类成员调用基类赋值操作符重载进行赋值，对派生类成员逐个赋值。对于派生类对象，如果系统提供的隐式赋值操作不能满足要求，在派生类中重载赋值操作符=，并显式调用基类的赋值操作符来实现基类成员的赋值。

例 5.25

```
#include <iostream>
using namespace std;
class Base
{
public:
    Base(int i=0): x(i) {}
    Base(const Base& r)
    {
        x=r.x;
    }
    int getX() { return x; }
private:
    int x;
};
class Derived: public Base
```

```
{
public:
    Derived(int i) : Base(i), y(i) {}
    Derived(const Derived& r)
    {
        y=r.y;
    }
    Derived& operator=(const Derived& r)
    {
        y=r.y;
        return * this;
    }
    int getY() { return y; }
private:
    int y;
};
int main()
{
    Derived d1(1);
    cout<<"d1: x="<<d1.getX()<<" y="<<d1.getY()<<endl;
    Derived d2(d1);
    cout<<"d2: x="<<d2.getX()<<" y="<<d2.getY()<<endl;
    Derived d3(0);
    d3=d1;
    cout<<"d3: x="<<d3.getX()<<" y="<<d3.getY()<<endl;
    return 0;
}
```

程序执行结果：

```
d1: x=1 y=1
d2: x=0 y=1
d3: x=0 y=1
```

当通过 d1 初始化创建 d2 时，Derived 的复制构造函数会调用，但它没有复制其基类部分。当然，这个 Derived 对象的 Base 部分还是创建了，但它是用 Base 的默认构造函数创建的，成员 x 被初始化为 0（默认构造函数的默认参数值），而没有顾及被复制的对象的 x 值是多少。

为避免这个问题，Derived 的复制构造函数必须保证调用的是 Base 的复制构造函数而不是 Base 的默认构造函数。这很容易实现，只需在 Derived 的复制构造函数的初始化表里对 Base 指定一个初始化值：

```
Derived(const Derived& r) : Base(r)
{
    y=r.y;
```

```
}
```

现在，当用一个已有的同类型的对象来复制创建一个 Derived 对象时，它的 Base 部分也将被复制了。这时程序执行结果就正确了：

```
d2: x=1 y=1
```

在程序执行 d3=d1;时，请注意 d3 的 Base 部分没有被赋值操作改变。解决这个问题最显然的办法是在 Derived::operator= 中对 x 赋值。但这不合法，因为 x 是 Base 的私有成员。所以必须在 Derived 的赋值运算符里显式地对 Derived 的 Base 部分赋值。派生类 Derived 正确的赋值运算符应该是

```
derived& operator= (const derived& r)
{
    Base::operator= (r);    //显式调用,相当于 this->Base::operator=
    y=r.y;
    return *this;
}
```

所以，在自定义派生类的复制构造函数和赋值运算符时，要注意显式调用基类的相关函数。关于操作符重载问题，详见第 7 章。

5.4.4 派生类和成员对象

一个类中如果有某个成员是一个对象（成员对象），该类的对象生成时，会先执行成员对象的构造函数，后执行自身构造函数。对象消亡时，会先执行自身的析构函数，再执行成员对象的析构函数。

在创建派生类的对象时，在执行一个派生类的构造函数之前：

(1) 调用基类的构造函数：初始化派生类对象中从基类继承的成员。

(2) 调用成员对象类的构造函数：初始化派生类对象中成员对象。

派生类的析构函数被执行时，在执行完派生类的析构函数后：

(1) 调用成员对象类的析构函数。

(2) 调用基类的析构函数。

例 5.26

```
#include <iostream>
using namespace std;
class A
{
public:
    A(int i)
    {
        x=i;
        cout<<"A Constructor"<<endl;
    }
```

```
        ~A() { cout<<"A Destructor"<<endl; }
        int getX()
        {
            return x;
        }
    private:
        int x;
    };
    class B
    {
    public:
        B(int i) : obj1(i+10)
        {
            y=i;
            cout<<"B Constructor"<<endl;
        }
        ~B() { cout<<"B Destructor"<<endl; }
        void dispB()
        {
            cout<<"B's obj, x="<<obj1.getX()<<endl;
            cout<<"y="<<y<<endl;
        }
    private:
        int y;
        A obj1;
    };
    class D : public B
    {
    public:
        D(int i) : B(i-2), obj2(i+2)
        {
            z=i;
            cout<<"D Constructor"<<endl;
        }
        ~D() { cout<<"D Destructor"<<endl; }
        void dispD()
        {
            dispB();
            cout<<"D's obj, x="<<obj2.getX()<<endl;
            cout<<"z="<<z<<endl;
        }
    private:
        int z;
        A obj2;
```

```
};
int main()
{
    D d(2);
    d.dispD();
    return 0;
}
```

程序执行结果：

```
A Constructor
B Constructor
A Constructor
D Constructor
B's obj, x=10
y=0
D's obj, x=4
z=2
D Destructor
A Destructor
B Destructor
A Destructor
```

上例中，基类B和派生类D都包含其他类(A类)的对象，则在创建派生类对象d时，会首先执行基类B成员对象obj1的构造函数，然后执行基类B的构造函数，再执行派生类成员对象obj2的构造函数，最后执行派生类D的构造函数。析构函数的执行和构造函数的执行正好相反，先是派生类D析构，然后派生类D成员对象obj2析构，再进行基类B析构，最后执行基类B成员对象obj1析构。

5.5 多重继承

1. 多重继承定义

在现实生活中，一些新事物往往会拥有两个或者两个以上事物的属性，为了解决这个问题，C++引入了多重继承的概念。C++允许为一个派生类指定多个基类，这样的继承结构被称为多重继承。

当一个派生类要使用多重继承时，必须在派生类名和冒号之后列出所有基类的类名，并用逗号分隔。

```
class Derived : public Base1, public Base2, … {};
```

对于多重继承，可以把它拆开来，分成单一继承来理解。

例 5.27

```
#include <iostream>
```

```
using namespace std;
class A
{
private:
    int a;
public:
    A(int i):a(i) {}
    virtual void print() { cout<<"a="<<a<<endl; }
};
class B
{
private:
    int b;
public:
    B(int j):b(j) {}
    void print() { cout<<"b="<<b<<endl; }
};
class C : public A, public B
{
private:
    int c;
public:
    C(int i, int j, int k):A(i), B(j), c(k) {}
    void print()
    {
        A::print();
        B::print();
        cout<<"c="<<c<<endl;
    }
};
int main()
{
    C obj(1,2,3);
    A* pa=&obj;
    B* pb=&obj;
    pa->print();            //C::print();
    pb->print();            //B::print();
    //pb->A::print();       //error C2039: "A": 不是 B 的成员
    obj.A::print();         //A::print();
    obj.B::print();         //B::print();
    return 0;
}
```

程序执行结果：

```
a=1
b=2
c=3
b=2
b=2
```

该例的类继承关系如图 5.19 所示。

上例中，C 公有多重继承 A 和 B，main 函数中定义了两个基类指针 pa 和 pb 并让它们指向派生类 C 的对象 obj。因为多重继承需要拆分成单一继承来分析，A 中 print()函数被声明为虚函数，然后又通过基类指针 pa 指向派生类对象，通过 pa 调用虚函数会发生多态，即调用派生类 C 的 print 函数(对于多态详见第 6 章)。B 中 print 函数不是虚函数，因此 pb－>print();调用的是 B 中 print()函数。obj. A::print();和 obj. B::print();中 Obj 通过作用域指明分别调用 A 类和 B 类的 print()函数。被注释的代码 pb－>A::print();，B 类指针想访问 A 类的 print()函数，这是不可以的，因为用单一继承来分析 B 类的指针无法访问 A 类的方法。

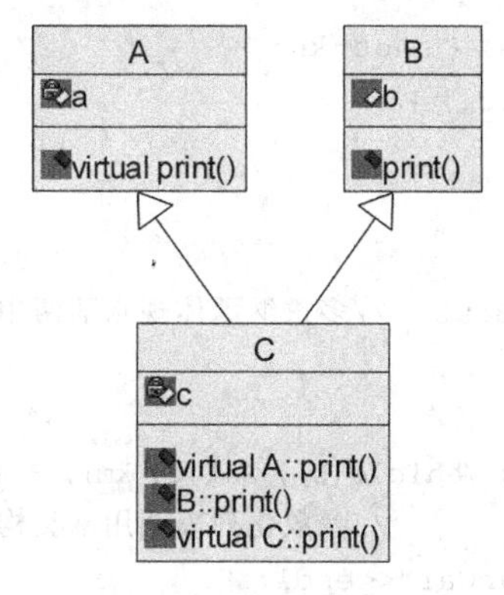

图 5.19 C 类的继承关系

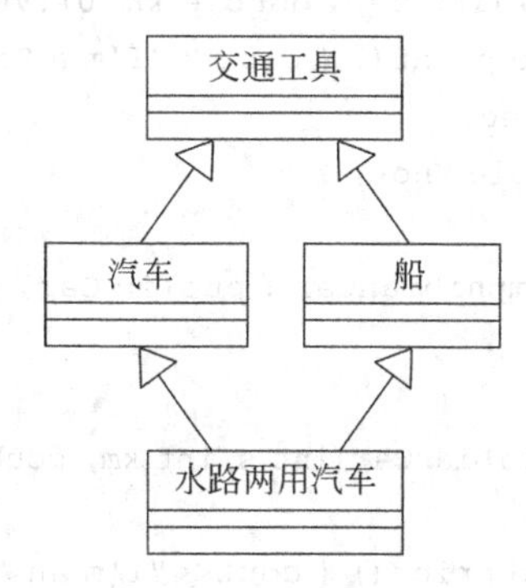

图 5.20 多重继承示例

2. 多重继承的二义性

举个例子，交通工具类可以派生出汽车和船两个子类，但拥有汽车和船共同特性的水陆两用汽车就要继承来自汽车类与船类的共同属性，如图 5.20 所示。

例 5.28

```
#include <iostream>
using namespace std;
class Vehicle
{
public:
    Vehicle(int s=0) { speed=s; }
    void SetSpeed(int s)
    {
        cout<<"Set Speed"<<endl;
```

```
        speed=s;
    }
    void print() { cout<<"I'm a Vehicle"<<endl; }
protected:
    double speed;
};
class Car : public Vehicle                          //汽车
{
public:
    Car(int s=0, double km=0):Vehicle(s) { Km=km; }
    void print() {cout<<"I'm a car"<<endl; }
protected:
    double Km;
};
class Boat : public Vehicle                         //船
{
public:
    Boat(int s=0, double kn=0):Vehicle(s) { Knot=kn; }
    void print() { cout<<"I'm a Boat"<<endl; }
protected:
    double Knot;
};
class AmphibianCar : public Car, public Boat    //多重继承体现水陆两用汽车
{
public:
    AmphibianCar(int s,int km, double kn) : Vehicle(s), Car(s, km), Boat(s, kn) {}
                                                    //参数化列表调用基类构造函数
    void print() { cout<<"I'm an AmphibianCar"<<endl; }
};
int main()
{
    AmphibianCar a(10.0, 80.0, 40.5);
    a.SetSpeed(20);
    a.print();
    return 0;
}
```

上面的代码从表面上看不出有明显的语法错误，但是它不能够通过编译：

```
AmphibianCar(int s,int km,float kn) : Vehicle(s),Car(s,km),Boat(s,kn) {}
//error C2614: "AmphibianCar": 非法的成员初始化: Vehicle 不是基或成员
a.SetSpeed(20);    //error C2385: 对 SetSpeed 的访问不明确
```

这又是为什么呢？这是由多重继承带来的继承的模糊性问题引起的。C++的多重继承有一个毋庸置疑的事实是：它打开了潘多拉的盒子，释放出一大堆单继承中并不存在的复杂性，其中最基本的一个就是模糊性问题。

如图 5.21 所示，水陆两用汽车类 AmphibianCar 继承了来自 Car 类与 Boat 类的属性与方法，Car 与 Boat 有共同的基类 Vehicle，Car 与 Boat 同为 AmphibianCar 类的基类，在内存分配上 AmphibianCar 获得了来自两个类的 SetSpeed 成员函数，当调用 a.SetSpeed(20)的时候，编译器不知道如何选择分别属于两个基类的类成员函数 SetSpeed。由于这种模糊性问题的存在，同样也导致了创建 AmphibianCar 对象时失败，系统会产生编译错误：

```
'Vehicle' is not a base or member
```

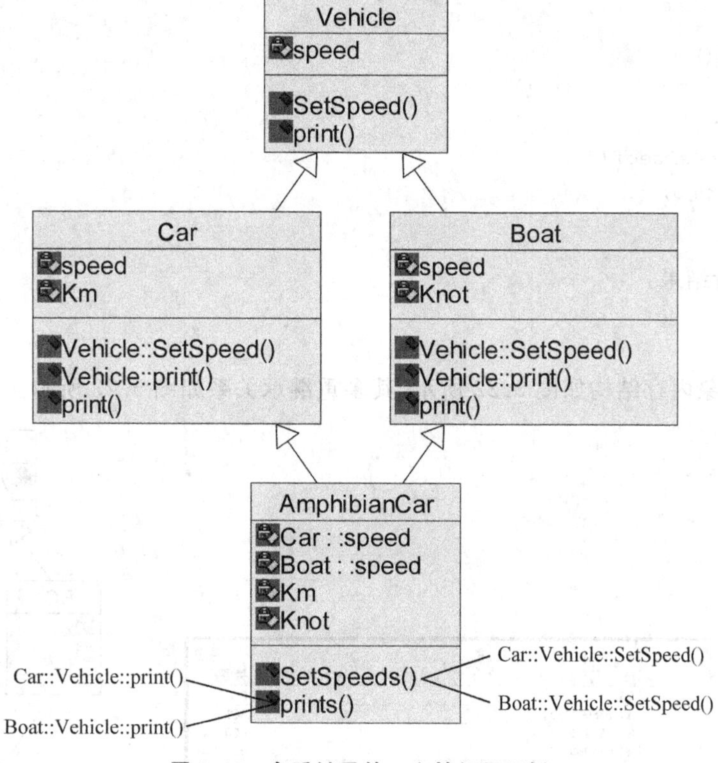

图 5.21 多重继承的二义性问题示例

下面对 AmphibianCar 这类问题进行简化，以便讨论多重继承的二义性问题。

例 5.29

```
#include <iostream>
using namespace std;
class BC0
{
public:
    int y;
};
class BC1 : public BC0
{
```

```
public:
    int x;
};
class BC2 : public BC0
{
public:
    int x;
};
class DC : public BC1, public BC2
{
};
int main()
{
    DC d;
    cout<<sizeof(d);
    return 0;
}
```

程序执行结果：

```
16
```

DC 类对象内存结构如图 5.22 所示，其多重继承关系如图 5.23 所示。

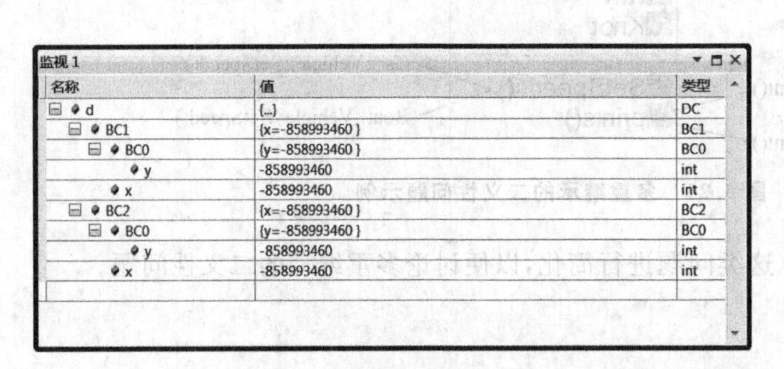

监视 1

名称	值	类型
d	{...}	DC
BC1	{x=-858993460 }	BC1
BC0	{y=-858993460 }	BC0
y	-858993460	int
x	-858993460	int
BC2	{x=-858993460 }	BC2
BC0	{y=-858993460 }	BC0
y	-858993460	int
x	-858993460	int

图 5.22 DC 类对象内存结构

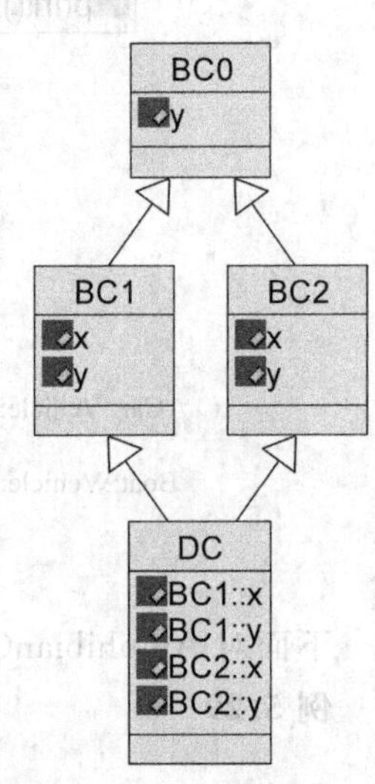

图 5.23 DC 类的多重继承

从图 5.22 和图 5.23 可知，DC 类有 4 个 int 型数据成员，所以 DC 类对象 sizeof(d) 为 16。DC 类的对象中存在多个同名成员 x，应如何区别它们？DC 类的对象中存在两份来自类 BC0 的成员 y，又如何区分？

```
int main()
{
    DC d;
```

```
    d.x=1;              //error C2385: 对 x 的访问不明确
                        //可能是 x(位于基 BC1 中),也可能是 x(位于基 BC2 中)
    d.BC1::x=2;         //正确,继承自 BC1
    d.BC2::x=3;         //正确,继承自 BC2
    d.y=4;              //error C2385: 对 y 的访问不明确
    d.BC1::y=5;         //正确,继承自 BC
    d.BC2::y=6;         //正确,继承自 BC2
    return 0;
}
```

要区分不同路径继承下来的同名成员,可以通过"类名限定"来指明继承路径例如,d.BC1::x 指明从 BC1 类继承来的 x,d.BC2::y 指明从 BC2 继承来的 y。

在声明 BC1 类和 BC2 类从 BC0 继承时,加上 virtual 关键字就可以实现虚拟继承,使用虚拟继承后,当系统遇到多重继承的时候就会自动先加入一个 BC0 的副本,当再次请求一个 BC0 的副本的时候就会被忽略。

例 5.30

```
class BC0
{
public:
    int y;
};
class BC1 : virtual public BC0
{
public:
    int x;
};
class BC2 : virtual public BC0
{
public:
    int x;
};
class DC : public BC1, public BC2
{
};
int main()
{
    DC d;               //虚继承使得 BC0 仅被 DC 间接继承一份
    d.y=13;             //正确
    return 0;
}
```

虽然说虚拟继承与第 6 章将要介绍的虚函数有一定的相似,但务必要记住,它们之间是绝对没有任何联系的!

3. 多重继承下的构造函数

单继承派生类构造时,首先构造基类,其次是派生类的数据成员的初始化(顺序和派生类数据成员的声明顺序相同),最后执行派生类的构造函数。

多重继承派生类构造时,首先构造虚基类,多个虚基类按照它们被继承的顺序依次构造;其次构造一般基类,多个一般基类按照被继承的顺序构造;然后初始化派生类的数据成员,初始化顺序和派生类数据成员的声明顺序相同;最后执行派生类的构造函数。

例 5.31

```
#include <iostream>
using namespace std;
class B1
{
public:
    B1(int i){ cout<<"B1"<<endl; }
};
class B2
{
public:
    B2(int i) { cout<<"B2"<<endl; }
};
class B3
{
public:
    B3(int i) { cout<<"B3"<<endl; }
};
class B4
{
public:
    B4(int i) { cout<<"B4"<<endl; }
};
class D : public B2, virtual B1, public B4, virtual B3
{
public:
    D(int n): B1(n), B2(n), B3(n), B4(n) { cout<< "D"<<endl; }
};
int main()
{
    D d(1);
    return 0;
}
```

程序执行结果:

```
B1
B3
B2
B4
D
```

从上例可以看出，派生类D构造函数的调用顺序是：在同一层次中，先调用虚基类的构造函数(B1和B3)，接下来依次是非虚基类的构造函数(B2和B4)，最后是派生类的构造函数。若同一层次中包含多个虚基类，这些虚基类的构造函数按对它们声明的先后次序调用；非虚基类也是按照它们的声明先后次序调用。

例5.32

```
#include <iostream>
using namespace std;
class A
{
public:
    int x;
    A(int i)
    {
        x=i;
        cout<<"A"<<endl;
    }
};
class B : virtual public A
{
public:
    B(int n):A(n){ cout<<"B"<<endl; }
};
class C : virtual public A
{
public:
    C(int n):A(n){ cout<<"C"<<endl; }
};
class D : public B, public C
{
public:
    D(int n):A(n),B(n),C(n){}
};
int main()
{
    D d(10);
    return 0;
}
```

程序执行结果：

```
A
B
C
```

程序运行时派生类 D 对象的内存结构如图 5.24 所示。

自动窗口

名称	值	类型
d	{...}	D
B	{...}	B
A	{x=10 }	A
C	{...}	C
A	{x=10 }	A

图 5.24　程序运行时派生类 D 对象的内存结构

当虚基类声明中有带有形参的构造函数，则在整个继承体系中，直接或间接继承虚基类的所有派生类中都必须在构造函数的初始化列表中列出对虚基类的初始化。也就是说，在有虚拟继承的继承结构层次中，派生类的构造函数必须在初始化列表中将它所有的直接基类以及非直接虚基类都进行构造（如果是默认构造可以忽略）。若上例中 D 的构造函数写为

```
D(int n):B(n),C(n){}      //error C2512: "A::A": 没有合适的默认构造函数可用
```

则会有编译错误，必须在初始化列表中对非直接虚基类进行初始化。

另外，基类 A 不能再作为 D 的直接非虚基类，若将 D 继承关系改为

```
class D : public A, public B,public C
//error C2584: "D": 直接基类 A 不可访问;已是 B 的基类
//error C2584: "D": 直接基类 A 不可访问;已是 C 的基类
```

则会有编译错误。而作为 D 的直接虚基类是可以的：

```
class D : virtual public A, public B,public C      //正确
```

当初始化虚基类时，在派生类的声明中，只有最远基类的构造函数会调用虚基类的构造函数，该派生类的其他基类对虚基类构造函数的调用会被自动忽略。也就是说，在 C++ 编译系统中，最后声明的基类负责对虚基类构造函数的调用，其他基类对虚基类构造函数的调用会被忽略，这就保证了虚基类的数据成员不会被多次初始化。

若上例中将 class B 和 class C 的构造函数分别改为

```
B(int n):A(n)
{
    x=2*n;
    cout<<"B"<<endl;
```

```
    }
    C(int n):A(n)
    {
        x=3*n;
        cout<<"C"<<endl;
    }
```

因为最后声明的基类 C 会调用虚基类的构造函数,则 x 的值为 30,如图 5.25 所示。

自动窗口

名称	值	类型
d	{...}	D
B	{...}	B
A	{x=30 }	A
C	{...}	C
A	{x=30 }	A

图 5.25　基类 C 调用虚基类的构造函数

若将 class D 的继承声明改为

```
class D: public C, public B
```

则程序执行结果为

```
A
C
B
```

此时 x 的值为 20,如图 5.26 所示。

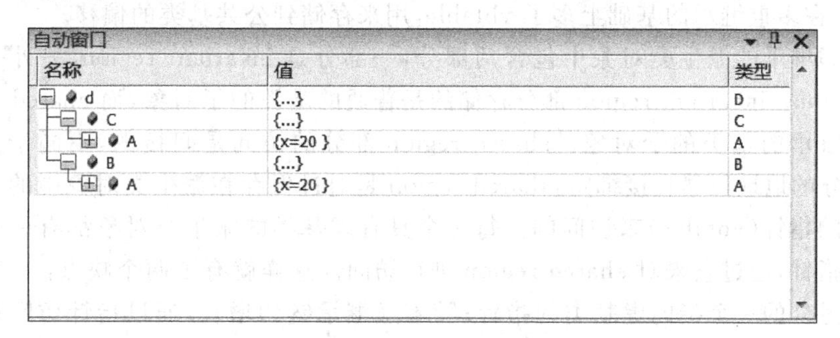

图 5.26　x 的值为 20

4. 慎用多重继承

使用多重继承时要十分小心,经常会出现二义性问题。也是由于这个原因,有些面向对象的程序设计语言(如 Java、Smalltalk)并不支持多重继承。

虚继承能够解决二义性问题,是否可将所有的继承都改为虚继承?

例 5.33

```
#include <iostream>
using namespace std;
class A
{
public:
    int real;
    int imag;
};
class B: public A
{
};
class C: virtual public A
{
};
int main()
{
    cout<<"sizeof(B) is"<<sizeof(B)<<endl;
    cout<<"sizeof(C) is"<<sizeof(C)<<endl;
    return 0;
}
```

程序执行结果：

```
sizeof(B) is 8
sizeof(B) is 12
```

从上例可知，虚继承的派生类要比非虚继承派生类大，引入虚继承本就是为了解决复杂继承体系会出现的问题，但这也会付出代价的。虚继承使公共的基类在派生类中只有一份，它在多重继承的基础上多了 vbtable，用来存储到公共基类的偏移。

具有虚继承的派生类对象中包含两部分，一部分是 invariant region，另外一部分是 shared region。invariant region 部分存储的是普通的基类的子对象，而 shared region 则是保存虚继承的基类的子对象。shared region 部分的访问是间接的，不同于 invariant region 部分的地址位移直接绑定，shared region 是通过保存在派生类对象中的一个指向上层基类的指针（vbtable）来访问的。每一个具有虚基类的派生类对象都有一个指向上层基类的指针，通过它来对 shared region 进行访问。这样就有了两个缺点：一个类对象需要增加另外的一个指向虚基类的指针；随着虚继承链的增长，通过指针访问基类的层次也在增加，这就意味着效率的降低。因此，不是万不得已，尽量少用虚继承！

5.6 继承和组合

1. 继承和组合的区别

在一个类中含有另一个类的对象作为数据成员，称为类的组合（composition）。

类继承允许用户根据其他类的实现来定义一个新的实现。这种通过生成派生类的复用通常被称为白盒复用(white-box reuse)。术语"白盒"是相对于可视性而言的：在继承方式中,父类的内部细节对子类可见。

对象组合是类继承之外的另一种复用选择。新的更复杂的功能可以通过组合对象来获得。对象组合要求对象具有良好定义的接口。这种复用风格被称为黑盒复用(black-box reuse),因为被组合的对象其内部细节是不可见的,对象只以"黑盒"的形式出现。

因为继承在编译时刻就定义了,所以无法在运行时刻改变从父类继承的实现。

父类通常至少定义了子类的部分行为,父类的任何改变都可能影响子类的行为。如果继承下来的实现不适合解决新的问题,则父类必须重写或被其他更适合的类替换。这种依赖关系限制了灵活性并最终限制了复用性。

组合是通过获得对其他对象的引用而在运行时刻动态定义的。由于组合要求对象具有良好定义的接口,而且对象只能通过接口访问,所以并不破坏封装性。

组合和继承都能将子对象植入新的类,组合是显式的,继承是隐含的。一般来说,组合用于新类要使用旧类的功能,而不是其接口的场合。继承则是要对已有的类做一番改造,以此获得一个特殊版本。继承要表达的是一种"是(is a)"关系,而组合表达的是"有(has a)"关系。

很多程序员经不起"继承"的诱惑而犯下设计错误,在不该使用继承的时候使用了继承。如果因为圆心是一个点,就将 Circle 类从 Point 类派生而来,就是错误的做法,因为一个圆不是一个点。在 Circle 类里包含一个 Point 成员对象则是合理的,这符合一个圆里有个特殊的点叫圆心这个逻辑。

```
class Point
{
public:
    Point(int i=0, int j=0)
    {
        x=i;
        y=j;
    };
private:
    int x, y;
};
class Circle
{
public:
    Circle(double r=0.0, int x=0, int y=0): Center(x,y)
    {
        radius=r;
    }
private:
```

```
    Point Center;
    double radius;
};
```

若在逻辑上 A 是 B 的“一部分”(a part of)，则不允许 B 从 A 派生，而是要用 A 和其他东西组合出 B。

再例如眼(Eye)、鼻(Nose)、口(Mouth)、耳(Ear)是头(Head)的一部分，所以类 Head 应该由类 Eye、Nose、Mouth、Ear 组合而成，不是派生而成。

```
class Eye
{
public:
    void Look(void);
};
class Nose
{
public:
    void Smell(void);
};
class Mouth
{
public:
    void Eat(void);
};
class Ear
{
public:
    void Listen(void);
};
```

如果允许 Head 从 Eye、Nose、Mouth、Ear 派生而成，那么 Head 将自动具有 Look、Smell、Eat、Listen 这些功能，程序能够运行正确，但是这种设计方法却是不对的。

```
class Head : public Eye, public Nose, public Mouth, public Ear
{
    …
}
```

正确的设计方法应该是 Head 由 Eye、Nose、Mouth、Ear 组合而成：

```
class Head
{
public:
    void Look(void) { m_eye.Look(); }
    void Smell(void) { m_nose.Smell(); }
    void Eat(void) { m_mouth.Eat(); }
```

```
    void Listen(void) { m_ear.Listen(); }
private:
    Eye m_eye;
    Nose m_nose;
    Mouth m_mouth;
    Ear m_ear;
};
```

2. 继承和组合的内存结构

下面来看继承和组合对类对象内存空间的影响。举个极端情况的例子，当一个类中没有数据的时候。在理论上，这样的"空类"的对象应该不占用空间，因为没有数据需要存储。然而，由于C++技术上的原因，独立对象(freestanding objects)必须是非零大小。

例 5.34

```
#include <iostream>
using namespace std;
class Empty{};
class AnInt
{
private:
    int x;
    Empty e;
};
int main()
{
    cout<<"Size of Empty is "<<sizeof(Empty)<<endl;
    cout<<"Size of AnInt is "<<sizeof(AnInt)<<endl;
    return 0;
}
```

程序执行结果：

```
Size of Empty is 1
Size of AnInt is 8
```

会发现 sizeof(AnInt) > sizeof(int)，有一个空数据成员(Empty data member)需要存储。对于大多数编译器，sizeof(Empty)是1，这是因为C++实现独立对象必须是非零大小，一般是通过在空对象中插入一个char实现的。然而，由于字节对齐要求，可能促使编译器向AnInt类中增加一些填充物，所以很可能AnInt不仅仅是多一个char的大小。

但是从继承的角度看，独立对象必须是非零大小这个约束不适用，因为它们不是独立的。

例 5.35

```
#include <iostream>
```

```
using namespace std;
class Empty{};
class AnInt : public Empty
{
private:
    int x;
};
int main()
{
    cout<<"Size of Empty is "<<sizeof(Empty)<<endl;
    cout<<"Size of AnInt is "<<sizeof(AnInt)<<endl;
    return 0;
}
```

程序执行结果：

```
Size of Empty is 1
Size of AnInt is 4
```

显然 sizeof(AnInt)＝sizeof(int)，从继承的角度看，空基类 Empty 是不占内存空间的。若程序对内存结构非常敏感，上述组合和继承的差别就值得考虑。这对于致力于最小化对象大小(object sizes)的库开发者来说可能是很重要的。

3. 优先使用组合，而不是继承

扩展和复用一个类的功能常用两种方法，一种是继承，而另一种更普遍的方法是组合。“优先使用组合，而不是继承”，这是面向对象程序设计的一个原则。

类继承是在编译时刻静态定义的，派生类可以方便地改变父类的实现。正因为继承在编译时刻就确定了，所以在运行时无法改变从父类继承的实现。若没有很好地对继承关系进行设计，会导致一些不便：基类的任何改变都可能影响派生类的行为，如果继承过来的实现不能很好地解决新问题，则需要修改基类或被更换为其他更适合的基类，这种依赖关系限制了灵活性并最终限制了复用性。

对象组合是通过获得对其他对象的引用而在运行时刻动态定义的，只要类型一致，运行时刻还可以用另一个对象来替代。因为对象的实现是基于接口的，所以实现上存在较少的依赖关系。

优先使用组合，并不是说不要使用继承。在最理想情况下，使用组合技术就不用为获得扩展和复用而去创建新的组件，通过已有组件的组装就能获得需要的功能。但实际上很少如此，使用继承使得创建新的组件要比组装已有的组件更容易，继承和组合常一起使用，千万不要滥用继承而忽视了组合技术，在能用组合的地方尽量不要使用继承。

优先使用组合有助于保持每个类被封装，并且只集中完成单个任务。这样类和类继承层次会保持较小规模，并且不太可能增长为不可控制的庞然大物(这正是滥用继承的后果)。

如果要为一个商场设计系统，该系统中有各种类型的人，如经理、售货员、收银员、保安人员、保洁人员、顾客等，可以用一些类来表示各种各样的“人”。采用继承方式解决的思路是这样的：各类型的人都是抽象的“人”，因此设计一个 Person 抽象类，所需要的不同类型人员从这个抽象类派生出，其类图如图 5.27 所示。

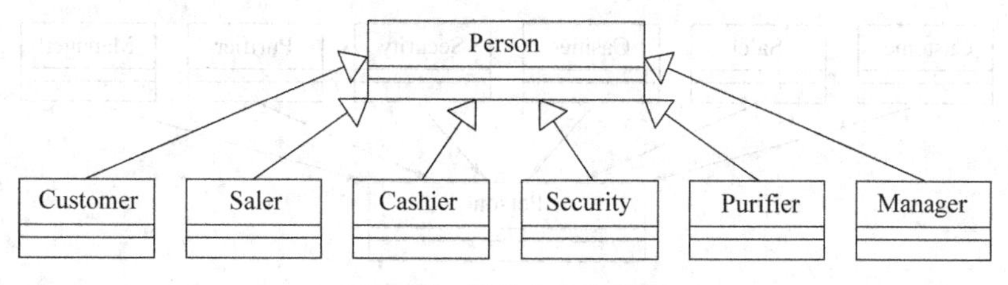

图 5.27 继承方法的类图

采用继承的设计方案存在一个问题：一个商场中的员工也有可能因购物而成为一个顾客；可能会出现一人兼了多个岗位的情况，售货员兼做收银员，经理兼售货员等，一个人可能成为这些角色中的任何一种。若一定要坚持继承的方案，其类图如图 5.28 所示。

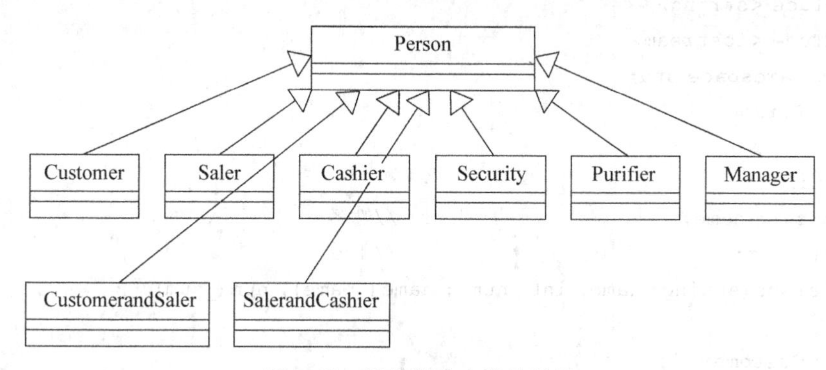

图 5.28 继承解决方案的扩展

或者用多继承的方式来解决，如图 5.29 所示。

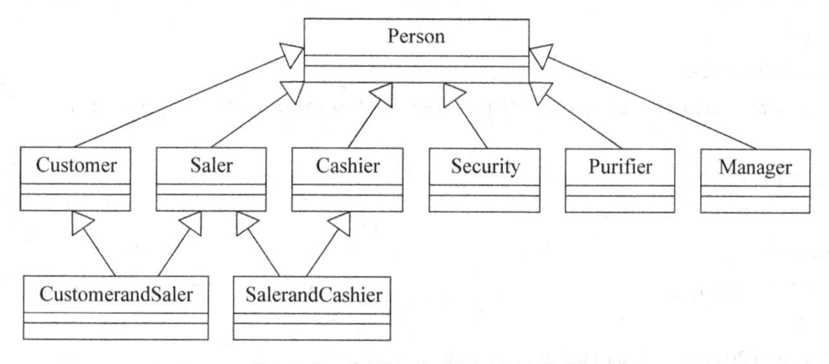

图 5.29 多继承解决方案的扩展

不管采用哪种方式，都遇到了“类爆炸”的问题。这里只有 6 个角色，就需要用 63 (2^6-1)个派生类来表现所有的情况。如果有 10 个角色呢？将需要 1023 个派生类。继承所表现的“is a”关系是静态的，在编译时刻就定义了。而一个“人”可能在不同的时间扮演不同的角色，这就需要用多个对象来表现同一个“人”的不同角色，就出现了类爆炸的情况。

如果用组合的方式来解决这个问题，可以得到一个比较简洁优雅的方案，类爆炸的问题就能解决了，如图 5.30 所示。

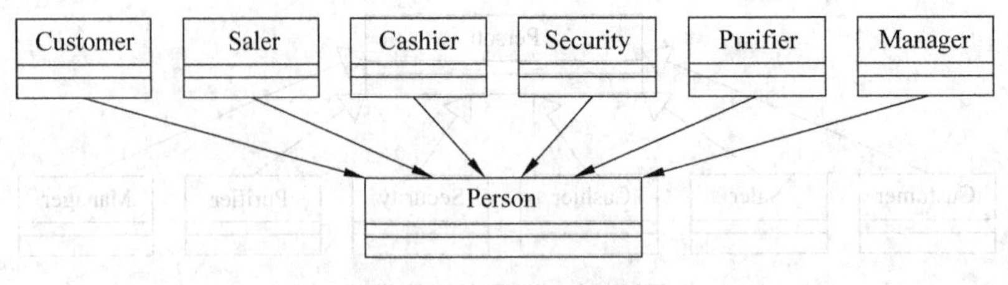

图 5.30　组合解决方案

组合是对类进行复用和扩展的一条途径，它的工作方式是包含其他类的实例引用。

例 5.36

```
#include <string>
#include <iostream>
using namespace std;
class Person
{
public:
    string name;                              //姓名
    int num;                                  //工号
    Person(string _name, int _num): name(_name), num(_num) {}
};
class Customer
{
private:
    Person *p;
public:
    Customer(Person * _p):p(_p) {}
    void buy(string s) { cout<<p->name<<" want buy "<<s<<endl; }
};
class Saler
{
private:
    Person *p;
public:
    Saler(Person * _p):p(_p) {}
    void sell() { cout<<"Welcome, salesperson "<<p->name<<" give you service.";}
};
int main()
{
    Person *pJames=new Person("James Bond", 007);
    Customer cus(pJames);                     //James 现在是位顾客
```

```
    cus.buy("AK47");
    Saler sal(pJames);                    //James 现在是位售货员
    sal.sell();
    return 0;
}
```

如果一个对象需要在不同的时间"成为"不同的派生类，那么这个对象根本不应该是一个派生类。因为一个对象一旦作为派生类被创建出来，则它就只能是这个派生类的实例而不能扮演其他角色了（CustomerandSaler 类只能是"Customer 兼 Saler"）。而采用组合的方式，一个对象可以在不同的时间把它委托给不同的对象（pJames 既可以是 Customer、Saler，也可以是其他）。

例 5.37 委托模式。

在 C++ 中实现委托模式有很多种方式，这里仅介绍在设计模式中用得最多的一种，即采用组合的方法来实现，该模式中有两个角色：委托者（Delegator）和受委托者（Delegate）。委托者保存受委托者的实例引用，并转发相应的方法调用。

```
class Delegate
{
public:
    void func() {}
};
class Delegator
{
private:
    Delegate *pd;
public:
    Delegator(Delegate *p):pd(p) {}
    void func()
    {
        pd->func();
    }
};
int main()
{
    Delegate *pDe=new Delegate;
    Delegator Dor(pDe);
    Dor.func();
    return 0;
}
```

Delegator 保存了 Delegate 的实例引用，实现 Delegate 的接口，对 Delegate 接口方法的调用由 Delegator 来转发，如图 5.31 所示。使用委托模式可以避免继承方法遇到的问题，

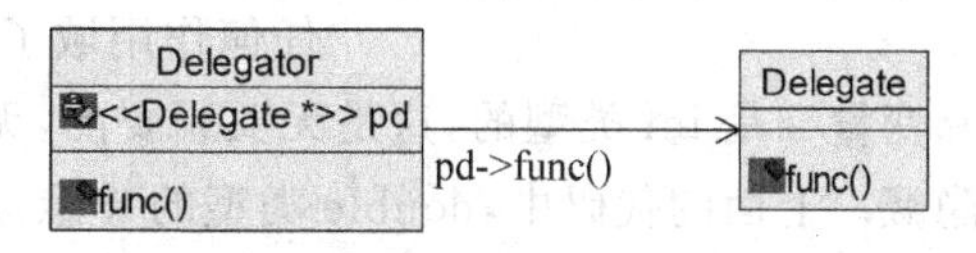

图 5.31 委托模式

可以很容易地在运行时对其行为进行组合。委托模式可以说是无处不在的,其他设计模式大多都使用了该模式(详见第8章)。

5.7 重载、隐藏和覆盖

1. 重载

C++语言中有两种重载(overload):函数重载和运算符重载。

函数重载是用来描述同名函数具有相同或者相似功能,是数据类型或者参数不同的函数管理操作的称呼。重载是发生在两个或者更多的函数具有相同名字的情况下,区分它们的办法是通过检测它们的参数个数或者类型来实现的。具体地讲,C++中允许在相同的作用域内以相同的名字定义几个不同实现的函数,可以是成员函数,也可以是非成员函数。但是,定义这种重载函数时要求函数的参数至少有一个类型不同,或者个数不同。而对于返回值的类型没有要求,可以相同,也可以不同。在2.2.3节已经详细介绍过了。

运算符重载实质就是函数重载,运算符重载利用运算符函数来实现。运算符重载就是对已有的运算符重新进行定义,赋予其另一种功能。编译程序对运算符重载的选择遵循函数重载的选择原则。当遇到不很明显的运算时,编译程序将去寻找参数相匹配的运算符函数。

2. 隐藏

事实上,隐藏与继承并没有太大关系,它仅仅关系到作用域。对于下面的代码:

```
int x;                          //全局变量
void func()
{
    double x;                   //局部变量
    cin >>x;                    //读一个新值赋给局部变量 x
}
```

为x赋值的语句是关于局部变量x而不是全局变量x的,这是因为内部作用域隐藏了("遮挡了")外部作用域的名字。可以将这种域间状况用图5.32描述。

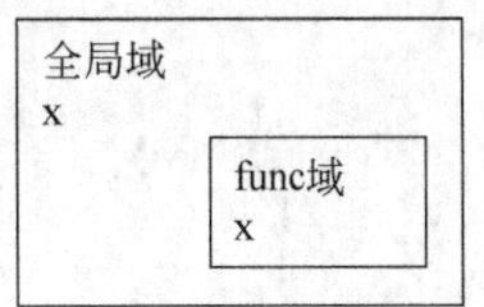

图5.32 作用域间的关系

当编译器执行至func的作用域内并且遇到名字x时,它将在局部作用域内查找,以便确认此处是否包含与x这个名字相关的操作。如果有的话,编译器就不会再去检查其他任何作用域了。在上例中,func中的x是double类型的,全局变量x是int类型的,这是无关紧要的,无论与名字相关的类型是否一致都会进行名字隐藏。上面的代码中,double类型的x隐藏了int类型的x。

引入继承后,在一个派生类的成员函数中企图引用基类的某些成员时,编译器能够找出所引用的东西,因为派生类所继承的东西在基类中都作过声明。这里真正的工作方式实际上是派生类的作用域嵌套在基类的作用域中。

例 5.38

```
#include <iostream>
using namespace std;
class B
{
public:
    void func(int){cout<<"B:: func(int)"<<endl;}
};
class D : public B
{
public:
    void func(int,int){cout<<"D:: func(int,int)"<<endl;}
    void test()
    {
        func(1,1);
    }
};
int main()
{
    D d;
    d.test();
    return 0;
}
```

程序执行结果:

```
D:: func(int,int)
```

该例作用域嵌套情况如图 5.33 所示。

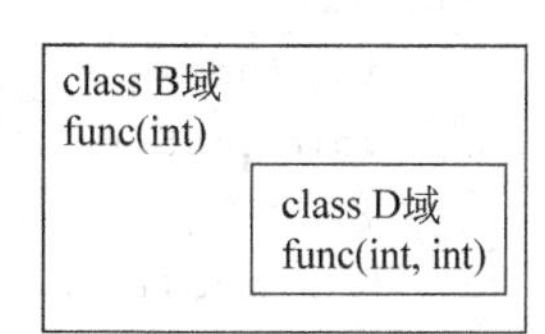

图 5.33 作用域的嵌套

若将上例 test()函数中的 func(1,1)改为 func(1),会出现编译错误:

```
void test()
{
    func(1);     //error C2660: "D:: func": 函数不接受 1 个参数
}
```

如果在派生类中添加了成员(数据、函数),其与基类的成员重名,本地成员隐藏继承来的成员。隐藏一词可以这么理解:在调用一个类的成员函数的时候,编译器会沿着类的继承链逐级向上查找函数的定义,如果找到了,那么就停止查找,所以如果一个派生类和一个基类都有同一个名字(暂且不论参数是否相同)的函数,而编译器最终选择了派生类中的函数,那么就说这个派生类的成员函数"隐藏"了基类的成员函数,也就是说它阻止了编译器继续向上查找函数的定义。

调用一个成员函数时，经过以下3步：

(1) 编译器查找函数名。

(2) 从同名候选者中选择最佳匹配函数。

(3) 检查是否具有访问最佳匹配函数的权限。

即使同一函数在基类和派生类中的参数表不同，基类中该函数依然会被隐藏。在执行d.test()时，若调用func(1)，第一步，查找函数名字，因为正在调用一个派生类D对象的成员函数，所以将从D的作用域开始查找并找到D::func，现在只有一个候选函数，因此尝试匹配该函数，该函数有两个int型参数，但调用该函数时只给出了一个实参。基类中的那个函数看上去有着更好的匹配已经无关紧要了，因为在内层作用域中找到一个函数，编译器就不会到外层作用域中继续查找该名字，内层作用域中的名字会隐藏外层作用域中的名字。

实际上，该名字甚至可以不是一个函数的名字。

例 5.39

```
#include <iostream>
using namespace std;
class B
{
public:
    void func(int){cout<<"B:: func(int)"<<endl;}
};
class D : public B
{
public:
    int func;
    void test()
    {
        func(1,1);              //error C2064: 项不会计算为接受两个参数的函数
    }
};
int main()
{
    D d;
    d.test();
    return 0;
}
```

在这个例子中，编译器会在作用域中查找名字func，结果找到了一个数据成员，而不是成员函数。

若想访问基类的函数func，如何修改？可将test()函数改为

```
void test()
```

```
{
    B::func(1);
}
```

这时,执行结果为

```
B:: func(int)
```

重载必须在一个作用域中,函数名称相同但是函数参数不同,重载的作用就是同一个函数名有不同的行为,因此不在一个域中的函数是无法构成重载的,这是重载的重要特征。重载必须在一个域中,而继承明显是在两个类中(是不同的两个域),所以上面的想法是不成立的,测试的结果也是这样,派生类中的 func(int,int)把基类中的 func(int)隐藏了。

例 5.40

```
#include <iostream>
using namespace std;
class B
{
public:
    void func(int) {cout<<"B::func(int)"<<endl; }
    void func(int, int) {cout<<"B::func(int,int)"<<endl; }
};
class D : public B
{
public:
    using B::func;
    void func(int,int) {cout<<"D::func(int,int)"<<endl;}
};
int main()
{
    D d;
    d.func(1);
    d.func(1,1);
    d.B::func(1,1);
    return 0;
}
```

程序执行结果:

```
B::func(int)
D::func(int,int)
B::func(int,int)
```

上例中,基类 B 中包含有重载函数,如果期望在派生类中继续使用这些函数,就应该为每一个不希望被隐藏的名字添加一条 using 声明。如果不这样做,一些希望继承下来的名字将可能被隐藏。当执行代码 d. func(1);时，通过 using 声明使基类的 func(int)没有被隐藏，因此会输出 B::func(int)。当执行代码 d. func(1,1);时，编译器在派生类 D 的作用域中找到了与之相匹配的函数 func(int,int)，因此输出 D::func(int,int)。当执行代码 d. B::func(1,1);时，通过作用域指明调用基类 B 的 func(int,int)，因此输出 B::func(int,int)。

例 5.41

```
#include <iostream>
#include <string>
using namespace std;
class B
{
public:
    void func(float f) { cout<<f<<endl; }
};
class D : public B
{
public:
    void func(string s) {cout<<s<<endl;}
};
int main()
{
    D d;
    d. func("Hello!");
    d. func(707.7);    //error C2664: "D::func": 不能将参数 1 从 double 转换为 string
    d.B::func(707.7);
    return 0;
}
```

上例中，派生类 D 的 func 函数隐藏了基类的 func 函数，因此执行 d. func(707.7);时会有编译错误。若 D 中通过 using 声明使基类的 func 不被隐藏：

```
class D : public B
{
public:
    using B::func;
    void func(string s) {cout<<s<<endl;}
};
```

这时，程序的执行结果为

```
Hello!
707.7
707.7
```

3. 覆盖

覆盖(override)是指派生类中存在重新定义的函数,其函数名、参数表、返回值类型必须与父类中被覆盖的相应函数严格一致,覆盖函数和被覆盖函数只有函数体不同,当派生类对象调用派生类中该同名函数时会自动调用派生类中的覆盖版本,而不是父类中的被覆盖函数版本,这种机制就叫做覆盖。覆盖和隐藏有些类似,区别是有无虚函数的声明。

覆盖是指派生类函数覆盖基类函数,特征如下:

(1) 不同的范围(分别位于派生类与基类)。

(2) 函数名字相同。

(3) 参数相同。

(4) 基类函数必须有 virtual 关键字。覆盖将在第 6 章介绍虚函数和多态时详细讨论。

5.8 C 语言实现继承

C 虽然在语言层次上不支持面向对象编程,但是用 C 也可以实现面向对象的思想,可以利用"结构在内存中的布局与结构的声明具有一致的顺序"这一事实来实现继承。

例 5.42

```
struct Base
{
    int x;
    void(* showB)();
};
struct Derived                              //Derived 从 Base 派生
{
    int x;
    void(* showB)();
    int y;
    void(* showD)();
};
void show_base()
{
    printf("Hello Base.\n");
}
void show_derived()
{
    printf("Hello Derived.\n");
}
Base& new_Base(int i)                       //创建"类"对象
```

```
{
    Base b;
    b.x=i;
    b.showB=show_base;
    return b;
}
Derived& new_Derived(int i, int j)                //创建"类"对象
{
    Derived d;
    d.x=i;
    d.y=j;
    d.showB=show_base;
    d.showD=show_derived;
    return d;
}
int main()
{
    Base b=new_Base(1);
    Derived d=new_Derived(2,22);
    printf("Base::x=%d\n",b.x);                   //①
    b.showB();                                    //②
    printf("Derived::x=%d\n",d.x);                //③
    printf("Derived::y=%d\n",d.y);                //④
    d.showB();                                    //⑤
    d.showD();                                    //⑥
    Base * pb=(Base * )&d;                        //⑦
    printf("Derived::x=%d\n",pb->x);              //⑧
    pb->showB();                                  //⑨
    return 0;
}
```

程序执行结果：

```
Base::x=1
Hello Base.
Derived::x=2
Derived::y=22
Hello Base.
Hello Derived.
Derived::x=2
Hello Base.
```

“派生类”Derived 前两项内容与“基类”Base是一致的，也就是说它们在内存中的布局是一致的，如图5.34所示。

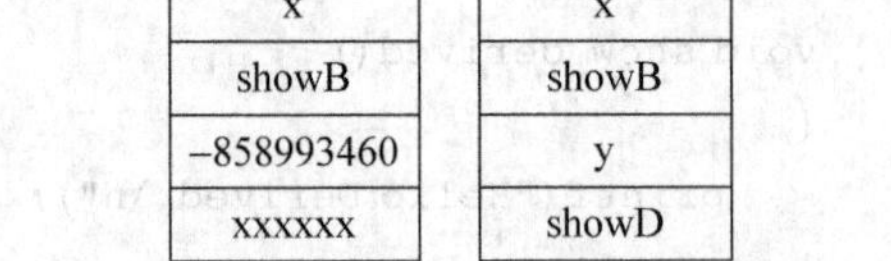

图 5.34 Base 和 Derived 前两项内容一致

上例中，在创建完“基类”和“派生类”对象后，代码①是访问“基类”的数据成员 x，代码②是访问“基类”的成员函数 showB。代码③和④是访问“派生类”的数据成员 x 和 y。因为 Derived 继承了 Base 的成员函数 showB，并没有对它进行改写，因此代码⑤输出的还是“Hello Base.”。代码⑥是访问 Derived 的 showD 函数。代码⑦将“基类”指针指向了“派生类”对象（向上映射），代码⑧访问 Derived 的 x 和 showB，它们都是继承来的成员，在创建 Derived 对象的时候，x 被赋值为 2。

若 main 函数代码⑦、⑧、⑨改为

```
Derived* pd=(Derived*)&b;                   //正确
printf("Derived::x=%d\n",pd->x);            //正确
pd->showB();                                //正确
printf("Derived::x=%d\n",pd->y);            //输出-858993460,没有获得期望的输出
pd->showD();                                //运行时错误
```

上面的代码能够通过编译，但运行时会有错误。“派生类”指针 pd 指向了“基类”对象（向下映射），通过 pd 能够正确访问 x 和 showB。但是执行代码 pd－＞y 时，输出了内存中的一个随机值，当执行 pd－＞showD 时，内存中对应的值根本不是指向 showD 函数指针的值，因此会有运行时的访问错误。

注意，用 C 来实现继承时，“派生类”结构的声明要与其基类一致。上例中，若“派生类”定义为

```
struct Derived
{
    void(*showB)();
    int x;
    int y;
    void(*showD)();
};
```

其内存结构如图 5.35 所示。代码⑧中的 pb－＞x 将输出一个随机值，执行代码⑨时，同样会有运行时的内存访问错误。

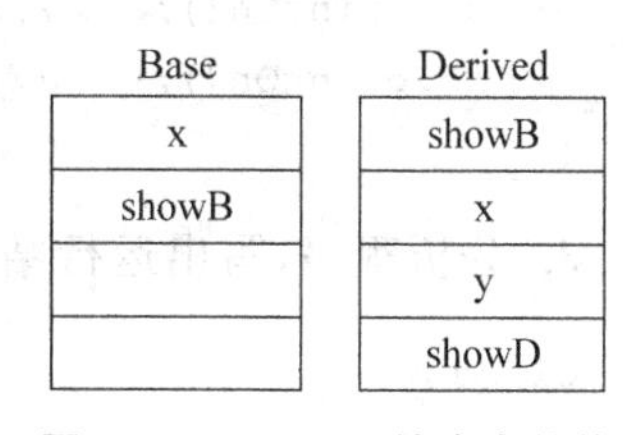

图 5.35 Derived 的内存结构

习　题

1. 重载(overload)和覆盖(overried，有的书也叫做“重写”)的区别？
2. 已知类的定义如下：

```
class Base
{
protected:
    int iBody;
public:
```

```
    void printOn() {}
    Base(int i=0) : iBody(i) {}
};
class Sub1 : public Base
{
    ...
public:
    ...
    Sub1(int i, char* s);
};
class Sub2 : public Base
{
    ...
public:
    ...
    Sub2(int i, short s);
};
```

试完成类 Sub1 和 Sub2 的定义和操作的实现代码,使之能符合下面的程序及在注释中描述的运行结果的要求:

```
main()
{
    Sub1 s1(1000, "This is an object of Sub1");
    Sub2 s2(2000, 10);
    s1.printOn();    //此时显示<1000: This is an object of Sub1>
    s2.printOn();    //此时显示<10 and 2000>
}
```

3. 分析程序,写出运行结果。

```
class A
{
public:
    virtual void act1();
    void act2() {act1();}
};
void A::act1()
{
    cout<<"A::act1() called. "<<endl;
}
class B : public A
{
public:
    void act1();
};
```

```
void B::act1()
{
    cout<<"B::act1() called. "<<endl;
}
int main()
{
    B b;
    b.act2();
    return 0;
}
```

4. 分析程序,写出运行结果。

```
class A
{
    int a;
public:
    A(int i) { a=i; cout<<"A="<<a<<endl; }
    virtual void func() { cout<<"A::func"<<endl; }
    virtual ~A() { cout<<"~A="<<a<<endl; }
};
class B:public A
{
    int b;
public:
    B(int i,int j):A(i) { b=j; cout<<"B="<<b<<endl; }
    virtual void func() { cout<<"B::func"<<endl; }
    ~B() { cout<<"~BB"<<b<<endl; }
};
int main()
{
    A *pa=new A(8);
    delete pa;
    A *pb=new B(6,9);
    pb->func();
    delete pb;
    return 0;
}
```

5. 某公司有两类职员 Employee 和 Manager,Manager 亦属于 Employee。每个 Employee 对象所具有的基本信息为姓名、年龄、工作年限、部门号,Manager 对象除具有上述基本信息外,还有级别(level)信息。公司中的两类职员都具有两种基本操作:

```
(1) printOn()        //输出个人信息
(2) retire()         //判断是否到了退休年龄,若是,则从公司中除名。公司规定:
                     //Employee 类的退休年龄为 55 岁,Manager 类的退休年龄为 60 岁
```

要求：

(1) 定义并实现类 Employee 和 Manager；

(2) 分别输出公司中两类职员的人数(注意：Manager 亦属于 Employee)。

6. 多重继承的内存分配问题。比如有

```
class A: public class B, public class C {}
```

那么 A 的内存结构大致是怎么样的?

7. 定义一个车(vehicle)基类，具有 MaxSpeed、Weight 等成员变量以及 Run、Stop 等成员函数，由此派生出自行车(bicycle)类、汽车(motorcar)类。自行车(bicycle)类有高度(Height)等属性，汽车(motorcar)类有座位数(SeatNum)等属性。从 bicycle 和 motorcar 派生出摩托车(motorcycle)类，在继承过程中，注意把 vehicle 设置为虚基类。体会如果不把 vehicle 设置为虚基类时的问题所在。

8. 建立普通的基类 building，用于存储一座楼房的层数、房间数和它的总平方面积。建立派生类 house，继承 building，并存储卧室和浴室的数量。另建立派生类 office，继承 building，存储工作人员和电话的数目。设计程序，并测试上述 3 个类。

9. 一个立方体 Box 可以视为是在一个矩形 Rectangle 的相互正交的长 length 和宽 width 的基础上增加一维与 length 和 width 相互正交的高 height 而生成的。定义具有继承关系的矩形类 Rectangle 和立方体类 Box。两个类中除了具有共同的属性 length 和 width，还具有相同的接口(公有成员函数)Area(计算矩形面积或立方体面积)、Perimeter(计算矩形周长或立方体周长)、Diagonal(计算矩形对角线或立方体对角线的长度)、GetLength(获取长度属性)、GetWidth(获取宽度属性)、SetLength(设置长度属性)和 SetWidth(设置宽度属性)。除此之外，立方体类 Box 还需要增加 height 属性和接口函数 Volume(计算立方体的体积)、GetHeight(获取高度属性)和 SetHeight(设置高度属性)。

10. 一个三口之家，大家都知道父亲会开车，母亲会唱歌。但是父亲还会修理电视机，只有家里人知道。小孩既会开车又会唱歌，甚至会修电视机。母亲瞒着任何人在外面做小工以补贴家用。此外小孩还会打乒乓球。编制程序，让这三口之家从事一天的活动：先是父亲出去开车，然后母亲出去工作(唱歌)，母亲下班后去做两个小时小工。小孩在俱乐部打球，在父亲回家后，开车玩，后又高兴地唱歌。晚上，小孩和父亲一起修电视机。后来父亲的修电视技术让大家知道了，人们经常上门要他修电视机。这时，程序要作什么样的变动。

11. 下面是一个复数抽象类与其直角坐标表示法的实现类。请为它再定义一个极坐标表示法的实现类，并编一段程序对它们进行测试。

```
class Complex
{
public:
    double getReal()=0;          //获得复数的实部
    double getImage()=0;         //获得复数的虚部
```

```
    double getMagnitude()=0;   //获得复数的模
    double getAngle()=0;       //获得复数的幅角
};
void showComplex(Complex& c)
{
    cout<<setw(14)<<c.getReal()<<","<<setw(14)<<c.getImage()<<",";
    cout<<setw(14)<<c.getMagnitude()<<","<<setw(14)<<c.getAngle()<<endl;
}
```

第6章 chapter 6

多 态 性

多态(polymorphism)一词最初来源于希腊语 polumorphos,含义是具有多种形式或形态的情形。在程序设计领域,多态的一个广泛认可的定义是“一种将不同的特殊行为和单个泛化记号相关联的能力”。和纯粹的面向对象程序设计语言不同,C++ 中的多态有着更广泛的含义。除了常见的通过类继承和虚函数机制产生的运行期的动态多态(dynamic polymorphism)外,模板也可以将不同的特殊行为和单个泛化记号相关联,由于这种关联处理于编译期而非运行期,因此被称为静态多态(static polymorphism)。多态是“通用化编程”,而不是“特殊化编程”。

6.1 多态的形式

6.1.1 静态多态

常见的静态多态有 3 种:

(1) 函数多态。

(2) 宏多态。

(3) 模板多态。

1. 函数多态

函数的多态主要表现为函数和运算符的重载,函数重载和运算符重载可通过使用同样的函数名和同样的运算符来完成不同的数据处理与操作。函数重载在前面已经介绍过,对于运算符的重载将在第 7 章中介绍,运算符的重载本质上也是种函数的重载。

2. 宏多态

带变量的宏多态可实现一种初级形式的静态多态。

例 6.1

```
#include<iostream>
#include<string>
using namespace std;
```

```
#define __ADD(A,B)(A)+(B)          //定义泛化的宏__ADD
int main()
{
    string c("hello"),d(" world!");
    string s=__ADD(c,d);           //两个字符串"相加"
    cout<<s<<endl;
    int a(1),b(5);
    int i=__ADD(a,b);              //两个整数相加
    cout<<i<<endl;
    return 0;
}
```

程序执行结果：

```
hello world!
6
```

表达式__ADD(a,b)和__ADD(c,d)分别被替换为两个整数相加和两个字符串相加的具体表达式。整数相加体现为求和，而字符串相加则体现为连接。

3. 模板多态

例 6.2

```
#include <iostream>
#include <vector>
using namespace std;
class Car
{
public:
    void run() const{ cout<<"run a car"<<endl; }
};
class Airplane
{
public:
    void run() const{ cout<<"run a airplane"<<endl; }
};
template <typename Vehicle>
void run_vehicle(const Vehicle& vehicle)
{
    vehicle.run();
}
int main()
{
    Car car;
    Airplane airplane;
```

```
    run_vehicle(car);           //调用 Car::run()
    run_vehicle(airplane);      //调用 Airplane::run()
    return 0;
}
```

程序执行结果：

```
run a car
run a airplane
```

这里 Vehicle 只是一个符合直觉的记号，经过编译器处理后，最终会得到 run_vehicle<Car>()和 run_vehicle<Airplane>()两个不同的函数。

使用这种方式无法透明地处理异质对象集合，因为所有类型都必须在编译期予以决定。

例 6.3

```
#include <iostream>
#include <vector>
using namespace std;
class Car
{
public:
    void run() const{ cout<<"run a car"<<endl; }
};
class Airplane
{
public:
    void run() const{ cout<<"run a airplane"<<endl; }
};
//run 同质 vehicles 集合
template <typename Vehicle>
void run_vehicles(const vector<Vehicle>& vehicles)
{
    for(unsigned int i=0; i <vehicles.size(); ++i)
    {
        vehicles[i].run();      //根据 vehicle 的具体类型调用相应的 run()
    }
}
int main()
{
    Car car1, car2;
    Airplane airplane1, airplane2;
    vector<Car>vc;              //同质 cars 集合
    vc.push_back(car1);
    vc.push_back(car2);
```

```
    vc.push_back(airplane1);    //error C2664: "std::vector<_Ty>::push_back"
                                //不能将参数 1 从 Airplane 转换为 const Car &
    run_vehicles(vc);           //run cars
    vector<Airplane>vs;         //同质 airplanes 集合
    vs.push_back(airplane1);
    vs.push_back(airplane2);
    vs.push_back(car1);         //error C2664: "std::vector<_Ty>::push_back"
                                //不能将参数 1 从 Car 转换为 const Airplane &
    run_vehicles(vs);           //run airplanes
    return 0;
}
```

在上面这个例子中，只有同类型的 Vehicle 才能 push_back，使用动态多态便可以透明地处理异质的对象。

6.1.2 动态多态

动态多态性是 C++ 实现面向对象技术的基础。具体地说，通过一个指向基类的指针调用虚成员函数的时候，运行时系统将能够根据指针所指向的实际对象调用恰当的成员函数。

定义一个抽象基类 Vehicle 和两个派生于 Vehicle 的具体类 Car 和 Airplane，Vehicle 类中有一个虚函数 run()。用户程序可以通过指向基类 Vehicle 的指针（或引用）来操纵具体对象。通过指向基类对象的指针（或引用）来调用一个虚函数，会调用被指向的具体对象的相应成员函数。

例 6.4

```
#include <iostream>
#include <vector>
using namespace std;
class Vehicle
{
public:
    virtual void run() const=0;
};
class Car: public Vehicle
{
public:
    virtual void run() const { cout<<"run a car"<<endl; }
};
class Airplane: public Vehicle
{
public:
    virtual void run() const { cout<<"run a airplane"<<endl; }
};
```

```
//run 异质 vehicles 集合
void run_vehicles(const vector<Vehicle * >& vehicles)
{
    for(unsigned int i=0; i <vehicles.size(); ++i)
    {
        vehicles[i]->run();        //根据具体 vehicle 的类型调用对应的 run()
    }
}
int main()
{
    Car car;
    Airplane airplane;
    vector<Vehicle * >v;           //异质 vehicles 集合
    v.push_back(&car);
    v.push_back(&airplane);
    run_vehicles(v);               //run 不同类型的 vehicles
    return 0;
}
```

程序执行结果：

```
run a car
run a airplane
```

6.2 虚函数定义

1. 基类指针指向派生类

根据赋值兼容，用基类类型的指针指向派生类，就可以通过这个指针来使用派生类的成员函数。如果这个函数是普通的成员函数，通过基类类型的指针访问到的只能是基类的成员。而如果将它设置为虚函数，则可以使用基类类型的指针访问到指针正在指向的派生类的函数。这样，通过基类类型的指针，就可以使属于不同派生类的不同对象产生不同的行为，从而实现运行过程的多态。

例 6.5

```
#include <iostream>
using namespace std;
class A
{
public:
    void print() { cout<<"A::print"<<endl; }
};
class B:public A
{
```

```
public :
    void print() { cout<<"B::print"<<endl; }
};
int main()
{
    A a;
    B b;
    A * pA=&b;
    pA->print();
    return 0;
}
```

程序执行结果：

```
A::print
```

显然，这不是所希望的输出，这个对象实际上是B而不只是一个A，print输出应当是B::print，而不是A::print。

基类与派生类对象之间有赋值兼容关系，当通过基类指针或引用操作时，派生类的对象可被当做基类的对象看待。通过指针调用成员函数只与指针类型有关，与此刻指向的对象无关。基类指针无论指向基类还是派生类对象，利用pA－>print()调用的都是基类成员函数print()。若要调用派生类中的成员函数print()必须通过对象来调用，或定义派生类指针来实现。这种通过用户指定调用的成员函数，在编译时根据类对象来确定调用该类成员函数的方式，是静态联编(早期绑定)。将函数体和函数调用关联起来，就叫绑定。C++编译器在编译的时候，要确定每个对象调用的函数的地址，这称为早期绑定(early binding)，当将B类的对象b的地址赋给pA时，C++编译器进行了类型转换，此时C++编译器认为变量pA保存的就是A对象的地址。当在main()函数中执行pA－>print()时，调用的当然就是A对象的print函数。

2. 虚函数的定义

在上例中，输出的结果是因为编译器在编译的时候就已经确定了对象调用的函数的地址，要解决这个问题就要使用迟绑定(late binding)技术。当编译器使用迟绑定时，就会在运行时再去确定对象的类型以及正确的调用函数。而要让编译器采用迟绑定，就要在基类中声明函数时使用virtual关键字，这样的函数称为虚函数(virtual functions)。

若将上例A类中的print()函数声明为virtual，即：

```
class A
{
public :
    virtual void print() { cout<<"A::print"<<endl; }
};
```

则此时就为动态联编，上例程序执行结果为

```
B::print
```

如果将 main()函数改为

```
int main()
{
    A a;
    B b;
    A * pA=&b;
    pA->A::print();  //正确,调用 A::print(),输出 A::print
    pA->B::print();  //error C2039: "B": 不是 A 的成员
                     //error C2662: "B::print": 不能将 this 指针从 A 转换为 B &
    return 0;
}
```

可以看出,若基类指针指向派生类对象,通过该指针调用的是派生类的虚函数,若想访问基类的虚函数,则须加上作用域(即 A::)。但是,不论 print()是否声明为虚函数,pA－＞B::print()都会有上面的编译错误。

只有类的成员函数才能说明为虚函数,因为虚函数仅适用于有继承关系的类对象,所以普通函数不能说明为虚函数。在类的定义中,前面有 virtual 关键字的成员函数就是虚函数。

```
class A
{
    virtual void print();
}
void A::print() { cout<<"A::print"<<endl; }
virtual void func() {}    //error C2575:"func": 只有成员函数和基可以是虚拟的
```

virtual 关键字只用在类定义里的函数声明中,写函数体时不用写出。若写成

```
virtual void A::print()
{
    cout<<"A::print"<<endl;
}
```

则编译时会提示

```
error C2723: "base::get": virtual 存储类说明符在函数定义上非法
```

构造函数和静态成员函数不能是虚函数:静态成员函数不能为虚函数,是因为 virtual 函数由编译器提供了 this 指针,而静态成员函数没有 this 指针,不受限制于某个对象;构造函数不能为虚函数,是因为构造的时候,对象还是一片未定型的空间,只有构造完成后,对象才是具体类的实例。

例 6.6

```
class A
```

```
{
public:
    virtual A() {};           //error C2633: "A": inline是构造函数的唯一合法存储类
};
class B
{
public:
    virtual static void func() {}; //error C2216: virtual不能和 static一起使用
};
int main()
{
    return 0;
}
```

3. 类型信息

当通过指针或引用使用派生类的一个对象时,此对象可以被当作是一个基类的对象,此时需要进行对象类型的判断。

一种办法是设立用于标识类型的数据成员(Type fields):

```
class Employee
{
    enum Empl_type { M, E };
    Empl_type type;
    Employee() : type(E) {}
    …
};
struct Manager : public Employee
{
    Manager() : type(M) {}
    …
};
void print_employee(const Employee * e)
{
    if(e->type==Employee::E)
        …//按 Employee 对象显示
    elseif(e->type==Employee::M)
        …//按 Manager 对象显示
    else
        …
}
```

这种办法是不应当提倡的,因为编译程序无法检查出诸如将 Employee::M 赋给 Employee::type 的错误,也无法检查是否所有的 Constructor 中都赋同样的、正确的值。

对于大型软件，人工保持正确的类型域赋值是很困难的。

更有效的方法是让成员函数自己在执行的时候"带有类型信息"。这样的成员函数叫做虚函数。虚函数允许程序员在基类中声明一个函数，然后在各个派生类中对其进行重定义(redefine)。编译器与装入器将保证对象及其所调用函数的正确对应。这里的重定义叫做覆盖(又称重置)。

C++ 中可通过 typeid 来获取运行时类型信息，typeid 是 C++ 的一个关键字，用它可获得一个类型的相关信息，它有两种语法形式：

(1) typeid (表达式)，如 typeid (5)。

(2) typeid (类型说明符)，如 typeid (int)。

通过 typeid 得到的是一个 type_info 类型的常引用。type_info 是 C++ 标准库中的一个类，专门用于在运行时表示类型信息，它定义在头文件 typeinfo 中。类 type_info 由函数 name()返回类型的名称。该类还重载了==和!=操作符，使两个 type_info 对象之间可以进行比较，判断两个类型是否相同。

例 6.7

```
#include <iostream>
#include <typeinfo>
using namespace std;
class Base
{
public:
    virtual void func() {};
};
class Derived : public Base {};
void func(Base *b)
{
    const type_info &info1=typeid(b);
    const type_info &info2=typeid(*b);
    cout<<"typeid(b): "<<info1.name()<<endl;
    cout<<"typeid(*b): "<<info2.name()<<endl;
    if(info2==typeid(Base))
        cout<<"This is a Base object!"<<endl;
    else
        cout<<" This is a Derived object!"<<endl;
    cout<<endl;
}
int main()
{
    Base b;
    func(&b);
    Derived d;
    func(&d);
```

```
    return 0;
}
```

程序执行结果：

```
typeid(b): class Base *
typeid(*b): class Base
This is a base object!
typeid(b): class Base *
typeid(*b): class Derived
This is a Derived object!
```

虽然 typeid 可作用于任何类型的表达式，但只有它作用于多态类型的表达式时，进行的才是运行时类型识别，否则只是简单的静态类型信息的获取。

若上例中 Base 类的成员函数 func 不是虚函数，即：

```
class Base
{
public:
    void func() {};
};
```

则程序执行结果为

```
typeid(b): class Base *
typeid(*b): class Base
This is a base object!
typeid(b): class Base *
typeid(*b): class Base
This is a Base object!
```

例 6.8

```
#include <iostream>
using namespace std;
class A
{
public:
    void func1()
    {
        const type_info &info=typeid(*this);
        cout<<"A::func1"<<endl;
        if(info==typeid(A))
            cout<<"This is a Base object!"<<endl;
        else
            cout<<"This is a Derived object!"<<endl;
    }
```

```
    virtual void func2()
    {
        const type_info &info=typeid(*this);
        cout<<"A::func2"<<endl;
        if(info==typeid(A))
            cout<<"This is a Base object!"<<endl;
        else
            cout<<"This is a Derived object!"<<endl;
    }
};
class B:public A
{
public:
    void func1()
    {
        const type_info &info=typeid(*this);
        cout<<"B::func1"<<endl;
        if(info==typeid(A))
            cout<<"This is a Base object!"<<endl;
        else
            cout<<"This is a Derived object!"<<endl;
    }
    void func2()
    {
        const type_info &info=typeid(*this);
        cout<<"B::func2"<<endl;
        if(info==typeid(A))
            cout<<"This is a Base object!"<<endl;
        else
            cout<<"This is a Derived object!"<<endl;
    }
};
int main()
{
    A a;
    B b;
    A *pA=&b;
    pA->func1();
    pA->func2();
    return 0;
}
```

程序执行结果：

```
A::func1
This is a Derived object!
B::func2
This is a Derived object!
```

从上面两个例子可以看出，当一个类中有了虚函数后就会“带有类型信息”。但是，仅仅对于虚函数是执行动态联编，对于非虚成员函数还是静态联编。动态联编发生在运行时，是基于不同类型的对象，具体实现详见6.3.2节。

6.3 虚函数和多态

6.3.1 虚函数多态的形式

1. 多态的两种形式

```
class Base
{
public:
    virtual void func() {};
};
class Derived : public Base
{
public:
    virtual void func() {};
};
```

派生类对象的指针可以直接赋值给基类指针：

```
Derived objDerived;
Base * ptrBase=&objDerived;
```

ptrBase 指向的是一个 Derived 类的对象。* ptrBase 可以看作一个 Base 类的对象，可通过该指针访问 Base 类的 public 成员。直接通过 ptrBase 不能够访问 objDerived 由 Derived 类扩展的成员。

通过强制指针类型转换，可以把 ptrBase 转换成 Derived 类的指针：

```
ptrDerived=static_cast<Derived * >ptrBase;
```

程序员要保证 ptrBase 指向的是一个 Derived 类的对象，否则会出错。关于 static_cast 的讨论见6.6节。

当编译器看到通过指针或引用调用 virtual 函数时，对其执行迟绑定，即通过指针(或引用)所指向类的类型信息来决定所调用函数属于哪个类。通常此类指针或引用都声明为基类的，它可以指向基类或派生类的对象。通过基类指针或引用调用基类和派生类中的同名虚函数时，若指向一个基类的对象，那么被调用的是基类的虚函数；如果指向一个派生类的对象，那么被调用的是派生类的虚函数，这种机制就叫做“多态”。例如：

```
Base & p=&objDerived;
p->func();
Base & r=objDerived;
r. func();
```

例 6.9

```
#include <iostream>
using namespace std;
class B
{
public:
    virtual void print() { cout<<"Hello B"<<endl; }
};
class D : public B
{
public:
    virtual void print() { cout<<"Hello D"<<endl; }
};
int main()
{
    D d;
    B* pb=&d;
    pb->print();
    B& rb=d;
    rb.print();
    return 0;
}
```

程序执行结果：

```
Hello D
Hello D
```

虚函数无论被继承多少次，仍是虚函数；若在派生类中重新定义，virtual 可写可不写，但函数的原型必须与基类的函数原型完全相同，包括函数名、返回类型、参数个数和参数类型的顺序。若虚函数在派生类中未被重定义，则通过派生类对象访问该虚函数时将使用基类中定义的同名虚函数。

有一点要注意，指向基类的指针，可以指向它的公有派生的对象，但不能指向私有派生的对象，对于引用也是一样的。若上例 D 为私有派生于 B(class D : private B)，则：

```
B* pb=&d;   //error C2243: "类型转换": 从 D*到 B*的转换存在,但无法访问
B& rb=d;    //error C2243: "类型转换": 从 D*到 B &的转换存在,但无法访问
```

2. 多态的例子

李氏两兄妹(哥哥和妹妹)参加姓氏运动会(不同姓氏组队参加),哥哥参加男子项目比赛,妹妹参加女子项目比赛,开幕式有一个参赛队伍代表发言仪式,兄妹俩都想去露露脸,可只能一人去,最终他们决定到时抓阄决定,而组委会也不反对,它才不关心是哥哥还是妹妹来发言,只要派一个姓李的来说两句话就行。

李氏兄妹属于李氏家族,李氏是基类,李氏又派生出两个子类(李氏男和李氏女),李氏男会将参加所有男子项目的比赛(李氏男的成员函数),李氏女将参加所有女子项目的比赛(李氏女的成员函数)。姓李的人都能发言(基类虚函数),李氏男和李氏女继承自李氏,当然也能发言,只是男女说话声音不一样,内容也会又差异,给人感觉不同(李氏男和李氏女分别重新定义发言这个虚函数)。李氏两兄妹就是李氏男和李氏女两个类的实例。

李氏兄妹的参赛报名表上交给组委会(编译器),哥哥和妹妹分别参加男子和女子的比赛,组委会一看就明白了(早绑定),只是发言人还不明确,组委会看到报名表上写的是"李家代表"(基类指针),组委会不能确定到底是谁,就做了个备注:如果是男的,就是哥哥李某某;如果是女的,就是妹妹李某某(迟绑定)。组委会做好其他准备工作后,就等运动会开始了(编译完毕)。

运动会开始了(程序开始运行),开幕式上当听到主持人要求李家代表发言时,哥哥和妹妹开始抓阄(看幸运之神眷顾谁,即基类指针指向谁),如果是哥哥运气好抓阄胜出,我们将听到哥哥的发言,若是妹妹胜出则会听到妹妹的发言(多态)。然后就是看到兄妹俩参加比赛了。

例 6.10

```
#include <time.h>
#include <iostream>
#include <string>
using namespace std;
class Li
{
public:
    string name;
    Li(string s):name(s){}
    virtual void say() {}
};
class Li_brother : public Li
{
public:
    Li_brother(string s):Li(s) {}
    virtual void say()
    {
        cout<<"I'm "<<name<<", I have three sports: boxing, fencing and
```

```
        wrestling."<<endl;
    }
    void boxing() { cout<<"boxing"<<endl; }
    void fencing() { cout<<"fencing"<<endl; }
    void wrestling() { cout<<"wrestling"<<endl; }
};
class Li_sister : public Li
{
public:
    Li_sister(string s):Li(s){}
    virtual void say() { cout<<"I'm "<<name<<", I have two sports: swim
    and skating."<<endl; }
    void swim() { cout<<"swim"<<endl; }
    void skating() { cout<<"skating"<<endl; }
};
Li * toss_coin()
{
    srand((unsigned)time(NULL));
    int num=(int)rand();        //生成一个随机数,并取整
    if(num%2==0)                //若能被 2 整除,表示硬币正面,哥哥胜出;否则妹妹胜出
    {
        Li_brother *pb=new Li_brother("Li ming");
        return pb;
    }
    else
    {
        Li_sister *ps=new Li_sister("Li xia");
        return ps;
    }
}
void Speak(Li *pL) { pL->say(); }
int main()
{
    Li *p;                      //基类指针,李家代表
    p=toss_coin();              //兄妹俩通过投掷硬币的方式来决定谁获得发言机会
    Speak(p);
    delete p;
    return 0;
}
```

运动会如期举行，哥哥和妹妹通过投掷硬币的方式来决定谁获得发言机会，获胜者将代表李家来发言。程序在编译时，toss_coin()函数无法确定返回的是 Li_brother 对象指针还是 Li_sister 对象指针，只有等到运行时，根据产生的随机数动态地进行判断。

6.3.2 动态联编

编译时的多态是通过静态联编来实现的，静态联编就是在编译阶段完成的联编，主要形式有函数重载和运算符重载。

运行时的多态是用动态联编实现的，动态联编是运行阶段完成的联编。运行时多态性主要是通过虚函数来实现的。一条函数调用语句在编译时无法确定调用哪个函数，运行到该语句时才确定调用哪个函数，这种机制叫动态联编。

将成员函数声明为虚函数，在函数原型前加关键字 virtual，如果成员函数的定义直接写在类中，也在前面加关键字 virtual 将成员函数声明为虚函数后，再将基类指针指向派生类对象，在程序运行时，就会根据指针指向的具体对象来调用各自的虚函数，称之为动态多态。如果基类的成员函数是虚函数，在其派生类中，原型相同的函数自动成为虚函数。

普通函数重载与静态联编：

```
void print(char)
void print(char *)
void print(float)
void print(int)
…
print("Hello, overload!");
```

成员函数重载与静态联编：

```
class MyClass
{
public:
    MyClass( );
    MyClass(int i);
    MyClass(char c);
};
MyClass c2(34);
```

多态是通过动态联编实现的：

```
class A
{
public:
    virtual void get();
};
class B : public A
{
public:
    virtual void get();
};
void func(A * pa)
{
    pa->get();
}
```

pa－＞get()调用的是 A::get()还是 B::get()，编译时无法确定，因为不知道 func 被调用时形参会对应于一个 A 对象还是 B 对象。所以只能等程序运行到 pa－＞get()了，才能决定到底调用哪个 get()。

动态联编的实现需要如下 3 个条件：

(1) 要有声明的虚函数。

(2) 派生类型关系的建立。

(3) 基类对象指针或引用，或者是由成员函数调用虚函数。

对于第(1)个条件，需要注意：虚函数必须要在基类中进行声明，若仅在派生类中进行声明，是不会动态联编的。

例 6.11

```
#include <iostream>
using namespace std;
class Base
{
public:
    void func()
    {
        cout<<"function of Base."<<endl;
    }
};
class Derived : public Base
{
public:
    virtual void func()
    {
        cout<<"virtual function of Derived."<<endl;
    }
};
int main()
{
    Derived d;
    Base *pb=&d;
    pb->func();
    return 0;
}
```

程序执行结果：

```
function of Base.
```

在基类 Base 中没有对 func 函数进行虚函数的声明，仅仅在派生类 Derived 中将 func 函数声明为 virtual，可见这并没有进行动态联编。

另外，如果虚函数在基类与派生类中出现，仅仅是名字相同，而形式参数不同，那么即使加上了 virtual 关键字，也是不会进行动态联编的。

例 6.12

```
#include <iostream>
using namespace std;
class B
{
public:
    virtual void print() { cout<<"Hello B"<<endl; }
};
class D : public B
{
public:
    virtual void print(int i) { cout<<"Hello D, i="<<i<<endl; }
};
int main()
{
    D d;
    B* p=&d;
    p->print();
    return 0;
}
```

程序执行结果：

```
Hello B
```

若将 p－＞print()；改为

```
p->print(5);    //error C2660: "B::print": 函数不接受 1 个参数
```

从上例可以看出，基类和派生类中的虚函数名字相同，基类 print 函数没有参数，派生类的 print 函数有一个 int 型参数。此时，基类指针指 p 向了派生类对象 d 后，通过 p 访问 print 函数不会执行联编动态。若改为 p－＞print(5)；，静态联编时会发现基类的 print 是没有参数的，而所调用的 print 函数有一个参数，所以会有编译错误。

6.3.3 多态的实现

“多态”的关键在于通过基类指针或引用调用一个虚函数时，编译时不确定到底调用的是基类还是派生类的函数，运行时才确定。

这到底是怎么实现的呢？

多态性的实现要求增加一个间接层，在这个间接层中拦截对于方法的调用，然后根据指针所指向的实际对象调用相应的方法实现。在这个过程中，增加的这个间接层非常

重要,它要完成以下几项工作:

(1) 获知方法调用的全部信息,包括被调用的是哪个方法,传入的实际参数有哪些。

(2) 获知调用发生时指针(引用)所指向的实际对象。

(3) 根据前两步获得的信息,找到合适的方法实现代码,执行调用。

这里的关键在于如何在第(3)步中找到合适的方法实现代码。由于多态性是就对象而言的,因此在设计时要把合适的方法实现代码与对象绑定到一起。也就是说,必须在对象级别实现一个查找表结构,根据(1)、(2)步获得的对象和方法信息,在这个查找表中找到实际的方法代码地址,并加以调用。

例 6.13

```
#include <iostream>
using namespace std;
class Base
{
public:
    int i;
    virtual void print_1() { cout<<"Base:print_1"; }
    virtual void print_2() { cout<<"Base:print_2"; }
};
class Derived : public Base
{
public :
    int n;
    virtual void print_1() { cout<<"Drived:print_1"<<endl; }
    virtual void print_2() { cout<<"Drived:print_2"<<endl; }
};
int main()
{
    Derived d;
    cout<<sizeof(Base)<<","<<sizeof(Derived);
    return 0;
}
```

程序执行结果:

```
8, 12
```

为什么 Base 对象的大小是 8 个字节而不是 4 个字节?为什么 Derived 对象的大小是 12 个字节而不是 8 个字节?多出来的 4 个字节做什么用呢?和多态的实现有什么关系?

每一个含有虚函数的类(或有虚函数的类的派生类)都有一个虚函数表,该类的任何对象中都放着虚函数表的指针。虚函数表中列出了该类的虚函数地址。多出来的 4 个字节就是用来放虚函数表的地址的,如图 6.1 所示。

局部变量

名称	值	类型
d	{n=-858993460 }	Derived
Base	{i=-858993460 }	Base
__vfptr	0x004b2098 const Derived::`vftable'	*
i	-858993460	int
n	-858993460	int

图 6.1 派生类对象结构

基类对象和派生类对象及它们的指针分别如图 6.2 和图 6.3 所示。

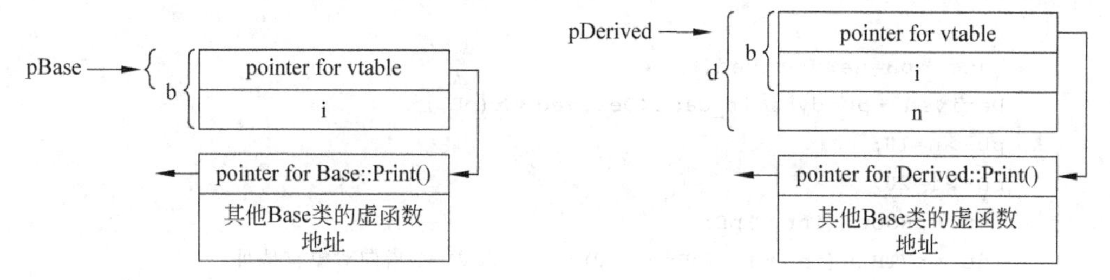

图 6.2 基类 pBase 指针　　**图 6.3 派生类 pDerived 指针**

多态的函数调用语句被编译成一系列根据基类指针所指向的(或基类引用所引用的)对象中存放的虚函数表的地址,在虚函数表中查找虚函数地址,并调用虚函数的过程。

例 6.14

```
#include <iostream>
using namespace std;
typedef void(*Func)();
void printMember(int *p)
{
    cout<<*p<<endl;
}
void printVTable(int *p)
{
    while(*p !=NULL)
    {
        (*(Func *)(p))();
        p++;
    }
}
class Base
{
public:
    int i;
```

```
    virtual void print_1() { cout<<"Base:print_1"; }
    virtual void print_2() { cout<<"Base:print_2"; }
};
class Derived : public Base
{
public :
    int n;
    virtual void print_1() { cout<<"Drived:print_1"<<endl; }
    virtual void print_2() { cout<<"Drived:print_2"<<endl; }
};
int main()
{
    Base *pB=new Derived();
    Derived *pD=dynamic_cast<Derived*>(pB);
    pD->n=10;
    pD->i=20;
    int *pRoot=(int*)pD;
    int *pVTB1=(int*)*(pRoot+0);      //pVTB1指向对象首地址
    printVTable(pVTB1);
    int *pMB_i=pRoot+1;
    printMember(pMB_i);               //pMB_i指向数据成员i
    int *pMB_n=pRoot+2;
    printMember(pMB_n);               //pMB_n指向数据成员n
    delete pD;
    return 0;
}
```

程序执行结果：

```
Drived:Print_1
Drived:Print_2
20
10
```

从上例可验证：有虚函数的类，其类对象在内存中首先存储虚函数表，并且所有的虚函数都包含在虚函数表中。

对于多层次的单继承来说，虚函数表只有一个；而对于多重继承来说，虚函数表就会有多个(见6.7节)。

例6.15

```
#include <iostream>
using namespace std;
class A
{
public:
```

```
    virtual void func1() {cout<<"A:func1"<<endl; }
    virtual void func2() {}
};
class B: public A
{
public:
    virtual void func1() {cout<<"B:func1"<<endl; }
};
class C: public B
{
public:
    virtual void func1() {cout<<"C:func1"<<endl; }
};
class D: public C{};
int main()
{
    A a;
    B b;
    C c;
    D d;
    A* pA;
    pA=&a;
    pA->func1();
    pA=&b;
    pA->func1();
    pA=&c;
    pA->func1();
    pA=&d;
    pA->func1();
    cout<<"Size is="<<sizeof(d)<<endl;
    return 0;
}
```

程序执行结果：

```
A:func1
B:func1
C:func1
C:func1
Size is=4
```

派生类D对象的内存情况如图6.4所示。

基类指针pA指向不同派生类对象B、C、D时，多态地调用其派生类的虚函数，D没有重新定义虚函数，所以调用的是其父类C的虚函数。

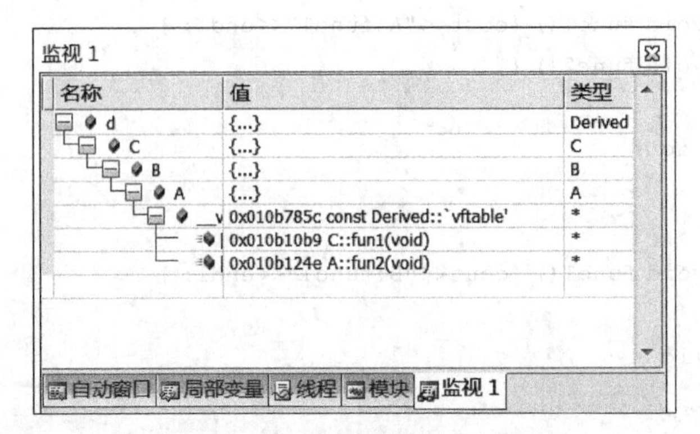

图 6.4　派生类 D 对象的内存情况

6.3.4　构造函数中调用 virtual 函数

首先明确一下，对于一个继承体系，构造函数是从基类开始调用的，而析构函数则正好相反。对于在构造函数中调用 virtual 函数，先举个例子。

例 6.16

```
#include <iostream>
using namespace std;
class Transaction
{
public:
    Transaction()
    {
        logTransaction();
    }
    virtual void logTransaction()=0;
};
class BuyTransaction: public Transaction
{
public:
    int buyNum;
    virtual void logTransaction()
    {
        cout<<"This is a BuyTransaction";
    }
};
class SellTransaction: public Transaction
{
public:
    int sellNum;
    virtual void logTransaction()
```

```
    {
        cout<<"This is a SellTransaction";
    }
};
int main()
{
    BuyTransaction b;
    SellTransaction s;
    return 0;
}
```

这个程序可以通过编译,但链接有错:

```
error LNK2019: 无法解析的外部符号 "public: virtual void __thiscall Transaction::logTransaction (void)" (?logTransaction@Transaction@@UAEXXZ),该符号在函数"public: __thiscall Transaction::Transaction (void)" (??0Transaction@@QAE@XZ)中被引用
```

Transaction 类中有一个没有函数体的纯虚函数 logTransaction,派生类 BuyTransaction 和 SellTransaction 对象创建时都会先调用基类的构造函数,而现在在基类构造函数中调用了一个纯虚函数,链接时找不到该函数的实现。若将基类的 Transaction 中虚函数 logTransaction 改为

```
virtual void logTransaction()
{
    cout<<"This is a Transaction"<<endl;
};
```

程序执行结果:

```
This is a Transaction
This is a Transaction
```

由此可见,在构造函数中调用虚函数,没有执行多态。

在构造函数和析构函数中调用虚函数时,它们调用的函数是自己的类或基类中定义的函数,不会等到运行时才决定调用自己的还是派生类的函数。

例 6.17

```
#include <iostream>
using namespace std;
class A
{
public:
    virtual void hello(){cout<<"hello from A"<<endl; };
    virtual void bye(){cout<<"bye from A"<<endl;};
};
class B:public A
```

```
{
public:
    void hello(){ cout<<"hello from B"<<endl;};
    B(){hello();};
    ~B(){bye();};
};
class C:public B
{
public:
    void hello(){cout<<"hello from C"<<endl;};
    C(){cout<<"constructing C"<<endl;};
    ~C(){cout<<"destructing C"<<endl;};
};
int main()
{
    C c;
    B *pB;
    pB=&c;
    pB->hello();                    //void C::hello()
    return 0;
}
```

程序执行结果：

```
hello from B
constructing C
hello from C
destructing C
bye from A
```

创建C类对象c时，先执行基类的构造函数，首先执行A的默认构造函数；之后执行B的构造函数，B类构造函数中静态联编了B::hello(输出hello from B，调用B类的虚函数hello)；最后执行C的构造函数(输出constructing C)。基类指针pB指向了派生类对象c，通过pB调用虚函数hello，会动态联编到C::hello(输出hello from C)。c消亡时，先执行C的析构函数(输出destructing C)；再执行B的析构函数(输出bye from A，B类没有重新定义虚函数bye，所以调用基类A的虚函数bye)；最后执行A类的默认析构函数。

例6.18

```
#include <iostream>
using namespace std;
class A
{
public:
    virtual void func1(){ cout<<"A::func1"<<endl; }
```

```
    virtual void func2(){ cout<<"A::func2"<<endl; }
};
class B: public A
{
public:
    B() { func1(); }
    ~B() { func2(); }
};
class C : public B
{
public :
    C() {}
    void func1() { cout<<"C::func1"<<endl; }
    ~C() { func2(); }
    void func2() { cout<<"C::func2"<<endl; }
};
int main()
{
    {
        C c;
    }
    return 0;
}
```

程序执行结果：

```
A::func1
C::func2
A::func2
```

6.3.5 普通成员函数中调用虚函数

在普通成员函数中调用虚函数，则是动态联编，是多态。

例 6.19

```
#include <iostream>
using namespace std;
class Base
{
public:
    void func1() { func2(); }
    void virtual func2() { cout<<"Base::func2()"<<endl; }
};
class Derived:public Base
{
```

```
public:
    virtual void func2() { cout<<"Derived:func2()"<<endl; }
};
int main()
{
    Derived d;
    Base * pBase=& d;
    pBase->func1();
    return 0;
}
```

由图 6.5 可看出函数调用的次序是 Base::func1()→Derived::func2()。

调用堆栈

名称	语言
test.exe!Derived::func2() 行 19	C++
test.exe!Base::func1() 行 13 + 0x31 字节	C++
test.exe!main() 行 26	C++
test.exe!__tmainCRTStartup() 行 555 + 0x19 字节	C
test.exe!mainCRTStartup() 行 371	C
kernel32.dll!7c816037()	
[下面的框架可能不正确和/或缺失，没有为 kernel32.dll 加载符号]	

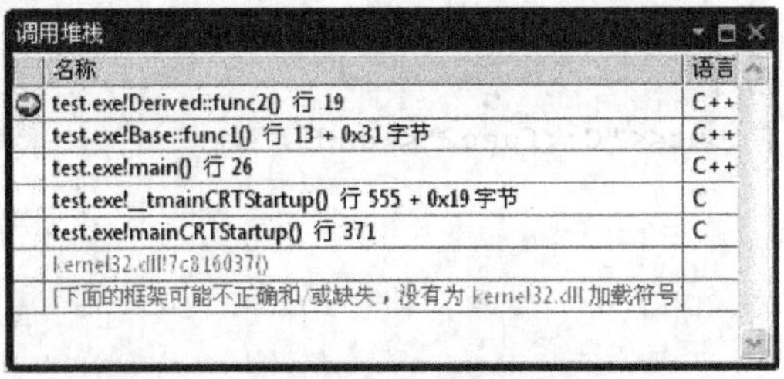

图 6.5　函数的调用次序

因为 Base 类的 func1 函数为非静态成员函数，编译器会给加一个 this 指针，相当于

```
void func1()
{
    this->func2();
}
```

编译这个函数的代码的时候，由于 func2()是虚函数，this 是基类指针，所以是动态联编。上面这个程序运行到 func1 函数中时，this 指针指向的是 d，所以经过动态联编，调用的是 Derived::func2()。

通过基类指针或引用调用成员函数时，如果该函数不是虚函数，那么将采用静态绑定，即编译时绑定；如果该函数是虚函数，则采用动态绑定，即运行时绑定。

6.3.6　私有虚函数

1. 虚函数的访问权限

下面讨论虚函数的访问限定符和多态之间的关系。

例 6.20

```
#include <iostream>
using namespace std;
class Base
{
```

```
private:
    virtual void func() { cout<<"Base::func()"<<endl; }
};
class Derived : public Base
{
public:
    virtual void func() { cout<<"Derived:func()"<<endl; }
};
int main()
{
    Derived d;
    Base *pBase=&d;
    pBase->func();
            //error C2248: "Base::func": 无法访问 private 成员 (在 Base 类中声明)
    return 0;
}
```

编译出错是因为 func 函数是 Base 的私有成员。即使运行到此时实际上调用的应该是 Derived 的公有成员 func 也不行,因为语法检查是不考虑运行结果的。

如果将 Base 中的 private 换成 public,即使 Derived 中的 func 是 private 的,编译依然能通过,也能正确调用 Derived::func()。派生类中虚函数的访问权限不影响虚函数的动态联编,也就是说多态与成员函数的访问权限是没有关系的,即两回事。基类定义了虚函数,并且是 public 的,那么派生类覆盖虚函数无论是在什么样的访问权限下(private、protected、public),都以基类的访问权限为准,即是 public 的。

2. 非公有虚函数

派生类通过覆盖基类公有虚函数的方式实现多态是最常见的情况,指向派生类对象的基类指针调用被派生类覆盖的函数,实际上调用的是派生类的函数。和 public 虚函数相对的是 protected 虚函数和 private 虚函数,在这里为了方便探讨问题,只讨论 private 虚函数。至于 protected 虚函数的情况和 private 虚函数大同小异,差异只在于函数的可见性不同。

从表面看,虚函数的作用就是为了使父类指针能够访问到派生类对象的函数。如果将虚函数设置为私有的,那么,无论派生类对象还是基类对象,都无法访问到该函数。这样的函数就变得毫无意义了。实际情况果真如此吗?答案是否定的。

例 6.21

```
#include <iostream>
using namespace std;
class Base
{
public:
    void func1(){ func2();};
```

```
private:
    virtual void func2() { cout<<"Base::func2"<<endl; }
};
class Derived:public Base
{
private:
    virtual void func2() { cout<<"Derived:func2"<<endl; }
};
int main()
{
    Derived d;
    Base * pBase=& d;
    pBase->func1();
    return 0;
}
```

程序执行结果：

```
Derived:func2
```

上例中，基类指针 pBase 指向派生类对象，通过该指针调用函数 func1，func1 中调用虚函数 func2，最终调用的是派生类的虚函数实现。

基类中 func2 被声明为 private virtual，声明为 private 表示基类不想让派生类看到这个函数，但是又声明为 virtual，表示基类想让这个函数实现多态。基类既想实现多态，却又不让派生类看见这个函数，这似乎有点自相矛盾。其实，这其中的意思是，派生类既可以修改这个实现，也可以继承其基类默认的实现。所以可以这么说，如果基类中有一个私有虚函数，则表示这是一个“可以”被派生类修改的实现细节。

3. 非虚接口

假设为某一组对象提供了一个抽象的规范，其中有一个方法需要被该对象内部调用，因此不需要对外开放。但是该方法在不同的对象内的行为是不同的，这就需要不同的对象给出自己的实现。这种情况下，私有的纯虚函数是非常好的选择。这样设计的目的何在呢，为什么“多此一举”地把虚函数设置为非公有呢？

程序员常常将基类中的虚函数设置为公有的，用来提供一个接口的定义，同时提供其实现。问题就出在“同时”，一个定义了接口的形式，一个定义了默认的实现，显然这样的设计没有将接口定义和实现分来。

NVI(Non-Virtual Interface，非虚接口)提供一个公有的非虚接口函数，将虚函数私有化。实现行为和接口的分离。因为虚函数的多态性，公有非虚函数自然会去调用相应的虚函数实现。通过对虚函数的封装达到对接口与实现分离的效果。在例 6.21 中，函数 func1 定义了接口的形式，而 func2 函数则实现了对 func1 函数的行为定制，实现了接口定义和实现的分离。

如果希望对 func2 做一下临界区(critical section)的加锁解锁控制，若通过 NVI 完成这样的接口与实现分离，那么在基类的接口处添加所需流程即可，派生类不需要修改。

```
void func1()
{
    cout<<"Locking"<<endl;
    func2();
    cout<<"Unlocking"<<endl;
};
```

若不用NVI进行接口与实现的分离，则从基类到派生类都需要修改：

```
class Base
{
public:
    virtual void func2()
    {
        cout<<"Locking"<<endl;
        cout<<"Base::func2"<<endl;
        cout<<"Unlocking"<<endl;
    }
};
class Derived: public Base
{
public:
    virtual void func2()
    {
        cout<<"Locking"<<endl;
        cout<<" Derived::func2"<<endl;
        cout<<"Unlocking"<<endl;
    };
};
```

4. 模板方法模式

模板方法模式是私有虚函数在C++中的典型应用。模板方法主张所有的virtual函数应该都是private，非虚函数为virtual函数的外覆器(wrapper)。这样是为了防止无意中违反了设计的初衷。隐藏虚拟函数，而通过非虚拟函数作为接口来间接调用，可以防止派生类更改公有接口。

模板方法定义了一个操作中的算法骨架，而将一些步骤的实现延迟到派生类中，模板方法使得派生类可以不改变一个算法的结构即可重定义算法的某些特定步骤。

假设基类定义的一个算法的骨架由3个步骤完成，其中第一个步骤是该继承体系中不可被改变的一个步骤，即所有的类对该步骤的实现都是一样的，那个这个步骤可以设置为private非虚函数；第二个步骤是一个可以被派生类改写也可以不被改写的步骤，通过上面的讨论知道，可以将其设为private虚函数；第三个步骤是针对每一个派生类的实现都不同，那么这个步骤可以被设为private纯虚函数，表示这是一个必须被派生类修改的实现细节，纯虚函数可以表达强制的意思。

```
class BaseTemplate
{
private:
    void step1(){ … }                  //不可被更改的实现细节
    virtual void step2() { … }         //可以被派生类修改的实现细节
    virtual void step3()=0;            //必须被派生类修改的实现细节
public:
    void work()                        //骨架函数,实现了骨架
    {
        step1();
        step2();
        step3();
    }
};
```

注意，BaseTemplate中根本没有暴露任何虚函数，所有的这一切都是通过work这个非虚的public接口展现出来的，当用一个BaseTemplate指针调用work函数时，表面上是一个非虚函数调用，采用静态绑定，但这个调用的背后隐藏的却是多态调用，即step2和step3动态绑定了。可以看出，采用模板方法模式，不仅定义了一个算法的骨架，而且把这个骨架的实现细节做了进一步的封装。

在模板方法模式中可以这样设计：

(1) 如果一个函数是算法骨架中不可变更的一部分，那么可以将此函数作为基类的私有函数，并且在基类的公共骨架函数中调用该函数，即该函数作为骨架的一个不可更改的实现细节。

(2) 如果一个函数提供了算法骨架某环节的一个默认实现，那么可以考虑将该函数作为基类的私有虚函数，表示派生类可以改写它，也可以不改写它。

(3) 如果作为算法骨架一部分的某个函数要求在派生类中拥有不同的实现，那么可以考虑将该函数作为基类的私有纯虚函数，表示派生类必须改写它。

下面举个简单的例子来说明模板方法。众所周知，购物的过程是，先挑选商品，接着付款，最后离开。在这个过程中，3个步骤是有顺序的，不能随意地颠倒次序。可以编写一个表示购物的抽象类，它拥有3个私有函数choose()、pay()和leave()，分别表示购物的挑选商品、付款和离开的3个过程，由shopping函数依次调用这3个函数。

例6.22

```
#include <iostream>
using namespace std;
class Shopping
{
public:
```

```
    void startshopping()
    {
        cout<<"Start shopping process"<<endl;
        choose();
        pay();
        leave();
    }
private:
    void choose() { cout<<"Select your favorite items"<<endl; }
    virtual void pay()=0;
    virtual void leave() { cout<<"Leave"<<endl; }
};
class StoreShopping : public Shopping
{
private:
    virtual void pay() { cout<<"Payment in cash"<<endl; }
};
class WebShopping : public Shopping
{
private:
    virtual void pay() { cout<<"Payment in credit card"<<endl; }
    virtual void leave() { cout<<"Logout"<<endl; }
};
int main()
{
    Shopping *ps=new StoreShopping;
    ps->startshopping();
    ps=new WebShopping;
    ps->startshopping();
    delete ps;
    return 0;
}
```

程序执行结果：

```
Start shopping process
Select your favorite items
Payment in cash
Leave
Start shopping process
Select your favorite items
Payment in credit card
Logout
```

从上面的代码可以看出，基类 Store 通过 shopping 函数规定了购物的过程，至于购物的每个步骤该做什么，由派生类来指定。由于表示购物步骤的函数被声明为私有的，就不能通过派生类对象来调用choose、pay或leave函数，避免了出现先离开，再挑选商品的混乱情况。不论在实体店购物还是在网上购物，选择喜欢的商品，这都是一样的，因此choose函数被设为私有非虚函数，即这是一个不可更改的实现细节。实体店付款可以通过现金来付款，但网上购物只能通过信用卡来付款，不同的派生类有不同的实现，因此pay函数被声明为私有纯虚函数。购完物后的leave()，虽然实体店和网店离开方式不同，但可以给出一个默认实现，通过这个默认实现已经能够清楚表达出“离开”，派生类可以改写它，也可以不改写它。

6.3.7 虚析构函数

通过基类的指针删除派生类对象时，通常情况下只调用基类的析构函数。

但是，删除一个派生类的对象时，应该先调用派生类的析构函数，然后调用基类的析构函数。

例 6.23

```
#include <iostream>
using namespace std;
class Base
{
public:
    ~Base() { cout<<"bye from Base"<<endl; };
};
class Derived: public Base
{
public:
    ~Derived(){ cout<<"bye from Derived"<<endl; };
};
int main()
{
    Base *pB;
    pB=new Derived;
    delete pB;
    return 0;
}
```

程序执行结果：

```
bye from Base
```

没有执行 Derived::～Derived()!

也就是说，类Derived的析构函数根本没有被调用！一般情况下类的析构函数的工作大都是释放资源，而析构函数不被调用的话就会造成内存泄漏，所有的C++程序员都知道这样的危险性。当然，如果在析构函数中做了其他工作，那所有努力也都是白费力气。当然，并不是要把所有类的析构函数都写成虚函数。因为当类里面有虚函数的时候，编译器会给类添加一个虚函数表，里面存放虚函数指针，这样就会增加类的存储空间。所以，只有当一个类被用来作为基类的时候，才把析构函数写成虚函数。

解决办法：把基类的析构函数声明为 virtual。派生类的析构函数可以不进行 virtual 声明，一般来说，一个类如果定义了虚函数，则应该将析构函数也定义成虚函数。

将上面程序 Base 类的析构函数声明为虚的：

```
virtual ~Base() { cout<<"bye from Base"<<endl; };
```

则程序执行结果为

```
bye from Derived
bye from Base
```

6.3.8 有默认参数的虚函数

将虚函数和默认参数值结合起来分析就会产生问题，因为，虚函数是动态绑定的，但默认参数是静态绑定的。

例 6.24

```
#include <iostream>
using namespace std;
class A
{
public:
    virtual void show(const char * const str="A")
    {
        cout<<"This is A str="<<str<<endl;
    }
};
class B : public A
{
public:
    virtual void show(const char * const str="B")
    {
        cout<<"This is B str="<<str<<endl;
    }
};
class C: public A
{
public:
    virtual void show(const char * const str="C")
    {
        cout<<"This is C str="<<str<<endl;
```

```
    }
};
int main()
{
    A *pa;
    A a;
    B b;
    C c;
    pa=&a;
    pa->show();
    pa=&b;
    pa->show();
    pa=&c;
    pa->show();
    return 0;
}
```

程序执行结果:

```
This is A str=A
This is B str=A
This is C str=A
```

虚函数是动态绑定的(即在运行时),但默认参数是静态绑定的(即在编译时),默认参数在编译的时候已经确定了,不会是动态的。这意味着最终可能想调用的是一个派生类中的虚函数,但使用了基类中的默认参数值的虚函数。为什么不让默认参数值被动态绑定呢?这和运行效率有关:如果默认参数值被动态绑定,编译器就必须想办法为虚函数在运行时确定合适的默认值,这将比现在采用的在编译阶段确定默认值的机制更慢更复杂。

6.3.9 虚函数和友元

友元是类外的函数或其他类的成员函数,友元函数不是本类的函数,所以不能被继承。通俗一点,父亲的朋友并不天生就是儿子的朋友。友元类也是一样不能被继承的,若 class A 被声明 class B 的友元类,也就是说 class A 被授予访问 class B 的包括私有成员在内的所有成员,如果 class D 继承 B,B 中的友元关系并不会被继承,也就是说,A 是 B 的友元但却不是 B 的派生类 D 的友元,即 A 不可以访问 D 的保护和私有成员。

例 6.25

```
#include <iostream>
using namespace std;
class A;
class B
{
```

```
private:
    int x;
    void print() { cout<<x<<endl; }
public:
    B(int i=0) { x=i; }
    friend class A;
};
class A
{
public:
    void func(B b){ b.print(); }
};
class D: public B
{
public:
    D(int i):B(i){}
};
int main()
{
    cout<<sizeof(A)<<" "<<sizeof(B)<<" "<<sizeof(D)<<endl;
    D d(99);
    A a;
    a.func(d);
    return 0;
}
```

程序执行结果:

```
1 4 4
99
```

上例中,A是B的友元类,A中的所有成员函数都为B的友元函数,可访问B的私有成员函数。友元类A大小为1,基类和派生类大小都是4,友元类A不是基类B的一部分,更不是派生类D的一部分。

从上例看,友元似乎能够被继承,基类的友元函数或友元类能够访问派生类的私有成员!若将上例中的继承关系改为私有继承,则

```
class D: private B
a.func(d);     //error C2243: "类型转换": 从 D* 到 const B & 的转换存在,但无法访问
```

在第5章中讲到:public继承是一种"is a"的关系,即一个派生类对象可看成一个基类对象。所以,上例中不是基类的友元被继承了,而是派生类被识别为基类了。

若在上例D中新增一个私有成员,友元类A中的函数func是不能访问该私有成员的。

```
class D: public B
```

```
{
private:
    int y;
public:
    D(int i):y(i),B(i){}
};
class A
{
public:
    void func(B b)
    {
        b.print();
        D d(1);
        d.y=10;    //error C2248: "D::y": 无法访问 private 成员(在 D类中声明)
    }
};
```

例 6.26

```
#include <iostream>
using namespace std;
class B;
class A
{
private:
    void print() { cout<<"A::print"<<endl; }
public:
    friend class B;
};
class B
{
public:
    void func(A a) { a.print(); }
};
class D: public B {};
int main()
{
    A a;
    D d;
    d.func(a);
    return 0;
}
```

程序执行结果:

```
A::print
```

上例中,B为A的友元类,D是B的派生类,D继承了基类B的友元函数func,它能访问A的私有成员。由此可知,一个友元类的派生类可以通过其基类接口去访问设置其基类为友元类的类的私有成员,也就是说一个类的友元类的派生类在某种意义上还是其友元类。

若在上例中D新增加一个成员函数,该函数是不能访问A私有成员的。

```
class D: public B
{
public:
    void test(A a){ a.print(); }   //error C2248: "A::print": 无法访问 private 成
                                    //员(在 A 类中声明)
};
```

例 6.27

```
#include <iostream>
using namespace std;
class A;
class B
{
private:
    void print() { cout<<"B::print"<<endl; }
public:
    friend class A;
};
class A
{
public:
    void func(B b){ b.print(); }
};
class D: public B
{
private:
    void print() { cout<<"D::print"<<endl; }
};
int main()
{
    D d;
    A a;
    a.func(d);
    return 0;
}
```

程序执行结果:

```
B::print
```

和前两例类似，友元关系并没有被继承，仅是将派生类对象当成了一个基类对象来用，因此输出 B::print。

若将上例 print 函数改为虚函数并通过多态来访问，就可以达到类似于友元可以继承的效果。

例 6.28

```
#include <iostream>
using namespace std;
class A;
class B
{
private:
    virtual void print() { cout<<"B::print"<<endl; }
public:
    friend class A;
};
class A
{
public:
    void func(B * pb) { pb->print(); }
};
class D: public B
{
private:
    virtual void print() { cout<<"D::print"<<endl; }
};
int main()
{
    D d;
    A a;
    a.func(&d);
    return 0;
}
```

程序执行结果：

```
D::print
```

A 明明只是 B 的友元，但却通过一个简单的类型转换，就访问了 D 类的那个私有函数，这样看似“友元关系被继承了”！

因为“友元”的判断在编译期决定，而虚函数在运行期绑定。在编译友元类 A 中成员函数 func 时，编译器看到 * pb 的类型是 B，而 A 是 B 的友元，所以允许它调用 print(它认为是 B::print)，而在运行时，由于 print 是虚函数，所以最终运行时被决定执行 D::print。这是 C++ 众多的特性“正交”现象之一，一个编译期属性与一个运行期属性相遇了。友元的作用是提高了程序的运行效率,即减少了类型检查和安全性检查等都需要时间开销,使得非成员函数可以访问类的私有成员。而虚函数的作用则是为了实现多态。虚函数和友元结合能变相实现“友元关系的继承”。

6.4 纯虚函数和抽象类

6.4.1 纯虚函数定义

在许多情况下,若基类中不能对虚函数给出有意义有实现,则把它声明为纯虚函数。纯虚函数是没有函数体的虚函数,它的实现留给该基类的派生类去完成,这就是纯虚函数的作用。

```
class A
{
private:
   int a;
public:
   virtual void print()=0;            //纯虚函数
   void func() { cout<<"func"; }
};
```

注意纯虚函数没有函数体,不能写成

```
virtual void print();
```

这样会有如下的链接错误:

```
error LNK2001:无法解析的外部符号 "public: virtual void __thiscall Base::print
(void)"(?print@Base@@UAEXXZ)
```

含有纯虚函数的类称为抽象类。抽象类是一种特殊的类,它是为了抽象和设计的目的而建立的,处于继承层次结构的较上层。抽象类是不能创建对象的,在实际中为了强调一个类是抽象类,可将该类的构造函数说明为保护的访问控制权限。通常,若一个类的构造函数声明为私有的,则该类和该类的派生类都不能创建对象;若构造函数声明为保护型,则该类不能创建对象,但它的派生类是可以创建对象的。

例 6.29

```
class B1
{
protected:
   B1(){}
};
class B2
{
```

```
private:
    B2(){}
};
class D1 : public B1
{
public:
    D1(){}
};
class D2 : public B2
{
public:
    D2(){}      //error C2248: "B2::B2": 无法访问 private 成员 (在 B2 类中声明)
};
int main()
{
    B1 b1;      //error C2248: "B1::B1": 无法访问 protected 成员 (在 B1 类中声明)
    B2 b2;      //error C2248: "B2::B2": 无法访问 private 成员 (在 B2 类中声明)
    D1 d1;      //OK
    D2 d2;      //error
    return 0;
}
```

抽象类只能作为基类用来派生新类使用，不能创建抽象类的对象，但抽象类的指针和引用可以指向由抽象类派生出来的类对象。

```
A a;                    //错误，A 是抽象类，不能创建对象
A * pa;                 //正确，可以定义抽象类的指针和引用
pa=new A;               //错误，A 是抽象类，不能创建对象
```

纯虚函数和空函数是不同的，若 print()函数写成

```
virtual void print() {}
```

则类 A 是可以创建对象的。

从抽象类派生的类必须实现基类的纯虚函数，否则该派生类也不能创建对象。

例 6.30

```
class Base
{
public:
    virtual void func()=0;
};
class Derived : public Base{}
int main()
{
    Derived d;      //error C2259: "Derived": 不能实例化抽象类
```

```
    return 0;
}
```

上例中,派生类中没有对基类的纯虚函数进行定义,那么派生类自身也就成了一个抽象类,无法被实例化。

例 6.31

```
#include <iostream>
using namespace std;
class B
{
public:
    virtual void func()=0;
};
void B::func(){ cout<<"B::func"<<endl; }
class D1 : B{};
class D2 : B
{
public:
    virtual void func() { cout<<"D2::B"<<endl; }
};
int main()
{
    B b;            //error C2259: "B": 不能实例化抽象类
    D1 d1;          //error C2259: "D1": 不能实例化抽象类
    D2 d2;
    return 0;
}
```

上例中,基类 B 中声明了纯虚函数 func,然后在父类体外定义该纯虚函数。派生类 D1 并没有对继承来的虚函数重新定义,而 D2 进行了重新定义。从编译结果可知,虽然 B 实现了纯虚函数的定义,但还是不能创建对象,没有实现继承来的纯虚函数的 D1 同样也不能创建实例。因此含有纯虚函数的类在其派生类中必须被实现。B 的派生类实际上是继承了接口和一份实现代码,这样如果派生类不想写此纯虚函数的实现,可以调用基类的该纯虚函数的实现方式,如果派生类想自己实现,还可以重写该虚函数。

例 6.32

```
#include <iostream>
using namespace std;
class B
{
public:
    virtual void func()=0;
};
void B::func(){ cout<<"B::func"<<endl; }
```

```
class D : B
{
public:
    void func()
    {
        B::func();                    //调用基类的实现代码
    }
};
int main()
{
    D d;
    d.func();
    return 0;
}
```

程序执行结果:

```
B::func
```

含有纯虚函数的类是抽象类,也叫纯虚类,抽象类可以有成员变量,也可以有普通的成员函数。纯抽象类是仅含有纯虚函数,不包含其他任何成员的类。例如:

```
class A
{
    virtual void print()=0;         //纯虚函数
    virtual void func()=0;          //纯虚函数
};
```

COM 组件实际上是一个 C++ 类,在进行组件编程时,通常接口类都是纯虚类,组件从接口类派生而来。

```
class IObject
{
public:
    virtual function1(…)=0;
    virtual function2(…)=0;
    …
};
class MyObject : public IObject
{
public:
    virtual function1(…){…}
    virtual function2(…){…}
    …
};
```

IObject 就是常说的接口类,MyObject 就是所谓的 COM 组件。COM 组件有 3 个最

基本的接口类，分别是IUnknown、IClassFactory、IDispatch，其中IUnknown接口为

```
class IUnknown
{
public:
    virtual QueryInterface(…)=0;
    virtual AddRef()=0;
    virtual Release()=0;
};
```

6.4.2 继承的局限

假设需要对四边形、矩形、正方形进行建模，需要计算这些形状的边长和面积。可能人们的第一反应是通过继承来实现：以四边形作为基类，矩形和正方形依次继承下来。这符合继承所要求的“派生类”是一个基类，派生类是基类的特殊化。但是经过仔细分析，就会察觉出其中的不妥。

暂时不考虑继承关系而分别实现3个类，那么它们是下面这个样子的：

```
class Point
{
    int x;
    int y;
}
class Quadrangle
{
public:
    virtual double GetSideLength();
    virtual double GetArea();
    Point m_arrP[4];
};
class Rectangle : Quadrangle
{
public:
    virtual double GetSideLength();
    virtual double GetArea();
};
class Square : Rectangle
{
public:
    virtual double GetSideLength();
    virtual double GetArea();
};
```

显然，正方形Square的实现最简单，四边形Quadrangle的实现最复杂。继承机制有

一个特点：派生类总是比基类更复杂，因为派生类是在完整地继承了基类实现的基础上增加新的成员、方法。由四边形到矩形再到正方形却是越来越简单，这就形成了一个悖论，导致无法按照继承的层次描述三者的关系。

因此最好分别实现这3个类，不考虑三者之间的关系。如果确实需要描述三者之间的层次关系，则最好的方式是使用接口，如图6.6所示。

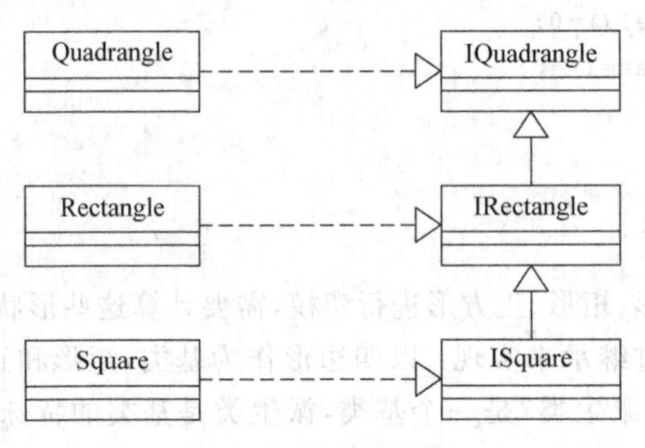

图 6.6 接口的继承

```
class IQuadrangle
{
public:
    virtual double GetSideLength()=0;
    virtual double GetArea()=0;
};
class IRectangle : IQuadrangle {};
class ISquare : IRectangle {};
class Quadrangle : IQuadrangle
{
public:
    virtual double GetSideLength();
    virtual double GetArea();
    Point m_arrP[4];
};
class Rectangle : IRectangle
{
public:
    virtual double GetSideLength();
    virtual double GetArea();
    Point m_arrP[4];
};
class Square : ISquare
{
public:
    virtual double GetSideLength();
    virtual double GetArea();
```

```
    Point m_arrP[4];
};
```

接口用来描述层次关系，各个类独立实现。由此也可以看出，虽然 C++ 中的接口是用纯虚类继承实现的，但实际上接口机制和继承机制是两种完全不同的东西。

继承机制实际上很难描述现实概念的层次关系，这是它的局限性。对继承的应用很多情况下并不是为了描述真实概念的层次关系，而只是组织代码的一种形式。

在 C++ 中引入继承机制的目的是什么，有一半的目的是为了组织和复用代码，继承扩展是很常用的手段。但是在实际的应用中一定要避免单纯为了复用代码而使用继承机制，典型的案例是窗口和控件。窗口和控件是两种完全不同的东西，微软公司为了复用消息机制把两个概念硬是揉在了一起，所有的控件都从窗口继承下来，这直接导致了 GUI 框架的高复杂度和难以扩展。代码复用只是良好设计的副产品而不应该是设计本身的目的。

6.4.3 接口的继承和实现继承

公有继承的概念实际上包含两个相互独立的部分：函数接口的继承和函数实现的继承。二者之间的差别恰与函数声明和函数实现之间的相异之处等价。

对于一个类设计人员来说，有时候会希望派生类：

(1) 只继承成员函数的接口(也就是声明)。声明一个纯虚函数(pure virtual)的目的就是让派生类只继承函数的接口。纯虚函数在抽象类中没有定义内容，在所有具体的派生类中，必须要对它们进行实现。

(2) 在继承接口的同时继承默认的实现，声明一个简单虚函数，即非纯虚函数(impure virtual)，目的就是让派生类继承该函数的接口和默认实现。

(3) 继承接口和强制内容的实现。当一个成员函数是非虚函数(non-virtual)时，不应该期待它会在不同的派生类中存在不同的行为。事实上，非虚成员函数确立了一个超具体化的恒量，因为它确保了无论派生类多么千变万化，其行为不能被改变。也就是说：声明一个非虚函数的目的就是让派生类继承这一函数的接口，同时强制继承其具体实现。建议：绝不重新定义继承而来的非虚函数。

如果基类中定义了一个非虚函数，派生类同时继承其接口和实现。派生类的对象可直接调用基类的这个函数，行为不变。如果派生类中重新定义继承而来的非虚函数，基类中的函数将被隐藏(hide)，函数调用将发生变化，这就意味着该函数本应该定义为虚函数。如果不希望函数行为有变化，则不应该重定义非虚函数。

实践表明，允许简单虚函数同时提供函数接口和默认实现是不安全的。例如，某航空公司有两种机型：A 机型和 B 机型，它们的飞行控制系统和航线是完全一致的。于是有了这样的设计：

```
class Airport { … };                 //机场类
class Airplane
{
```

```
public:
    virtual void fly(const Airport& destination);
    {
        //默认代码: 使飞机抵达给定的目的地
    }
};
class ModelA: public Airplane { … };
class ModelB: public Airplane { … };
```

这里 Airplane::fly 声明为虚函数,这是为了表明所有飞机必须要提供一个 fly 函数,同时也基于以下事实:理论上讲,不同型号的飞机需要提供不同版本的 fly 函数实现。然而,ModelA 和 ModelB 的飞控系统和航线都一样,为了避免在 ModelA 和 ModelB 中出现同样的代码,将默认的飞行行为放置在 Airplane::fly 中,由 ModelA 和 ModelB 来继承。现在航空公司有了新的业务拓展,他们决定引进一款新型飞机 C 型。C 型飞机的飞控系统与 A 型和 B 型有着本质的区别,因此它的 fly 函数不应该使用 Airplane 默认的实现。但是由于航空公司急于让新型飞机投入运营,他们忘记了重定义 fly 函数。这将是一场灾难,让 ModelC 以 ModelA 和 ModelB 的形式飞行,航空公司将为这一疏忽付出惨痛的代价。

问题的症结不在于 Airplane::fly 使用默认的行为,而是在没有显式说明的情况下,ModelC 在不应该继承默认行为的情况下却继承了它。因此根据需要来为派生类提供默认行为,如果派生类没有显式说明,那么就不为其提供。做到这一点的关键是:切断虚函数的接口和默认具体实现之间的联系。

```
class Airplane
{
public:
    virtual void fly(const Airport& destination)=0;
protected:
    void defaultFly(const Airport& destination)
    {
        //默认代码: 使飞机抵达给定目的地
    }
};
class ModelA: public Airplane
{
public:
    virtual void fly(const Airport& destination) { defaultFly(destination); }
};
class ModelB: public Airplane
{
public:
    virtual void fly(const Airport& destination) { defaultFly(destination); }
};
```

```
class ModelC: public Airplane
{
public:
    virtual void fly(const Airport& destination)
    {
        //使 C 型飞机抵达目的地的代码
    }
};
```

这里 Airplane::fly 变成一个纯虚函数，它为飞行提供了接口，派生类必须实现它。默认实现在 Airplane 类中也会出现，但是现在它是以一个独立函数的形式存在的——defaultFly。如 ModelA 和 ModelB 需要使用默认行为的类，只需要简单地在它们的 fly 函数中调用 defaultFly 即可。对于 ModelC 类而言，继承不恰当的 fly 实现是根本不可能的，因为 Airplane 中的纯虚函数 fly 强制 ModelC 提供自己版本的 fly。

按照上面的方法做会产生一些近亲函数名字，从而污染了类名字空间。那么如何解决这一问题？纯虚函数在具体的派生类中必须重新实现，但是纯虚函数自身也可以有具体实现，借助这一点，问题便迎刃而解。

```
class Airplane
{
public:
    virtual void fly(const Airport& destination)=0;
};
void Airplane::fly(const Airport& destination)         //纯虚函数的具体实现
{
    //默认代码：使飞机抵达给定的目的地
}
class ModelA: public Airplane
{
public:
    virtual void fly(const Airport& destination) { Airplane::fly(destination); }
};
class ModelB: public Airplane
{
public:
    virtual void fly(const Airport& destination) { Airplane::fly(destination); }
};
class ModelC: public Airplane
{
public:
    virtual void fly(const Airport& destination)
    {
        //使 C 型飞机抵达目的地的代码
    }
};
```

6.5 多态增强程序可扩充性的例子

封装可以使得代码模块化，继承可以扩展已存在的代码，它们的目的都是为了代码重用。而多态的目的则是为了接口重用。也就是说，无论传递过来的究竟是哪个类的对象，函数都能够通过同一个接口调用到适当各自对象的实现方法。

多态的设计思想：对于相关的对象类型，确定它们之间的一个共同功能集，然后在基类中把这些共同的功能声明为多个公有的虚函数接口。各个派生类重写这些虚函数，以完成具体的功能。客户端的代码通过指向基类的引用或指针来操作这些对象，对虚函数的调用会自动绑定到实际的派生类对象上去。

例如，对各种几何对象如圆、矩形、直线等，都有一些共同的操作，比如画出几何对象等，把这些接口抽象成虚函数放在抽象基类 Shape 中，具体的几何对象类则继承这个抽象基类。代码如下：

```
class Shape                          //几何对象的公共抽象基类
{
public:
    virtual void draw() const=0;     //画出几何对象
};
class Circle : public Shape          //具体的几何对象类：圆
{
public:
    virtual void draw() const;
};
class Line : public Shape            //直线类
{
public:
    virtual void draw() const;
};
class Rectangle : public Shape       //矩形类
{
public:
    virtual void draw() const;
};
```

多态是通过基类指针或引用指向派生类对象时所调用的虚函数为派生类的虚函数。

```
Shape *p;
p=new Circle;
p->draw();                           //调用 Circle:: draw()
p=new Line;
p->draw();                           //调用 Line::draw()
p=new Rectangle;
```

```
p->draw();                        //调用 Rectangle::draw()
```

像上面这样使用多态，并没有体现出多态的好处，仅仅是对多态的基本概念进行了验证。要真正体现出多态设计的好处，应该将基类指针做为函数参数来用。

```
void DrawShape(Shape * p)
{
    p->draw();
}
Circle * pC=new Circle;
DrawShape(pC);
Line * pL=new Line;
DrawShape(pL);
Rectangle * pR=new Rectangle;
DrawShape(pR);
```

下面通过几个例子来体会多态的好处，即通过基类指针作为函数参数来提高程序的可扩展性。

例 6.33 游戏《魔法门之英雄无敌》。

游戏中有很多种精灵，每种精灵都有一个类与之对应，每个精灵就是一个对象，如图 6.7 所示。

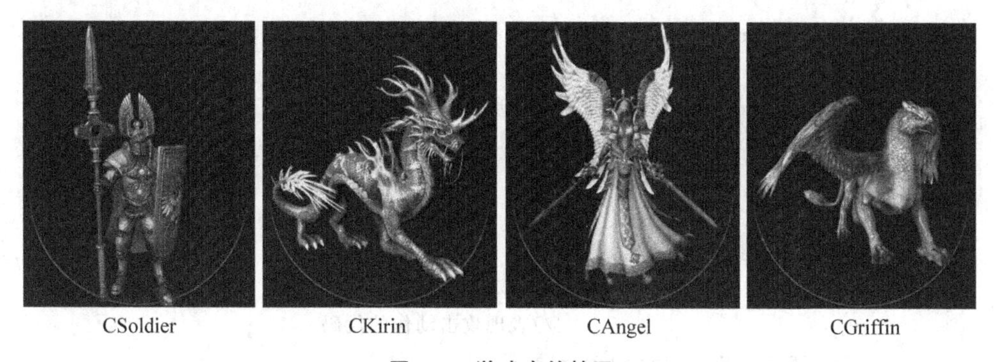

图 6.7 游戏中的精灵

精灵能够互相攻击，攻击敌人和被攻击时都有相应的动作，动作是通过对象的成员函数实现的。若游戏中有 n 种精灵，CSoldier 类中就会有 n 个 Attack 成员函数以及 n 个 FightBack 成员函数，对于其他类，比如 CKirin、CAngel、CGriffin 等，也是这样。

游戏版本升级时，要增加新的精灵——半马人(CCentaur)，如图 6.8 所示。如何编程才能使升级时的代码改动和增加量较小？

图 6.8 CCentaur

不论是否用多态编程，基本思路都是：

(1) 为每个精灵类编写 Attack、FightBack 和 Hurted 成员函数。

(2) Attact 函数表现攻击动作，攻击某个精灵，并调用被攻击精灵的 Hurted 函数，以减少被攻击精灵的生命值，同时也调用被攻击精灵的 FightBack 成员函数，遭受被攻击精灵反击。

(3) Hurted 函数减少自身生命值，并表现受伤动作。

(4) FightBack 成员函数表现反击动作，并调用被反击对象的 Hurted 成员函数，使被反击对象受伤。

先看非多态的实现方法：

```
class CSoldier
{
private:
    int nPower;                     //代表攻击力
    int nLifeValue;                 //代表生命值
public:
    int Attack(CKirin * pKirin)
    {
        …                           //表现攻击动作的代码
        pKirin->Hurted(nPower);
        pKirin->FightBack(this);
    }
    int Attack(CAngel * pAngel)
    {
        …                           //表现攻击动作的代码
        pAngel->Hurted(nPower);
        pAngel->FightBack(this);
    }
    int Attack(CGriffin * pGriffin)
    {
        …                           //表现攻击动作的代码
        pGriffin->Hurted(nPower);
        pGriffin->FightBack(this);
    int FightBack(CKirin * pKirin)
    {
        …                           //表现反击动作的代码
        pKirin->Hurted(nPower/2);
    }
    int FightBack(CAngel * pAngel)
    {
        …                           //表现反击动作的代码
        pAngel->Hurted(nPower/2);
    }
    int FightBack(CGriffin * pGriffin)
```

```
    {
        …                               //表现反击动作的代码
        pGriffin->Hurted(nPower/2);
    }
    int Hurted(int nPower)
    {
        …                               //表现受伤动作的代码
        nLifeValue -=nPower;
    }
}
```

如果游戏版本升级，增加了新的精灵半马人，则程序改动较大。首先要写一个CCentaur类，它的结构和CSoldier类似。另外，所有已有的精灵类的类都需要增加下面两个成员函数，在精灵种类较多的时候，工作量是不小的。

```
int Attack(CCentaur * pCentaur);
int FightBack(Centaur * pCentaur);
```

下面用多态的方法来对游戏进行设计，将所有精灵共同的属性和方法抽象为一个基类CCreature，如图6.9所示。

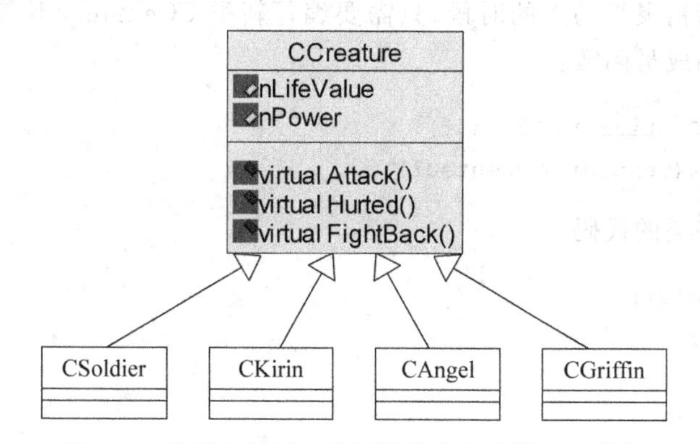

图6.9 将所有精灵的共同属性和方法抽象为基类

基类CCreature如下：

```
class CCreature
{
public:
    virtual void Attack(CCreature * pCreature)=0;
    virtual int Hurted(int nPower)=0;
    virtual int FightBack(CCreature * pCreature)=0;
    int nLifeValue, nPower;
}
```

派生类CSoldier如下：

```
class CSoldier : public CCreature
```

```
{
public:
    virtual void Attack(CCreature * pCreature)
    {
        pCreature->Hurted(nPower);
        pCreature->FightBack(this);
    }
    virtual int Hurted(int nPower)
    {
        …    //表现受伤动作的代码
        nLifeValue -=nPower;
    }
    virtual int FightBack(CCreature * pCreature)
    {
        …    //表现反击动作的代码
        pCreature->Hurted(nPower/2);
    };
}
```

那么当增加新精灵半马人的时候,只需要编写新类 CCentaur,不需要在已有的类里专门为新精灵增加成员函数:

```
int Attack(CCentaur *pCentaur);
int FightBack(Centaur *pCentaur);
```

具体使用这些类的代码:

```
CSoldier soldier;
CKirin kirin;
CAngel angel;
CGriffin griffin;
CCentaur centaur;
soldier.Attack(&kirin);      //①
soldier.Attack(&angel);      //②
soldier.Attack(&griffin);    //③
soldier.Attack(&centaur);    //④
```

根据多态的规则,上面的代码①、②、③、④进入 CSoldier::Attack 函数后,能分别调用以下函数:

```
CKirin::Hurted
CKirin::FightBack
CAngel::Hurted
CAngel::FightBack
CGriffin::Hurted
CGriffin::FightBack
```

```
CCentaur::Hurted
CCentaur::FightBack
```

例 6.34 家里养了一些宠物，还可以再养新的宠物，叫出家里所有宠物的名字。先看非多态的实现：

```
#include <iostream>
#include <string>
using namespace std;
class Dog
{
    string name;
public:
    void printname() { cout<<"this is dog: "<<name<<endl; }
    Dog(string s): name(s){}
};
class Cat
{
    string name;
public:
    void printname() { cout<<"this is cat: "<<name<<endl; }
    Cat(string s): name(s){}
};
class Home
{
    int nDogs;
    int nCats;
    Dog *pDogs[20];
    Cat *pCats[20];
public:
    void Add(Dog *pDog) { pDogs[nDogs++]=pDog; }
    void Add(Cat *pCat) { pCats[nCats++]=pCat; }
    void printAll()
    {
        for(int i=0; i <nCats; i++)
            pCats[i]->printname();
        for(int i=0; i<nDogs; i++)
            pDogs[i]->printname();
    }
    Home():nDogs(0), nCats(0) {}
};
int main()
{
    Home myhome;
    myhome.Add(new Dog("dog1"));
```

```
    myhome.Add(new Dog("dog2"));
    myhome.Add(new Dog("dog3"));
    myhome.Add(new Cat("cat1"));
    myhome.Add(new Cat("cat2"));
    myhome.Add(new Cat("cat3"));
    myhome.printAll();
    return 0;
}
```

如果家里又新养了一个宠物 Rabbit，非多态方式不便于扩充，添加新宠物时要改写 Home 类：

```
class Home
{
    …
    int nRabbit;
public:
    …
    Cat * pRabbit[20];
    void Add(Rabbit * pRabbit) { pRabbit[nRabbit++]=pRabbit; }
    void printAll()
    {
        …
        for(i=0; i<nRabbit; i++)
            pRabbit[i]->printname();
    }
    Home():nDogs(0), nCats(0), nRabbit(0) {}
}
```

多态实现方法如图 6.10 所示。

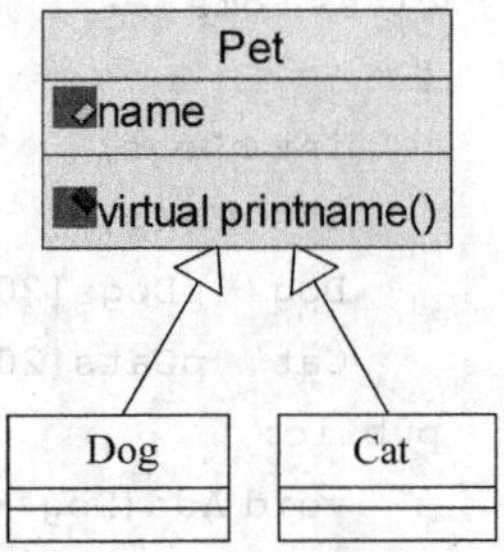

图 6.10 多态实现方法

```
class Pet
{
public:
    string name;
    Pet(string s): name(s) {}
    virtual void printname() {}
};
class Dog : public Pet
{
public:
    Dog(string s): Pet(s){}
    virtual void printname() { cout<<"this is dog: "<<name<<endl; }
};
class Cat : public Pet
{
```

```
public:
    Cat(string s): Pet(s){}
    virtual void printname() { cout<<"this is cat: "<<name<<endl; }
};
class Home
{
    int nPets;
    Pet *pPets[20];
public:
    void Add(Pet *pPet)
    {
        pPets[nPets++]=pPet;
    }
    void printAll()
    {
        for(int i=0; i<nPets; i++)
            pPets[i]->printname();
    }
    Home():nPets(0){}
};
```

若加入新的宠物，只需新写一个从 Pet 派生的类，而 Home 类不需要做任何修改：

```
class Rabbit : public Pet
{
public:
    Rabbit(string s): Pet(s){}
    virtual void printname() { cout<<"this is rabbit: "<<name<<endl; }
};
```

例 6.35 策略模式。

现在很多商场都有会员卡业务，办理不同级别的会员卡(钻石卡、白金卡、金卡等)，在购物时可享受相应的折扣和赠送的积分。

先看非多态的实现：

```
class MembershipCard
{
private:
    double rate;            //折扣
    int score;              //积分
    int type;               //卡的类型
public:
    static const int DIAMOND=1;
    static const int PLATINUM=2;
    static const int GOLDEN=3;
```

```
    void setType(int tp) { type=tp; }
    void discount(double price, int type)
    {
        switch(type)
        {
            case DIAMOND:
            {
                rate=0.85;
                score=(int)price * 1.2;
            }
            break;
            case PLATINUM:
            {
                rate=0.9;
                score=(int)price * 1.1;
            }
            break;
            case GOLDEN:
            {
                rate=0.95;
                score=(int)price;
            }
            break;
        }
    }
};
class Customer
{
private:
    int type;
    MembershipCard mc;
public:
    Customer(int tp) { type=tp; }
    void consume(double price)
    {
        mc.setType(type);
        mc.discount(price, type);
    }
};
int main()
{
    Customer c1(1);
    Customer c2(3);
    c1.consume(2000);
```

```
    c2.consume(1000);
    return 0;
}
```

注意,DIAMOND、PLATINUM、GOLDEN 是 static,因为它们是属于整个类的,而不是属于具体某张卡的。根据业务需要,商场又新推出了银卡,就需要修改 MembershipCard 类:

```
static const int SILVER=4;
case SILVER:
{
    rate=0.97;
    score=(int)price*0.9
}
```

在 discount 方法中通过 case 条件判断语句来选择不同的优惠,这种实现方法可以称为硬编码,为了适应需求变化去修改已有的类,就不得不重新编译与该类有关的代码,并对相关代码进行测试,这不是一种明智选择。

下面来看多态方法的实现:

```
class Card
{
public:
    double rate;            //折扣
    int score;              //积分
    virtual void discount(double price)=0;
    virtual ~Card() {};
};
class DiamondCard : public Card
{
public:
    void discount(double price)
    {
        rate=0.85;
        score=(int)price*1.2;
    }
};
class PlatinumCard : public Card
{
public:
    void discount(double price)
    {
        rate=0.9;
        score=(int)price*1.1;
    }
```

```
};
class GoldenCard : public Card
{
public:
    void discount(double price)
    {
        rate=0.95;
        score=(int)price;
    }
};
class Customer
{
private:
    Card *pc;
public:
    Customer(Card *p) { pc=p; }
    ~Customer() { delete pc; }
    void consume(double price)
    {
        pc->discount(price);
    }
};
int main()
{
    DiamondCard *pdc=new DiamondCard;
    Customer c1(pdc);
    GoldenCard *pgc=new GoldenCard;
    Customer c2(pgc);
    c1.consume(2000);
    c2.consume(1000);
    return 0;
}
```

采用非多态方式实现时，MembershipCard类中的discount方法针对不同类型给出不同的优惠，这些优惠操作以多个case语句形式出现（也可以是条件语句）。可以考虑采用策略模式（多态方式实现），将相关的case语句分支移入它们各自的Strategy类中以代替这些语句。多态方法实现的类图如图6.11所示。

从图6.11可以看出策略模式由以下3种角色构成：

(1) 抽象策略角色（Strategy）：抽象策略角色由抽象类或接口来承担，它给出具体策略角色需要实现的接口；

(2) 具体策略角色（Concrete Strategy）：实现封装了的具体算法或行为。

(3) 场景角色（Context）：包含抽象策略类的引用。

首先建立一个抽象类Card作为会员卡类型的基类，基类中含有1个虚函数

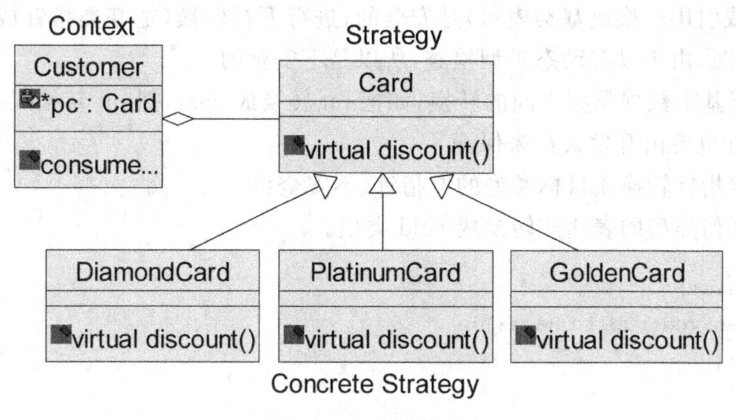

图 6.11 策略模式

discount,DiamondCard、PlatinumCard 和 GoldenCard 继承抽象类 Card,都实现各自的 discount 函数,用来计算各自的优惠价格及积分。当需要修改优惠方案时,只需在某个具体策略角色的方法中做相应修改就可以。现在添加银卡就非常方便了,不需要修改已有的代码,只需要新增加一个 SilverCard 类,该类从 Card 类派生。

```
class SilverCard : public Card
{
public:
    void discount(double price)
    {
        rate=0.97;
        score=(int)price*0.9;
    }
};
```

策略模式封装了不同的算法和行为,不同的场景下可以相互替换。在需要增加新的策略时,不会对已有类造成影响,增加了扩展性。对于场景来说,只依赖于抽象(Card * pc,抽象类 Card 的指针),而不依赖于具体实现(MembershipCard mc,非多态实现时依赖于 MembershipCard 类的实例)。

在第 8 章介绍了几种常用的设计模式,它们大多都用到了多态。

6.6 dynamic_cast 和 static_cast

static_cast 用法如下:

```
static_cast <Type-id > (expression)
```

该运算符把 expression 转换为 type-id 类型,但没有运行时类型检查来保证转换的安全性。它主要可用于以下几种情况:

(1) 用于类层次结构中基类和派生类之间指针或引用的转换。进行上行转换(把派生类的指针或引用转换成基类表示）是安全的；进行下行转换（把基类指针或引用转换成派生类表示）时，由于没有动态类型检查，所以是不安全的。

(2) 用于基本数据类型之间的转换，如把 int 转换成 char，把 int 转换成 enum。这种转换的安全性也要由开发人员来保证。

(3) 把空指针转换成目标类型的空指针（不安全!）。

(4) 把任何类型的表达式转换成 void 类型。

```
class Base{};
class Derived:public Base{};
int main()
{
    Base b;
    Derived * pD=&b;  //error C2440: "初始化": 无法从 Base * 转换为 Derived *
    pD=static_cast<Derived * > (&b);
    return 0;
}
```

像上面这样使用 static_cast 进行向下映射时是相当危险的，可能会造成无法跟踪的运行期错误。

在上述代码中，pD 为派生类指针，将它指向其基类是错误的（但反过来，向上映射是可以的）。可以用 static_cast 将基类指针强制转换成派生类指针，这样便可将 pD 指向基类对象。

例 6.36

```
#include <iostream>
using namespace std;
class Base
{
public:
    void func1() { cout<<"Base::func1"<<endl; }
};
class Derived:public Base
{
public:
    void func2() { cout<<"Derived::func2"<<endl; }
};
int main()
{
    Base b;
    Derived * pD=static_cast<Derived * > (&b);
    pD->func2();
    return 0;
}
```

程序执行结果：

```
Derived::func2
```

pD 声明为派生类指针，如果 pD 一不小心指向了没有定义 func2 函数的基类对象 b，则可能会导致运行期的错误。总之，static_cast 是不能保证类型安全的。

C++ 提供了 dynamic_cast 操作符，可以在运行期间检测类型转换是否安全。dynamic_cast 和 static_cast 有同样的语法：

```
dynamic_cast <Type-id > (expression)
```

Type-id 必须是一个类的指针或引用，也可以是 void *，参数 expression 必须是能得到一个指针或者引用的表达式。

dynamic_cast 仅对多态类型有效，也就是说使用 dynamic_cast 时要求基类中要有虚函数，否则会编译出错；static_cast 则没有这个限制。另外，dynamic_cast 要求转换的目的类型必须是指针或引用。这是由于运行时类型检查需要运行时类型信息，而这个信息存储在类的虚函数表中，只有定义了虚函数的类才有虚函数表，没有定义虚函数的类是没有虚函数表的。

例 6.37

```
class Base
{
public:
    void func(){};
};
class Derived:public Base{};
int main()
{
    Base b;
    Derived d;
    Base *pb=&b;
    Derived *pd1=static_cast<Derived *>(pb);
    Derived *pd2=dynamic_cast<Derived *>(pb);
                                    //error C2683: "dynamic_cast":Base 不是多态类型
    return 0;
}
```

若将 func 声明为虚函数，则不会有上面的编译错误。

如果 pb 实际指向一个 Derived 类型的对象，pd1 和 pd2 是一样的，并且对这两个指针执行 Derived 类型的任何操作都是安全的；如果 pb 实际指向的是一个 Base 类型的对象，那么 pd1 将是一个指向该对象的指针，对它进行 Derived 类型的操作将是不安全的，而 pd2 将是一个空指针（即 0，因为 dynamic_cast 失败）。

假设 T 是某种类型，Ptr 为某个多态指针，dynamic_cast <T *>(Ptr)，若类型转换是安全的，则返回值就是 Ptr；否则返回 NULL(0)。指针强制转化失败后可以比较指针是否为零，而引用却没办法，所以引用制转化失败后抛出异常。如果转换到一个引用类型失败，将会触发一个异常 Bad_cast exception。

```
T1 obj;
T2& refObj=dynamic_cast<T2&>(obj);  //转换为 T2 引用,若失败则抛出 Bad_cast 异常
```

有时无法使用 virtual 函数来达到多态，这时可用 dynamic_cast 强制转换，取得和多态相似的效果（见下例）。

例 6.38 假设第三方提供了一个类库，其中提供一个类 Employee，将头文件 Eemployee. h 和类库. lib 分发给用户，显然无法得到类实现的源代码。

```
//Emplyee.h
class Employee
{
public:
    virtual void salary()=0;
};
class Manager : public Employee
{
public:
    void salary();
};
class Programmer : public Employee
{
public:
    void salary();
};
```

假设 Emplyee. h 头文件中的 Manager 和 Programmer 类在其实现文件中定义如下：

```
//Emplyee.cpp
#include <iostream>
using namespace std;
void Manager::salary()
{
    cout<<"pay salary to Manager"<<endl;
}
void Programmer::salary()
{
    cout<<"pay salary to Programmer"<<endl;
}
```

现在，写一个程序给员工发薪水：

```
void payroll(Employee *pe)
{
```

```
    pe->salary();
}
int main()
{
    Employee *pe;
    pe=new Programmer;
    payroll(pe);
    pe=new Manager;
    payroll(pe);
    return 0;
}
```

程序执行结果：

```
pay salary to Programmer
pay salary to Manager
```

但是后来需求发生变化，除了工资外，还要发一些奖金，需要增加一个 bonus()的成员函数到第三方提供的类层次中。在知道源代码的情况下，很简单，增加虚函数即可：

```
//Emplyee.h
class Employee
{
public:
    virtual void salary()=0;
    virtual void bonus()=0;
};
class Manager : public Employee
{
public:
    void salary();
    void bonus();
};
class Programmer : public Employee
{
public:
    void salary();
    void bonus();
};
//Emplyee.cpp
void Manager::bonus()
{
    cout<<"pay bonus to Manager"<<endl;
}
void Programmer::bonus()
{
```

```
    cout<<"pay bonus to Programmer"<<endl;
}
```

payroll()通过多态来调用 bonus()：

```
void payroll(Employee * pe)
{
    pe->salary();
    pe->bonus();
}
```

但是现在情况是并不能修改源代码(源代码封装在二进制的 lib 库中)，怎么办? dynamic_cast 华丽登场了!在 Employee.h 中增加 bonus()声明，在另一个地方定义此函数，修改调用函数 payroll()。

```
//Employee.h
class Employee
{
public:
    virtual void salary()=0;
};
class Programmer : public Employee
{
public:
    void salary();
    void bonus();              //直接在这里扩展
};
class Manager : public Employee
{
public:
    void salary();
    void bonus();              //直接在这里扩展
};
//somewhere.cpp
void Manager::bonus()
{
    cout<<"pay bonus to Manager"<<endl;
}
void Programmer::bonus()
{
    cout<<"pay bonus to Programmer"<<endl;
}
void payroll(Employee * pe)
{
    pe->salary();
    Programmer * pP=dynamic_cast<Programmer * >(pe);
```

```
    //如果 pP 实际指向一个 Programmer 对象,dynamic_cast 成功,并且开始指向
      Programmer 对象起始处;如果 pP 不是实际指向 Programmer 对象,dynamic_cast 失
      败,并且 pm=0
    if(pP)
    {
       pP->bonus();
    }
    Manager *pM=dynamic_cast<Manager *>(pe);
    //如果 pM 实际指向一个 Manager 对象,dynamic_cast 成功,并且开始指向 Manager 对象
      起始处
    if(pM)
    {
       pM->bonus();
    }
}
int main()
{
    Employee *pe;
    pe=new Programmer;
    payroll(pe);
    pe=new Manager;
    payroll(pe);
    return 0;
}
```

程序执行结果:

```
pay salary to Programmer
pay bonus to Programmer
pay salary to Manager
pay bonus to Manager
```

另外,dynamic_cast 还支持交叉转换(cross cast)。

例 6.39

```
class Base
{
public:
    virtual void func(){}
};
class Derived1 : public Base{};
class Derived2 : public Base{};
int main()
{
    Derived1 d1;
    Derived1 *pd1=&d1;
```

```
    Derived2 * pd2=static_cast<Derived2 * >(pd1);
                    //error C2440: "static_cast": 无法从 Derived1 * 转换为 Derived2 *
    pd2=dynamic_cast<Derived2 * >(pd1);       //pd2 is NULL
    return 0;
}
```

上例中，使用 static_cast 进行转换是不被允许的，将在编译时出错；而使用 dynamic_cast 的转换则是允许的，结果是空指针。

6.7 多重继承和虚函数

若基类有虚函数，其派生类单继承时会有一个虚函数表，然而在多继承的情况下，派生类的虚函数表有几个？先看一个例子。

例 6.40

```
#include <iostream>
using namespace std;
class A
{
public:
    virtual void func() {}
};
class B
{
public:
    virtual void func() {}
};
class C
{
public:
    virtual void func() {}
};
class Derived: public A, public B, public C {};
int main()
{
    Derived d;
    cout<<"Size is="<<sizeof(d)<<endl;
    return 0;
}
```

程序执行结果：

```
Size is=12
```

派生类 D 对象的内存情况如图 6.12 所示。

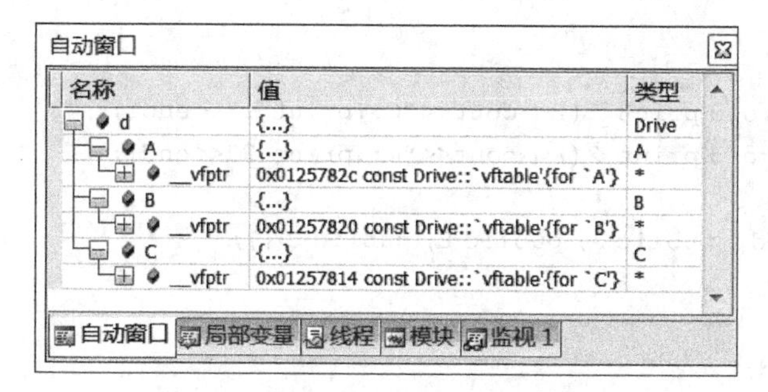

图 6.12 派生类 D 对象的内存情况

从图 6.12 可看出 Derived 类对象虚函数表有 3 个，每个占用 4 个字节，所以 Drive 类对象大小为 12。

例 6.41

```
#include <iostream>
using namespace std;
typedef void(*Func)();
void printMember(int *p)
{
    cout<<*p<<endl;
}
void printVTable(int *p)
{
    while(*p !=NULL)
    {
        (*(Func*)(p))();
        p++;
    }
}
class A
{
public:
    int a;
    virtual void print_1(){ cout<<"A::print_1"<<endl;}
    virtual void print_2(){ cout<<"A::print_2"<<endl; }
};
class B
{
public :
    int b;
    virtual void print_1() { cout<<"B::print_1"<<endl; }
    virtual void print_2() { cout<<"B::print_2"<<endl; }
};
class C
{
```

```
public :
    int c;
    virtual void print_1() { cout<<"C::print_1"<<endl; }
    virtual void print_2() { cout<<"C::print_2"<<endl; }
};
class Derived : public A, public B, public C {};
int main()
{
    Derived d;
    A * pA=&d;
    cout<<"Size is="<<sizeof(d)<<endl;
    Derived * pD=dynamic_cast<Derived * >(pA);
    pD->a=10;
    pD->b=20;
    pD->c=30;
    int * pRoot= (int * )pD;
    int * pVTB1= (int * ) * (pRoot +0);
    printVTable(pVTB1);
    int * pMB_a=pRoot +1;
    printMember(pMB_a);
    int * pVTB2= (int * ) * (pRoot +2);
    printVTable(pVTB2);
    int * pMB_b=pRoot +3;
    printMember(pMB_b);
    int * pVTB3= (int * ) * (pRoot +4);
    printVTable(pVTB3);
    int * pMB_c=pRoot +5;
    printMember(pMB_c);
    return 0;
}
```

派生类D对象的内存情况如图6.13所示。

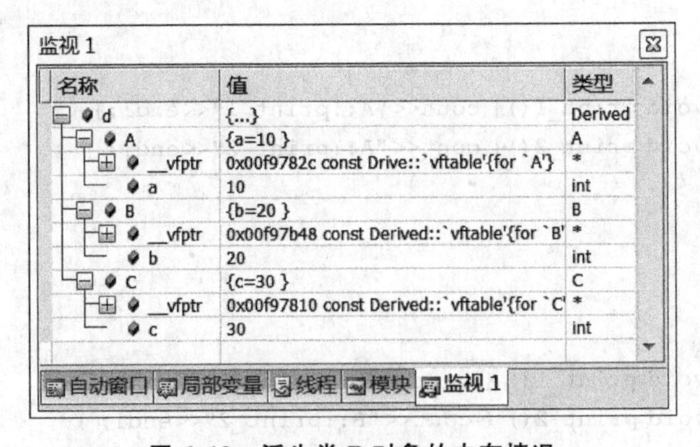

图6.13 派生类D对象的内存情况

程序执行结果：

```
Size is=24
A::print_1
A::print_2
10
B::print_1
B::print_2
20
C::print_1
C::print_2
30
```

与单继承相同的是，所有的虚函数都包含在虚函数表中；所不同的是，多重继承有多个虚函数表，当派生类对父类的虚函数进行了重写时，派生类的函数覆盖父类的函数在对应的虚函数中的位置，当派生类有新的虚函数时，这些虚函数被加在第一个虚函数表的后面。

例 6.42

```
#include <iostream>
using namespace std;
class A
{
public:
    virtual void func1() {}
};
class B
{
public:
    virtual void func2() {}
};
class C
{
public:
    virtual void func3() {}
};
class Derived : public A, public B, public C {};
int main()
{
    Derived d;
    A *pA=&d;
    cout<<"A:"<<pA<<endl;
    B *pB=dynamic_cast<B*>(pA);
    cout<<"B:"<<pB<<endl;
    C *pC=dynamic_cast<C*>(pA);
    cout<<"C:"<<pC<<endl;
```

```
    Derived * pD=dynamic_cast<Derived * >(pA);
    cout<<"Derived:"<<pD<<endl;
    return 0;
}
```

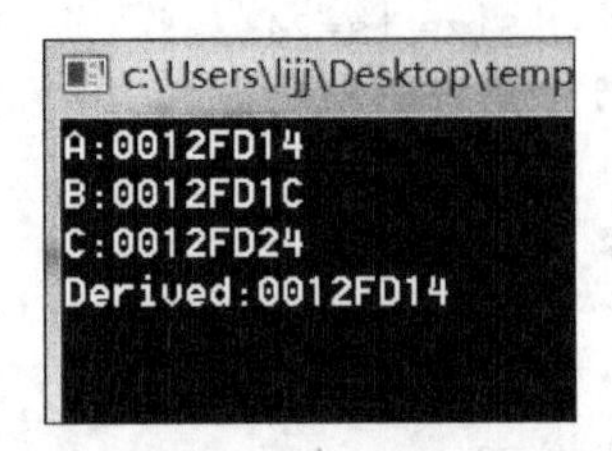

图 6.14　程序输出结果

从图 6.14 可知，派生类和第一个基类的地址相同，当进行 dynamic_cast 操作时，若转换为第一个基类，则不需要移动指针；但是要转换为其他父类时，需要做相应的指针移动。

6.8　C 语言实现多态

若用 C 语言来实现多态，可以利用“结构在内存中的布局与结构的声明具有一致的顺序”这一事实来实现继承，再通过一个函数指针结构体来实现虚函数以达到多态的效果。

例 6.43

```
#include <iostream>
using namespace std;
struct Point
{
    int x, y;
};
class Shape                                //抽象基类
{
public:
    virtual float getPerimeter()=0;        //计算周长
    virtual float getArea()=0;             //计算面积
    virtual char* getShape()=0;            //获取形状
};
class Rectangle : public Shape             //派生于 Shape 的"矩形"类
{
    Point leftTop;                         //Rectangle 左上顶点
    Point rightBottom;                     //Rectangle 右下顶点
public:
    Rectangle(Point a,Point b)             //构造函数
    {
        leftTop=a;
        rightBottom=b;
    }
    virtual float getPerimeter()
    {
        return(float)(rightBottom.x -leftTop.x +rightBottom.y -leftTop.y) * 2;
    }
```

```
    virtual float getArea()
    {
        return(float)(rightBottom.x -leftTop.x) * (rightBottom.y -leftTop.y);
    }
    virtual char* getShape()
    {
        return "Rectangle";
    }
};
class Circle: public Shape                    //派生于 Shape 的"圆"类
{
    Point center;                             //圆心坐标
    float radius;                             //圆半径
public:
    Circle(Point a, float r)
    {
        center=a;
        radius=r;
    }
    virtual float getPerimeter()
    {
        return(float)2 * 3.14 * radius;
    }
    virtual float getArea()
    {
        return(float)3.14 * radius * radius;
    }
    virtual char* getShape()
    {
        return "Circle";
    }
};
Shape * shapes[2];
int main()
{
    Point a={2,3};
    Point b={9,8};
    Point c={0,0};
    shapes[0]=new Circle(c, 10);
    shapes[1]=new Rectangle(a, b);
    for(int i=0; i <2; i++)
        cout <<shapes[i]->getShape()<<"'s perimeter is: "<<shapes[i]->
            getPerimeter()<<endl;
    for(int i=0; i <2; i++)
```

```
        cout<<shapes[i]->getShape()<<"'s area is: "<<shapes[i]->getArea()<<endl;
    return 0;
}
```

程序执行结果：

```
Circle's perimeter is: 62.8
Rectangle's perimeter is: 24
Circle's area is: 314
Rectangle's area is: 35
```

上例中，shapes为抽象基类Shape对象的指针数组，shapes[0]指向了一个派生类对象Circle，shapes[1]指向了一个派生类对象Rectangle。通过基类指针调用虚函数能够多态执行并计算不同形状的和面积。

下面不通过虚函数，用C语言来实现上例的多态效果。

例6.44

```
#include <stdlib.h>
struct Point
{
    int x, y;
};
struct Shape                          //基类
{
    struct Methods * methods;         //指向"虚函数表"
};
struct Methods                        //将C++对应类中所有虚函数封装到一个结构体里面
{
    float(*getPerimeter)(Shape * shape);
    float(*getArea)(Shape * shape);
    char*(*getShape)(Shape * shape);
};
/*Rectangle*/
struct Rectangle
{
    struct Methods * methods;         //包含继承Shape后的成员函数结构体的指针
    Point leftTop;                    //Shape之外派生的成员变量
    Point rightBottom;                //Shape之外派生的成员变量
};
float Rectangle_getPerimeter(Shape * shape)     //计算矩形周长
{
    Rectangle * r=(Rectangle *) shape;
    return (float)(r->rightBottom.x -r->leftTop.x +r->rightBottom.y -r->
         leftTop.y) * 2;
```

```
}
float Rectangle_getArea(Shape * shape)          //计算矩形面积
{
    Rectangle * r=(Rectangle *) shape;
    return (float)(r->rightBottom.x -r->leftTop.x) * (r->rightBottom.y -r->
        leftTop.y);
}
char* Rectangle_getShape(Shape * shape)
{
    return "Rectangle";
}
struct Methods rectangleMethods=            //绑定 Rectangle"类"实现的"虚函数"
{
    &Rectangle_getPerimeter,
    &Rectangle_getArea,
    &Rectangle_getShape
};
struct Circle
{
    struct Methods * methods;
    Point center;
    float radius;
};
float Circle_getPerimeter(Shape * shape)    //计算圆周长
{
    Circle * c=(Circle *) shape;
    return(float)2 * 3.14 * c->radius;
}
float Circle_getArea(Shape * shape)         //计算圆面积
{
    Circle * c=(Circle *) shape;
    return(float)3.14* (c->radius) * (c->radius);
}
char* Circle_getShape(Shape * shape)
{
    return "Circle";
}
struct Methods circleMethods=               //绑定 Circle"类"实现的"虚函数"
{
    &Circle_getPerimeter,
    &Circle_getArea,
    &Circle_getShape
};
```

```
/* main */
Shape * shapes[2];                              //基类指针数组
Shape * new_rectangle(Point a, Point b)         //创建 Rectangle 对象
{
    struct Rectangle * r=(Rectangle *)malloc(sizeof(Rectangle));
    r->methods=&rectangleMethods;
    r->leftTop=a;
    r->rightBottom=b;
    return(Shape *)r;
}
Shape * new_circle(Point a, float r)            //创建 Circle 对象
{
    struct Circle * c=(Circle *)malloc(sizeof(Circle));
    c->methods=&circleMethods;
    c->center=a;
    c->radius=r;
    return(Shape *)c;
}
int main()
{
    Point c={0,0};
    shapes[0]=new_circle(c,10);
    Point a={2,3};
    Point b={9,8};
    shapes[1]=new_rectangle(a, b);
    for(int i=0; i <2; i++)
        printf ("%s's perimeter is: %f\n",(* shapes[i]->methods->getShape)
                (shapes[i]),(* shapes[i]->methods->getPerimeter)(shapes[i]));
    for(int i=0; i <2; i++)
        printf ("%s's area is: %f\n",(* shapes[i]->methods->getShape)(shapes[i]),
               (* shapes[i]->methods->getArea)(shapes[i]));
    getchar();
    return 0;
}
```

上例中，因为 Rectangle 和 Circle 分别将虚函数表指针 methods 指向各自不同的实现，因此通过

```
(* shapes[i]->methods->getPerimeter)(shapes[i])
(* shapes[i]->methods->getArea)(shapes[i])
shapes[i]->methods->getShape[i]
```

可以模拟多态行为，即：基类指针指向不同派生类对象，通过该指针访问虚函数时能够有不同的实现。

习　题

1. 什么是静态绑定？什么是动态绑定？重载是动态绑定吗？如果不是，为什么？举例说明。

2. 什么是接口？什么是抽象类？

3. 为什么构造函数不能是虚的？

4. 虚析构函数有什么作用？

5. 分析程序，写出运行结果。

```
class BC
{
public:
    virtual void sayHi() { cout<<"Just hi."<<endl; }
    void run() { cout<<"Base::run "<<endl; }
};
class DC1 : public BC
{
public:
    virtual void sayHi() { cout<<"Tinker."<<endl;}
    void run() { cout<<"in Tinker::run "<<endl; }
};
class DC2 : public BC
{
public:
    void sayHi() { cout<<"Tailor."<<endl; }
    void run() { cout<<"in Tailor::run "<<endl; }
};
int main()
{
    BC * p;
    for(int which=1; which <4; which++)
    switch(which)
    {
        case 1: p=new BC; break;
        case 2: p=new DC1; break;
        case 3: p=new DC2; break;
      }
      p->run();  p->sayHi();  delete p;
    }
    return 0;
}
```

6. 定义一个车(vehicle)基类,有 Run、Stop 等成员函数,由此派生出自行车(bicycle)类、汽车(motorcar)类,从 bicycle 和 motorcar 派生出摩托车(motorcycle)类,它们都有 Run、Stop 等成员函数。观察虚函数的作用。

7. 应用抽象类,求圆、圆内接正方形和圆外切正方形的面积和周长。

8. 定义一个抽象类 shape 用以计算面积,从中派生出计算长方形、梯形、圆形面积的派生类。程序中通过基类用指针来调用派生类中的虚函数,计算不同形状的面积。

9. 定义一个基类 Base,该类含有公共成员 string name(姓名)、int year(年龄)、float score(分数),以及成员函数 display,用来显示 name、year、score;然后定义两个子类 FirstDer 和 SecondDer,这两个子类都是公有继承 Base,在 FirstDer 中增加私有成员 string addr(地址),在 SecondDer 中增加私有成员 string tel(电话),在两个子类的 display 中都实现显示各自的全部成员变量。要求:

(1) 按以上要求定义基类和子类。

(2) 写一个应用程序定义以上 3 个类的对象,然后用一个指针依次指向此 3 个对象来实现 display 方法的多态性调用。

10. 定义一个基类 Base,该类含有公共成员 char name[20]、int year、float score 及成员函数 display(用来显示 name、year、score);然后定义两个子类 FirstDer 和 SecondDer,这两个子类都是公有继承 Base,在 FirstDer 中增加私有成员 char addr[40],在 SecondDer 中增加私有成员 char tel[20],在两个子类的 display 中都实现显示各自的全部成员变量。要求:

(1) 按以上要求定义基类和子类。

(2) 写一个应用程序定义以上 3 个类的对象,然后用一个指针依次指向此 3 个对象来实现 display 方法的多态性调用。

11. 某公司雇员(employee)包括经理(manager)、技术人员(technician)和销售员(salesman)。开发部经理(developermanger)既是经理也是技术人员。销售部经理(salesmanager)既是经理也是销售员。以 employee 类为虚基类派生出 manager、technician 和 salesman 类,再进一步派生出 developermanager 和 salesmanager 类。employee 类的属性包括姓名、职工号、工资级别和月薪(实发基本工资加业绩工资)。操作包括月薪计算函数(pay()),该函数要求输入请假天数,扣去应扣工资后,得出实发基本工资。technician 类派生的属性有每小时附加酬金、当月工作时数及研究完成进度系数。业绩工资为三者之积。也包括同名的 pay()函数,工资总额为基本工资加业绩工资。salesman 类派生的属性有当月销售额和酬金提取百分比,业绩工资为两者之积。也包括同名的 pay()函数,工资总额为基本工资加业绩工资。manager 类派生属性有固定奖金额和业绩系数,业绩工资为两者之积。工资总额也为基本工资加业绩工资。而 developermanager 类的 pay()函数是将作为经理和作为技术人员业绩工资之和的一半作为业绩工资。salesamanager 类的 pay()函数则是经理的固定奖金额的一半,加上部门总销售额与提成比例之积,这是业绩工资。编程实现工资管理。

第7章 chapter 7

运算符重载

运算符重载,也叫操作符重载,是 C++ 的重要组成部分,它可以让程序更加的简单易懂,使用简单的运算符可以使复杂函数的理解更直观。虽然运算符重载听起来好像是 C++ 的外部能力,但是多数程序员都不知不觉地使用过重载的运算符。例如,加法运算符+对整数、单精度数和双精度数的操作是大不相同的。这是因为 C++ 语言本身已经重载了该运算符,所以它能够用于 int、float、double 和其他内部定义类型的变量。

C++ 提供了数据抽象的手段,允许用户定义抽象数据类型——类。通过调用类的成员函数,对它的对象进行操作,但是在有些时候,用类的成员函数来操作对象时很不方便。例如,在数学上,两个复数可以直接进行+、一等运算。但在 C++ 中,直接将+或一用于复数是不允许的。有时希望对一些抽象数据类型也能够直接使用 C++ 提供的运算符,使程序更简洁,代码更容易理解。

运算符重载可对已有的运算符(C++ 中预定义的运算符)赋予多重的含义,使同一运算符作用于不同类型的数据时导致不同类型的行为。其目的是扩展 C++ 中提供的运算符的适用范围,以用于类所表示的抽象数据类型。同一个运算符对不同类型的操作数所发生的行为不同。

7.1 运算符重载的定义

在用户自定义类型中使用运算符来表示所提供的某些操作,可以收到同样的效果,但前提是它们与基本类型用运算符表示的操作以及与其他用户自定义类型用运算符表示的操作之间不存在冲突与二义性(即在某一特定位置上,某一运算符应具有确定的、唯一的含义)。编译程序能够对是否存在冲突与二义性作出判断的依据是类型及其操作集。

例 7.1

```
#include <iostream>
using namespace std;
class Complex
{
public:
```

```
    Complex(){real=0;imag=0;}
    Complex(double r,double i){real=r;imag=i;}
    Complex complex_add(Complex &c2)             //声明复数相加函数
    {
        Complex c;
        c.real=real+c2.real;
        c.imag=imag+c2.imag;
        return c;
    }
    void display()
    {
        cout<<"("<<this->real<<","<<this->imag<<"i)"<<endl;
    }
private:
    double real;                                 //实部
    double imag;                                 //虚部
};
int main()
{
    Complex c1(1,2),c2(3,-4),c3;                 //定义3个复数对象
    c3=c1.complex_add(c2);                       //调用复数相加函数
    cout<<"c1="; c1.display();                   //输出c1的值
    cout<<"c2="; c2.display();                   //输出c2的值
    cout<<"c1+c2="; c3.display();                //输出c3的值
    return 0;
}
```

程序执行结果：

```
c1=(1, 2i)
c2=(3, -4i)
c1+c2=(4,-2i)
```

运算符重载的方法是定义一个重载运算符的函数，在需要执行被重载的运算符时，系统就自动调用该函数，以实现相应的运算。从某种程度上看，运算符重载也是函数的重载。但运算符重载的关键并不在于实现函数功能，而是由于每种运算符都有其约定俗成的含义，重载它们应该是在保留原有含义的基础上对功能的扩展，而非改变。所以应时刻站在使用者的角度来审视，比如为扩展算术类型而重载算术运算符就是很自然的。

重载运算符的函数一般格式如下：

```
函数类型 operator 运算符名称(形参表列)
{
    对运算符的重载处理
}
```

例如，想将＋用于Complex类（复数）的加法运算，函数的原型可以是这样的：

```
Complex operator+ (Complex& c1,Complex& c2);
```

operator 是 C++ 的关键字，专门用于定义重载运算符的函数。operator＋就是函数名，表示对运算符＋重载。

例 7.2

```
#include <iostream>
using namespace std;
class Complex
{
public:
    Complex(double r=0.0, double i=0.0):real(r),imag(i){};
    Complex operator+ (const Complex &) const;
    Complex operator- (const Complex &) const;
    void display();
private:
    double real;                        //实部
    double imag;                        //虚部
};
Complex Complex::operator+ (const Complex &operand2) const
{
    return Complex(real +operand2.real, imag +operand2.imag);
}
Complex Complex::operator- (const Complex &operand2) const
{
    return Complex(real -operand2.real, imag -operand2.imag);
}
void Complex::display()
{
    cout<<"("<<real<<","<<imag<<"i)"<<endl;
}
int main()
{
    Complex c1(1,2),c2(3,-4),c3;
    c3=c1 +c2;
    cout<<"c1+c2="; c3.display();
    return 0;
}
```

程序执行结果：

```
c1+c2=(4,-2i)
```

在上例中，＋和－运算符重载实际上是有两个参数的，由于重载函数是类中的成员函数，有一个参数是隐含的，函数是用 this 指针隐式地访问类对象的成员。例如：

```
c3=c1+c2
```

最后在 C++ 编译系统中被解释为

```
c3=c1.operator + (c2)
```

此例中，operator+是类的成员函数。第一操作数为 * this(c1)，第二操作数为“参数”(c2)。实质上运算符的重载就是函数重载，在程序编译时把指定的运算表达式转换成对运算符函数的调用，把运算的操作数转换成运算符函数的参数，根据实参的类型决定调用哪个运算符函数。

对于单目运算符++和--有两种使用方式，前置运算和后置运算是不同的。针对这一特性，C++ 约定：在自增(自减)运算符重载函数中，若无参数就表示前置运算符函数，若加一个 int 型形参，就表示后置运算符函数。

例 7.3　有一个 Time 类，包含数据成员 minute(分)和 sec(秒)，模拟秒表，每次走一秒，满 60 秒进一分钟，此时秒又从 0 开始算。要求输出分和秒的值。

```
#include <iostream>
using namespace std;
class Time
{
public:
    Time(){ minute=0; sec=0; }
    Time(int m,int s):minute(m),sec(s){}
    Time operator++();              //声明前置自增运算符++重载函数
    Time operator++(int);           //声明后置自增运算符++重载函数
    void show()
    {
        cout<<"minute: "<<minute<<endl;
        cout<<"sec: "<<sec<<endl;
    }
private:
    int minute;
    int sec;
};
Time Time::operator++()             //定义前置自增运算符++重载函数
{
    if(++sec>=60)
    {
        sec-=60;                    //满 60 秒进 1 分钟
        ++minute;
    }
    return *this;                   //返回当前对象值
}
Time Time::operator++(int)          //定义后置自增运算符++重载函数
```

```
{
    Time temp(*this);
    sec++;
    if(sec>=60)
    {
        sec-=60;
        ++minute;
    }
    return temp;                    //返回的是自加前的对象
}
int main()
{
    Time t1(5,20);
    t1++;
    t1.show();
    Time t2(3,59);
    ++t2;
    t2.show();
    return 0;
}
```

程序执行结果：

```
minute: 5
sec: 21
minute: 4
sec: 0
```

在代码 Time operator++ (int)中，注意到有一个 int，在这里 int 并不是真正的参数，也不代表整数，int 只是用来选择表示后缀的标志！

运算符重载的函数一般采用如下两种形式：成员函数形式和友元函数形式。这两种形式都可访问类中的私有成员。

重载为友元函数的运算符重载函数的定义格式如下：

```
friend 函数类型 operator 运算符名称(形参表列)
{
    对运算符的重载处理
}
```

下面用友元函数的形式重载例 7.2。

例 7.4

```
#include <iostream>
using namespace std;
class Complex
{
```

```
public:
    Complex(){real=0;imag=0;}
    Complex(double r,double i){real=r;imag=i;}
    friend Complex operator + (Complex &c1,Complex &c2);
    void display();
private:
    double real;
    double imag;
};
Complex operator+ (Complex &c1,Complex &c2)
{
    return Complex(c1.real+c2.real, c1.imag+c2.imag);
}
void Complex::display()
{
    cout<<"("<<real<<","<<imag<<"i)"<<endl;
}
int main()
{
    Complex c1(1,2),c2(3,-4),c3;
    c3=c1 +c2;
    cout<<"c1+c2="; c3.display();
    return 0;
}
```

c3＝c1＋c2,最后在 C++ 编译系统中被解释为

```
c3=operator + (c1,c2)
```

运算符左侧的操作数与函数的第一个参数对应,右侧的和第二个参数对应。当重载友员函数时,没有隐含的参数 this 指针。这样,对双目运算符,友员函数有两个参数,对单目运算符,友员函数有一个参数。

7.2 常用运算符的重载

7.2.1 下标运算符的重载

重载的下标运算符只有通过引用返回才会有用,因为这个运算符通常在等号左方使用,所以重载函数不得不通过引用返回。下面通过一个安全数组的例子来说明。

例 7.5 安全数组

```
#include <iostream>
using namespace std;
const int MAX_SIZE=10;
```

```
class safearray
{
private:
    int arr[MAX_SIZE];
public:
    int& access(int n)
    {
        if(n<0||n>=MAX_SIZE)
        {
            cout<<"Index out of bounds"; exit(1);
        }
        return arr[n];
    }
};
int main()
{
    safearray sa;
    for(int j=0; j<MAX_SIZE; j++)
    {
        sa.access(j)=j*j;
    }
    for(int j=0; j<MAX_SIZE; j++)
    {
        int temp=sa.access(j);
        cout<<"sa["<<j<<"]="<<temp<<endl;
    }
    return 0;
}
```

程序执行结果：

```
sa[0]=0
sa[1]=1
sa[2]=4
sa[3]=9
sa[4]=16
sa[5]=25
sa[6]=36
sa[7]=49
sa[8]=64
sa[9]=81
```

在上例中，sa. access(j)=j*j；这句代码等号的左侧要使用函数调用，因此调用的函数必须通过引用返回。引用返回的一个优点是引用返回函数可以用于赋值语句的左侧（参见 2.2.7 节）。

例 7.6

```
#include <iostream>
using namespace std;
const int MAX_SIZE=10;
class safearray
{
private:
    int arr[MAX_SIZE];
public:
    int& operator[](int n)
    {
        if(n<0||n>=MAX_SIZE)
        {
            cout<<"Index out of bounds"; exit(1);
        }
        return arr[n];
    }
};
int main()
{
    safearray sa;
    for(int j=0; j<MAX_SIZE; j++)
    {
        sa[j]=j*j;
    }
    for(int j=0; j<MAX_SIZE; j++)
    {
        int temp=sa[j];
        cout<<"sa["<<j<<"]="<<temp<<endl;
    }
    return 0;
}
```

从上例可以看出,若对下标运算符进行重载,便可通过 sa[j]=j*j 以及 int temp=sa[j] 来进行输入输出,变得更加方便简单。通过上面两个例子对比,也能看出为什么重载[]的时候要通过引用返回。

7.2.2 输入输出运算符重载

有时希望运算符不仅能输出标准数据类型,而且能输出用户自己定义的类对象,这就需要重载输入输出运算符(>>和<<),就是对输入输出流进行重写,然后再返回输入输出流对象。下面以 Student 对象的输入输出为例进行介绍。

例 7.7

```
#include <iostream>
#include <string>
using namespace std;
class Student
{
    friend ostream &operator<<(ostream &,const Student &);
    friend istream &operator>>(istream &,Student &);
public:
    int num;
    int age;
    string sex;
    string name;
};
ostream &operator<<(ostream &output,const Student &s)
{
    cout<<"学号\t"<<"姓名\t"<<"性别\t"<<"年龄\t"<<endl;
    output<<s.num<<"\t"<<s.name<<"\t"<<s.sex<<"\t"<<s.age<<endl;
    return output;
}
istream &operator>>(istream &input,Student &s)
{
    cout<<"学号:";
    input>>s.num;
    cout<<"姓名:";
    input>>s.name;
    cout<<"性别:";
    input>>s.sex;
    cout<<"年龄:";
    input>>s.age;
    return input;
}
int main()
{
    Student stu;
    cout<<"Enter Student info:"<<endl;
    cin>>stu;
    cout<<"Print Student info:"<<endl;
    cout<<stu;
    return 0;
}
```

程序执行结果:

```
Enter Student info:
学号:20110210
姓名:Wang
性别:M
年龄:22
Print Student info:
学号        姓名   性别   年龄
20110210  Wang    M     22
```

从上例可以看出，对>>和<<进行重载后，对于 Student 类对象，就能像基本数据类型那样进行输入和输出：cin>>stu;和 cout<<stu;。

7.2.3 赋值运算符重载

因为赋值操作会改变左值，而+、-之类的运算符不会改变操作数，所以说赋值运算符重载要返回引用，以用于类似 (a=b)=c 这样的再次对 a=b 进行写操作的表达式。

在 C++ 程序设计中，对象间的相互复制和赋值是经常进行的操作。如果对象在声明的同时进行初始化操作，则称之为复制运算。例如：

```
class A
{
public:
    int x;
}
A a1(10);
A a2=a1;
```

对于上面两种情况，系统都是在栈中为其分配内存的，并会调用 A 类的复制构造函数。

对象在声明之后再进行的赋值称为赋值运算。例如：

```
A a1(10);
A a2;
a2=a1;
```

这实际上要调用的类的默认赋值函数 a2.operator=(a1);。

在 C++ 中，只要创建了类的实例，在编译的时候，就要为其分配相应的内存空间，至于对象内的各个域的值，就由其构造函数决定了。

例 7.8

```
#include <iostream>
#include <string>
using namespace std;
class A
{
```

```
public:
    A(){}
    A(int id, string name)
    {
        m_id=id;
        m_name=name;
    }
private:
    string m_name;
    int m_id;
};
int main()
{
    A a1(1,"Li xiaolong");
    A a2;
    a2=a1;
    return 0;
}
```

在创建 a1 和 a2 之后，它们在栈中都被分配相应的内存大小。只不过对象 a1 的域都被初始化，而 a2 则都为随机值。在执行代码 a2＝a1;时，会调用默认的赋值运算。默认的赋值运算会将两个对象中的所有位于栈中的域进行相应的复制。其内存分配如图 7.1 所示。

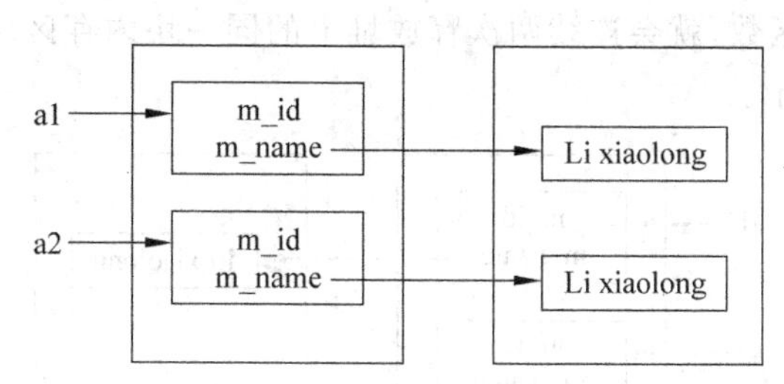

图 7.1 默认的赋值运算

但是，如果对象有位于堆上的域，a2＝a1;将不会为复制对象分配堆上的空间，而只是指向堆上的同一个地址。

例 7.9

```
#include <iostream>
using namespace std;
class A
{
public:
    A(){}
    A(int id,char* name)
    {
```

```
        m_id=id;
        m_name=new char[strlen(name)+1];
        strcpy(m_name,name);
    }
    ~A()
    {
        cout<<"A destructor"<<endl;
        delete m_name;
    }
private:
    char * m_name;
    int m_id;
};
int main()
{
    A a1(1,"Li xiaolong");
    A a2;
    a2=a1;
    return 0;
}
```

程序运行时会出现运行时错误对话框，这是因为A类的对象有位于堆上的域，执行代码a2=a1;后，a2的m_name和a1的m_name指向了堆上相同的地址。程序结束时会调用a1和a2的析构函数，就会连续两次释放堆上的同一块内存区域，从而导致异常。其内存分配如图7.2所示。

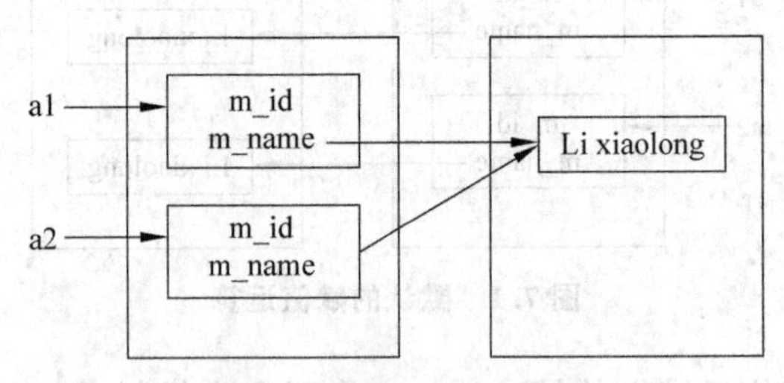

图7.2 对象赋值的问题

若类对象的域在堆上有内存分配，必须重载赋值运算符。当对象间进行复制时，如果成员域属于堆，必须让不同对象的成员域指向其不同的堆地址。

例7.10

```
#include <iostream>
using namespace std;
class A
{
public:
    A()
```

```
    {
        m_id=0;
        m_name=NULL;
    }
    A(int id,char* name)
    {
        m_id=id;
        m_name=new char[strlen(name)+1];
        strcpy(m_name,name);
    }
    A& operator=(A& a)
    {
        if(this==&a)
            return *this;
        if(m_name !=NULL)
            delete m_name;
        this->m_id=a.m_id;
        int len=strlen(a.m_name);
        m_name=new char[len+1];
        strcpy(m_name,a.m_name);
        return *this;
    }
    ~A()
    {
        cout<<"A destructor"<<endl;
        delete m_name;
    }
private:
    char* m_name;
    int m_id;
};
int main()
{
    A a1(1,"Li xiaolong");
    A a2;
    a2=a1;
    return 0;
}
```

其内存分配情况就和图 7.1 一样了。

在重载赋值运算符操作中：

```
if(this==&a)
    return *this;
```

加上这个判断条件，是为了避免对象的自身赋值，即考虑 a=a 这样的操作。

```
if(m_name !=NULL)
    delete m_name;
```

加这个判断条件，是为了防止对已经初始化过的对象再次赋值时可能出现的内存泄漏。

如图 7.3 所示，a2 对象已经初始化过，其 m_name 指向了堆上的一块内存空间，如果没有上述判断 m_name 是否为空的代码，则 m_name 又会指向一块新分配的内存空间，原先所指向的内存将无法释放。

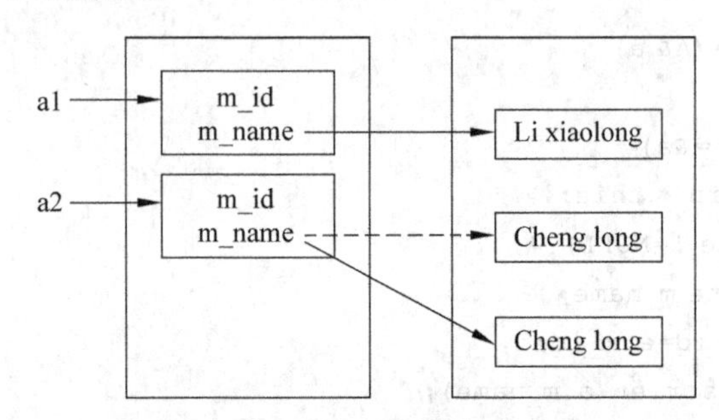

图 7.3　对象再次赋值时的内存泄漏

7.2.4　关系运算符重载

假设通过输入不同人的生日来比较他们的年龄大小，若生日不同，还要计算他们相差几天。可以设计一个生日类 Birthday，包括年、月、日等私有数据成员，对关系运算符进行重载来实现日期的比较。

例 7.11

```
#include <iostream>
#include <string>
using namespace std;
class Birthday
{
private:
    int year,month,day;
    string name;
    static int sheet[13];
public:
    Birthday(int y,int m,int d,string n)
    {year=y;month=m;day=d;name=n;}
    Birthday()
    {year=2001;month=1;day=1;name="";}
    int GetYear(){return year;}                        //取得年份
    int GetMonth(){return month;}                      //取得月份
```

```
    int GetDay(){return day;}                               //取得日期
    string GetName(){return name;}                          //取得日期
    int operator==(Birthday b)                              //重载==
    {
        if(year==b.year&&month==b.month&&day==b.day)
            return 1;
        else
            return 0;
    }
    int operator<(Birthday b)                               //重载<
    {
        if(year<b.year)return 1;
        if(year>b.year)return 0;
        if(month<b.month)return 1;
        if(month>b.month)return 0;
        if(day<b.day)return 1;
        return 0;
    }
    int operator>(Birthday b)                               //重载>
    {
        if(year>b.year)return 1;
        if(year<b.year)return 0;
        if(month>b.month)return 1;
        if(month<b.month)return 0;
        if(day>b.day)return 1;
        return 0;
    }
    int operator-(Birthday sub)                             //日期与日期相减
    {
        int dd=0;
        Birthday big,small;
        if(*this>sub){big=*this;small=sub;}
        else {small=*this;big=sub;}
        while(small.year<big.year-1)
        {
            if(small.year%4==0&&small.year%100!=0||small.year%400==0)dd+=366;
            else dd+=365;
            small.year+=1;
        }
        if(small.year%4==0&&small.year%100!=0||small.year%400==0)sheet[2]=29;
        else sheet[2]=28;
        dd+=sheet[small.month]-small.day;
        small.month++;
        while(small.month<=12)
```

```
        {
            dd+=sheet[small.month];
            small.month++;
        }
        if(big.year%4==0&&big.year%100!=0||big.year%400==0)sheet[2]=29;
        else sheet[2]=28;
        int i;
        for(i=1;i<big.month;i++)
            dd+=sheet[i];
        dd+=big.day;
        return dd;
    }
};
int Birthday::sheet[13]={0,31,28,31,30,31,30,31,31,30,31,30,31};
int main()
{
    Birthday lxl(1940,11,27,"Bruce Lee");
    Birthday cl(1954,4,7,"Jackie Chan");
    int days=0;
    cout <<lxl.GetName()<<"'s birthday is: "<<lxl.GetYear()<<"."<<
        lxl.GetMonth()<<"."<<lxl.GetDay()<<endl;
    cout <<cl.GetName()<<"'s birthday is: "<<cl.GetYear()<<"."<<
        cl.GetMonth()<<"."<<cl.GetDay()<<endl;
    if(lxl >cl)
    {
        days=lxl -cl;
        cout<<cl.GetName()<<" is older."<<"("<<abs(days)<<" days)"<<endl;
    }
    else if(lxl==cl)
    {
        cout<<"They are the same age."<<endl;
    }
    else
    {
        days=lxl -cl;
        cout<<lxl.GetName()<<" is older."<<"("<<abs(days)<<" days)"<<endl;
    }
    return 0;
}
```

程序执行结果：

```
Bruce Lee's birthday is: 1940.11.27
Jackie Chan's birthday is: 1954.4.7
Bruce Lee is older.(4880 days)
```

7.2.5 new 和 delete 运算符重载

在第 3 章中已经介绍了如何用 new 和 delete 运算符函数来动态地管理内存，在那些例子中使用的都是全局的 new 和 delete 运算符。可以重载全局的 new 和 delete 运算符，但这不是好的想法，除非是硬件系统级或嵌入式的编程。一般来讲 C++ 本身所提供的 new/delete 对内存的管理和操作已经相当强并且完美，在一般的情况下并不需要对这两个运算符进行重载来接管内存管理。但是在嵌入式系统等内存资源相对紧张，并且经常需要创建释放对象的环境中为了避免堆破碎或者要求较高的内存效率时，需要对 new 和 delete 进行重载。new 和 delete 运算符的重载可以用来跟踪代码中内存申请和释放的过程。

例 7.12

```
#include <iostream>
#include <string>
using namespace std;
class A
{
public:
    void* operator new(size_t)
    {
        cout<<"A::new"<<endl;
        return ::new A;
    }
    void* operator new[](size_t l)
    {
        cout<<"A::new[]"<<endl;
        return ::new A[l];
    }
    void operator delete(void* p)
    {
        cout<<"A::delete"<<endl;
        ::delete(A*)p;
    }
    void operator delete[](void* p)
    {
        cout<<"A::delete[]"<<endl;
        ::delete[](A*)p;
    }
};
int main(void)
{
    A* pa;
```

```
    pa=::new A;
    ::delete pa;
    pa=new A;              //new(size_t)
    delete pa;             //delete(void* p)
    pa=::new A[2];
    ::delete[] pa;
    pa=new A[2];           //new[](size_t l)
    delete[] pa;           //delete[](void* p)
    return 0;
}
```

程序执行结果：

```
A::new
A::delete
A::new[]
A::delete[]
```

上例中，::new 和::delete 是全局的 new 和 delete。执行 new A 和 new A[2]时会调用重载的 new 运算符，执行 delete pa 和 delete[]pa 时会调用重载的 delete 运算符。

例 7.13

```
#include <iostream>
using namespace std;
class String
{
    int length;
    char *strp;
public:
    void* operator new(size_t size);
    void* operator new(size_t size, char *str);
    void* operator new(size_t size, String &s);
    void operator delete(void *p);
    char* getptr(){ return strp; }
};
void *String::operator new(size_t size)
{
    String *p=(String *)new char[size];
    p->length=0;
    p->strp=new char[p->length+1];
    *(p->strp)='\0';
    return(void*)p;
}
void *String::operator new(size_t size, char *str)
{
    String *p=(String *)new char[size];
```

```
    p->length=strlen(str);
    p->strp=new char[p->length+1];
    strcpy(p->strp, str);
    return(void *)p;
}
void * String::operator new(size_t size, String &s)
{
    String *p=(String *)new char[size];
    p->length=s.length;
    p->strp=new char[p->length+1];
    strcpy(p->strp,s.strp);
    return(void *) p;
}
void String::operator delete(void *p)
{
    if(p);
    {
        String *t=(String *)p;
        if(t->strp)
            delete[](t->strp);
        delete[](char *)p;
    }
}
int main(void)
{
    String *ptr1, *ptr2, *ptr3;
    ptr1=new String;                        //new(size_t size)
    ptr2=new("hello world!")String;         //new(size_t size, char * str)
    cout<<ptr2->getptr()<<endl;
    ptr3=new(*ptr2)String;                  //new(size_t size, String &s)
    cout<<ptr3->getptr()<<endl;
    delete ptr1;
    delete ptr2;
    delete ptr3;
    return 0;
}
```

进行反汇编分析：

```
    ptr1=new String;
004117CE  push  8
004117D0  call  String::operator new(411028h)
    ptr2=new("hello world!")String;
004117E7  push  offset string "hello world!"(417830h)
004117EC  push  8
```

```
004117EE  call  String::operator new(411267h)
```

执行 ptr1=new String;时，有一个隐含参数，该参数先入栈(push 8，因为 String 大小为 8 个字节)。若 String 类再增加一个数据成员：

```
class String
{
    int length;
    char * strp;
    int x;
};
```

则入栈的参数是 12(push 12)。

执行 ptr2=new("hello world!")String;时，参数"hello world!"先入栈，隐含参数再入栈。

7.2.6 解除引用运算符重载

如果指针 p 是指向整数，那么 * p 的值就是整数；如果 p 是指向类对象，那么 p－>是对象的成员。只有当要模拟指针的时候才需要重载这些运算符。在第 4 章中，例 4.74 就是通过重载－>，再通过引用绑定来实现"乐天派"鸟的例子。

可以重载常用的解除引用运算符 * 和－>，先考虑 * 和－>的内置含义：* 可以解除一个指针的引用，直接访问其值；而－>是一个 *(解除引用)再跟一个"."(成员选择)的简写。以下代码显示了二者是等价的：

```
A pa=new A;
pa->print();
(*pa).print();
```

C++ 中在"堆"分配内存时通过 new 来进行，释放时用 delete 来回收内存资源归还操作系统。对大多数程序员新手来说，甚至包括一些老程序员，他们经常犯一个错误：用 new 进行资源分配后，忘记将它 delete，这便造成了内存泄漏(这块资源无法回收再进行分配)。

例 7.14

```
#include <iostream>
#include <string>
using namespace std;
class A
{
private:
    string str;
public:
    A(string s): str(s) {}
    void print()
```

```
    {
        cout<<str<<endl;
    }
};
int main()
{
    A* p=new A("Hello");
    p->print();
    return 0;
}
```

上例中，指针 p 是“栈”上为其分配内存，它所指向的 A 的实例是在“堆”上分配的。主程序中没有进行 delete p，这样在“堆”上 new 出来的内存就没有释放。

通过对->和*进行重载，能够解决普通指针所引起的内存泄漏问题。

例 7.15 智能指针

```
#include <iostream>
#include <string>
using namespace std;
class A
{
private:
    string str;
public:
    A(string s)
    {
        str=s;
        cout<<"A constructor"<<endl;
    }
    ~A()
    {
        cout<<"A destructor"<<endl;
    }
    void print()
    {
        cout<<str<<endl;
    }
};
class Ptr
{
public:
    Ptr(A* pA)
    {
        m_pA=pA;
```

```
    }
    A * operator->()              //重载->来访问对象指针的数据
    {
        return m_pA;
    }
    A& operator * ()              //重载*来访问对象指针的数据
    {
        return * m_pA;
    }
    //自己析构时把指针也析构了
    ~Ptr()
    {
        if(m_pA)
        {
            delete m_pA;
            m_pA=NULL;
        }
    }
private:
    A * m_pA;                     //被管理的对象指针
};
int main()
{
    Ptr per(new A("Hello"));  //带参构造,一个需要管理的指针为参数
    per->print();
    (*per).print();
    return 0;
}
```

程序执行结果：

```
A constructor
Hello
Hello
A destructor
```

上例中，Ptr 为一个智能指针类，它用来管理 A 的指针，Ptr 的构造函数传入一个需要管理的指针，Ptr per(new A("Hello"))；传入的是一个在“堆”上创建的 A 对象指针。智能指针对象 per 是在“栈”中创建，在程序结束时会调用 per 的析构函数，在析构函数中会将它所管理的指针（即在“堆”上创建的 A 对象）delete 掉。因为重载了－>，因此，per－>print()；等同于(per. operator－>())－>print()；。

智能指针类 Ptr 创建一个 per 对象：

```
Ptr per(new A("Hello"));
```

由于 Ptr 类提供了成员访问运算符－>重载定义，因此现在可以按照“指针”的方式

访问这个新创建的 Ptr 对象：

```
per->some_member;
```

当编译器看到这个结构时，它首先检查 per 是否为指向某个对象的指针，对于成员访问箭头运算符左边的标识符，编译器一般都是这样处理的。在这个例子中，情况并非如此，per 并不是某个对象的指针，而是一个 Ptr 对象。编译器然后检查箭头运算符左边的标识符进行了重载的 Ptr 类，编译器然后检查 Ptr 类中－>运算符的重载定义，如果这个定义所指定的返回类型是一个指向类类型的指针，那么这个返回值就使用成员访问运算符内置的语义。对于上例，编译器将根据 per－>所返回的对象所提供的－>运算符的重载定义存储在 per 对象的数据成员 m_pA 中的值。

对于编译器来说，智能指针实际上是一个“栈”对象，并非指针类型，在“栈”对象生命期即将结束时，智能指针通过析构函数释放由它管理的“堆”内存。所有智能指针都重载了－>运算符，直接返回对象的引用，用以操作对象。由此可见，智能指针类好处是可以用“栈”中对象的生命周期管理“堆”对象。

A& operator *()对 * 进行了重载定义，允许按照常规指针完全相同的方式对一个 Ptr 对象进行解引用：

```
(*per).print();
```

对 *per 的调用返回 *m_pA，即返回一个 A 对象，再调用 A 的 print 方法。

7.2.7 函数运算符重载

可以通过重载()运算符来实现有模拟函数形为的类，即所谓的仿函数(functor)，也可称为函数对象。C++ 仿函数这个词经常会出现在模板库里(如 STL)，那么什么是仿函数呢？顾名思义，仿函数就是能像函数一样工作的东西。仿函数不是函数，它是一个类，该类重载了()运算符，使得它可以像函数那样调用，代码的形式好像是在调用函数。仿函数之所以称为仿函数，是因为这是一种利用某些类对象支持 operator()的特性，来达到模拟函数调用效果的技术。

例 7.16

```
class Max
{
public:
    int operator()(int x, int y)
    {
        return x >y ? x : y;
    }
};
int main(void)
{
    Max m;
```

```
    int a=1;
    int b=2;
    int max=m(a, b);
    return 0;
}
```

上例中 Max 对象 m 的行为像一个函数，返回值为两个参数中最大的一个。m(a,b)等价于 m.operator()(a,b)，即通过对象 m，用参数 a、b 调用它的 operator()成员函数。

例 7.17

```
#include <iostream>
using namespace std;
const int CMP_LES=-1;
const int CMP_EQU=0;
const int CMP_BIG=1;
class Comparer
{
public:
    Comparer(int cmpType)
    {
        m_cmpType=cmpType;
    }
    bool operator()(int num1, int num2) const             //重载了()运算符
    {
        bool res;
        switch(m_cmpType)
        {
        case CMP_LES:
            res=num1 <num2;
            break;
        case CMP_EQU:
            res=num1==num2;
            break;
        case CMP_BIG:
            res=num1 >num2;
            break;
        default:
            res=false;
            break;
        }
        return res;
    }
private:
    int m_cmpType;
};
```

```
void Swap(int &num1, int &num2)
{
    int temp=num1;
    num1=num2;
    num2=temp;
}
void SortArray(int array[], int size, const Comparer &cmp)
{
    for(int i=0; i <size -1; ++i)
    {
        int indx=i;
        for(int j=i +1; j <size; ++j)
        {
            if(cmp(array[indx], array[j]))
            {
                indx=j;
            }
        }
        if(indx !=i)
        {
            Swap(array[i], array[indx]);
        }
    }
}
void PrintArray(int array[], int size)
{
    for(int i=0; i <size; ++i)
    {
        cout<<array[i]<<" ";
    }
}
int main()
{
    int array[10]={5, 72, 39, 41, 83, 64, 98, 9, 15, 20};
    cout<<"The initial array is : ";
    PrintArray(array, 10);
    cout<<endl;
    SortArray(array, 10, Comparer(CMP_BIG));
    cout<<"The ascending sorted array is : ";
    PrintArray(array, 10);
    cout<<endl;
    SortArray(array, 10, Comparer(CMP_LES));
    cout<<"The descending sorted array is : ";
    PrintArray(array, 10);
```

```
    cout<<endl;
    return 0;
}
```

程序执行结果：

```
The initial array is: 5 72 39 41 83 64 98 9 15 20
The ascending sorted array is: 5 9 15 20 39 41 64 72 83 98
The descending sorted array is: 98 83 72 64 41 39 20 15 9 5
```

上例中，定义了一个仿函数 Comparer，它重载了()运算符：

```
Comparer::bool operator()(int num1, int num2) const;
```

bool 限定了()的返回值为布尔类型，(int num1，int num2)指定了运算符()的参数，const 使得该运算符可被它的 const 对象调用。()运算符中根据 m_cmpType 值返回不同方式下两个整数的比较值。在数组排序函数 SortArray 中的一个形参为 Comparer 对象 cmp 的引用。

```
void SortArray(int array[], int size, const Comparer &cmp)
```

cmp 的使用方式是 cmp(array[indx]，array[j])，这很像调用了一个函数。

例 7.18

```
#include <iostream>
using namespace std;
class A
{
public:
    A(int i)
    {
        x=i;
    }
    void operator()(int i)
    {
        x=i*i;
    }
    int x;
};
int main()
{
    A a1(2);          //构造函数
    cout<<a1.x<<endl;
    a1(3);            //operator()
    cout<<a1.x<<endl;
    return 0;
}
```

程序执行结果：

```
2
9
```

从上例可知，当创建对象的时候不会调用重载的 operator()，即使 operator()的参数和构造函数的参数完全相同。

例 7.19 函数指针和函数对象。

```
#include <iostream>
using namespace std;
typedef int(*PFT)(int, int);
int addTwoNum(int a, int b)
{
    cout<<a<<'+'<<b<<'='<<a+b<<endl;
    return a;
}
class Func
{
public:
    int operator()(int a, int b)
    {
        cout<<a<<'+'<<b<<'='<<a+b<<endl;
        return a;
    }
};
int addFunc(int a, int b, Func& func)              //函数对象
{
    func(a,b);
    return a;
}
int addFunc(int a, int b, PFT func)                //函数指针
{
    func(a,b);
    return a;
}
int main(void)
{
    Func func;
    addFunc(1, 2, addTwoNum);                      //函数指针
    addFunc(1, 2, func);                           //函数对象
    return 0;
}
```

程序执行结果：

```
1+2=3
1+2=3
```

在第2章中已经介绍过函数指针，它是指向函数的指针变量，函数指针主要有两个用途：用作调用函数和做函数的参数。从上例可看出，通过函数指针和函数对象都能够实现相同的功能。addFunc函数有两种重载形式，它们的第3个参数不同，一个是函数指针，另一个是类对象，这个函数对象类重载了运算符()。

既然函数指针可以做到的事，还需要函数对象吗？它们有什么不同？函数对象作为一个类，是数据以及对数据操作的行为的集合，如果需要保存一些数据的话是很方便的。使用仿函数可以访问仿函数类中所有的成员变量来进行通信。而函数指针是无法保存数据的，只能依靠全局变量进行通信。函数对象比函数指针功能更强，因为它可以保存数据，这一特性是函数指针无法比拟的。

例7.20

```
#include <iostream>
using namespace std;
class Func
{
public:
    Func(){ sum=0; }
    void operator()(int a, int b)
    {
        sum +=a+b;
    }
    int sum;
};
void addFunc(int a, int b, Func& func)              //函数对象
{
    func(a,b);
}
int main(void)
{
    Func func1, func2;
    addFunc(1, 2, func1);                            //函数对象
    addFunc(3, 4, func1);
    cout<<"result of adds is: "<<func1.sum<<endl;
    addFunc(5, 6, func2);
    addFunc(7, 8, func2);
    cout<<"result of adds is: "<<func2.sum<<endl;
    return 0;
}
```

程序执行结果：

```
result of adds is: 10
result of adds is: 26
```

主程序中创建了两个 Func 对象,分别进行了两次相加操作,每次加的结果保存在 sum 中,对 func1 和 func2 进行的操作不会相互干扰。

例 7.21

```
#include <iostream>
using namespace std;
int sum=0;
typedef void(* PFT)(int, int);
void addTwoNum(int a, int b)
{
    sum +=a +b;
}
void addFunc(int a, int b, PFT func)                //函数指针
{
    func(a,b);
}
int main(void)
{
    addFunc(1, 2, addTwoNum);                       //函数指针
    addFunc(3, 4, addTwoNum);
    cout<<"result of adds is: "<<sum<<endl;
    sum=0;
    addFunc(5, 6, addTwoNum);
    addFunc(7, 8, addTwoNum);
    cout<<"result of adds is: "<<sum<<endl;
    return 0;
}
```

程序执行结果:

```
result of adds is: 10
result of adds is: 26
```

从上例可看出,若通过函数指针来实现,需要定义一个 sum 的全局变量来保存数据,在进行一系列操作后,若想重新进行新的相加运算,需要将 sum 值重新设置成 0。由于通过全局变量来进行通信,任何调用 addFunc 函数都会修改 sum 值,因此不同序列的操作会相互影响。

例 7.22

```
#include <pthread.h>
#include <windows.h>
#include <iostream>
using namespace std;
```

```
int sum;
typedef void(* PFT)(int, int);
void addTwoNum(int a, int b)
{
    sum +=a +b;
}
void addFunc(int a, int b, PFT func)                //函数指针
{
    func(a,b);
}
void * func1(void * )
{
    sum=0;
    Sleep(rand()%100);
    addFunc(1, 2, addTwoNum);                       //函数指针
    Sleep(rand()%100);
    addFunc(3, 4, addTwoNum);
    cout<<"result of func1 add is: "<<sum<<endl;
    return NULL;
}
void * func2(void * )
{
    sum=0;
    Sleep(rand()%100);
    addFunc(5, 6, addTwoNum);
    Sleep(rand()%100);
    addFunc(7, 8, addTwoNum);
    cout<<"result of func2 add is: "<<sum<<endl;
    return NULL;
}
int main(void)
{
    pthread_t thread[2];
    pthread_create(&thread[0], NULL, func1, NULL);   //创建线程,执行 func1
    pthread_create(&thread[1], NULL, func2, NULL);   //创建线程,执行 func2
    Sleep(3000);                                     //保证线程执行完成
    return 0;
}
```

程序执行结果：

```
result of func1 add is: 21
result of func2 add is: 36
```

在上例中，主程序创建了两个线程，分别执行 func1 和 func2 函数，这两个函数先将 sum 值设置为 0，再进行了两次加操作。为了使得主程序在退出之前保证所创建的线程执行完成，可采用恒真的空循环等待，但此种方法会占用 CPU 的运行时间，这里采用 Sleep 方法，则主线程用“忙等”而占用 CPU。rand()函数生成一个随机数，两个线程函数在执行加操作时，Sleep 若干毫秒(注：这里 rand()函数生成的并不是真正的随机数)。为什么程序执行结果不是 10 和 26 呢？再次重新运行该程序，可能得到另外的结果，如 29 和 36 等。由于函数指针方式通过全局变量 sum 进行通信，它会影响两个多线程函数的执行。

例 7.23

```
#include <pthread.h>
#include <windows.h>
#include <iostream>
using namespace std;
class Func
{
public:
    Func(){ sum=0; }
    void operator()(int a, int b)
    {
        sum +=a+b;
    }
    int sum;
};
void addFunc(int a, int b, Func& func)          //函数对象
{
    func(a,b);
}
void * func1(void * )
{
    Func f1;
    Sleep(rand()%100);
    addFunc(1, 2, f1);
    Sleep(rand()%100);
    addFunc(3, 4, f1);
    cout<<"results of func1 add is: "<<f1.sum<<endl;
    return NULL;
}
void * func2(void * )
{
    Func f2;
    Sleep(rand()%100);
```

```
    addFunc(5, 6, f2);
    Sleep(rand()%100);
    addFunc(7, 8, f2);
    cout<<"results of func2 add is: "<<f2.sum<<endl;
    return NULL;
}
int main(void)
{
    pthread_t thread[2];
    pthread_create(&thread[0], NULL, func1, NULL);
    pthread_create(&thread[1], NULL, func2, NULL);
    Sleep(3000);
    return 0;
}
```

程序执行结果:

```
results of func1 add is: 10
results of func2 add is: 26
```

若将这个多线程程序改成由函数对象的方式来实现,是不会有错的。函数对象可以保存数据,每个线程函数将各自相加的结果保存在各自对象的数据成员 sum 中,它们不会相互干扰。当然这个程序执行结果可能为

```
results of func1 add is: results of func2 add is: 26
10
```

或

```
results of func2 add is: 26
results of func1 add is: 10
```

这是由于多线程程序调度的不确定性造成的,但最终相加的结果是 10 和 26,是正确无误的,不会有其他的结果。

7.3 运算符重载的注意事项

不可臆造新的运算符,必须把重载运算符限制在 C++ 语言中已有的运算符范围内,且允许重载的运算符之中。C++ 中的大部分运算符都可以被重载,下面给出了能够被重载和不能被重载的运算符。

可以被重载的运算符如下:

- 算术运算符:+、-、*、/、%、++、--。
- 位操作运算符:&、|、~、^、<<、>>。
- 逻辑运算符:!、&&、||。

- 比较运算符：<、>、>=、==、!=。
- 赋值运算符：=、+=、-=、*=、/=、%=、&=、|=、^=、<<=、>>=。
- 其他运算符：[]、()、->、,(逗号运算符)、new、delete、new[]、delete[]、->*。

不能被重载的运算符有“.”、“.*”、“::”、“?:”、sizeof。

因为C++认为没有哪种特殊的情况需要重载一个三元运算符，所以不支持“?:”的重载。

sizeof是一个内建的操作(built-in operations)，它若能被重载，可能会违反基本的语法。例如，对一个指向数组的指针进行增量操作：

```
X a[10];
X* p=&a[1];
X* q=&a[1];
p++;    //p指向a[2]
```

那么p的整型值必须比q的整型值大出一个sizeof(X)，因此sizeof(X)不能由程序员来赋予一个不同的新意，以免违反基本的语法。

域运算符“::”执行一个(编译期的)范围解析。对于x::y来说，x和y是编译器知道的名字，而不是表达式求值。若允许重载“::”，x就可能是一个表达式而不是一个名字空间(namespace)或者一个类，这样就会与原来的表现相反，产生新的语法：

```
表达式1::表达式2
```

很明显，这种复杂性不会带来任何好处，因此C++不允许重载“::”。

理论上来说，“.”(点运算符)可以通过使用和->一样的技术来进行重载。但是，这样做会导致一个问题，那就是无法确定操作的是重载了“.”的对象，还是通过“.”引用的一个对象。例如：

```
class X
{
    Y p;
    Y& operator.() { return p; }          //假设能重载
    void f();
};
void g(X& x)
{
    x.f();                                //调用X::f,还是Y::f,还是错误?
}
```

若对“.*”进行重载，它存在和“.”运算符一样的问题。

如果想为某类型定义一个幂指数运算符，可是C++中没有这么一个幂指数运算符。不能引入新的运算符，也许有人会重载一个现有的运算符^来充数：

```
double operator ^(double i) {…}
double x=2+e^(m+3)
```

幂指数运算本来具有非常高的优先级，所以写上面代码的程序员一定期望这样的结果：

```
double x=2+(e^(m+3))
```

对^的重载并没有改变运算符原有的优先级，编译器完全没法体会到程序员对幂指数运算高优先级的期望，它看到的只有一个异或运算符：

```
double x=(2+e)^(m+3)
```

在此情形之下，还是舍弃运算符重载，老老实实地使用非运算符函数：

```
double x=2+pow(e,(m+3));
```

用户重载新定义运算符，不改变原运算符的优先级和结合性，例如＝重载后依然是右结合性(自左至右)。这就是说，对运算符重载不改变运算符的优先级和结合性，并且运算符重载后，也不改变运算符的语法结构。重载一元运算符仍然是一元运算符，重载二元运算符仍然是二元运算符，C++唯一的一个三元运算符“?:”不能被重载。&、*、+、-既可以被用作一元运算符，也可以被用作二元运算符。

运算符重载实际是一个函数，所以运算符的重载实际上是函数的重载。编译程序对运算符重载的选择遵循着函数重载的选择原则。当遇到不很明显的运算时，编译程序将去寻找参数相匹配的运算符函数。

系统已经为每一个新声明的类重载了一个赋值运算符＝，它的作用是逐个复制类的数据成员。当然如果不满意也可以自己重载赋值运算符。注意：赋值运算符＝重载必须为成员函数，不可为友元函数。因为默认的赋值运算符＝是成员函数，友元函数不能取代它。

```
class A
{
public:
    A(){}
    friend A& operator=(A& a);    //error C2801: operator=必须是非静态成员
};
```

另外，若将“＝”重载为

```
class A
{
public:
    A(){}
    void operator=(A& a);    //error C2801: operator=必须是非静态成员
};
```

这便改变了原来的语法使用习惯，所有的赋值运算符皆可以改变左值，为满足链式运算要求，函数应返回同类型的非 const 引用。C++中任何一个表达式的本身都是有值的，例如，a＝1就是一个表达式，它的值是1。有了这个逻辑前提，链式表达式才能合理存在：

```
b=a=1;
```

上式将 a=1 这个表达式的值 1 赋值给 b。

若 A 类中，赋值运算符的返回类型被错误地设定成 void，于是 A 对象之间的赋值表达式没有了值，链式表达式也失效了，即不能这样写：

```
A a1, a2, a3;
a1=a2=a3;
```

这个运算符的正确返回类型应该是 A &，即

```
A & operator= (A& a);
```

重载不能改变运算符运算对象的个数，因此重载函数是不能有默认参数的，否则就改变了运算符参数的个数不变的规定。

```
class A
{
public:
    A(){}
    A operator+ (const A a=0) const;   //error C2831: operator+不能有默认参数
};
```

重载函数的参数至少有一个是用户自定义的类对象(或者类对象的引用)。

```
class A
{
public:
    A operator+ (const int a) const;           //正确
    friend A operator + (A a1,int a2);         //正确
    friend A operator + (int a1,int a2);       //error C2803: operator+必须至少有一个
                                               //类类型的形参
};
```

A operator+(const int a) const；重载+运算符为成员函数，这时隐含了一个用户自定义对象(this)，因此可以通过编译。而运算符重载声明为友元，它的两个参数都不是自定义对象时就会有编译错误。

运算符重载可以使程序更加简洁，使表达式更加直观，增加可读性。但是，运算符重载使用不宜过多，否则会带来一定的麻烦。

使用重载运算符时应遵循如下原则：

(1) 重载运算符含义必须清楚。

(2) 重载运算符不能有二义性。

注意，重载运算符有以下几个“不能改变”：

(1) 不能改变运算符操作数的个数。

(2) 不能改变运算符原有的优先级。

(3) 不能改变运算符原有的结合性。

(4) 不能改变运算符原有的语法结构。

习　题

1. 运算符重载有哪些形式？

2. 判断下面运算符重载定义的对错。

```
class X
{
    X *operator&();
    X operator&(X);
    X operator++(int);
    X operator&(X,X);
    X operator/();
};
X operator-(X);
X operator-(X,X);
X operator--(X&,int);
X operator-(X,X,X);
```

3. 定义一个计数器类，重载运算符＋＋。

4. 定义一个向量类，重载运算符＋和－实现向量的相加和相减。

5. 定义一个矩阵类，重载运算符＋、－和＊实现矩阵的相加、相减和相乘。

6. 设计一个三角形类 Triangle，包含三角形三条边长的私有数据成员，另有一个重载运算符＞、＜和＝以实现求两个三角形对象面积的比较。

7. 设计一个三角形类 Circle，包含圆心和半径，重载运算符＋以实现求两个圆对象面积之和。

8. 设计一个学生类 Student，包括姓名和三门课程成绩，利用重载运算符＋将所有学生的成绩相加放在一个对象中，再对该对象求各门课程的平均分。

9. 在 Time 类中设计重载运算符函数 Time operator＋(Time)；返回一个时间加上另一时间得到的新时间。Time operator－(Time)；返回一个时间减去另一时间得到的新时间。

10. 设计一个队列链表类 Queue，重载输入输出运算符＜＜和＞＞，用＜＜来添加，用＞＞来删除，用重载的＜＜来显示队列。

11. 定义一个表示三维空间坐标点的类，并对下列运算符重载。重载＜＜输出该点坐标。重载＞，如果 A 点到原点的距离大于 B 点到原点的距离，则 A＞B 为真，否则为假。

12. 设计一个点类 Point，实现点对象之间的各种运算。

13. 设计一个可以利用函数对象求任意函数的定积分的接口，并给出测试程序（通过重载()来实现函数对象）。

14. 开发多项式类 Polynomial,多项式的每一项用数组表示,每项包含一个系数和一个指数。例如,2x4 的指数为 4,系数为 2。试开发一个完整的 Polynomial 类,包括构造函数、析构函数、get 函数和 set 函数,以及下述重载的运算符:重载加法运算符+,将两个多项式相加;重载减法运算符-,将两个多项式相减;重载乘法运算符 *,将两个多项式相乘。重载加法赋值运算符+=、减法赋值运算符-=以及乘法赋值运算符 *=。

第8章 chapter 8

面向接口编程

面向接口编程并不是比面向对象编程更先进的一种独立的编程思想，而是附属于面向对象思想体系，属于其一部分。可以说面向接口编程是面向对象编程体系中的思想精髓之一。

在系统分析和设计中，要分清层次和依赖关系，每个层次不是直接向其上层提供服务，而是定义一组接口，上层对下层的依赖只是接口，而不依赖具体类。这样可提高系统灵活性和可扩展性，当下层需要发生变化时，只要接口不变，则上层不用做任何修改。例如，将一个希捷公司的500GB硬盘换成一个西部数据公司的1TB的硬盘，把原来的硬盘拔下来，插上新硬盘就行了，不用对计算机其他地方做任何改动。因为计算机其他部分不依赖于具体某个硬盘，而只依赖一个IDE接口，只要硬盘支持这个接口(即实现了该接口)，就可以替换。面向接口编程，当需求发生变更时，任何的修改、添加将会变得非常容易，代码量将比预想的小很多。

8.1 接口与实现分离

由于接口是要向外公开的，而实现是需要隐藏的(用户不需要知道)。如果接口的实现需要变更，或者一个接口有多种可能的实现，程序员可以随意修改这些实现，而不影响用户的使用，因为用户看到的只是对外公开的接口，接口并没有变，这样才能应对变化。

接口与实现的分离其实我们一直在使用，写程序时经常会用include包含一些头文件，可能是标准库或第三方库，这些库的头文件(.h)就是一个接口，而这些库的实现被封装在其他文件中，例如静态库(.lib)、动态库(.dll)，接口(头文件)和实现(库文件)两者是分离的。这样做的好处有什么呢？一般是将函数的声明放在.h的头文件中，函数的实现放在.c或.cpp文件中，这些实现文件可被编译成静态库、动态库。如果版本升级或需求变更，修改了某些函数的实现，只要接口没有发生变化，那些接口的使用者(包含接口头文件的程序)不需要做任何更改。若被封装成静态库，不需要重新编译，只需要重新链接一下；若被封装成动态库，重新链接都不需要，只需要将更新后的.dll文件替换了原文件即可。如果不进行这样的分离，又会怎样呢？也就是说函数的声明和实现写在一起了(都写在同一个头文件中)，当有变化时，就不得不对源程序重新进行编译和链接了。对于一个较大的工程，里面有成千上万个源文件，也许只是改变了一个小小的头文件，结果发现项目中的大多数文件都重新编译，几个小时都没有编译完。

例 8.1

```
//door.h
#pragma once
#include <iostream>
using namespace std;
class Door
{
public:
    void lock();
    void open();
};
//door.h
//door.cpp
#include "door.h"
#include <iostream>
using namespace std;
void Door::lock() { cout<<"Lock door."<<endl; }
void Door::open() { cout<<"Open door."<<endl; }
//door.cpp
//house.h
#pragma once
#include "door.h"
#include <iostream>
using namespace std;
class House
{
private:
    Door d;
public:
    void goHome();
    void goOff();
};
//house.h
//house.cpp
#include "house.h"
void House::goHome()
{
    d.open();
    cout<<"Enter the house."<<endl;
}
void House::goOff()
{
```

```
    d.lock();
    cout<<"Leave the house."<<endl;
}
//house.cpp
//myTest.cpp
#include <iostream>
using namespace std;
#include "house.h"
int main()
{
    House h;
    h.goHome();
    h.goOff();
    return 0;
}
```

上例中的＃pragma once，其作用和第2章介绍的＃ifndef作用类似，常用于头文件中，防止重复引用。

先看头文件house.h中的House类，它有一个私有的Door类成员对象，这样House类对Door类便有了一种依赖关系。为了让用户能使用House类，必须提供house.h头文件，这样House类中的私有成员也暴露给用户了。而且，仅仅提供house.h文件是不够的，因为house.h文件包含了door.h文件，在这种情况下，还要提供door.h文件。那样Door类的实现细节就全暴露给用户了。另外，当对类Door做了修改（如添加或删除一些成员变量或方法）时，程序就需要重新编译，而主程序和Door类并无直接关系。其实对用户来说，他们只关心类House类的接口goHome和goOff方法。那怎么才能只暴露类House类的goHome和goOff方法而不又产生上面所说的那些问题呢？答案就是接口与实现的分离。

接口和实现分离就是将模块间的依赖转化为对接口数据类型的依赖。上例中就存在模块间的依赖，即House类依赖Door类。可以使用"依赖对象的声明(declaration)而非定义(definition)"的方法来进行接口和实现分离。如果House类使用Door类指针而非对象，House类并不需要包含Door类的定义，简单的前置声明(forward declaration)就可以。

例 8.2

```
//door.h,同上例
//door.cpp,同上例
//houseimpl.h
#pragma once
#include "door.h"
#include <iostream>
using namespace std;
class HouseImpl
```

```
{
    Door d;
public:
    void goHome();
    void goOff();
};
//houseimpl.h
//houseimpl.cpp
#include "houseimpl.h"
#include <iostream>
using namespace std;
void HouseImpl::goHome()
{
    d.open();
    cout<<"Enter the house."<<endl;
}
void HouseImpl::goOff()
{
    d.lock();
    cout<<"Leave the house."<<endl;
}
//houseimpl.cpp
//house.h
#pragma once
#include <iostream>
using namespace std;
class HouseImpl;
class House
{
    HouseImpl *pH;
public:
    House();
    void goHome();
    void goOff();
};
//house.h
//house.cpp
#include "house.h"
#include "houseImpl.h"
House::House() { pH=new HouseImpl; }
void House::goHome()
{
    pH->goHome();
}
```

```
void House::goOff()
{
    pH->goOff();
}
//house.cpp
//myTest.cpp
#include <iostream>
using namespace std;
#include "house.h"
int main()
{
    House h;
    h.goHome();
    h.goOff();
    return 0;
}
```

通过以上方法实现了 House 类的接口与实现的分离。首先需要添加一个实现类 HouseImpl 来实现 House 类的所有功能，这就要求它们的接口要完全一致，即 HouseImpl 类有着与类 House 一样的公有成员函数。House 类里面仅仅只是对接口进行声明，而真正的实现细节被隐藏到了 HouseImpl 类中了。为了能在 House 类中使用 HouseImpl 类，而不是通过 include 头文件 houseImpl. h 来实现，就必须有前置声明 class HouseImpl，而且只能使用指向 HouseImpl 类对象的指针。在程序发布时，只需要将编译后的库文件（二进制代码）和头文件提供给用户。只需给用户提供一个头文件 house. h 就行了，不会暴露 House 类有任何实现细节。对 Door 类有任何改动，用户都不需要再更新头文件。当然，库文件还是要更新的，但是用户不用重新编译主程序，只需要重新链接一下即可。

通常接口都是抽象的，实现都是具体的，抽象和具体大多是指“父类与子类”、“接口类与实现类”等继承关系，本章后面介绍的几种设计模式大都存在这种继承关系的抽象。而上例中的抽象和具体是组合关系，也就是说，实现部分 HouseImpl 被抽象部分 House 调用，用来完成抽象部分的 goHome 和 goOff 功能。

8.2 代理模式

代理模式（Proxy）是比较常用的一种模式，应用场合覆盖从小结构到整个系统的大结构。Proxy 是代理或中介的意思。我们也许有代理服务器等概念，其代理概念可以理解为：在源到目标之间有一个中间层，即为代理。代理服务器可以提供特殊的网络服务，客户端通过它与另一个网络服务进行非直接的连接，这样有利于实现负载均衡、保障网络安全等功能。具体过程为：客户端首先与代理服务器创建连接，客户端将对目标服务器的服务请求发给代理服务器，代理服务器与目标服务器连接并转发服务请求，然后将结果返回给客户端。通常在这个过程中,代理服务器可能改变客户端请求或服务器端响应的一些内容以满足各种代理需要。

下面以用户登录功能为例介绍代理模式。

例 8.3

```
#include <string>
#include <iostream>
using namespace std;
class UserLogin
{
private:
    string name;
    string password;
    string pssswordfromDB(string name)
    {
        string psw;
        //从数据库中根据文件名查找出加密后的密码
        //psw=XXX;
        return psw;
    }
    string encrypt(string password)
    {
        string enpsw;
        //采用和数据库保存密码相同的加密算法进行加密
        //enpsw=XXX;
        return enpsw;
    }
public:
    UserLogin(string n, string p):name(n), password(p){}
    bool login()
    {
        string psw=pssswordfromDB(name);
        string enpsw=encrypt(password);
        if(psw==enpsw)
            return true;
        else
            return false;
    }
};
int main()
{
    UserLogin user("li","makeitreal");
    bool flag=user.login();
```

```
    return 0;
}
```

通常,为了防止恶意破解密码、刷票、灌水等,用户进行登录时要设置验证码。那就修改 login 函数吧。

```
bool login()
{
    int x=rand();
    int y=rand();
    int z;
    cout<<"Please answer the question:"<<endl;
    cout<<x<<"+"<<y<<"=?"<<endl;
    cin>>z;
    if(z !=(x+y))
        return false;
    string psw=pssswordfromDB(name);
    string enpsw=encrypt(password);
    if(psw==enpsw)
        return true;
    else
        return false;
}
```

上面是通过回答算术问题的验证方式进行验证的,只要有好的随机数生成算法,这种验证方式是能满足大多数用户需求的。过了一段时间,有些用户又抱怨了:这种验证方式还不够强壮,网站刚到放票时间,没几秒票就没了。用户要求更改验证方式,提出将验证方式改为选图像的方式(就像目前改版后的 12306 网站那样)。现在又得去修改 login 函数了,可是问题来了:若修改了 login 函数中的验证方式,是会影响到其他用户的,他们可能还是喜欢原来的验证方式;考虑到系统效率问题,可能用户也不希望所有的验证方式都改成"选图像"的方式(图片的存储、传输等需要更多资源)。不能改原来的 login 了,那该怎么办呢?最简单的方法就是新加一个 login 函数:login_selectPic()。

```
bool login_selectPic()
{
    //从数据库中选出一些候选图像
    //让用户挑出所指定的图像
    //进行验证
    string psw=pssswordfromDB(name);
    string enpsw=encrypt(password);
    if(psw==enpsw)
        return true;
    else
        return false;
```

```
}
```

后来用户又希望提供其他的一些验证方式，如手机短信、Gif 动画等，这就又需要在 UserLogin 类中增加新的函数，login_SMS、login_Gif 等。

这一系列 login 函数的基本的密码验证功能都是一样的，只是验证码方式不一样。可以再改进一下，将基本的密码验证功能写成 UserLogin 类的私有成员函数，login_selectPic、login_SMS、login_Gif 等调用它。但是，这样需求一发生变化就修改已有类的方式是不值得提倡的，这违反了"对扩展开放，对修改关闭"的原则。

下面用代理模式来实现。

例 8.4

```
#include <string>
#include <iostream>
using namespace std;
class ILogin
{
public:
    virtual bool login()=0;
};
class UserLogin : public ILogin
{
private:
    string name;
    string password;
    string pssswordfromDB(string name)
    {
        string psw;
        //从数据库中根据文件名查找出加密后的密码
        //psw=XXX;
        return psw;
    }
    string encrypt(string password)
    {
        string enpsw;
        //采用和数据库保存密码相同的加密算法进行加密
        //enpsw=XXX;
        return enpsw;
    }
public:
    UserLogin(string n, string p):name(n), password(p){}
    bool login()
    {
        string psw=pssswordfromDB(name);
```

```
        string enpsw=encrypt(password);
        if(psw==enpsw)
            return true;
        else
            return false;
    }
};
class IdentifyPIC : public ILogin
{
private:
    ILogin *log;
public:
    IdentifyPIC(ILogin *p):log(p){}
    bool login()
    {
        //选图片方式验证
        return log->login();
    }
};
class IdentifySMS : public ILogin
{
private:
    ILogin *log;
public:
    IdentifySMS(ILogin *p):log(p){}
    bool login()
    {
        //手机方式验证
        return log->login();
    }
};
int main()
{
    UserLogin *puser=new UserLogin("li","makeitreal");
    ILogin *plog;
    bool flag;
    plog=new IdentifyPIC(puser);
    flag=plog->login();
    plog=new IdentifySMS(puser);
    flag=plog->login();
    return 0;
}
```

当需要进行用户登录操作时，不用直接和 UserLogin 类打交道，而是通过一些代理类来访问真正的 login 操作。IdentifyPIC、IdentifySMS 等代理类在登录前可进行验证码的操作，不同的代理类实现了不同的验证方式。

上例用代理模式实现的类图如图 8.1 所示。

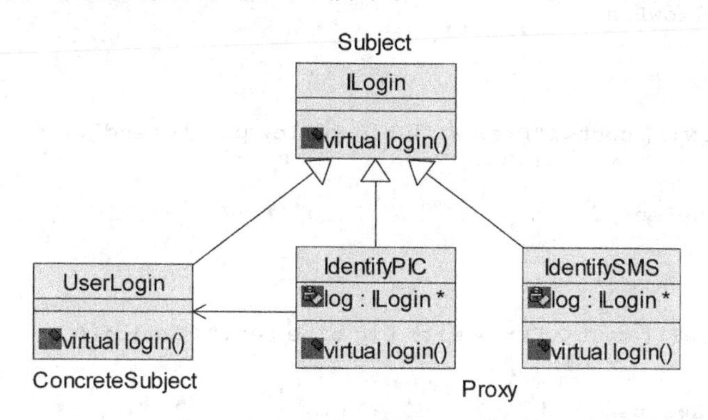

图 8.1　代理模式实现方式类图

代理模式中有 3 种角色：

Subject：ILogin 定义了 RealSubject（UserLogin）和 Proxy（IdentifyPIC、IdentifySMS）的共用接口，这样就在任何使用 RealSubject 的地方都可以使用 Proxy。

Proxy：保存一个真实对象（ConcreteSubject）的引用，这样可以访问 ConcreteSubject（UserLogin）对象。Proxy 和 ConcreteSubject 有共同的接口（都从 ILogin 派生，实现了 login 接口），在 Proxy 的接口的实现函数中调用 ConcreteSubject 的对应接口函数。Proxy 负责 ConcreteSubject 的应用，在 ConcreteSubject 进行相关接口操作完毕前后做预处理和善后处理工作。

ConcreteSubject：定义了 Proxy 角色所代表的真实对象。

通过代理模式有效地实现了职责分离，实现了业务和核心功能分离，UserLogin 专注于执行用户登录操作，不同的验证方式由不同的 Proxy 类来实现。若有新的验证方式的需要，不需要更改现有的类，只需要新增加一个 Proxy 类即可。

8.3　桥接模式

桥接模式（Bridge）的意图还是要对变化进行封装，尽量把可能变化的因素封装到最细、最小的逻辑单元中，增强代码的可扩展性，避免风险扩散。

假如现在手头上有大、中、小 3 种型号的画笔，能够绘制红、黄、蓝 3 种不同颜色，如果使用蜡笔绘画，需要准备 3×3=9 支蜡笔，也就是说必须准备 9 个具体的蜡笔类。

例 8.5

```
#include <iostream>
using namespace std;
class BigRedPen
```

```
{
public:
    void draw(){ cout<<"Draw with big red pen."<<endl;};
};
class BigYellowPen
{
public:
    void draw(){ cout<<"Draw with big yellow pen."<<endl;};
};
class BigBluePen
{
public:
    void draw(){ cout<<"Draw with big blue pen."<<endl;};
};
class MiddleRedPen
{
public:
    void draw(){ cout<<"Draw with middle red pen."<<endl;};
};
class MiddleYellowPen
{
public:
    void draw(){ cout<<"Draw with middle yellow pen."<<endl;};
};
class MiddleBluePen
{
public:
    void draw(){ cout<<"Draw with middle blue pen."<<endl;};
};
class SmallRedPen
{
public:
    void draw(){ cout<<"Draw with small red pen."<<endl;};
};
class SmallYellowPen
{
public:
    void draw(){ cout<<"Draw with small yellow pen."<<endl;};
};
class SmallBluePen
{
public:
    void draw(){ cout<<"Draw with small blue pen."<<endl;};
```

```
};
int main()
{
    BigRedPen brp;
    brp.draw();
    MiddleYellowPen myp;
    myp.draw();
    return 0;
}
```

头文件"pen.h"中定义了不同型号(大、中、小)、不同颜色(红、黄、蓝)的9个画笔类，如果希望颜色更丰富些，又增加了绿色和紫色，现在就需要改写头文件，再增加6个类：BigGreenPen、MiddleGreenPen、SmallGreenPen、BigPurplePen、MiddlePurplePen、SmallPurplePen。如果有更多型号和颜色，就要增加很多新的功能相似的类，这简直就是一个灾难。

如果通过类继承的方式来写上面的例子，这只会增加更多的类，继承方式的类图关系如图8.2(单继承)和图8.3(多继承)所示。

继承是一种常见的扩展对象功能的手段，通常继承扩展的功能变化维度都是一维的。对于出现变化因素有多个，即有多个变化维度的情况，用继承实现就会比较麻烦。画笔这个例子就有两个变化维度：型号和颜色。不管使用单继承还是多继承方式的设计，并没有比例8.5更简单，反而需要更多的类，只不过是在逻辑关系上更清楚了些。但这样设计违背了类的单一职责原则，即引起一个类变化的原因只有一个，而这里有两个引起变化的原因，即笔的类型变化和笔的颜色变化，这会导致类的结构过于复杂，继承关系太多，不易于维护。最致命的一点是扩展性太差，和上例一样，如果引入更多的变化因素，这个类的结构会迅速变得庞大，并且随着程序规模的加大，会越来越难以维护和扩展。

也许有人会说，不需要定义这么多类呀，可以只写一个Pen类，把笔的型号、颜色作为类的属性。

例 8.6

```
#include <iostream>
using namespace std;
#define BIG 1
#define MIDDLE 2
#define SMALL 3
#define RED 1
#define YELLOW 2
#define BLUE 3
class Pen
{
private:
    int size;
```

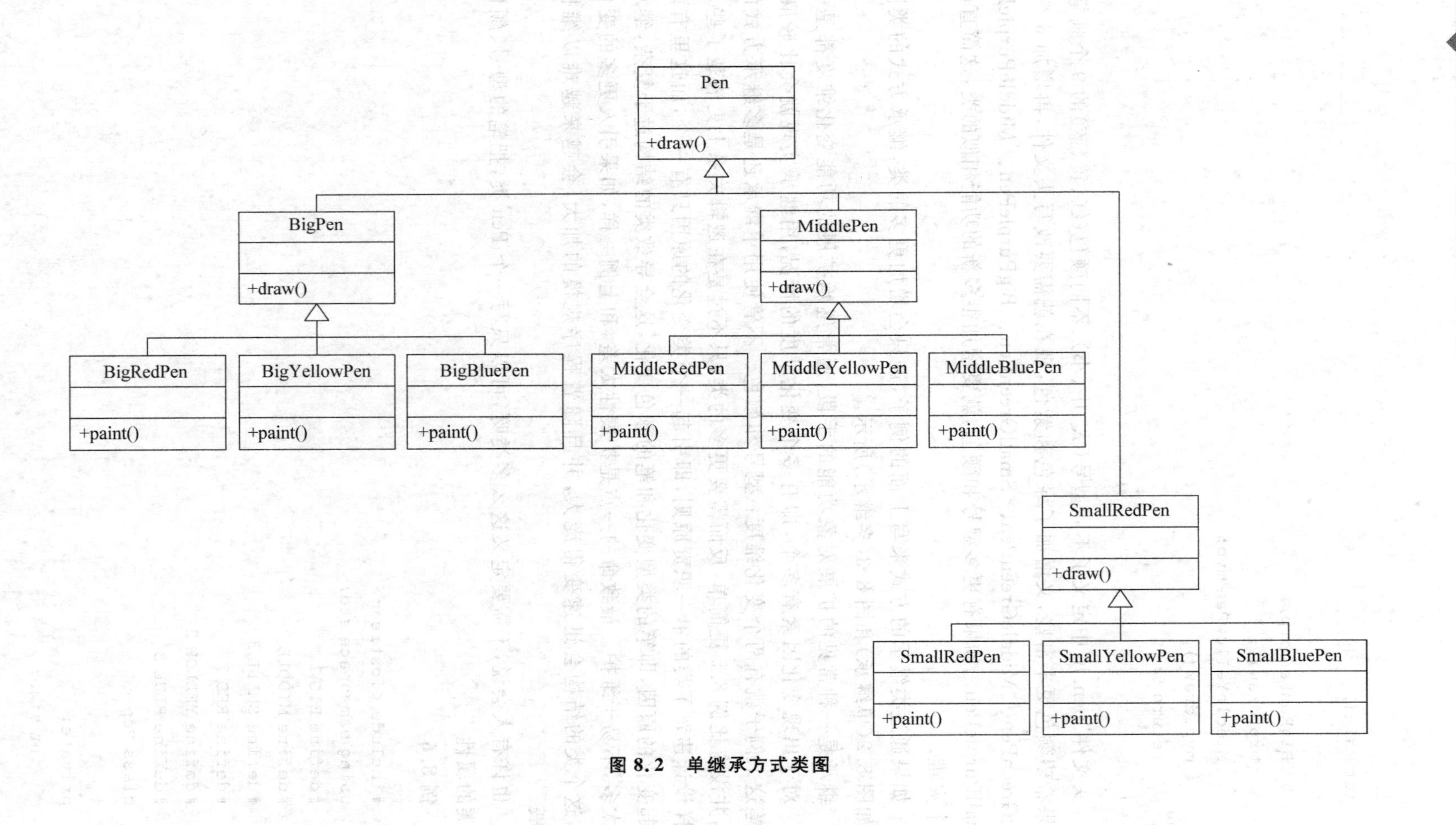
Pen
+draw()
BigPen
+draw()
MiddlePen
+draw()
BigRedPen
+paint()
BigYellowPen
+paint()
BigBluePen
+paint()
MiddleRedPen
+paint()
MiddleYellowPen
+paint()
MiddleBluePen
+paint()
SmallRedPen
+draw()
SmallRedPen
+paint()
SmallYellowPen
+paint()
SmallBluePen
+paint()

图 8.2 单继承方式类图

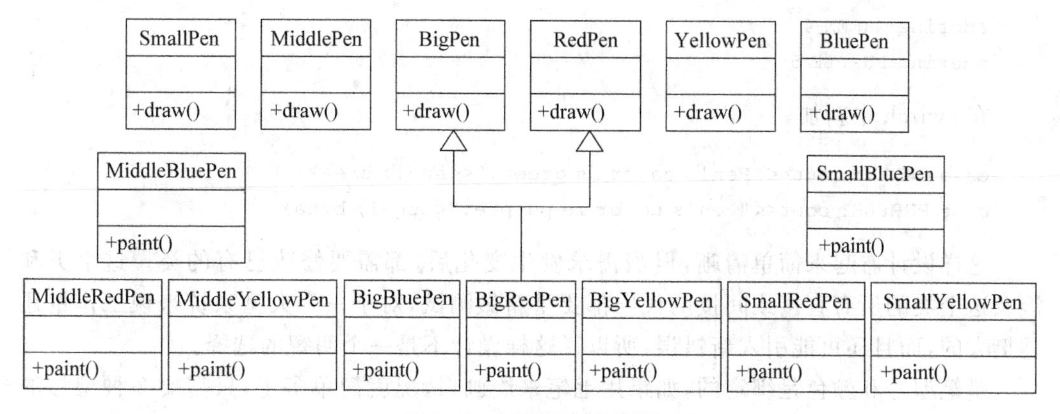

图 8.3 多继承方式类图

```
    int color;
public:
    Pen() { size=0; color=0; }
    void select(int s, int c) { size=s; color=c; }
    void draw()
    {
        switch(size)
        {
        case BIG: cout<<"Draw with big pen."<<endl; break;
        case MIDDLE: cout<<"Draw with middle pen."<<endl; break;
        case SMALL: cout<<"Draw with small pen."<<endl; break;
        }
        switch(color)
        {
        case RED: cout<<"Pen's color is red."<<endl; break;
        case YELLOW: cout<<"Pen's color is yellow."<<endl; break;
        case BLUE: cout<<"Pen's color is blue."<<endl; break;
        }
    }
};
int main()
{
    Pen p;
    p.select(1,1);
    p.draw();
    p.select(2,2);
    p.draw();
    return 0;
}
```

如果又新增加了绿色和紫色，那就需要新增加两个宏，即 GREEN、PURPLE

```
#define GREEN 4
#define PURPLE 5
```

在 switch 中新加

```
case GREEN: cout<<"Pen's color is green."<<endl; break;
case PURPLE: cout<<"Pen's color is purple."<<endl; break;
```

这样设计看起来简单清晰,但当需求发生变化后,都需要修改已有的类。这个类和涉及这个类的所有直接或间接的代码都要重新做测试,对于一个大型系统来说工作量还是挺大的,而且还可能引入新错误,所以说这样设计不是一个明智的选择。

蜡笔型号和颜色是绑定的,如果用毛笔来绘画,情况就简单多了,只需要 3 种型号的毛笔,外加 3 个颜料盒,用 3+3=6 个类就可以实现 9 支蜡笔的功能。毛笔和蜡笔的关键一点区别就在于毛笔的型号和颜色是能够分离的。蜡笔的型号和颜色是分不开的,所以必须使用色彩、大小各异的笔来进行绘画。毛笔能够将抽象与具体分离,使得二者可以独立地变化。于是可以进行这样的抽象:"毛笔用颜料作画",而在实现时,毛笔有大、中、小 3 种型号,颜料有红、黄、蓝 3 种颜色。

例 8.7

```
#include <iostream>
using namespace std;
class PenImpl
{
public:
    virtual void draw()=0;
};

class IPen
{
public:
    virtual ~IPen(){};
    virtual void paint()=0;
public:
    PenImpl * implementor;
};
class BigPen : public IPen
{
public:
    ~BigPen() { delete implementor; };
    virtual void paint()
    {
        cout<<"Draw with big pen."<<endl;
        implementor->draw();
    };
```

```
};
class MiddlePen : public IPen
{
public:
    ~MiddlePen() { delete implementor; };
    virtual void paint()
    {
        cout<<"Draw with middle pen."<<endl;
        implementor->draw();
    };
};
class SmallPen : public IPen
{
public:
    ~SmallPen() { delete implementor; };
    virtual void paint()
    {
        cout<<"Draw with small pen."<<endl;
        implementor->draw();
    };
};
class Red : public PenImpl
{
public:
    virtual void draw()
    {
        cout<<"Pen's color is red"<<endl;
    };
};
class Yellow: public PenImpl
{
public:
    virtual void draw()
    {
        cout<<"Pen's color is yellow."<<endl;
    };
};
class Blue : public PenImpl
{
public:
    virtual void draw()
    {
        cout<<"Pen's color is blue."<<endl;
    };
```

```
};
int main()
{
    IPen * bp=new BigPen;
    bp->implementor=new Red;
    bp->paint();
    IPen * mp=new MiddlePen;
    mp->implementor=new Yellow;
    mp->paint();
    delete bp;
    delete mp;
    return 0;
}
```

桥接模式是将继承改成了使用对象组合，从而把两个维度分开，让每一个维度单独变化，然后通过对象组合的方式把两个维度组合起来，这样便在很大程度上减少了实际实现类的个数。首先找出需求中的变化：型号和颜色，然后使用抽象来封装变化。抽象类 IPen 把变化封装在它的"后面"，在抽象类 IPen 和 PenImpl 之间建立依赖关系（IPen 里面包含一个 PenImpl 的指针，优先使用对象聚集，而不是继承）。IPen 类及其实现就是抽象部分，而 PenImpl 及其实现是具体部分，通过聚集使得它们分离开来，从而能更加灵活地应对变化和扩展。

注意，IPen 的析构函数是 virtual，否则，代码 delete bp 不会执行派生类 BigPen 的析构函数。

上例中的类图如图 8.4 所示。

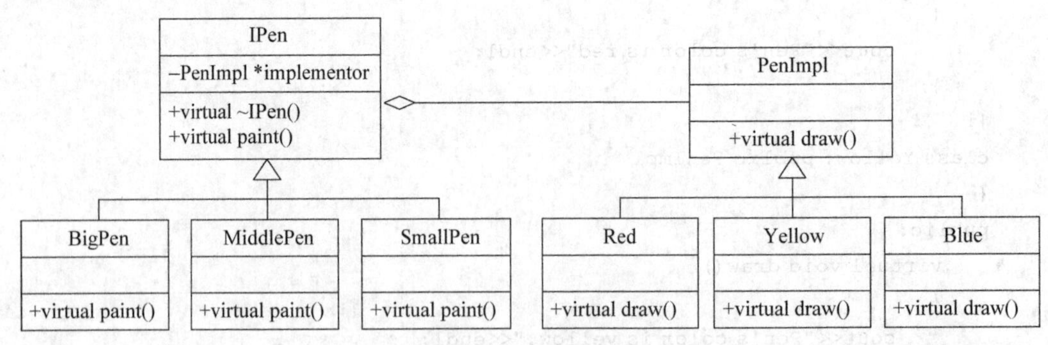

图 8.4 桥接方式类图

和例 8.5 相比，采用桥接模式后加大了代码的复杂度，但当需求发生变化时，对于任何修改，添加将会变得非常容易，更容易维护。对于新增加的绿色、紫色，只需要新增加两个从 PenImpl 派生的类 Green、Purple，已有的类不需要做任何更改。

```
class Green: public PenImpl
class Purple: public PenImpl
```

在设计中，如果只有一个维度在变化，那么用继承就可以很好地解决，如果有超过一个维度变化就可以用桥接模式。也就是说，当系统中有多个地方要用到相似的行为或者多个相似行为的组合时，可以考虑使用桥接模式来提高代码的重用，并减少因为行为的差异而产生的大量子类。

8.4 适配器模式

适配器模式(Adapter)是常用的设计模式之一，可将一个类的接口转换成用户希望的另外一个接口，即在新接口和老接口之间进行适配。人们出国旅行时会带电源转换器，每个国家可能使用的插座标准都不尽相同，我国的电器大多使用是扁平两项或三项插头，英制是三项方脚插头，如图 8.5 所示(左边的为中制插头，右边的为英制插头)。如果去采用英制插头的国家去旅游，那么我们使用的手机充电器插头就无法插到插座中去。或者我们买了个港版的手机，它的充电器也插不到家里的插座上。怎样解决这个问题呢？这时，需要一个电源转换器，将不同的接口转换一下就行了(见图 8.6)。

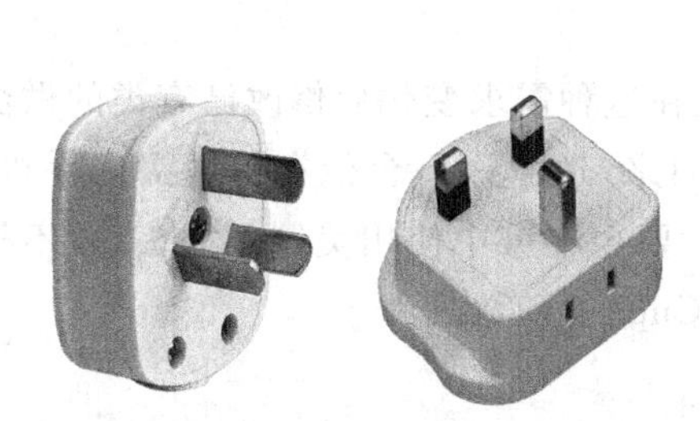

图 8.5 插头

图 8.6 转换器

适配器模式使得原本由于接口不兼容而不能一起工作的那些类可以一起工作。在现实生活中有很多适配器的例子，如插头 2 口转 3 口、USB 转 PS2、HDMI 转 VGA 等，适配器更多的是作为一个中间层来实现这种转换作用。

例 8.8

```
#include <iostream>
using namespace std;
class CCnOutlet
{
public:
    void useCnplug(){ cout<<"use Cn plug."<<endl; }
};
int main()
{
    CCnOutlet cn;
    cn.useCnplug();
    return 0;
}
```

上例中有一个 CCnOutlet 类(中制插座类),它有一个功能是 useCnplug(使用中制插头)。现在新买了部港版手机,它使用的是英制插头,必须使用英制插座,它对应的类是

```
class CEnOutlet
{
public:
    void useEnplug(){ cout<<"use En plug"<<endl; }
};
```

买回来的英制插头必须插在家里的中制插座上,如果还想使用原来的 client 代码,即 main 函数的代码(人们使用插座的方式不变),就只好修改 CCnOutlet 类了:

```
class CCnOutlet
{
public:
    void useCnplug(){ cout<<"use En plug"<<endl; }
};
```

这样就能在家中插座上使用英制插头了,但是在这种需求变化后修改已有类的做法是不可取的。新手机刚买没多久,你朋友从美国回来,送了你一台他在美国买的手机。现在你手头上有两个手机了,你都非常喜欢。这时要想在家中使用美制的插头,就不得不再去修改 CCnOutlet 类了,该如何改呢?将 useCnplug 函数改为

```
void useCnplug(){ cout<<"use Us plug"<<endl; }
```

这样改后,原先的手机就不能用了!怎么办呢?突然,发现家里的插座不只一个呀,有很多个插座呀,有办法了,可以这样改:

```
class CCnOutlet_1
{
public:
    void useCnplug() { cout<<"use En plug"<<endl; }
};
class CCnOutlet_2
{
public:
    void useCnplug() { cout<<"use Us plug"<<endl; }
};
```

这样显然也是不可取的,除了增加了一些功能相似的类,还得修改主程序。

下面采用适配器模式来解决这个问题。在现实生活中,要想在中制插座上给港版手机充电,就得买一个转换器,使两个不匹配的接口可以正常工作。插座转换器就是适配器(adapter),英制插座是适配者(adaptee)。

适配器模式的两种类别:类模式和对象模式,先分析下类模式。

例 8.9

```
#include <iostream>
using namespace std;
class CCnOutlet
{
public:
    virtual void useCnplug() { cout<<"use Cn plug."<<endl;}
};
class CEnOutlet
{
public:
    void useEnplug() { cout<<"use En plug."<<endl; }
};
class Adapter : public CCnOutlet, private CEnOutlet
{
public:
    void useCnplug() { useEnplug(); }
};
int main()
{
    CCnOutlet *pCn=new Adapter;
    pCn->useCnplug();
    delete pCn;
    return 0;
}
```

程序执行结果：

```
use En plug.
```

上例中的适配器模式包括 3 种角色：目标角色 CCnOutlet(Target)，这是客户所期待的接口；源角色 CEnOutlet(Adaptee)，需要适配的类；适配器角色 Adapter，把源接口转换成目标接口。上例的类图如图 8.7 所示。

CEnOutlet 类没有 useCnplug 方法(英制插头是不能插在中制插座上的)，而我们期待这个方法。为了能够使用 CEnOutlet 类，需要一个中间环节，即类 Adapter 类，Adapter 类继承自 CCnOutlet 和 CEnOutlet，Adapter 类的 useCnplug 方法重新封装了 Adaptee 的 useEnplug 方法，实现了适配的目的。

注意，上例中的 Adapter 类是公有继承 CCnOutlet，私有继承 CEnOutlet。接口继承和实现继承是面向对象领域的两个重要的概念，在 6.4.3 节中已经介绍过了。公有继承既是接口继承又是实现继承，因为子类在继承了父类后既可以对外提供父类中的接口操作，又可以获得父类的接口实现。私有继承则是实现继承，父类中的接口都变为私有，是不能对外提供接口操作的，就只能是实现继承了。上例中，主程序创建了一个 Adapter 实例(CCnOutlet *pCn = new Adapter)，需要访问 useCnplug 方法，因此该类是公有继

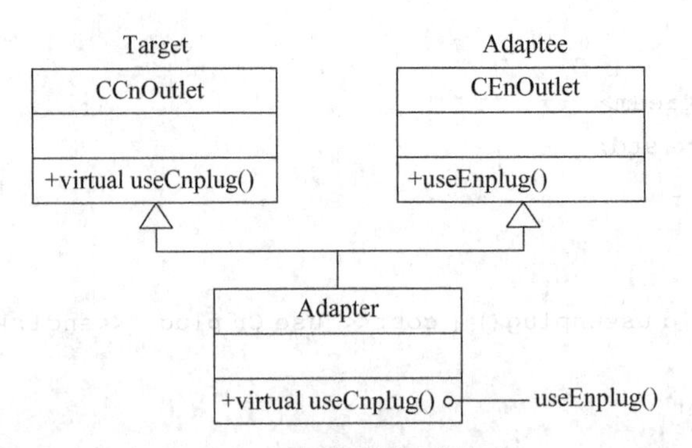

图 8.7 适配器模式(类模式)

承 CCnOutlet。而对于 CEnOutlet 中的 useEnplug 方法，主程序不需要也不应该知道存在有该方法，因此 Adapter 类是私有继承 CEnOutlet。

用类模式来实现适配，使用了多继承，在 5.5 节提到过"慎用多重继承"，不是万不得已，尽量少用虚继承。这种方法还是没能解决美制插头的问题，需要修改 Adapter 来适配 CUsOutlet。为了两个手机都能使用，就需要写两个 Adapter 类：

```
class Adapter_1: public CCnOutlet, private CEnOutlet
class Adapter_1: public CCnOutlet, private CUsOutlet
```

接下来，再对适配器的对象模式进行分析。

例 8.10

```
#include <iostream>
using namespace std;
class CCnOutlet
{
public:
    virtual void useCnplug() { cout<<"use Cn plug."<<endl;}
};
class IAdaptee
{
public:
    void virtual useplug()=0;
};
class CEnOutlet : public IAdaptee
{
public:
    void useplug() { cout<<"use En plug."<<endl; }
};
class Adapter : public CCnOutlet
{
private:
    IAdaptee * pA;
```

```
public:
    Adapter(IAdaptee *p) { pA=p; }
    void useCnplug() { pA->useplug(); }
};
int main()
{
    CEnOutlet *pEn=new CEnOutlet;
    CCnOutlet *pCn=new Adapter(pEn);
    pCn->useCnplug();
    delete pEn;
    delete pCn;
    return 0;
}
```

程序执行结果：

```
use En plug.
```

客户端想用像 CCnOutlet 一样的方法来用 CEnOutlet，即像使用中制插头那样使用英制插头，但 CEnOutlet 中没有 useCnplug 方法，只有 useEnplug 方法。这时就需要一个包装(Wrapper)类 Adapter，这个包装类包装了一个 CEnOutlet 的实例，从而将客户端与 CEnOutlet 衔接起来。

上例的类图如图 8.8 所示。

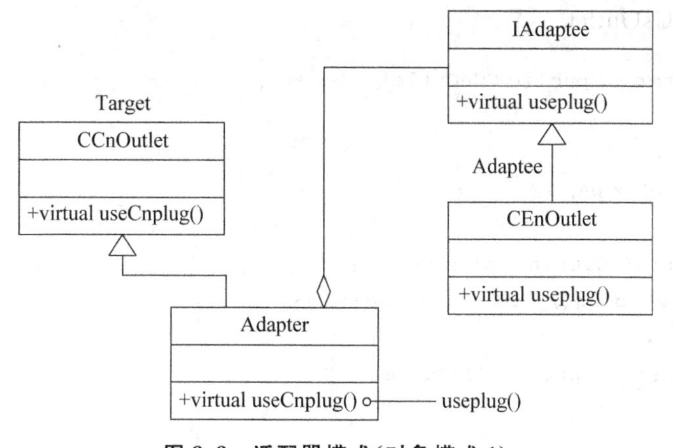

图 8.8 适配器模式(对象模式 1)

使用适配器的对象模式的好处是：适配器可以有多个适配者，如果需要兼容美制插头，不需要更改原有代码，只需要新增加一个类 CUsOutlet 即可。

```
class CUsOutlet: public IAdaptee
{
public:
    void useplug() { cout<<"use Us plug."<<endl; }
};
```

使用该手机代码为

```
CUsOutlet *pUs=new CUsOutlet;
CCnOutlet *pCn=new Adapter(pUs);
pCn->useCnplug();
```

注意，这里使用了一个接口类 IAdaptee，具体需要适配的类 CEnOutlet 是从 IAdaptee 派生的，为何要这样设计呢？如果不使用接口类 IAdaptee，在 Adapter 类中直接对 CEnOutlet 进行聚合，又会怎样呢，这样实现的类图如图 8.9 所示。

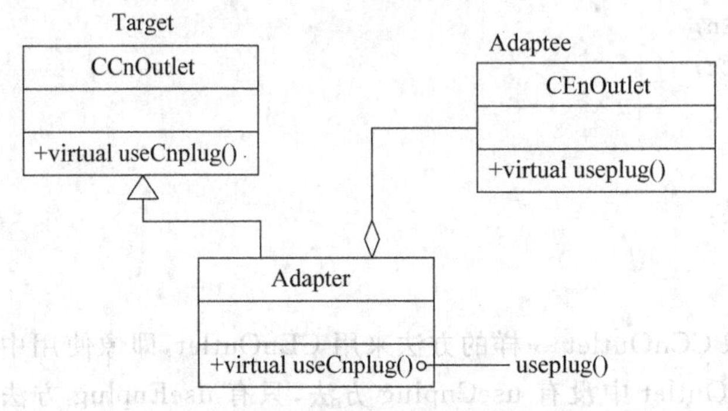

图 8.9 适配器模式（对象模式 2）

没有接口类 IAdaptee，一样可以完美地适配 CEnOutlet 类。但是，如果要再去适配 CUsOutlet(美制插头)，就不那么容易扩展了。这时，就需要两个适配器类，分别去适配 CEnOutlet 和 CUsOutlet。

```
class Adapter_1: public CCnOutlet
{
private:
    CEnOutlet *pA;
public:
    Adapter(CEnOutlet *p) { pA=p; }
    void useCnplug() { pA->useplug(); }
};
class Adapter_2 : public CCnOutlet
{
private:
    CUsOutlet *pA;
public:
    Adapter(CUsOutlet *p) { pA=p; }
    void useCnplug() { pA->useplug(); }
};
```

这两个适配器类功能一样，代码非常相似，对它们进行抽象便是顺理成章的事了。可以把它们共性部分抽取出来抽象成一个接口类 IAdaptee，让适配器类 Adapter 中包含一个 IAdaptee 的指针，而不是具体适配对象的指针，具体要适配的对象都从 IAdaptee 派生。这样便是面向接口写程序(面向接口类 IAdaptee),而不是面向实现写程序(不是面向具体的 CEnOutlet 或 CUsOutlet)。

类适配器采用"多继承"的实现方式,带来了不良的高耦合(如果在 Adaptee 做了一些修改,那么 Adapter 也要进行相应的改动,它们之间的耦合程度比较高),所以一般不推荐使用。对象适配器采用"组合"的方式来实现,这更符合松耦合精神。能用组合的地方尽量不用继承,这是面向对象程序设计的一个规则。

8.5 组合模式

使用组合模式(Composite)可以优化处理递归或分级数据结构,文件系统是一种典型的分级数据结构。文件系统由目录和文件组成,每个目录下都可以包含文件或子目录,文件系统就是按照这样的递归结构组织起来的。如果想要描述这样的数据结构,就可以选择使用组合模式。

假设要实现如图 8.10 所示的目录结构。

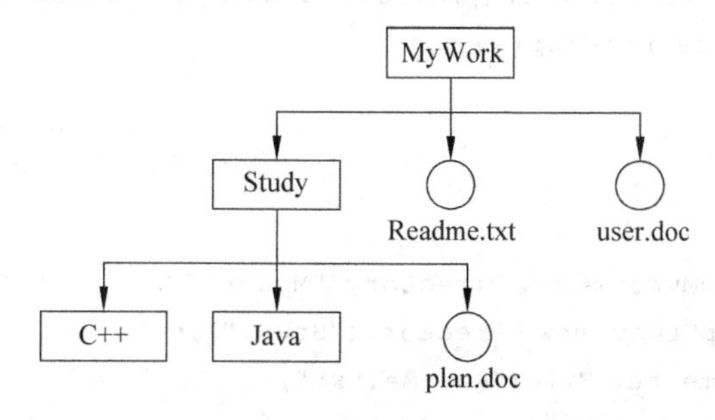

图 8.10 目录结构

先看不使用组合模式是如何实现的。

例 8.11

```
#include <string>
#include <vector>
#include <iostream>
using namespace std;
class File
{
private:
    string fname;
public:
    File(string name): fname(name) {}
    void display() { cout<<fname<<endl; }
    string getName() { return fname; }
};
class Directory
```

```
{
private:
    string dname;
    vector<Directory * >dVec;
    vector<File * >fVec;
public:
    Directory(string name): dname(name) {}
    void addDir(Directory * pd){ dVec.push_back(pd); }
    void addFile(File * pf) { fVec.push_back(pf); }
    void display()
    {
        cout<<dname<<endl;
        vector<File * >::iterator fiter;
        for(fiter=fVec.begin();fiter!=fVec.end();fiter++)
            cout<< (* fiter)->getName()<<endl;
        vector<Directory * >::iterator diter;
        for(diter=dVec.begin();diter!=dVec.end();diter++)
            (* diter)->display();
    }
};
int main()
{
    Directory * pMyWork=new Directory("MyWork");
    Directory * pStudy=new Directory("Study");
    File * pReadme=new File("Readme.txt");
    File * pUser=new File("user.doc");
    Directory * pCpuls=new Directory("C++");
    Directory * pJava=new Directory("Java");
    File * pPlan=new File("plan.doc");
    pMyWork->addDir(pStudy);
    pMyWork->addFile(pReadme);
    pMyWork->addFile(pUser);
    pStudy->addDir(pCpuls);
    pStudy->addDir(pJava);
    pStudy->addFile(pPlan);
    pMyWork->display();
    return 0;
}
```

从上例可看出，设计了两个类 Directory（目录）和 File（文件），Directory 类中有两个向量 dVec 和 fVec，分别存放该目录下所包含的子目录和文件。addDir 和 addFile 分别向目录中添加子目录和文件。浏览目录的 display 函数，先对保存文件的向量 fVec 进行遍历，在对保存目录的向量 dVec 进行递归遍历。

下面看用组合模式如何实现这个目录结构。

例 8.12

```
#include <string>
#include <vector>
#include <iostream>
using namespace std;
class Node
{
public:
    Node(string name) : strNode(name){}
    virtual ~Node(){}
    virtual void addNode(Node * ) {};
    virtual void display() {};
    virtual string getName(){ return strNode; }
protected:
    string strNode;
};
class File : public Node
{
public:
    File(string name):Node(name){}
    virtual void display() { cout<<getName()<<endl; }
    virtual ~File(){}
};
class Directory : public Node
{
public:
    Directory(string name) : Node(name) {}
    virtual void addNode(Node * pComponent) { vecN.push_back(pComponent); }
    virtual void display()
    {
        cout<<getName()<<endl;
        vector<Node * >::iterator iter;
        for(iter=vecN.begin();iter!=vecN.end();iter++)
            (* iter)->display();
    }
private:
    vector<Node * >vecN;
};
int main()
{
    Node * pMyWork=new Directory("MyWork");
    Node * pStudy=new Directory("Study");
    Node * pReadme=new File("Readme.txt");
```

```
    Node *pUser=new File("user.doc");
    Node *pCpuls=new Directory("C++");
    Node *pJava=new Directory("Java");
    Node *pPlan=new File("plan.doc");
    pMyWork->addNode(pStudy);
    pMyWork->addNode(pReadme);
    pMyWork->addNode(pUser);
    pStudy->addNode(pCpuls);
    pStudy->addNode(pJava);
    pStudy->addNode(pPlan);
    pMyWork->display();
    return 0;
}
```

上例的类图结构如图 8.11 所示。

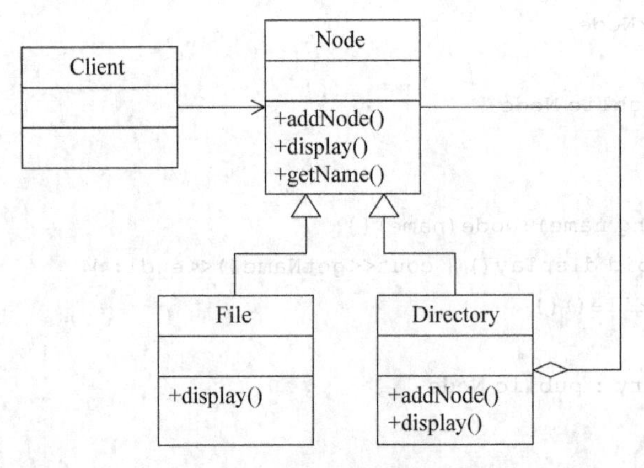

图 8.11 组合模式

使用组合模式，File 和 Directory 类都是从 Node 抽象类派生的。Directory 类中只有一个保存目录内容的向量 vecN，不论文件还是目录都保存在该向量中，因为 vecN 的类型是 Node *，File 和 Directory 都是从 Node 派生的，所以它们都可以当作 Node 类来用。这样，添加一个节点就不用区分是文件还是目录了，display 函数也简化了。

组合模式使得对单个对象和组合对象的操作具有一致性，它模糊了简单元素和复杂元素的概念，用户可以像处理简单元素一样处理复杂元素。就像上例的目录结构例子，处理目录中的每个节点时，其实不用考虑是叶子节点还是目录节点，这就是组合模式的精髓。

8.6 观察者模式

去银行办理业务时，一般先在门口的排号机上领取一个顺序号，银行的各个柜台按顺序号依次为顾客提供服务。当某个柜台办理完业务后，它要为下一位顾客服务，这时柜台上方的小屏就显示"请××号到××号柜台办理业务"。当柜台状态发生变化后，它会通知小屏更新相应的信息。

例 8.13

```
#include <iostream>
#include <string>
using namespace std;
class Counter;
class SmallScreen
{
private:
    string sname;               //小屏号
    string strNo;               //顺序号
    string cname;               //柜台号
public:
    SmallScreen(string _name);
    void display(Counter * pC);
};
class Counter
{
private:
    SmallScreen * pS;
    string strNo;
    string cname;
public:
    Counter(string name):cname(name){}
    void attach(SmallScreen * _pS) { pS=_pS; }
    void notifyChange()
    {
        pS->display(this);
    }
    void setBizNo(string _strNo) { strNo=_strNo; }
    void getState(string &_strNo, string &_name)
    {
        _strNo=strNo;
        _name=cname;
    }
};
SmallScreen::SmallScreen(string _name) { sname=_name; }
void SmallScreen::display(Counter * pC)
{
    pC->getState(strNo, cname);
    cout<<sname<<": "<<"请"<<strNo<<+"号到"<<cname<<"办理业务"<<endl;
}
```

```
int main()
{
    Counter * pC1=new Counter("1号柜台");
    SmallScreen * pS1=new SmallScreen("1号小屏");
    pC1->attach(pS1);
    pC1->setBizNo("7");
    pC1->notifyChange();
    return 0;
}
```

程序执行结果:

```
1号小屏:请7号到1号柜台办理业务
```

这的确实现了预期的功能,把Counter的状态变化后通知到了SmallScreen那里。但是,Counter和SmallScreen之间形成了一种双向的依赖关系,即Counter调用了SmallScreen的display的方法,而SmallScreen调用了Counter的getState方法,这样如果其中有一个类变化,有可能会引起另一个的变化。

若需求发生了变化,有的时候,某个柜台可能暂停办理业务,那么该柜台上方的小屏也需要显示"请××号到××号柜台办理业务"的信息,以便提醒用户办理。Counter类就要修改为

```
class Counter
{
private:
    vector<SmallScreen * >vecS;
    string strNo;
    string cname;
public:
    Counter(string name):cname(name){}
    void attach(SmallScreen * pS) { vecS.push_back(pS); }
    void notifyChange()
    {
        vector<SmallScreen * >::iterator iter;
        for(iter=vecS.begin(); iter !=vecS.end(); iter++)
            (* iter)->display(this);
    }
    void setBizNo(string _strNo) { strNo=_strNo; }
    void getState(string &_strNo, string &_name)
    {
        _strNo=strNo;
        _name=cname;
    }
};
```

Counter类中通过向量vecS来保存需要同时更新柜台通知信息的小屏。这样,多个小屏同时监听银行柜台信息的变化,每当变化发生时,柜台就立即通知所有监听小屏更新显示内容。其中,小屏就是观察者(Observer),柜台就是通知者,当通知者发生变化后,就会通知观察者进行相应的更新,这就是观察者模式的雏形。

若需求又发生了变化,不仅是柜台上的小屏显示提示信息,在营业厅的大屏幕上也要显示同样的信息。此外还需要通过广播来进行声音提示。此时,需要增加两个类:BigScreen和Speaker,同时还需要修改Counter类。

例8.14

```
#include <iostream>
#include <vector>
#include <string>
using namespace std;
class Counter;
class SmallScreen
{
private:
    string sname;
    string strNo;
    string cname;
public:
    SmallScreen(string _name);
    void display(Counter * pC);
};
class BigScreen
{
private:
    string sname;
    string strNo;
    string cname;
public:
    BigScreen(string _name);
    void display(Counter * pC);
};
class Speaker
{
private:
    string strNo;
    string cname;
public:
    void display(Counter * pC);
};
```

```
class Counter
{
private:
    vector<SmallScreen * >vecSs;
    vector<BigScreen * >vecSb;
    vector<Speaker * >vecSp;
    string strNo;
    string cname;
public:
    Counter(string name):cname(name){}
    void attach(SmallScreen * pSs)
    {
        vecSs.push_back(pSs);
    }
    void attach(BigScreen * pSb)
    {
        vecSb.push_back(pSb);
    }
    void attach(Speaker * pSp)
    {
        vecSp.push_back(pSp);
    }
    void notifyChange()
    {
        vector<SmallScreen * >::iterator iter1;
        for(iter1=vecSs.begin(); iter1 !=vecSs.end(); iter1++)
            (* iter1)->display(this);
        vector<BigScreen * >::iterator iter2;
        for(iter2=vecSb.begin(); iter2 !=vecSb.end(); iter2++)
            (* iter2)->display(this);
        vector<Speaker * >::iterator iter3;
        for(iter3=vecSp.begin(); iter3 !=vecSp.end(); iter3++)
            (* iter3)->display(this);
    }
    void setBizNo(string _strNo) { strNo=_strNo; }
    void getState(string &_strNo, string &_name)
    {
        _strNo=strNo;
        _name=cname;
    }
};
SmallScreen::SmallScreen(string _name) { sname=_name; }
void SmallScreen::display(Counter * pC)
```

```
{
    pC->getState(strNo, cname);
    cout<<sname<<": "<<"请"<<strNo<<+"号到"<<cname<<"办理业务"<<endl;
}
BigScreen::BigScreen(string _name) { sname=_name; }
void BigScreen::display(Counter * pC)
{
    pC->getState(strNo, cname);
    cout<<sname<<": "<<"请"<<strNo<<+"号到"<<cname<<"办理业务"<<endl;
}
void Speaker::display(Counter * pC)
{
    pC->getState(strNo, cname);
    cout<<"广播通知"<<": "<<"请"<<strNo<<+"号到"<<cname<<"办理业务"<<endl;
}
int main()
{
    Counter * pC1=new Counter("1号柜台");
    SmallScreen * pS1=new SmallScreen("1号小屏");
    SmallScreen * pS2=new SmallScreen("2号小屏");
    Speaker * pSp=new Speaker();
    pC1->attach(pS1);
    pC1->attach(pS2);
    pC1->attach(pSp);
    pC1->setBizNo("7");
    pC1->notifyChange();
    return 0;
}
```

程序执行结果：

```
1号小屏：请7号到1号柜台办理业务
2号小屏：请7号到1号柜台办理业务
广播通知：请7号到1号柜台办理业务
```

这样的设计显然极大地违背了“开放-封闭”原则，仅仅是增加了新通知对象，就需要对原有的Counter类进行修改，这样的设计是很糟糕的。可做进一步的抽象：既然存在多个通知对象，就可为这些对象之间抽象出一个接口，用来取消Counter和具体的通知对象之间依赖。

例8.15

```
#include <iostream>
#include <vector>
#include <string>
```

```
#include <algorithm>
using namespace std;
class Counter;
class IObserver
{
public:
    virtual void display(Counter *pC)=0;
};
class SmallScreen : public IObserver
{
private:
    string sname;
    string strNo;
    string cname;
public:
    SmallScreen(string _name);
    void display(Counter *pC);
};
class BigScreen : public IObserver
{
private:
    string sname;
    string strNo;
    string cname;
public:
    BigScreen(string _name);
    void display(Counter *pC);
};
class Speaker : public IObserver
{
private:
    string strNo;
    string cname;
public:
    void display(Counter *pC);
};
class Counter
{
private:
    vector<IObserver *>vecO;
    string strNo;
    string cname;
public:
```

```
    Counter(string name):cname(name){}
    void attach(IObserver *pO)
    {
        vecO.push_back(pO);
    }
    void detach(IObserver *pO)
    {
        vector<IObserver*>::iterator iter;
        iter=find(vecO.begin(),vecO.end(),pO);
        vecO.erase(iter);
    }
    void notifyChange()
    {
        vector<IObserver*>::iterator iter;
        for(iter=vecO.begin(); iter !=vecO.end(); iter++)
            (*iter)->display(this);
    }
    void setBizNo(string _strNo) { strNo=_strNo; }
    void getState(string &_strNo, string &_name)
    {
        _strNo=strNo;
        _name=cname;
    }
};
SmallScreen::SmallScreen(string _name) { sname=_name; }
void SmallScreen::display(Counter *pC)
{
    pC->getState(strNo, cname);
    cout<<sname<<": "<<"请"<<strNo<<+"号到"<<cname<<"办理业务"<<endl;
}
BigScreen::BigScreen(string _name) { sname=_name; }
void BigScreen::display(Counter *pC)
{
    pC->getState(strNo, cname);
    cout<<sname<<": "<<"请"<<strNo<<+"号到"<<cname<<"办理业务"<<endl;
}
void Speaker::display(Counter *pC)
{
    pC->getState(strNo, cname);
    cout<<"广播通知"<<": "<<"请"<<strNo<<+"号到"<<cname<<"办理业务"<<endl;
}
int main()
{
```

```
    Counter *pC1=new Counter("1号柜台");
    IObserver *pO1=new SmallScreen("1号小屏");
    IObserver *pO2=new SmallScreen("2号小屏");
    IObserver *pO3=new Speaker();
    IObserver *pO4=new BigScreen("大屏");
    pC1->attach(pO1);
    pC1->attach(pO2);
    pC1->attach(pO3);
    pC1->attach(pO4);
    pC1->setBizNo("7");
    pC1->notifyChange();
    return 0;
}
```

在上例中,Counter类已经不再依赖于具体的观察者,而是依赖于接口IObserver,这样一来,增加新观察者类型时就不需要修改Counter类了,只需要增加实现IObserver接口的新观察者类即可。

上例的类图结构如图8.12所示。

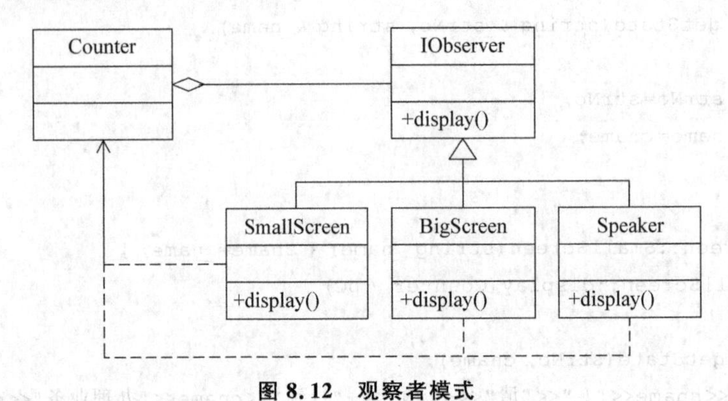

图8.12 观察者模式

习 题

1. 面向接口编程的好处是什么?

2. 用代理模式实现:火车票购票系统的基本功能包括查询车次信息、购票、退票、改签。火车票可通过不同途径购买:车站、代销售点、网络购票、电话订票,每种方式的处理流程都不同,但都会用到基本功能。

3. 用桥接模式实现:学校职称系列有教授、副教授、讲师、助教、研究员、副研究员、工程师、助理工程师、研究馆员、副研究馆员、馆员和助理馆员等;行政职务有校长、副校长、院长、副院长、系主任等。学校教师可能既有职称也有行政职务。

4. 用适配器模式实现:有一个类(COperation)实现了数学中的幂次运算,方法中需要传入两个参数：基数 base 和幂次 exp。现在一个客户需要一个求得一个数的平方的函数接口(target)，传入一个数，得到它的平方值；另外一个客户需要一个求平方根的函数接口，传入一个数，得到它的平方根。

5. 用组合模式实现：有一张某商业机构的会员卡，该卡可以在总部、地区分店和加盟店使用，总部包含多个地区分店和直属加盟店，地区分店可以包含多个加盟店。

6. 用观察者模式实现：求职者在招聘网站进行信息注册，当有适合的工作时，网站会通知求职者。

第9章 chapter 9

模　板

当被问及引入 C++ 模板的目的时，C++ 的发明者 Bjarne Stroustrup 给出的回答是："这是为了支持类型安全、类容器的有效性和算法的通用性。"使用模板有很多原因，最主要的原因是为了得到通用编程的优点。国际标准化组织（ISO）为 C++ 建立了 C++ 标准库，该标准库功能强大，这证明了模板的重要性。

模板就是实现代码重用机制的一种工具，它可以实现类型参数化，即把类型定义为参数，从而实现了真正的代码可重用。C++ 是一种"强类型"的语言，也就是说一个变量，编译器必须确切地知道它的类型，而模板就是构建在这个强类型语言基础上的泛型系统。

C++ 中的模板可分为函数模板和类模板，而把函数模板的具体化称为模板函数，把类模板的具体化称为模板类。

9.1 函数模板

1. 函数模板定义

有以下这样 3 个分别对 int、double、long 型数据求和的函数：

```
int Add(int x,int y)
{
    return x+y;
}
double Add(double x,double y)
{
    return x+y;
}
long Add(long x,long y)
{
    return x+y;
}
```

它们拥有同一个函数名，相同的函数体，却因为参数类型和返回值类型不一样，所以是3个完全不同的函数。于是,不得不为每一个函数编写一组函数体完全相同的代码。如果从这些函数中提炼出一个通用函数,而它又适用于多种不同类型的数据,这样会使代码的重用率大大提高。那么C++的模板就可解决这样的问题。模板可以实现类型的参数化(把类型定义为参数),从而实现了真正的代码可重用。

C++提供了函数模板(function template)。所谓函数模板,实际上是建立一个通用函数,其函数类型和形参类型不具体指定,用一个虚拟的类型来代表。这个通用函数就称为函数模板。凡是函数体相同的函数都可以用这个模板来代替,不必定义多个函数,只需在模板中定义一次即可。在调用函数时系统会根据实参的类型来取代模板中的虚拟类型,从而实现了不同函数的功能。

函数模板可以用来创建一个通用的函数,以支持多种不同的形参,避免重载函数的函数体重复设计。它的最大特点是把函数使用的数据类型作为参数。

函数模板的声明形式为

```
template<typename 数据类型参数标识符>
<返回类型><函数名>(参数表)
{
    函数体
}
```

其中,template是定义模板函数的关键字,template后面的尖括号不能省略;typename(或class)是声明数据类型参数标识符的关键字,用来说明它后面的标识符是数据类型标识符。类型参数一般用T这样的标识符来代表一个虚拟的类型,当使用函数模板时,会将类型参数具体化,这样在以后定义的这个函数中,凡希望根据实参数据类型来确定数据类型的变量,都可以用数据类型参数标识符来说明,从而使这个变量可以适应不同的数据类型。

既然是类型,那么在使用函数模板的时候就应该是使用它的一个实例。既然是类型与实例的关系,那么就应该有一个类型的实例化的问题。对普通类型进行实例化的时候通常需要提供必要的参数,模板函数也不例外。只是C++模板参数不是普通的参数,而是特定的类型。也就是说在实例化一个函数模板的时候需要以类型作为参数。通常,模板的参数分为模板参数和调用参数。

(1) 显式地实例化函数模板:

```
template <typename T>
inline T const& max(T const& a, T const& b)
{
    return a <b ? b : a;
}
```

显式地实例化并调用一个模板:

```
max<int>(4, 4.2);
```

通过显式地指定C++模板参数为int而实例化了一个模板。

(2) 隐式地实例化一个函数模板。

隐式地实例化并调用一个函数模板：

```
int i=max(42, 66);
```

若没有显式地指定函数模板参数，但它能自动地去推导出函数模板参数为int。这可能会存在问题，如果非模板函数的定义和推导后的模板函数实例一样，会产生什么结果呢？后面讨论“函数模板和重载”时有详细介绍。

例 9.1

```
#include <iostream>
using namespace std;
template<typename T>             //模板声明,其中 T 为类型参数
T Add(T a,T b)                   //定义一个通用函数,用 T 作虚拟的类型名
{
    return a +b;
}
int main()
{
    int i1=1, i2=2;
    double d1=1.0, d2=2.0;
    long l1=10, l2=100;
    int i=Add(i1,i2);            //调用模板函数,此时 T 被 int 取代
    double d=Add(d1,d2);         //调用模板函数,此时 T 被 double 取代
    long g=Add(l1,l2);           //调用模板函数,此时 T 被 long 取代
    return 0;
}
```

函数模板只是声明了一个函数的描述即模板，不是一个可以直接执行的函数，只有根据实际情况用实参的数据类型代替类型参数标识符之后，才能产生真正的函数。

类型参数可以不止一个，可以根据需要确定个数。例如：

```
template <class T1,typename T2>
```

但在template定义部分的每个形参前必须有关键字typename或class。在template语句与函数模板定义语句之间不允许有别的语句。例如：

```
template <type T1,typename T2>    //error C2061: 语法错误: 标识符 type
int i;                            //error C2998: "int i": 不能是模板定义
T1 func(T1 a,T2 b)
{
    …
}
```

例 9.2

```
#include <iostream>
using namespace std;
template <class T1, class T2>
T1 min(T1 a, T1 b)
{
    return(a<b?a:b);
}
int main()
{
    long i, j=10000;
    int k=10;
    i=min<int,long>(j, k);
    cout<<i<<endl;
    return 0;
}
```

例 9.3 用函数模板实现 Singleton。

```
#include <iostream>
using namespace std;
class Singleton
{
private:
    Singleton(){}                                      //构造函数
    Singleton(const Singleton&){}                      //复制构造函数
    Singleton & operator=(const Singleton&){}          //赋值函数
    template <typename T>
    friend T& GetInstanceRef();                        //返回全局唯一对象的一个引用
public:
    void show()
    {
        cout<<"this is Singleton"<<endl;
    }
};
template <typename T>
T& GetInstanceRef()
{
    static T _instance;
    return _instance;
}
template <typename T>
T* GetInstancePtr()                                    //返回全局唯一对象的指针
{
```

```
    return &GetInstanceRef<T>();
}
int main()
{
    Singleton* obj;
    obj=GetInstancePtr<Singleton>();
    obj->show();
    GetInstanceRef<Singleton>().show();
    return 0;
}
```

程序执行结果：

```
this is Singleton
this is Singleton
```

上例中，将构造函数和复制构造函数声明为私有，防止了程序员随意构造它的实例。全局的模板函数 GetInstanceRef 是 Singleton 的友元。因为 Singleton 的构造函数已经声明为私有，为了让 GetInstanceRef 能顺利地构造静态变量_instance，不得不将它声明为 Singleton 的友元函数。

2. 非类型模板参数

函数模板可以有非类型参数，非类型参数由一个普通的参数声明构成。模板非类型参数表示该参数名代表了一个潜在的值，而该值代表了模板定义中的一个常量。

例 9.4

```
#include <iostream>
using namespace std;
template<typename T, int VAL>
T addValue(T const& x)
{
    return x +VAL;
}

int main()
{
    int i=addValue<int, 5>(1);
    cout<<"i="<<i<<endl;
    return 0;
}
```

程序执行结果：

```
i=6
```

上例中定义了一个函数模板，目的是对传入的参数加上一个指定的 int 型数的 5。

非类型模板参数的限制：通常它们可以是常整数(包括枚举值)或者指向外部链接对象的指针。浮点数和类对象是不允许作为非类型模板参数的。

```
class A {};
template<typename T, double VAL, A a>
T addValue(T const& x)
{    //error C2993: "double": 非类型模板参数 VAL 的类型非法
     //error C2993: "A": 非类型模板参数 a 的类型非法
     return x +VAL;
}
```

下面再看一个非类型模板参数应用的例子，比如想获得一个数组的长度：

```
int arr[10];
```

怎么获取 arr 的长度呢？最简单的代码是

```
int count=sizeof(arr)/sizeof(arr[0]);
```

但是这样也带来一个问题，例如：

```
int *p=arr;
int count=sizeof(p)/sizeof(p[0]);
```

这就有问题了，计算的 count 为 1。那么有没有一种安全的方法，当发现传入的是指针的时候，自动编译报错呢？有的，用函数模板可以做到。例如，下例中 size 是一个模板非类型参数，它代表 arr 指向的数组的长度。

例 9.5

```
#include <iostream>
using namespace std;
template <class Type, int size>
int arrarysize(Type(&array)[size])
{
    return size;
}
int main()
{
    int i;
    int arr[10]={1,3,3,4,5,6,4,7,5,9};
    i=arrarysize<int>(arr);
    cout<<"The size of array is "<<i<<endl;
    return 0;
}
```

程序执行结果：

```
The size of array is 10
```

若传给函数模板的实参是一个指针的话，就会有编译错误：

```
int main()
{
    int i;
    int arr[10]={1,3,3,4,5,6,4,7,5,9};
    int *p=arr;
    i=arrarysize<int>(p);
    //error C2784: "int arrarysize(Type(&)[size])": 无法从 int * 为 int(&)
      [size]推导模板参数
    cout<<"The size of array is "<<i<<endl;
    return 0;
}
```

3. 默认模板参数

可以为函数模板参数提供默认值。

例 9.6

```
#include <iostream>
using namespace std;
#define PAI 3.1415926
template<typename T>
T area(T r=1)
{
    return PAI*r*r;
}
int main()
{
    cout<<"area="<<area<int>()<<endl;        //使用默认参数
    cout<<"area="<<area<double>(2.0)<<endl;
    return 0;
}
```

程序执行结果：

```
area=3
area=12.5664
```

当执行 area<int>()时，使用的是默认参数，相当于 area(1)，因为类型 T 为 int，所以函数返回 3。

可以使每个形参有一个默认值，也可以只对一部分形参指定默认值，另一部分形参不指定默认值。实参与形参的结合是从左至右顺序进行的，因此指定默认值的参数必须放在形参表列中的最右端(详见 2.2.4 节)。

4. 函数模板和重载

像普通函数一样，也可以用相同的函数名重载函数模板。编译器在处理程序中的函数调用时，它必须能够知道哪一个模板或普通函数是最适合调用的函数。

如果出现实例化后的模板函数和某个非模板函数的调用一样的情况，会调用非模板函数，但也可以指定调用模板函数。如果都是精确匹配，会选择非模板实例，因为显式实现的函数比函数模板实例优先。

例 9.7

```
#include<iostream>
using namespace std;
template<class T>
void func(T)
{
    cout<<"void func(T)"<<endl;
}
void func(int)
{
    cout<<"void func(int)"<<endl;
}
int main()
{
    func(1);               //调用 func(int)
    func(1.0);             //调用 func(T)
    func<int>(1);          //调用 func(T)
    return 0;
}
```

程序执行结果：

```
void func(int)
void func(T)
void func(T)
```

调用 func(1)时，因为参数是整数，模板实例和普通函数都精确匹配，但因为普通函数是显式定义的，所以其优先级高于模板实例。调用 func(1.0)，模板实例精确匹配，普通函数标准转换，此时会选择模板实例。代码 func<int>(1)通过<int>指定调用的是模板函数。

模板函数重载的参数是类型，因此它不支持类型转换，但非模板函数支持类型转换。

例 9.8

```
#include<iostream>
using namespace std;
```

```
int const& max(int const& a, int const& b)
{
    return a >b ? a+10 : b+100;
}
template <typename T>
T const& max(T const& a, T const& b)
{
    return a >b ? b : a;
}
int main()
{
    int i=max('A', 60);    //调用 max(int const& a, int const& b)
    cout<<"i=max('A',66), i="<<i<<endl;
    return 0;
}
```

程序执行结果：

```
i=max('A',66), i=75
```

在上例的代码中，如果 max('A', 60)要调用模板的 max 函数，它必须满足两个参数和返回值都是同一类型的条件。而给定的两个参数类型不一致，模板函数又不支持类型转换。因此，它找不到相匹配的模板函数，将会调用非模板的 max 函数。'A'的 ASCII 码为 65，因此输出 i=75。

5. 几点注意

(1) 如果在全局域中声明了与模板参数同名的对象函数或类型，则该全局名将被隐藏。

例 9.9

```
typedef double T;
template <typename T>
T const& max(T const& a, T const& b)
{
    T tmp=a >b ? b : a;
    return tmp
}
```

其中，tmp 类型为模板参数 T，不是全局 typedef 的 double。

(2) 在函数模板定义中声明的对象或类型不能与模板参数同名。

例 9.10

```
template <typename T>
T const& max(T const& a, T const& b)
{
```

```
    double T;
    T tmp=a >b ? b : a;        //error C2146: 语法错误 : 缺少";"(在标识符 tmp 的前面)
    return tmp
}
```

(3) 模板参数名在同一模板参数表中只能被使用一次，但是模板参数名可以在多个函数模板声明或定义之间被重复使用。

例 9.11

```
template <typename T, typename T >      //error C2991: 重定义模板参数 T
T const& max(T const& a, T const& b)
{
    T tmp=a >b ? b : a;
    return tmp
}
```

例 9.12

```
template <class T>
T min(T, T)
{
    …
}
template <class T >
T max(T, T)
{
    …
}
```

上例中，类型名 T 在不同模板之间可以重复使用。

(4) 和非模板函数一样，函数模板也可以被声明为 inline 或 extern，应该把指示符放在模板参数表后面而不是在关键字 template 前面。

例 9.13

```
template <class T>
inline T min(T, T)                //正确
{
    …
}
extern template <class T>      //error C2059: 语法错误 : "'template<'"
T min(T, T)
{
    …
}
```

9.2 类 模 板

1. 类模板的定义

类模板也称为类属类或类生成类，是为类定义的一种模式，它使类中的一些数据成员和成员函数的参数或返回值可以取任意的数据类型。类模板是一个具体的类，它代表着一族类，是这一族类的统一模式。使用类模板就是要将它实例化为具体的类。类模板描述了能够管理其他数据类型的通用数据类型，它常用于建立通用的包容器类，如堆栈、链表和队列等。

有时，有两个或多个类，其功能是相同的，仅仅是数据类型不同，可使用类模板。

如果想要对两个整型数(int 型)作比较，写了一个 Compare_int 类：

```
class Compare_int
{
public:
    Compare(int a,int b){x=a; y=b;}
    int max(){return(x>y)?x:y;}
    int min(){return(x<y)?x:y;}
private:
    int x,y;
};
```

如果想对两个浮点数(float 型)作比较，需要另外声明一个 Compare_float 类：

```
class Compare_float
{
public:
    Compare(float a,float b){x=a; y=b;}
    float max(){return(x>y)?x:y;}
    float min(){return(x<y)?x:y;}
private:
    float x,y;
}
```

和函数模板一样，类模板就是建立一个通用类，其数据成员的类型、成员函数的返回类型和参数类型都不具体指定，用一个虚拟类型来代表。当使用类模板建立对象时，系统会根据实参的类型来取代类模板中的虚拟类型，从而实现不同类的功能。

可以声明一个通用的类模板，它可以有一个或多个虚拟的类型参数。例如，对以上两个类，可以综合写出以下的类模板：

```
template<class Type>      //声明模板,虚拟类型名为 Type
class Compare             //类模板名为 Compare
{
```

```
public:
    Compare(Type a, Type b){x=a;y=b;}
    Type max(){return(x>y)?x:y;}
    Type min(){return(x<y)?x:y;}
private:
    Type x,y;
};
```

在建立类对象时，如果将实际类型指定为 int 型，编译系统就会用 int 取代所有的 Type，如果指定为 float 型，就用 float 取代所有的 Type。这样就能实现“一类多用”。

Compare 是类模板名，而不是一个具体的类，类模板体中的类型 Type 并不是一个实际的类型，只是一个虚拟的类型，无法用它去定义对象。“模板类”是模板实例化（或特化）后的类，必须用实际类型名去取代虚拟的类型：

```
类模板名 <实际类型>  对象名;
```

或

```
类模板名 <实际类型>  对象名(实参表);
```

例如：

```
Compare <int>cmp(4,7);
```

类模板本身不是类，而只是编译器用来生成类代码的一种“配方”。类模板如同函数模板一样，也是通过指定模板中尖括号内的形参类型来确定希望生成的类。以这种方式生成的类被称作类模板的实例，根据模板创建类的过程被称为实例化模板，如图 9.1 所示。

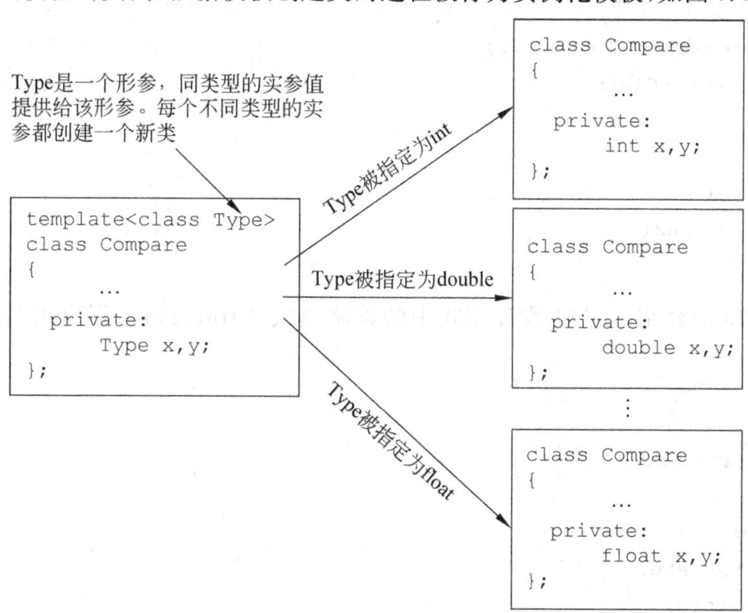

图 9.1 实例化模板

根据用户给出的实际类型，系统将类模板中的模板参数置换为确定的参数类型，生成一个具体的类（模板类），在创建了对象之后，它和普通类的对象使用方法相同。

类模板中的成员函数的定义若放在类模板中，则与普通类的成员函数的定义方法相同；如果类中的成员函数要在类的声明之外定义，其定义形式为

```
template<class 虚拟类型参数>
函数类型 类模板名<虚拟类型参数>::成员函数名(函数形参表列)
{
  ...
}
```

例如：

```
template <class Type>
Type Compare<Type>::max()          //成员函数在类外的定义
{
    return(x>y)?x:y;
}
template <class Type>
Type Compare<Type>::min()          //成员函数在类外的定义
{
    return(x<y)?x:y;
}
```

和函数模板类似，类模板同样可以有多个类型形参。例如，下面定义了一个使用两个类型形参的类模板：

```
template<class T1, class T2>
class CExampleClass
{
private:
    T1 m_Value1;
    T2 m_Value2;
};
```

在例6.35中介绍了C++设计模式中的策略模式（Strategy）。下面用类模板来实现该模式。

例 9.14

```
class DiamondCard
{
private:
    double rate;
    int score;
public:
    void discount(double price)
```

```
    {
        rate=0.85;
        score=(int)price*1.2;
    }
};
class PlatinumCard
{
private:
    double rate;
    int score;
public:
    void discount(double price)
    {
        rate=0.9;
        score=(int)price*1.1;
    }
};
class GoldenCard
{
private:
    double rate;
    int score;
public:
    void discount(double price)
    {
        rate=0.95;
        score=(int)price;
    }
};
template <class MC>
class Customer
{
private:
    MC card;
public:
    void consume(double price)
    {
        card.discount(price);
    }
};
int main()
{
    Customer <DiamondCard>c1;
    Customer <GoldenCard>c2;
```

```
    c1.consume(2000);
    c2.consume(1000);
    return 0;
}
```

2. 非类型的类模板参数

除了模板参数前面跟关键字 class 或 typename 表示一个通用类型外，函数模板和类模板还可以包含其他不是代表一个类型的参数，例如代表一个常数，这些通常是基本数据类型。例如，下面的例子定义了一个用来存储数组的类模板。

例 9.15

```
#include <iostream>
using namespace std;
template <class T, int N>          //N为非类型参数
class array
{
    T memblock[N];
public:
    void setmember(int x, T value);
    T getmember(int x);
};
template <class T, int N>
void array<T,N>::setmember(int x, T value)
{
    memblock[x]=value;
}
template <class T, int N>
T array<T,N>::getmember(int x)
{
    return memblock[x];
}
int main()
{
    array<int,5>myints;
    array<float,3>myfloats;
    myints.setmember(0,10);
    myints.setmember(1,20);
    myints.setmember(2,30);
    myints.setmember(3,40);
    myints.setmember(4,50);
    myfloats.setmember(0,1.1);
    myfloats.setmember(1,2.2);
    myfloats.setmember(2,3.3);
```

```
    cout<<myints.getmember(0)<<endl;
    cout<<myints.getmember(4)<<endl;
    cout<<myfloats.getmember(2)<<endl;
    cout<<myfloats.getmember(1)<<endl;
    return 0;
}
```

程序执行结果：

```
10
50
3.3
2.2
```

非类型形参前面必须带类型名字，是模板定义内部的常量。非类型形参在调用时用值代替，值的类型在模板形参表中指定。

调用非类型模板形参的实参必须是一个常量表达式或者一个数，即它必须能在编译时计算出结果。

例 9.16

```
template <class Type, int Len>        //Len 为非类型参数
class AnyStack
{
    Type tStack[Len];
};
const int y=5;
int main()
{
    AnyStack<int, 10>a1;               //正确
    int x=5;
    AnyStack<int, x>a2;
    //error C2971: "AnyStack": 模板参数 Len: x: 局部变量不能用作非类型参数
    AnyStack<int, y>a3;                //正确,y 是常量
    return 0;
}
```

上例中，x 不是常量，所以编译有错误；而 y 为常量，则正确。

3. 默认模板参数

也可以为模板参数设置默认值，就像为函数参数设置默认值一样。例如：

```
template <class T=int>
class CMyClass
{
public:
    T val;
```

```
};
```

声明一个类CMyClass对象可以两种形式。

```
CMyClass<double>obj1;      //以double为参数声明一个变量
CMyClass<>obj2;            //以默认类型int为参数声明一个变量
```

类模板提供的默认值必须出现在参数列表的最右边。

例9.17 用类模板模拟栈。

```
#include <iostream>
using namespace std;
template <class Type, int Len=10>                //Len为非类型参数并有默认值
class AnyStack
{
    Type tStack[Len];
    int nMaxElement;                             //栈最多能容纳的元素个数
    int nTop;                                    //栈顶指针
public:
    AnyStack():nMaxElement(Len),nTop(0){}        //构造函数
    int GetTop()                                 //获得栈顶指针
    {
        return Top;
    }
    bool Push(Type);                             //压栈
    bool Pop(Type&);                             //出栈
};
template <class Type, int Len>
bool AnyStack <Type, Len>::Push(Type elem)
{
    if(nTop <nMaxElement)
    {
        tStack[nTop]=elem;
        nTop++;
        return true;
    }
    else
        return false;
}
template <class Type, int Len>
bool AnyStack <Type, Len>::Pop(Type &elem)
{
    if(nTop >=0)
    {
        nTop--;
        elem=tStack[nTop];
```

```
            return true;
        }
        else
            return false;
}
int main(void)
{
    AnyStack <int,5>iStack;
    int n;
    iStack.Push(2);
    iStack.Push(5);
    iStack.Push(6);
    iStack.Push(8);
    iStack.Push(4);
    iStack.Pop(n);
    cout<<"n="<<n<<endl;
    iStack.Pop(n);
    cout<<"n="<<n<<endl;
    iStack.Pop(n);
    cout<<"n="<<n<<endl;
    iStack.Pop(n);
    cout<<"n="<<n<<endl;
    iStack.Pop(n);
    cout<<"n="<<n<<endl;
    return 0;
}
```

程序执行结果：

```
n=4
n=8
n=6
n=5
n=2
```

4. 模板的模板参数

模板的模板参数就是将一个模板作为另一个模板的参数，也就是说类型形参可以是类模板。

例如，要定义这样一个泛化的容器，容器里所存储的对象也是泛化的。这就需要两个类型：一个是代表容器类型；另一个是存放数据的类型。这时就要使用模板的模板参数，模板参数本身还是一个模板：

```
template<class T1, template<class T2>class T3>
class Container
```

```
{
    …
};
```

可以这样实例化：

```
MyContainer<int, vector>myContainer;
```

例 9.18

```
#include <iostream>
using namespace std;
template<class T>
class Array
{
    T *data;
    int capacity;
};
template<class T, template<class>class Seq>
class Container
{
    Seq<T>seq;
};
int main()
{
    Container<int, Array>c;
    return 0;
}
```

上例中，类模板 Container 的一个形参 Seq 也是一个模板，而不是一个类型。模板的模板参数是代表类模板的占位符。它的声明和类模板的声明很类似，其形参格式为

```
template <class T1, class T2, template<class T3>class A>
class B
{
    …      //类模板 B 的定义
}
```

其中，template<class T3>class A 是一个模板，A 为模板名，T3 为模板的类型参数。定义一个模板 B，其中有两个类型参数 T1 和 T2，一个模板参数 A。注意有时候 T3 可以省略不写。T1 和 T2 可以是任意类型；模板 A 可以是程序员自己定义的，也可以是 STL 中的标准模板库。

对有模板形参的模板进行实例化：

```
Container<int, Array>container;
```

Container 模板的第一个参数为 int，第二个参数为自己定义的模板，这里 Array 也代

表一个类型，是用户自定义的数据类型。

```
Container<int, vector<int>>container;
```

Container 模板的第一个参数为 int，第二个参数为 STL 中提供的模板。

在模板声明的作用域中，模板的模板参数的用法和类模板的用法很类似。模板的模板参数的参数可以具有默认模板实参。显然，只有在调用时没有指定该参数的情况下才会应用默认模板实参：

```
template <template<typename T1, typename T2=string>class Container>
class Adaptation
{
    T1 num;
    Container<int>con;    //隐式等同于 Container<int, string>con;
}
```

通常，模板的模板参数的参数名称(如上面的 T2)并不会在后面被用到。因此，该参数也经常被省略不写，即没有命名。例如：

```
template <template<typename T1, typename=string>class Container>
class Adaptation
{
    T1 num;
    Container<int>con;    //隐式等同于 Container<int, string>con;
}
```

例 9.19 类模板递归求平方和。

```
#include <iostream>
using namespace std;
template<int N, template<int>class F>
class Accumulate
{
public:
    enum {RET=Accumulate<N-1,F>::RET +F<N>::RET};
};
template<template<int>class F>
class Accumulate<0,F>
{
public:
    enum { RET=F<0>::RET };
};
template<int n>
class square
{
public:
```

```
    enum { RET=n * n };
};
int main()
{
    cout<<"1 * 1="<<Accumulate<1,square>::RET<<endl;
    cout<<"1 * 1+2 * 2="<<Accumulate<2,square>::RET<<endl;
    cout<<"1 * 1+2 * 2+3 * 3="<<Accumulate<3,square>::RET<<endl;
    cout<<"1 * 1+2 * 2+3 * 3+4 * 4="<<Accumulate<4,square>::RET<<endl;
    cout<<"1 * 1+2 * 2+3 * 3+4 * 4+5 * 5="<<Accumulate<5,square>::RET<<endl;
    return 0;
}
```

程序执行结果:

```
1 * 1=1
1 * 1+2 * 2=5
1 * 1+2 * 2+3 * 3=14
1 * 1+2 * 2+3 * 3+4 * 4=30
1 * 1+2 * 2+3 * 3+4 * 4+5 * 5=55
```

5. 成员模板

任意类(模板或非模板)可以拥有本身为类模板或函数模板的成员,这种成员称为成员模板。

例 9.20 非模板类中有函数模板。

```
#include <iostream>
using namespace std;
class CTest
{
public:
    int a;
    double b;
    CTest(int i, double j):a(i),b(j){}
    template <class T>
    T Get(int Num);
};
template <class T>
T CTest::Get(int Num)
{
    switch(Num)
    {
    case 1:
        return a;
    case 2:
```

```
        return b;
    }
}
int main()
{
    CTest t(3,6.6);
    cout<<t.Get<int>(1)<<endl;
    cout<<t.Get<double>(2)<<endl;
    return 0;
}
```

程序执行结果：

```
3
6.6
```

上例中，非模板类 CTest 中有一个函数模板 Get，它根据输入的参数不同，返回不同的数据类型(int 和 double)。

例 9.21 类模板中有类模板。

```
#include <iostream>
#include <typeinfo>
using namespace std;
template <class T1>
class Outer
{
public:
    template <class T2>
    class Inner
    {
    public:
        void func();
    };
    void func();
};
template <class T1>
template <class T2>
void Outer<T1>::Inner<T2>::func()     //Inner func()
{
    Inner<T2>a;
    cout<<"Outer is "<<typeid(a).name()<<endl;
    cout<<"Outer is "<<typeid(T1).name()<<endl;
    cout<<"Inner is "<<typeid(T2).name()<<endl;
    cout<<"full name is "<<typeid(*this).name()<<endl;
}
template <class T1>
```

```
void Outer<T1>::func()      //outer func()
{
    Outer<T1>a;
    cout<<"Outer is "<<typeid(a).name()<<endl;
}
int main()
{
    Outer<double>out;
    out.func();
    Outer<int>::Inner<char>in;
    in.func();
    return 0;
}
```

程序执行结果:

```
Outer is class Outer<double>
Outer is class Outer<int>::Inner<char>
Outer is int
Inner is char
full name is Outer<int>::Inner<char>
```

成员模板遵循常规访问控制,遵循与任意其他类成员一样的访问规则,类模板形参由调用函数的对象的类型确定,成员定义的模板形参的行为与普通模板一样。

在第8章介绍了C++设计模式中的适配器(Adapter)模式,下面通过类成员模板来实现该模式,完成接口转换,即将一个类的接口转换成客户希望的另一个接口。

例 9.22

```
#include <iostream>
using namespace std;
//适配器基类 Target,中制插座
class CCnOutlet
{
public:
    virtual ~CCnOutlet(){};
    virtual void plug(){};
};
//适配者 Adaptee,英制插头
class CEnOutlet
{
public:
    void plug()
    {
        cout<<"use En plug"<<endl;
    }
```

```
};
//适配者 Adaptee,美制插头
class CUsOutlet
{
public:
    void plug()
    {
        cout<<"use Us plug"<<endl;
    }
};
//适配类 Adapter
class Adapter
{
public:
    template<class T>
    CCnOutlet* MakeAdapter(T* date)
    {
        class LocalOutlet: public CCnOutlet
        {
        public:
            LocalOutlet(T* pObj):m_pObj(pObj){}
            ~LocalOutlet(){}
            virtual void plug()
            {
                cout<<"want use cn plug"<<endl;
                cout<<"adapter transfer ..."<<endl;
                m_pObj->plug();;
            }
        private:
            T* m_pObj;
        };
        return new LocalOutlet(date);
    }
};
int main()
{
    Adapter a;
    CEnOutlet e;
    CUsOutlet u;
    CCnOutlet* pCnOutlet;
    //use En plug
    pCnOutlet=a.MakeAdapter(&e);
    pCnOutlet->plug();
    //use Us plug
```

```
    pCnOutlet=a.MakeAdapter(&u);
    pCnOutlet->plug();
    delete pCnOutlet;
    return 0;
}
```

程序执行结果：

```
want use cn plug
adapter transfer ...
use En plug
want use cn plug
adapter transfer ...
use Us plug
```

适配器类 Adapter 完成对 Target 和 Adaptee 的接口适配工作，类适配器实现 Target 类所需要的方法。Adapter 重新实现 plug 方法，内部隐藏了调用 Adaptee 不兼容 plug 方法的细节。当客户对象调用适配器类(Adapter)方法的时候，适配器内部调用它所继承的适配者的方法。

6. 类模板的派生

模板可以有层次，一个类模板可以作为基类，派生出派生类模板。如果派生类从模板类继承，它必须也是模板，或者可以编写从模板类特定实例化继承的派生类。例如：

```
template <typename T>
class Derived: public Base<T>{ … };
```

Derived 模板实际上并不是从通用 Base 模板派生的子类，更恰当的说法应该是，针对特定类型的各个实例化，Derived 模板是派生自 Base 模板针对该类型实例化的派生类。

一个类模板(基类模板)派生生成一个新类模板，派生类模板中可添加新的成员变量和成员函数，以实现类模板的扩充和修改。

例 9.23

```
#include <iostream>
using namespace std;
template<class T1>
class Base
{
public:
    Base(T1 i):x(i){};
    void func(T1 a)
    {
        cout<<"func(T a)"<<endl;
        cout<<"x="<<x<<endl;
```

```
    }
private:
    T1 x;
};
template<class T1, class T2>
class Derived: public Base<T1>
{
public:
    Derived(T1 i, T2 j):Base(i),y(j){};
    void func(T1 t1, T2 t2)
    {
        cout<<"func(T1 t1, T2 t2)"<<endl;
        cout<<"y="<<y<<endl;
    }
private:
    T2 y;
};
int main(void)
{
    Base<int>b1(5);
    b1.func(10);
    Derived<int, double>d(1,2.2);
    d.func(10,20);
    Base<int>b2=static_cast<Base<int>>(d);
    b2.func(10);
    return 0;
}
```

程序执行结果：

```
func(T a)
x=5
func(T1 t1, T2 t2)
y=2.2
func(T a)
x=1
```

在上例中，与一般的类派生定义相似，只是在指出它的基类时要加上模板参数，即Base＜T1＞。模板派生类Derived构造函数中的初始化列表需要列出类型参数，它必须和这个类声明时的类型参数列表相匹配。这表示此派生类向上传递的参数的类型为T1，即x的类型为T1。

可以从类模板派生出非模板类，在派生中作为非模板类的基类必须是类模板实例化后的模板类，并且在定义派生类前不需要模板声明语句template＜class …＞。例如：

```
template <class T>
```

```
class Base
{
    ...
};
class Derived : public Base<int>
{
    ...
};
```

在定义 Derived 类时，Base 已实例化成了 int 型的模板类。

类模板的派生也支持多态，基类指针指向派生模板类对象，通过虚函数动态联编能够达到多态。

例 9.24

```
#include <iostream>
using namespace std;
class A
{
public:
    virtual void func()=0;
};
template<class T>
class B : public A
{
public:
    B(T x):b(x){};
    virtual void func()
    {
        cout<<"B::func"<<endl;
    }
    void show()
    {
        cout<<"b="<<b<<endl;
        cout<<"size of b is "<<sizeof(T)<<endl;
    }
private:
    T b;
};
template<class T>
class C : public B<T>
{
public:
    C(T y):B(y){};
    virtual void func()
```

```
    {
        cout<<"C::func"<<endl;
    }
};
int main()
{
    C<int>c1(1);
    A* pA=(A *)&c1;
    pA->func();
    c1.show();

    C<double>c2(2.2);
    pA=(A *) &c2;
    pA->func();
    c2.show();
    return 0;
}
```

程序执行结果：

```
C::func
b=1
size of b is 4
C::func
b=2.2
size of b is 8
```

上例中 A 类为一个抽象类，定义了一个纯虚接口 func。类模板 B 公有派生于 A，类模板 C 公有派生于类模板 B。C<int> c1(1)实例化类模板为一个 int 型对象(sizeof(T)为 4)，并给 b 赋值为 1，pA 为一个基类指针并首先指向 c1，pA－>func()将多态调用类模板 C 中的虚函数。C<double> c2(2.2) 实例化类模板为一个 double 型对象(sizeof(T)为 8)，并给 b 赋值为 2.2，之后让 pA 指向了 c2，这时 pA－>func()同样会多态执行。

下面将单件(Singleton)类模板通过继承来实现。把单件定义为类模板，让所有需要实现单件的类都去继承这个单件类模板，从而保证每一个类只有一个实例。

例 9.25

```
#include <iostream>
using namespace std;
template<class T>            //Singleton template
class Singleton
{
public:
    static T* getInstance()
    {
        if(m_Instance==NULL)
```

```
        {
            m_Instance=new T;
            cout<<"create Instance"<<endl;
        }
        return m_Instance;
    }
    static void releaseInstance()
    {
        if(m_Instance !=NULL)
            delete m_Instance;
        m_Instance=NULL;
        cout<<"release Instance"<<endl;
    }
protected:
    Singleton()
    {
        cout<<"Singleton constructor"<<endl;
    }
    virtual ~Singleton()
    {
        cout<<"Singleton destructor"<<endl;
    }
private:
    Singleton(const Singleton&);
    Singleton& operator=(const Singleton&);
    static T* m_Instance;
};
template<class T>
T* Singleton<T>::m_Instance=NULL;

class App : public Singleton<App>
{
public:
    friend class Singleton<App>;
    void show() const
    {
        cout<<"Hello!"<<endl;
    }
private:
    App()
    {
        cout<<"App constructor"<<endl;
    }
    ~App()
```

```
    {
        cout<<"App destructor"<<endl;
    }
    App(const App&);
    App& operator=(const App&);
};
int main()
{
    App * pA1=Singleton<App>::getInstance();
    App * pA2=App::getInstance();
    pA1->show();
    pA2->show();
    App::releaseInstance();
    return 0;
}
```

程序执行结果：

```
Singleton constructor
App constructor
create Instance
Hello!
Hello!
App destructor
Singleton destructor
release Instance
```

上例中，Singleton 和 App 类的构造函数分别为 protected 和 private，因为 Singleton 要作为基类，所以其构造函数声明为 protected，这样就禁止直接使用该类创建对象：

```
Singleton<App>a1;
//error C2248: "Singleton<T>::Singleton": 无法访问 protected 成员(在 Singleton
  <T>类中声明)
App a2;
//error C2248: "App::App": 无法访问 private 成员(在 App 类中声明)
```

派生类 App 声明了友元 friend class Singleton＜App＞，这样在 getInstance()时 new T 可访问被声明为 private 的 App 构造函数。创建派生类对象时，要先调用基类的构造函数，因此先输出 Singleton constructor，再输出 App constructor，之后输出 create Instance。第二次调用 getInstance()时，m_Instance 不为 NULL，所以不用再执行 new T。pA1－＞show()和 pA1－＞show()输出两次"Hello!"。在执行 releaseInstance()时 delete m_Instance 将先析构派生类，再析构基类，这样便先输出 App destructor，再输出 Singleton destructor，之后输出 release Instance。

9.3 类模板实例:队列

队列是一个专门用于对象集合的数据结构,对象被加入到队列的尾部,而从队列的顶部被删除,队列的行为被称为先进先出(FIFO,First In First Out)。

队列类支持以下操作:

(1) 在队尾加入一项:Insert。

(2) 从队首删除一项:Delete。

(3) 获取队首元素:getFront。

(4) 获取队列长度:getLength。

(5) 判断队列是否为空:isEmpty。

(6) 判断队列是否已满:isFull。

例 9.26

```
#include <iostream>
using namespace std;
const int MaxQSize=100;                  //队列元素最大个数
template <class T>                       //类的声明
class Queue
{
private:
    int front, rear, count;              //队头指针、队尾指针、元素个数
    T qlist[MaxQSize];                   //队列元素数组
public:
    Queue(void);                         //构造函数,初始化队头指针、队尾指针、元素个数
    void Insert(const T& item);          //新元素入队
    T Delete(void);                      //元素出队
    T getFront(void) const;              //访问队首元素
    int getLength(void) const;           //求队列长度(元素个数)
    int isEmpty(void) const;             //判断队列空否
    int isFull(void) const;              //判断队列满否
};
//构造函数,初始化队头指针、队尾指针、元素个数
template <class T>
Queue<T>::Queue(void) : front(0), rear(0), count(0){}
template <class T>
void Queue<T>::Insert(const T& item)  //向队尾插入元素(入队)
{
    if(count==MaxQSize)                  //如果队满,中止程序
    {
        cout<<"Queue overflow!"<<endl;
        exit(1);
```

```
    }
    count++;                          //元素个数增 1
    qlist[rear]=item;                 //向队尾插入元素
    rear=(rear+1)%MaxQSize;           //队尾指针增 1,用取余运算实现循环队列
}
template <class T>
T Queue<T>::Delete(void)              //删除队首元素,并返回该元素的值(出队)
{
    T temp;
    if(count==0)                      //如果队空,中止程序
    {
        cout<<"Deleting from an empty queue!"<<endl;
        exit(1);
    }
    temp=qlist[front];                //记录队首元素值
    count--;                          //元素个数自减
    front=(front+1)%MaxQSize;         //队首指针增 1。取余以实现循环队列
    return temp;                      //返回首元素值
}
template <class T>
T Queue<T>::getFront(void) const      //访问队首元素(返回其值)
{   return qlist[front]; }
template <class T>
int Queue<T>::getLength(void) const     //返回队列元素个数
{   return count; }
template <class T>
int Queue<T>::isEmpty(void) const //测试队列空否
{   return count==0; }                //返回逻辑值 count==0
template <class T>
int Queue<T>::isFull(void) const      //测试队列满否
{   return count==MaxQSize; }         //返回逻辑值 count==MaxQSize
int main()
{
    Queue<int>q;
    q.Insert(1);
    q.Insert(2);
    q.Insert(3);
    q.Insert(4);
    q.Insert(5);
    cout<<"The front is "<<q.getFront()<<endl;
    while(!q.isEmpty())
    {
        cout<<"The length is "<<q.getLength()<<endl;
        cout<<"The front is "<<q.getFront()<<endl;
```

```
        q.Delete();
    }
    int i=1;
    while(!q.isFull())
    {
        q.Insert(i);
        i++;
    }
    cout<<"The length is "<<q.getLength()<<endl;
    return 0;
}
```

程序执行结果：

```
The front is 1
The length is 5
The front is 1
The length is 4
The front is 2
The length is 3
The front is 3
The length is 2
The front is 4
The length is 1
The front is 5
The length is 100
```

当定义模板类对象时，例如：

```
Queue<int>q;
```

编译器自动创建名为 Queue 的类。实际上，编译器通过重新编写 Queue 模板，用类型 int 代替模板形参的每次出现而创建 Queue 类。

9.4 模板的特化

所谓特化，就是将泛型搞得具体化一些，也就是为已有的模板参数进行一些使其特殊化的指定，使得以前不受任何约束的模板参数受到特定的修饰或者完全被指定了下来。

很难写出所有可能被实例化的类型都合适的模板。某些情况下，通用模板定义对于某个类型可能是完全错误的，所以需要能够处理某些特殊情况，特化的概念便是如此。模板的特化可被理解为一个和重载类似的概念，特化允许对某些特殊的参数（类型）进行特殊的处理。

例如，模板与 C 风格字符串一起使用时不能正确工作。

例 9.27

```
#include <iostream>
using namespace std;
template <typename T>
int compare(const T &v1,const T &v2)
{
    if(v1 <v2)
    {
        cout<<v2<<" is big"<<endl;
        return -1;
    }
    else if(v2 <v1)
    {
        cout<<v1<<" is big"<<endl;
        return 1;
    }
    else
    {
        cout<<v1<<"="<<v2<<endl;
        return 0;
    }
};
int main()
{
    char a1[]="a123";
    char a2[]="b123";
    const char * p1=a1;
    const char * p2=a2;
    cout<<"addr of a1 is "<<(int)p1<<endl;
    cout<<"addr of a2 is "<<(int)p2<<endl;
    int i=compare(p1,p2);
    int j=strcmp(p1,p2);
    if(j >0)
        cout<<a1<<" is big"<<endl;
    else if(j <0)
        cout<<a2<<" is big"<<endl;
    else
        cout<<"a1=a2"<<endl;
    return 0;
}
```

程序执行结果：

```
addr of a1 is 1310552
```

```
addr of a2 is 1310536
a123 is big
b123 is big
```

在上例中，字符数组调用 strcmp 函数比较"a123"和"b123"时，较大的为"b123"。strcmp 函数将两个字符串自左向右逐个字符相比(按 ASCII 值大小相比较)，直到出现不同的字符或遇'\0'为止。如果用两个 const char * 实参调用这个模板定义，函数将比较指针的值(a1>a2)，也就是比较两个指针在内存中的相对位置，却并没有说明与指针所指数组的内容有关的任何事情。

为了能够将 compare 函数用于字符串，必须提供一个知道怎样比较 C 风格字符串的特殊定义。这些就被称作是特化的，它对模板的用户而言是透明的。

1. 函数模板的特殊化

函数模板特化形式如下：

```
template<>
模板名<特化定义的模板参数>(函数形参表)
{
    函数体
}
```

例 9.28

```
#include <iostream>
using namespace std;
template <typename T>
int compare(const T &v1,const T &v2)
{
    if(v1 <v2)
        return -1;
    else if(v2 <v1)
        return 1;
    else
        return 0;
}
template<>
int compare<const char * >(const char* const &v1, const char* const &v2)
{
    return strcmp(v1,v2);
}
int main()
{
    char a1[]="a123";
    char a2[]="b123";
```

```
    const char * p1=a1;
    const char * p2=a2;
    int i=compare(p1,p2);
    if(i >0)
        cout<<a1<<" is big"<<endl;
    else if(i <0)
        cout<<a2<<" is big"<<endl;
    else
        cout<<"a1=a2"<<endl;
    return 0;
}
```

程序执行结果：

```
b123 is big
```

注意：函数模板特化时 template<>不能省略，如果缺少则是声明该函数的重载。

下面通过一个例子看一下函数模板的匹配规则：非模板函数具有最高的优先权。如果不存在匹配的非模板函数，那么最匹配的和最特化的函数具有高优先权。

例 9.29

```
#include <iostream>
using namespace std;
template <class T>
void func(T)
{
    cout<<"func(T)"<<endl;
}
template <class T>
void func(int, T, double)
{
    cout<<"func(int, T, double)"<<endl;
};
template <class T>
void func(T * )
{
    cout<<"func(T * )"<<endl;
};
template <>
void func<int>(int)
{
    cout<<"func<int>(int)"<<endl;
};
void f(double)
{
```

```
    cout<<"func(double)"<<endl;
};
int main()
{
    bool b=true;
    int i=0;
    double d=0.0;
    func(b);              //调用 func(T)
    func(i,42,d);         //调用 func(int, T, double)
    func(&i);             //调用 func(T*)
    func(i);              //调用 func<int>(int)
    func(d);              //调用 func(double)
    return 0;
}
```

程序执行结果：

```
func(T)
func(int, T, double)
func(T*)
func<int>(int)
func(double)
```

代码 func(b)中参数为 bool 型，最匹配的函数模板为 func(T)。f(i,42,d)有 3 个参数，在所有重载函数中，只有 func(int, T, double)能匹配。func(&i)的参数为一个地址，所以最匹配的为 func(T*)。func(i)的参数为 int 型，函数模板 func(T)和特化的函数模板 func<int>(int)都能与之匹配，但是特化函数的匹配优先级要高。func(d)的参数为 double 型，有一个非模板函数 func(double)与之匹配。

2. 类模板的特化

类模板特化并不是说实例化一个类模板，例如：

```
template <class T>
class stack<T>{ … }
```

声明 stack<int>，这是实例化一个模板类。类模板特化的意思是，对于某个特定的类型，需要对模板进行特殊化，即特殊的处理。

模板的特化是当模板中的 pattern 有确定的类型时，模板有一个具体的实现。例如，假设类模板 Module 包含一个取模计算的函数 computer，而我们希望这个函数只有当对象中存储的数据为整型(int)的时候才能工作，其他情况下，需要这个函数总是返回 0。这可以通过类模板的特化来实现。

例 9.30

```
#include <iostream>
using namespace std;
```

```
template <class T>
class Module
{
    T value1,value2;
public:
    Module(T first, T second)
    {
        value1=first;
        value2=second;
    }
    T computer() {return 0;}
};
template <>
class Module<int>
{
    int value1, value2;
public:
    Module(int first, int second)
    {
        value1=first;
        value2=second;
    }
    int computer()
    {
        return value1%value2;
    };
};
int main()
{
    Module <int>myints(100,99);
    Module <float>myfloats(100.0,99.0);
    cout<<myints.computer()<<endl;
    cout<<myfloats.computer()<<endl;
    return 0;
}
```

程序执行结果：

```
1
0
```

由上面的代码可知，模板特殊化定义为

```
template <>class class_name <type>
```

这个特化本身也是模板定义的一部分，因此，必须在该定义开头写 template <>。

而且因为它确实为一个具体类型的特殊定义，通用数据类型在这里不能够使用，所以第一对尖括号<>内必须为空。在类名称后面，必须将这个特化中使用的具体数据类型写在尖括号<>中。

模板有两种特化：全特化和偏特化（部分特化）。严格地说，函数模板并不支持偏特化，只能全特化；模板类是可以全特化和偏特化的。全特化就是模板中模板参数全被指定为确定的类型。全特化也就是定义了一个全新的类型，全特化的类中的函数可以与模板类不一样。偏特化就是模板中的模板参数没有被全部确定，需要编译器在编译时进行确定。

如果类模板有一个以上的模板形参，很有可能只要特化某些模板形参而不是全部形参，这时就需要使用类的偏特化。例如：

```
template <class T1, class T2>
class CMyClass
{
    …
};
```

定义模板类 CMyClass 的偏特化，T2 类型固定，偏特化 T1 类型：

```
template<class T1>
class CMyClass<T1, int>
{
    …
};
```

这个偏特化的例子中，一个参数（T2）被绑定到 int 类型，而另一个参数（T1）仍未绑定，需要由用户指定。

使用类模板的部分特化创建实例：

```
CMyClass<int, double>foo;        //使用类模板
CMyClass<double, int>bar;        //使用类模板的偏特化
```

例 9.31

```
#include <iostream>
#include <string>
#include <vector>
using namespace std;
template<class T>
class Compare
{
public:
    bool IsEqual(const T& lh, const T& rh)
    {
        return lh==rh;
```

```
    }
};
//基本数据类型 double 的特化
template<>
class Compare<double>
{
public:
    bool IsEqual(const double& lh, const double& rh)
    {
        return abs(lh -rh) <10e-6;
    }
};
//特化指针类型 T*
template<class T>
class Compare<T* >
{
public:
    bool IsEqual(const T* lh, const T* rh)
    {
        return * lh== * rh;
    }
};
//特化为另外一个类模板
template<class T>
class Compare<vector<T>>
{
public:
    bool IsEqual(const vector<T>& lh, const vector<T>& rh)
    {
        if(lh.size() !=rh.size()) return false;
        else
        {
            for(int i=0; i <lh.size(); ++i)
            {
                if(lh[i] !=rh[i]) return false;
            }
        }
        return true;
    }
};
int main(void)
{
    string t_or_f;
    Compare<int>c1;
```

```
    Compare<double>c2;
    Compare<int * >c3;
    Compare<vector<int>>c4;
    //int
    int i1=5;
    int i2=5;
    t_or_f=c1.IsEqual(i1, i2) ? "true":"false";
    cout<<"They are Equal(true or false): "<<t_or_f<<endl;
    //double
    double d1=10;
    double d2=10;
    t_or_f=c2.IsEqual(d1, d2) ? "true":"false";
    cout<<"They are Equal(true or false): "<<t_or_f<<endl;
    //pointer
    i2=4;
    int * p1=&i1;
    int * p2=&i2;
    t_or_f=c3.IsEqual(p1, p2) ? "true":"false";
    cout<<"They are Equal(true or false): "<<t_or_f<<endl;
    //vector<T>
    vector<int>v1;
    v1.push_back(1);
    v1.push_back(2);
    vector<int>v2;
    v2.push_back(1);
    v2.push_back(2);
    t_or_f=c4.IsEqual(v1, v2) ? "true":"false";
    cout<<"They are Equal(true or false): "<<t_or_f<<endl;

    v1.push_back(3);
    v2.push_back(2);
    t_or_f=c4.IsEqual(v1, v2) ? "true":"false";
    cout<<"They are Equal(true or false): "<<t_or_f<<endl;
    return 0;
}
```

程序执行结果：

```
They are Equal(true or false): true
They are Equal(true or false): true
They are Equal(true or false): false
They are Equal(true or false): true
They are Equal(true or false): false
```

Compare＜vector＜T＞＞把 IsEqual 的参数限定为一种 vector 类型，但具体是

vector<int>还是vector<float>，不需要关心，因为对于这两种类型的处理方式是一样的。

9.5 模板和宏

函数模板提供一种用来自动生成各种类型函数实例的算法，程序员可对函数接口参数和返回类型中的全部或者部分类型进行参数化(parameterize)而函数体保持不变。

例如min()的函数模板定义如下：

```
template <class Type>
Type min(Type a, Type b)
{
    return a <b ? a:b;
}
```

还可以用宏来实现min()：

```
#define min(a,b) ((a) < (b) ?(a):(b))
```

但是在复杂调用的情况下，宏的行为是不可预期的(详见2.1.5节和2.2.5节)。

宏和模板两者在技术上有一定的同源性，都是以标识符替换为基础的。但是，宏是语法层面的机制，而模板则深入到语义层面。在下例中，试图编写一个宏来实现一个模板类的功能。

例 9.32

```
#include<iostream>
using namespace std;
#define Cmcr(T) \
class \
{\
public:\
    void print() {\
       cout<<"size of T(Macro) is "<<sizeof(T)<<endl;\
    }\
private:\
    T v;\
}
template<typename T>
class Ctmpl
{
public:
    void print()
    {
        cout<<"size of T(Template) is "<<sizeof(T)<<endl;
```

```
    }
private:
    T v;
};
int main()
{
    Ctmpl<int>ct;
    Cmcr(double) cm;
    ct.print();
    cm.print();
    return 0;
}
```

程序执行结果：

```
size of T(Template) is 4
size of T(Macro) is 8
```

但是下列代码便出现问题：

```
int main()
{
    Ctmpl<int>ct1;
    Ctmpl<int>ct2;
    ct1=ct2;     //正确,ct1 和 ct2 是同样的类型
    Cmcr(double) cm1;
    Cmcr(double) cm2;
    cm1=cm2;     //error C2679: 二进制"=": 没有找到接受 main::<unnamed-type-cm2>
                 //类型的右操作数的运算符(或没有可接受的转换)
    return 0;
}
```

由于 Cmcr(double)两次展开时各自定义了一遍类，编译器会认为它们是两个不同的类型(cm1 和 cm2 的类型不同)。但模板无论实例化多少次，只要类型实参相同，就是同一个类型。由此可见，模板和宏具备完全不同的语义，不能用宏直接实现模板。

如果要使宏避开这些问题，必须采用 typedef 操作：

```
typedef Cmcr(double) Cmcr_double_;
Cmcr_double_ cm1;
Cmcr_double_ cm2;
cm1=cm2;
```

例 9.33

```
#include <iostream>
using namespace std;
template<typename T>
```

```
class Ctmpl
{
public:
    void print()
    {
        cout<<"size of T(Template) is "<<sizeof(T)<<endl;
    }
    void show()
    {
        v.show();       //error C2228: ".show"的左边必须有类/结构/联合
    }
private:
    T v;
};
int main()
{
    Ctmpl<int>ct;
    ct.print();
    ct.show();          //注释掉该行,程序可通过编译
    return 0;
}
```

在编译类模板成员函数 void Ctmpl<T>:: show(void)时会有错误。但是,在上例中若将代码 ct. show();注释掉,则程序能够正确编译,并输出

```
size of T(Template) is 4
```

C++模板有一个特殊的机制:在模板中的代码只有在用到时才会被实例化,其目的主要是为了减少编译时间。也就是说,当遇到 Ctmpl<int> ct 时,编译器并不会完全展开整个模板类。只有当访问了模板上的某个成员函数时,才会将成员函数的代码展开作语义检查。所以,当仅仅调用 print()时,不会引发编译错误,而在调用 show()时,才会有编译错,因为 int 不包含成员函数 show()。因此,模板一开始仅作语法检查,只有使用到的代码才做语义检查和实际编译。而宏是直接将所有的代码同时展开,之后在编译过程中执行全面的语法检查,无论其成员函数是否使用,见下例。

例 9.34

```
#include <iostream>
using namespace std;
#define Cmcr(T) \
class \
{\
    public:\
    void print() {\
        cout<<"size of T(Macro) is "<<sizeof(T)<<endl;\
    }\
    void func(){\
```

```
        v.show();\
    }\
private:\
    T v;\
}
int main()
{
    Cmcr(double) cm1;     //error C2228: ".show"的左边必须有类/结构/联合
    return 0;
}
```

在初步了解模板的基本特征后，就会明白用宏可以近似地解释模板，但是它跟宏没有关系！

习　题

1. 编写一个函数模板，该函数模板有3个参数，返回与形参同类型的实体，其功能是获得最小者。

2. 编写一个函数模板，它返回两个值中的较大者，同时要求能正确处理字符串。

3. 下列模板的定义是否合法的？若为非法的，请简要说明理由。

```
(1) template <class Type>class Container1;
    template <class Type, int size>class Container1;
(2) template <class Type, int * ptr>class Container2;
(3) template <typename myT, class myT>class Container3;
(4) template <class T,U,class V>class Container2;
(5) template <class Type, int val=0>class Container5;
```

4. 关于类List的如下定义中有若干错误，请指出并改正(但不要求补充实现成员函数)。

```
template <class elemType>class ListItem;
template<class elemType>class List
{
public:
    List<elemType>(): front(NULL), end(NULL){}
    List<elemType>(const List<elemType>&);
    ~List();
    void insert(ListItem * ptr, elemType value);
    int remove(elemType value);
    int size() { return _size; }
private:
    ListItem * front;
    ListItem * end;
};
```

5. 分析以下程序的执行结果。

```
#include<iostream.h>
template <class T>
class Sample
{
    T n;
public:
    Sample(T i){n=i;}
    void operator++();
    void disp(){cout<<"n="<<n<<endl;}
};
template <class T>
void Sample<T>::operator++()
{
    n+=1;     //不能用 n++;因为 double 型不能用++
}
int main()
{
    Sample<char>s('a');
    s++;
    s.disp();
    return 0;
}
```

6. 定义类模板 SortedSet,即元素有序的集合,集合元素的类型和集合元素的最大个数可由使用者确定。要求该类模板对外提供 3 种操作:

(1) insert:加入一个新的元素到合适的位置上,并保证集合元素的值不重复。

(2) get:返回比给定值大的最小元素的地址。若不存在,返回 0。

(3) del:删除与给定值相等的那个元素,并保持剩余元素的有序性。

(假定集合元素类型上已经定义了赋值操作符和所有的比较操作符。)

7. 设计一个类模板 val_ary,类模板的每个实例类实现了某个具体的数据类型的数组,如 val_ary<int>是一个整型的数组类。可以通过[]运算符来访问数组中的每个元素。还有一个模板函数 inv(),其函数原型为

```
template <class T>val_ary<T>inv(const val_ary<T>& x);
```

该函数的作用是将作为参数的数组 x 的每个元素的符号取反,并返回得到的新的数组。

8. 编写一个使用类模板对数组进行排序的程序。

9. 编写一个单向数据链表的类模板,实现节点的插入和删除。

10. 设计一个模板类 Sample,用于对一个有序数组采用二分法查找元素下标。

附录 A Appendix A

UML 类图

统一建模语言(Unified Modeling Language,UML)是 OOP 的建模语言,其核心就是把软件的设计思想通过建模的方法表达出来,UML 已经被广泛用于软件设计。在 UML 类图中,常见的有以下几种关系:泛化(generalization)、实现(realization)、关联(association)、聚合(aggregation)、组合(composition)、依赖(dependency)。

1. 泛化

泛化是一种继承关系,用于表示一般与特殊的关系。继承关系为"is a"的关系,如果两个对象间可以用"is a"来表示(即一个派生类对象也是一个父类对象),就是继承关系。例如,马是动物的一种。

代码体现:继承。

```
class Animal
{
public:
    string name;
    Animal(string _name):name(_name){}
    void eat(){}
};
class Horse : public Animal
{
public:
    Horse(string _name) : Animal(_name){}
    void eat() { cout<<"Horse "<<name<<" eat grass."; }
};
```

泛化关系用一条带空心箭头的直线表示,如图 A.1 所示。

Animal
-name : string
+eat()

Horse
-name : string
+eat()

图 A.1 泛化

2. 关联

关联是一种拥有的关系,它使一个类知道另一个类的属性和方法。关联可用于描述不同类的对象之间的结构关系,是一种静态关系,通常与运行状态无关,没有生命期的依赖,一般表示为一种引用。关联又分为单向关联、双向关联、自身关联。双向的关联可以有两个箭头或者没有箭头，单向的关联有一个箭头。

代码体现：成员变量。

(1) 单向关联：

```
class A
{
public:
    B * pB;
};
class B {};
```

指 A 知道 B，A 可以调用 B 的公有成员。代码的表现为 A 都拥有 B 的一个指针，当然也可以是引用，如图 A.2 所示。

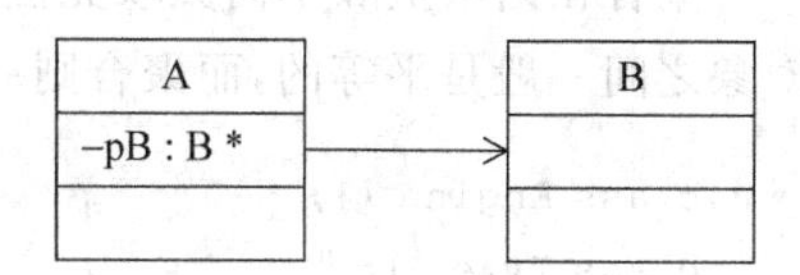

图 A.2　单向关联

(2) 双向关联：

```
class A
{
public:
    B * pB;
};
class B
{
public:
    A * pA;
};
```

指 A 和 B 都知道对方的存在，都拥有对方的一个指针，通过该指针可以调用对方的公有成员，如图 A.3 所示。

(3) 自身关联：

```
class A
{
public:
    A * pA;
};
```

在类中包含有一个自身的引用，如图 A.4 所示。

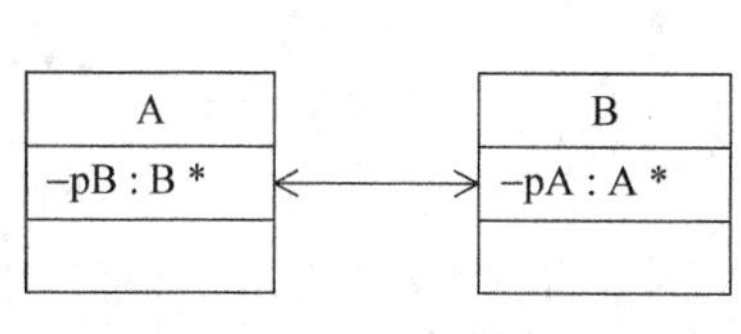

图 A.3　双向关联

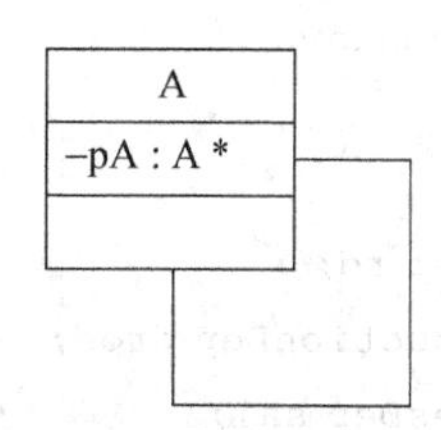

图 A.4　自身关联

3. 聚合/组合

当类之间有整体—部分关系的时候，就可以使用聚合或者组合关系。聚合/组合关系是关联关系的一种，是强的关联关系。

代码体现：成员变量。

1）聚合

聚合表示整体与部分的关系，即“has a”的关系，部分可以离开整体而单独存在，它们可以有各自的生命周期。例如，车和轮胎是整体和部分的关系，轮胎离开车仍然可以存在；公司与员工的关系则不同，公司里拥有一些员工，但员工可能会属于不同的公司（兼了多份职）。

聚合在语法上和单向关联无法区分，必须考察具体的逻辑关系，关联关系中的两个对象之间一般是平等的，而聚合则一般不是平等的。

```
class Engine {};
class Tyre {};
class Car
{
public:
    Engine *pE;
    Tyre *pT;
};
```

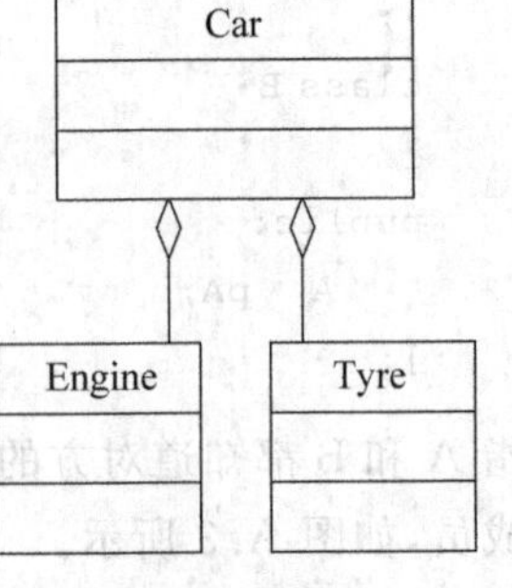

图 A.5　聚合

聚合关系用带空心菱形的实线表示，菱形指向整体，如图 A.5 所示。

2）组合

组合也表示类之间整体和部分的关系，它也是关联关系的一种，是比聚合关系还要强的关系。在组合关系中，部分对象与整体对象之间具有统一的生存期，一旦整体对象不存在，部分对象也将不存在。例如，公司和部门是整体和部分的组合关系，没有公司就不存在部门。

```
class RDDep {};
class ProductionDep {};
class SalesDep {};
class Company
{
public:
    RDDep rd;
    ProductionDep prod;
    SalesDep sal;
};
```

组合关系用带实心菱形的实线表示，菱形指向整体，如图 A.6 所示。

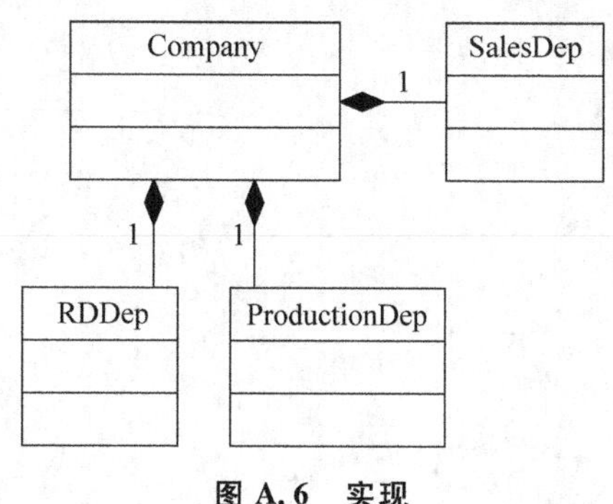

图 A.6 实现

3）聚合和组合的区别

聚合关系是“has a”关系，组合关系是“contains a”关系；聚合所表示的整体与部分的关系比较弱，而组合比较强。聚合关系中的“部分”对象与所聚合成的“整体”对象的生存期无关，删除了“整体”对象，并不意味着一定就要删除“部分”对象。组合中一旦删除了组合对象，同时也就删除了“部分”对象。

在C++中，从实现的角度讲，聚合可以表示为

```
class A { B * pB; }
class B {}
```

即类A包含类B的指针。A和B可以有各自的生命周期：创建A类对象时，并不一定非要创建B类对象(即不一定非要对pB进行初始化)；A对象消亡时，不会影响B对象；B对象的创建和消亡都不会影响到A对象生存与否。

而组合可表示为

```
class A { B b; }
class B {}
```

即类A包含类B的对象。创建A类对象时，要先创建其成员对象b，即B的构造函数先执行，然后执行A的构造函数；A类对象消亡时，析构函数执行次序和构造函数的执行次序相反，即先析构A，再析构B。

4. 依赖

依赖是一种使用的关系，即一个类的实现需要另一个类的协助。依赖是一种弱关联，表示一个类用到另一个类，但是和另一个类的关联又不是很明显。

代码体现：局部变量、方法的参数或者对静态方法的调用。

```
class A
{
    int x;
public:
    void func1(B b) { b.setX(10); }
    void func2()
```

```
    {
        B b;
        x=b.getX();
    }
    void func3()
    {
        B::hello();
    }
};
class B
{
    int x;
public:
    void setX(int _x) { x=_x; }
    int getX() { return x; };
    static void hello() { cout<<"Hello world."<<endl; }
};
```

依赖关系用带箭头的虚线表示，箭头指向被使用者，如图 A.7 所示。

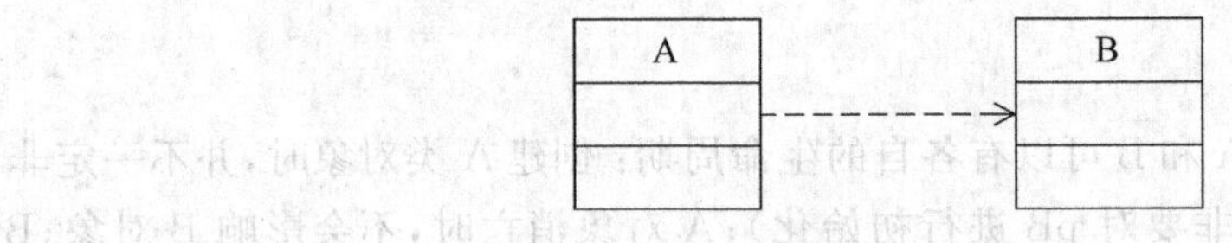

图 A.7 依赖

注意：一般要避免双向依赖，双向依赖越多，耦合得就越紧密，系统就越难以维护。

5. 实现

接口与接口之间也可以像类与之间那样，有类似继承、依赖等关系。但是，接口和类之间还存在一种实现关系，表示类是接口所有特征和行为的实现，类中的操作实现了接口中所声明的操作。实现是一种类与接口的关系，接口是操作的集合，而这些操作就用于规定类或者构件的一种服务。

"交通工具"可作为一个抽象概念，无法直接用来定义对象，只有指明具体的子类(汽车、船、飞机等)，才可以用来定义对象。C++ 中有纯虚函数的类为抽象类，是不能实例化对象的；它的派生类只有实现了该纯虚函数才能创建对象。

代码体现：继承、纯虚函数。

```
class Vehicle
{
public:
    virtual void move()=0;
};
class Car : public Vehicle
```

```
{
public:
    virtual void move()
    {
        cout<<"Driving on the road."<<endl;
    }
};
class Ship : public Vehicle
{
public:
    virtual void move()
    {
        cout<<"Sailing on the water."<<endl;
    }
};
class Plane : public Vehicle
{
public:
    virtual void move()
    {
        cout<<"Flying in the air."<<endl;
    }
};
```

实现关系用一条带空心箭头的虚线表示，如图 A.8 所示。

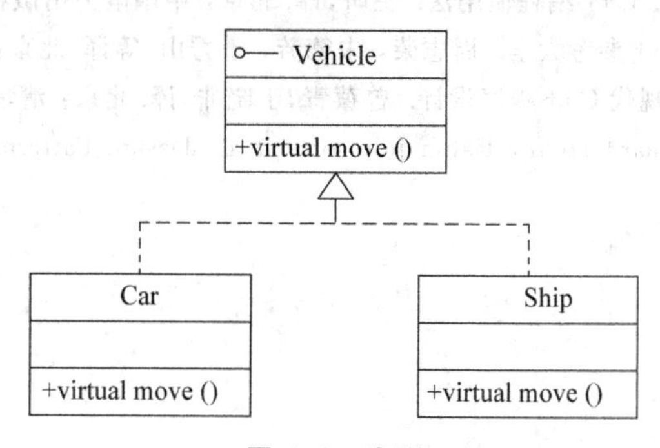

图 A.8 实现

参考文献

[1] 谭浩强. C++程序设计. 北京：清华大学出版社，2004.

[2] Andrew Koenig，Barbara Moo. C++沉思录. 黄晓春，译. 北京：人民邮电出版社，2008.

[3] Bjarne Stroustrup. C++程序设计语言(特别版). 裘宗燕，译. 北京：机械工业出版社，2010.

[4] Stephen Prata. C++ Primer Plus(第5版). 孙建春，译. 北京：人民邮电出版社，2008.

[5] Walter Savitch. C++面向对象程序设计(第7版). 周靖，译. 北京：清华大学出版社，2010.

[6] 林锐，韩永泉. 高质量程序设计指南——C++/C语言. 北京：电子工业出版社，2007.

[7] 埃克尔. C++编程思想. 刘宗田，等译. 北京：机械工业出版社，2003.

[8] 陈良乔. 我的第一本C++书. 武汉：华中科技大学出版社，2011.

[9] H. M. Deltel，P. J. Deitel. C++大学教程. 张引，等译. 北京：电子工业出版社，2007.

[10] Robert B. Murray. C++编程惯用法——高级程序员常用方法和技巧. 王昕，译. 北京：中国电力出版社，2003.

[11] Nicholas A. Solter，Scott J. Kleper. C++高级编程. 刘鑫，杨健康，等译. 北京：机械工业出版社，2006.

[12] Stephen C. Dewhurst. C++必知必会. 荣耀，译. 北京：人民邮电出版社，2006.

[13] 范磊. C++全方位学习. 北京：科学出版社，2009.

[14] Jesse Liberty. 21天学通C++. 康博创作室，译. 北京：人民邮电出版社，2000.

[15] 刘璟，周玉龙. 高级语言C++程序设计. 北京：高等教育出版社，2004.

[16] Stanley B. Lippman. 深度探索C++对象模型. 侯捷，译. 武汉：华中科技大学出版社，2001.

[17] Martin Fowler. 重构——改善既有代码的设计. 侯捷，熊节，译. 北京：中国电力出版社，2003.

[18] Robert B.，Murray. C++编程惯用法. 王昕，译. 北京：中国电力出版社，2003.

[19] Herbert Schildt. C++参考大全. 周志荣，朱德芳，于秀山，等译. 北京：电子工业出版社，2003.

[20] Barbara Johnston. 现代C++程序设计. 曾葆青，丁晓非，译. 北京：清华大学出版社，2005.

[21] Erich Gamma，Richard Helm，Ralph Johnson，et al. Design Patterns. New Jersey：Addison-Wesley，1995.